面向"十二五"高职高专规划教材
高等职业教育骨干校课程改革项目研究成果

煤炭气化工艺与操作

主　编　乌　云
副主编（按姓氏笔画）　李曙阳　姜丽艳
参　编（按姓氏笔画）　杨志杰　郑　焱　薛彩霞

北京理工大学出版社
BEIJING INSTITUTE OF TECHNOLOGY PRESS

内 容 简 介

本书共分5个模块24个项目，模块一：基础知识，主要介绍了煤炭气化原理、煤炭气化分类、煤炭气化物理化学基础、空气分离等；模块二：煤炭气化过程，主要介绍了鲁奇加压气化工艺、德士古水煤浆加压气化工艺、Shell粉煤气化工艺、GSP粉煤气化工艺；模块三：煤气净化过程，主要介绍了粗煤气的除尘、脱硫、脱碳工艺；模块四：化工产品合成过程，主要介绍了氨的生产、甲醇的生产、二甲醚的生产等；模块五：焦化分公司事故案例，主要介绍了焦化公司各生产部门事故案例。通过对这本书的学习，学生能够系统地学习合成氨、合成甲醇工艺过程以及从原料到产品合成与分离过程的原理、工艺、操作规程等；同时，在实践教学中，结合东方仿真公司的水煤浆加压气化、合成氨、甲醇合成、二甲醚生产软件进行工艺过程的开车、停车及事故处理等模拟训练，可以使学生能够自主进行工艺过程的控制及工艺过程参数的调节处理，达到培养、提高学生职业技能的目的，充分体现了培养企业所需高技能应用型人才的职业教育特色。

本书可作为高职高专院校化工相关专业的教材，也可作为从事煤化工相关工作的人员参考使用。

版权专有　侵权必究

图书在版编目（CIP）数据

煤炭气化工艺与操作/乌云主编. —北京：北京理工大学出版社，2013.5
（2015.2 重印）
　ISBN 978-7-5640-7252-0

　Ⅰ. ①煤⋯　Ⅱ. ①乌⋯　Ⅲ. ①煤气化-研究　Ⅳ. ①TQ54

中国版本图书馆 CIP 数据核字（2012）第 319857 号

出版发行 /	北京理工大学出版社
社　　址 /	北京市海淀区中关村南大街5号
邮　　编 /	100081
电　　话 /	（010）68914775（办公室）　68944990（批销中心）　68911084（读者服务部）
网　　址 /	http：//www.bitpress.com.cn
经　　销 /	全国各地新华书店
印　　刷 /	北京京华虎彩印刷有限公司
开　　本 /	787毫米×1092毫米　1/16
印　　张 /	26.5
字　　数 /	504千字
版　　次 /	2013年5月第1版　2015年2月第3次印刷
定　　价 /	53.00元

责任编辑 / 陈莉华
责任校对 / 周瑞红
责任印制 / 王美丽

图书出现印装质量问题，本社负责调换

前　言

本书以国家骨干院校建设为契机，以培养高技能应用型人才为目标，并结合了国内煤化工发展的趋势和现代煤化工技术来编写的。

本书以当前职业教育对人才培养的基本要求为目标，以煤化工产品生产为主线，全面介绍了从原料煤的准备、煤炭的气化、粗煤气的净化、化工产品的合成与精制等工艺全过程。同时，为了体现"工学结合"、"教、学、做"一体的职业教育教学特色，课题组老师深入到十几个煤化工企业进行岗位能力调研，分析企业岗位人才能力的需求，并结合高职高专院校学生实际情况，开发出这本符合规划要求的专业学习培训教材。本书在编写过程中得到了内蒙古乌拉山化肥有限公司、国电赤峰化工有限公司、大唐内蒙古多伦煤化工有限公司、鄂尔多斯易高能源煤化工有限公司、神华宁夏煤业有限公司等多家煤化工企业的支持，编写过程中还得到了东方仿真公司的友好支持，他们为本书提供了部分插图，在此一并表示感谢。

本书共分5个模块24个项目，模块一：基础知识，主要介绍了煤炭气化原理、煤炭气化分类、煤炭气化物理化学基础、空气分离等；模块二：煤炭气化过程，主要介绍了鲁奇加压气化工艺、德士古水煤浆加压气化工艺、Shell粉煤气化工艺、GSP粉煤气化工艺；模块三：煤气净化过程，主要介绍了粗煤气的除尘、脱硫、脱碳工艺；模块四：化工产品合成过程，主要介绍了氨的生产、甲醇的生产、二甲醚的生产等；模块五：焦化分公司事故案例，主要介绍了焦化公司各生产部门事故案例。通过对本书的学习，学生能够系统地学习合成氨、合成甲醇工艺过程以及从原料到产品合成与分离过程的原理、工艺、操作规程等；同时，在实践教学中，通过结合东方仿真公司的水煤浆加压气化、合成氨、甲醇合成、二甲醚生产软件进行工艺过程的开车、停车及事故处理等模拟训练，可以使学生能够自主进行工艺过程的控制及工艺过程参数的调节处理，达到培养、提高学生职业技能的目的，充分体现了培养企业所需高技能应用型人才的职业教育特色。

本书由内蒙古化工职业学院乌云教授担任主编，由内蒙古化工职业学院姜丽艳、呼和浩特中燃城市燃气发展有限公司清水河焦化分公司副总经理李曙阳担任副主编。其中，乌云教授编写了绪论，模块二的项目四、五、六、七，模块三的项目一；姜丽艳编写了模块一，模块二的项目一、二、三；薛彩霞编写了模块三的项目二、三、四、五、六；郑焱编写了模块四的项目一；杨志杰编写了模块四的项目二、三；李曙阳编写了模块五。

由于编者水平有限，书中不妥之处，恳请广大读者批评指正。

编　者

目 录

绪论 …………………………………………………………………………………… 1
 一、发展煤化工的重要意义 ………………………………………………………… 1
 二、煤炭气化技术的发展状况 ……………………………………………………… 2
 三、我国煤化工（煤气化）企业调研 ……………………………………………… 5
 四、本课程教学内容 ………………………………………………………………… 15

模块一　基础知识

项目一　煤炭气化生产的准备 …………………………………………………… 19
 任务一　气化方法的选择 …………………………………………………………… 19
  一、气化技术分类 ………………………………………………………………… 19
  二、地面气化技术 ………………………………………………………………… 19
  三、地下气化技术 ………………………………………………………………… 20
  四、煤气 …………………………………………………………………………… 21
 任务二　生产的准备 ………………………………………………………………… 22
  一、煤气的组成及性质 …………………………………………………………… 22
  二、气化原料煤的选择 …………………………………………………………… 23
  三、气化原料煤的制备 …………………………………………………………… 27
 任务三　应用生产原理确定工艺条件 ……………………………………………… 27
  一、气化过程的主要化学反应 …………………………………………………… 28
  二、气化过程的物理化学基础 …………………………………………………… 29
  三、煤气平衡组成的计算 ………………………………………………………… 31
  四、煤炭气化过程的主要评价指标 ……………………………………………… 35

项目二　空气分离生产的准备 …………………………………………………… 39
 任务一　空气分离方法的选择 ……………………………………………………… 39
  一、空气的组成及性质 …………………………………………………………… 39
  二、空气分离的目的 ……………………………………………………………… 40
  三、空气分离的方法 ……………………………………………………………… 40

四、空气分离的物理化学基础 …………………………………………… 40
任务二　生产的准备 ……………………………………………………………… 41
　　一、氧气的性质及用途 …………………………………………………… 41
　　二、氮气的性质及用途 …………………………………………………… 41
　　三、氩的性质及用途 ……………………………………………………… 42
　　四、乙炔的性质 …………………………………………………………… 42
任务三　应用生产原理确定工艺条件 …………………………………………… 42
　　一、空分流程的演变 ……………………………………………………… 42
　　二、我国空分流程的技术发展 …………………………………………… 43
　　三、现代空分流程的特点 ………………………………………………… 43
　　四、空分装置与其他界区的联系 ………………………………………… 43
　　五、深冷分离工艺技术 …………………………………………………… 44
　　六、液化精馏分离工艺流程 ……………………………………………… 44
　　七、空气分离的主要设备及其操作 ……………………………………… 53
　　八、空分装置的安全操作措施 …………………………………………… 58
任务四　生产操作 ………………………………………………………………… 59
　　一、开车过程 ……………………………………………………………… 59
　　二、正常操作 ……………………………………………………………… 62
　　三、异常现象及处理 ……………………………………………………… 63
项目三　公用工程 ………………………………………………………………… 66
　　一、公用工程车间概况及特点 …………………………………………… 66
　　二、公用工程车间工艺概况 ……………………………………………… 66
项目四　学习拓展 ………………………………………………………………… 73
　　一、基本原理 ……………………………………………………………… 73
　　二、变压吸附的基本过程 ………………………………………………… 73
　　三、常用吸附剂 …………………………………………………………… 75
　　四、变压吸附的流程 ……………………………………………………… 75
练习与实训 ………………………………………………………………………… 76

模块二　煤炭气化过程

项目一　概述 ……………………………………………………………………… 81
　　一、世界煤炭气化技术的发展趋势 ……………………………………… 81
　　二、气化炉分类 …………………………………………………………… 81
项目二　固定床气化生产工艺流程的组织 ……………………………………… 85
　　任务一　鲁奇加压气化工艺 ……………………………………………… 85

一、加压气化的发展 …………………………………………………………… 85
　　二、加压鲁奇炉的特点 ………………………………………………………… 86
　　三、加压气化炉 ………………………………………………………………… 86
　　四、工艺流程叙述 ……………………………………………………………… 91
　任务二　生产操作 …………………………………………………………………… 95
　　一、装置开车操作 ……………………………………………………………… 95
　　二、装置正常生产中的调节 …………………………………………………… 100
　　三、装置停车 …………………………………………………………………… 106
　　四、事故处理 …………………………………………………………………… 107
　任务四　学习拓展 …………………………………………………………………… 109
项目三　流化床气化生产工艺流程组织 ………………………………………… 111
　任务一　流化床气化工艺 …………………………………………………………… 111
　　一、常压流化床气化工艺 ……………………………………………………… 111
　　二、加压流化床气化工艺 ……………………………………………………… 114
　任务二　知识拓展 …………………………………………………………………… 116
项目四　气流床气化生产工艺流程组织——水煤浆加压气化工艺 ………… 119
　任务一　加压水煤浆气化工艺 ……………………………………………………… 119
　　一、德士古气化炉 ……………………………………………………………… 119
　　二、气化装置岗位任务 ………………………………………………………… 121
　　三、气化装置管辖范围 ………………………………………………………… 121
　　四、灰水处理管辖范围 ………………………………………………………… 121
　　五、水煤浆气化反应的原理 …………………………………………………… 121
　　六、水煤浆加压气化反应影响因素 …………………………………………… 122
　　七、德士古气化工艺 …………………………………………………………… 125
　　八、德士古气化工艺的主要设备 ……………………………………………… 135
　任务二　气化系统生产操作 ………………………………………………………… 141
　　一、开车 ………………………………………………………………………… 141
　　二、气化炉停车 ………………………………………………………………… 143
　　三、不正常现象及处理 ………………………………………………………… 144
项目五　气流床气化生产工艺流程组织——SCGP 粉煤气化工艺 ………… 151
　　一、概述 ………………………………………………………………………… 151
　　二、SCGP 的主要工艺特点 …………………………………………………… 151
　　三、工艺流程 …………………………………………………………………… 153
　　四、主要工艺指标 ……………………………………………………………… 154
项目六　气流床气化生产工艺流程组织——GSP 粉煤气化工艺 …………… 156
　　一、GSP 煤气化技术 …………………………………………………………… 156

二、GSP 煤气化技术特点 …………………………………………………… 156
　　三、粗合成气组成 …………………………………………………………… 157
　　四、GSP 气化工艺流程 ……………………………………………………… 157
项目七　学习拓展 ………………………………………………………………… 164
练习与实训 ………………………………………………………………………… 164

模块三　煤气净化过程

　　一、煤气中的杂质及其危害 ………………………………………………… 170
　　二、煤气中杂质的脱除方法 ………………………………………………… 170
项目一　固体颗粒的净化处理（除尘） ………………………………………… 172
　　一、除尘分类 ………………………………………………………………… 172
　　二、除尘设备 ………………………………………………………………… 174
　　三、评价煤气除尘设备的主要指标 ………………………………………… 180
　　四、典型气化工艺除尘流程 ………………………………………………… 181
　　五、生产操作 ………………………………………………………………… 183
项目二　脱硫 ……………………………………………………………………… 188
　　一、煤气脱硫方法的分类 …………………………………………………… 188
　　二、干法脱硫 ………………………………………………………………… 190
　　三、湿法脱硫 ………………………………………………………………… 200
项目三　一氧化碳的变换 ………………………………………………………… 215
　　一、一氧化碳变换的原理 …………………………………………………… 215
　　二、一氧化碳变换反应的化学平衡 ………………………………………… 217
　　三、变换催化剂 ……………………………………………………………… 220
　　四、一氧化碳变换的工艺流程和主要设备 ………………………………… 226
　　五、生产操作 ………………………………………………………………… 231
项目四　二氧化碳的脱除 ………………………………………………………… 234
　　一、概述 ……………………………………………………………………… 234
　　二、化学吸收法 ……………………………………………………………… 236
　　三、物理吸收法 ……………………………………………………………… 245
　　四、生产操作 ………………………………………………………………… 265
项目五　典型焦炉煤气净化工艺流程 …………………………………………… 268
项目六　知识拓展 ………………………………………………………………… 271
　　一、天然气脱硫工艺选择原则 ……………………………………………… 271
　　二、克劳斯硫回收 …………………………………………………………… 271
练习与实训 ………………………………………………………………………… 274

模块四　化工产品合成过程

项目一　氨的生产 ··· 277
　　任务一　合成氨生产方法的选择 ··· 277
　　任务二　生产准备 ··· 279
　　　　一、氨的性质 ··· 279
　　　　二、氨的用途和生产现状 ·· 279
　　　　三、主要原料的工业规格要求 ··· 281
　　　　四、液氨产品质量指标要求 ·· 282
　　任务三　应用生产原理确定生产条件 ·· 282
　　　　一、生产原理 ··· 282
　　　　二、工艺条件的确定 ·· 284
　　任务四　生产工艺流程的组织 ·· 288
　　　　一、氨合成过程的基本工艺步骤 ·· 288
　　　　二、合成系统的生产工艺流程组织 ··· 290
　　　　三、氨合成塔的选用 ·· 294
　　任务五　正常生产操作 ··· 298
　　　　一、开车前的准备 ·· 298
　　　　二、开车操作 ··· 298
　　　　三、停车操作 ··· 298
　　　　四、正常生产操作 ·· 299
　　任务六　异常生产现象的判断和处理 ·· 300
　　　　一、合成氨岗位异常生产现象的判断和处理 ···························· 300
　　　　二、其他异常现象的判断和处理方法 ····································· 302
　　任务七　学习拓展 ··· 303
　　　　一、安全生产技术 ·· 303
　　　　二、"三废"治理与节能措施 ·· 305
　　　　三、产品包装及储运 ··· 306
　　练习与实训 ··· 307
项目二　甲醇的生产 ··· 308
　　任务一　生产方法选择 ··· 308
　　　　一、甲醇合成方法简介 ·· 308
　　　　二、目前工业合成甲醇的主要工艺 ·· 309
　　　　三、国内甲醇发展情况 ·· 309
　　　　四、甲醇生产方法选择 ·· 310

任务二　生产准备 … 311
一、甲醇性质概述 … 311
二、甲醇的用途 … 313
三、甲醇的毒性 … 315
四、安全措施 … 315

任务三　应用生产原理确定生产条件 … 316
一、甲醇合成原理 … 316
二、甲醇原料气的要求 … 317
三、甲醇合成催化剂 … 319
四、甲醇合成工艺条件 … 324

任务四　生产工艺流程的组织 … 326
一、甲醇合成流程概要 … 326
二、中压法甲醇合成工艺流程 … 330
三、甲醇合成主要设备 … 331

任务五　低压甲醇合成操作规程 … 335
一、原始开车 … 335
二、开停车操作和正常操作要点 … 339
三、事故停车程序 … 340

任务六　原始开车过程中的不正常现象及处理方法 … 340
一、开车过程中的不正常现象及处理方法 … 340
二、异常现象发生的原因及处理方法 … 342

任务七　甲醇的精馏 … 343
一、粗甲醇的组成 … 343
二、精馏工艺 … 344
三、精馏设备 … 346
四、甲醇精馏岗位操作规程 … 348

任务八　学习拓展 … 354
一、安全生产技术 … 354
二、"三废"治理与环境保护 … 356
三、产品的质量标准及包装储运 … 357
四、节能降耗 … 357

练习与实训 … 358

项目三　二甲醚的生产 … 359

任务一　生产方法选择 … 359
一、两步法 … 359
二、一步法 … 360

任务二 生产准备 ··· 364
一、二甲醚的性质 ··· 364
二、二甲醚的用途 ··· 364

任务三 应用生产原理确定生产条件 ··· 367
一、反应原理 ··· 367
二、甲醇气相脱水催化剂 ··· 368
三、影响甲醇转化率的因素 ·· 370

任务四 生产工艺流程的组织 ··· 371
一、工艺流程 ··· 371
二、反应器 ·· 373

任务五 正常生产操作 ··· 373
一、开车 ··· 373
二、停车 ··· 375

任务六 异常生产现象的判断与处理 ··· 376
练习与实训 ··· 377

模块五 焦化分公司事故案例

项目一 储运运行部事故案例 ··· 381
一、2009年9月13日粉碎机锤头衬板损坏事故 ······································ 381
二、2009年12月16日配煤罐爬梯掉落事故报告 ····································· 381
三、2010年7月19日回转减速机,交叉辊子轴承损坏事故 ······················ 382
四、2010年12月2日旋转大臂断裂事故 ··· 382
五、2011年1月15日斗轮主轴断裂事故 ··· 383
六、2011年5月20日和2012年7月16日细破碎锤头衬板损坏事故 ········· 383
七、2011年6月7日粉碎机轴承烧损事故 ··· 384
八、2011年7月3日焦1#皮带未运空违规操作分析会 ····························· 384
九、2011年12月18日焦3#皮带逆止器损坏事故 ···································· 384
十、2012年1月21日预破碎机减速机损坏事故 ······································ 385
十一、2012年2月6日和7月30日斗轮减速机输出齿套断裂事故 ············ 385
十二、2012年6月24日煤7#皮带纵向撕裂事故 ····································· 386
十三、2012年7月16日煤8#皮带纵向撕裂事故 ····································· 387
十四、设备可能发生的重大事故 ·· 387

项目二 炼焦运行部事故案例 ··· 389
一、2011年5月12日熄焦池烫伤人事故 ··· 389
二、2012年1月3日2#炉吸气管堵塞事故 ·· 389

三、2012年6月4日2#装煤车托煤板撞坏106#焦侧炉门框事故 …………… 390
四、2012年7月7日烧损1#拦焦车电缆 ………………………………… 390
五、2012年9月7日挤伤事故的处理意见 ……………………………… 391
六、2012年9月23日烧伤事故的处理意见 …………………………… 391
七、2012年11月6日2#推焦车撞弯推焦杆的事故 …………………… 392

项目三 化产运行部事故案例 …………………………………………… 393

一、2011年9月20日硫铵事故分析报告 ……………………………… 393
二、2012年1月5日炼焦运行部2#炉吸气管堵塞事故 ……………… 393
三、2012年5月3日电捕焦油器爆炸的事故报告 …………………… 394
四、2012年6月2日风机液耦事故报告 ……………………………… 395
五、2012年7月4日液耦油温超标事故分析 ………………………… 396
六、2012年9月4日1号风机出口阀门掉砣事故分析 ……………… 397
七、2012年9月5日由于硫铵误操作导致集气管压力高的事故分析 …… 398
八、2012年9月10日脱硫再生塔液位调节阀掉砣导致甲醇停车事故分析 …… 398
九、2012年9月16日洗脱泵贫油泵漏油事故分析 …………………… 399
十、2012年9月22日中间溶液循环泵逆止阀破裂导致甲醇停车事故分析 …… 399

项目四 甲醇运行部事故案例 …………………………………………… 401

一、2010年8月3日空分分馏塔事故档案 …………………………… 401
二、2010年9月25日空分分馏塔事故档案 ………………………… 402
三、2010年12月11日空分停车事故处理 …………………………… 403
四、2010年12月11日仪表根部着火事故分析 ……………………… 403
五、2010年12月16日空分液氧倒流事故分析 ……………………… 404
六、2010年12月12日预热炉出口着火事故分析 …………………… 405
七、2010年12月13日压缩工段跳车事故分析 ……………………… 405
八、2011年1月20日空分工段事故报告 …………………………… 406
九、2011年7月23日空分工段油泵事故档案 ……………………… 406
十、2011年8月2日空分工段膨胀机事故档案 ……………………… 407
十一、2011年8月28日人身伤害案例分析 ………………………… 407
十二、2012年6月2日转化工段氧气放散着火事故案例 …………… 408
十三、2012年7月5日3#焦炉气压缩机一级缸磨损事故分析报告 …… 409
十四、2012年8月21日液氧贮槽超压防爆板爆破事故报告 ………… 410

参考文献 …………………………………………………………………… 411

绪　　论

一、发展煤化工的重要意义

我国是一个富煤、贫油、少气的国家，煤炭资源作为主要生产能源的格局在未来相当一段时间内也将长期存在，同时随着我国经济的持续稳定发展，我国的能源、化工产品的需求也出现较快的增长势头。特别是"十二五"规划后，一系列能源发展计划及能源发展区域规划的出现更是带动了煤化工事业的大发展。作为煤炭资源大省，在我国煤炭资源就地转化的政策引导下，内蒙古自治区煤化工行业也迎来了前所未有的发展机遇。煤化工井喷式的发展同样也使得诸多煤化工企业普遍面临着专业技能人才缺乏的窘境。这样，能为普通高等院校创新一种理论联系实际、工学结合的专业技能人才培养模式，为企业培养适合岗位需求的专业人才提供一本实用可行的教材，是我们这本教材编写的一个初衷，当然这对我们编写组的成员来说也是一个更高的挑战。

煤化工是以煤炭为主要原料生产各种化工产品的行业总称。根据生产工艺与产品不同，主要包括炼焦、气化和液化三条产品链，其产品链情况见图0-1。

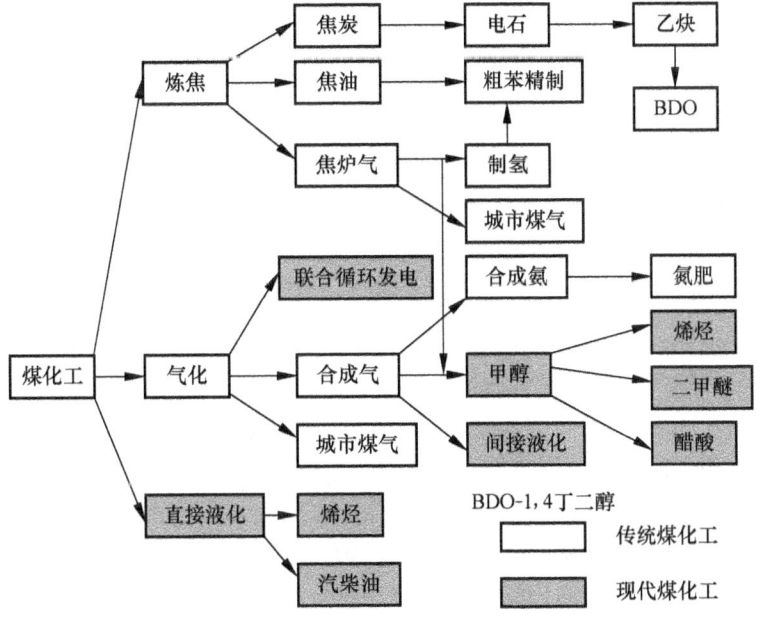

图0-1　煤化工产品链

煤焦化及下游电石、乙炔的生产，煤气化中的合成氨等都属于传统煤化工产业，而煤气化制醇醚燃料、甲醇制烯烃、煤液化则属现代煤化工领域，是新兴煤化工发展的主要方向，也是煤炭转化生产更高附加值产品的主要方式。

二、煤炭气化技术的发展状况

早期煤炭气化是采用固定床常压间歇水煤气法制备合成氨原料气，采用这种工艺存在煤资源有效利用率低、能耗高、生产规模小、环境污染严重的问题，传统煤气化方式显然已经不能满足新兴煤化工产业发展的要求。同时，随着我国化学工业的发展，出现了如合成甲醇、F－T合成等现代煤化工产业及以生产更高附加值产品为目标的新型工艺，其目前所采用的先进煤炭气化技术如下。

1. 固定床气化

鲁奇加压连续气化分为固态排渣和液态排渣两种气化炉型，实现了连续块煤气化技术，由于原料适用性强，单炉生产能力较大，目前在国内外得到广泛应用。固态排渣气化炉压力为 2.5~4.0 MPa，气化反应温度为 800 ℃~900 ℃，固态排渣、煤气可作为城市煤气、人工天然气、合成气使用。其缺点是气化炉结构复杂，炉内设有破黏装置、煤分布器和炉箅等转动设备，制造和维修费用大；入炉煤必须是块煤，原料来源受一定限制；出炉煤气中含焦油、酚等，污水处理和煤气净化工艺复杂。液态排渣气化炉特点是气化温度高，灰渣成熔融态排出，碳转化率高，合成气质量较好，煤气化产生废水量小并且处理难度小，单炉生产能力同比提高 3~5 倍，是一种有发展前途的气化炉。

2. 流化床气化

与固定床气化相比，流化床气化由于生产强度较固定床大，具有煤种适应性强和生产能力大等特点，在近几十年里得到了迅速的发展。已出现的技术有温克勒（Winkler）、灰熔聚（U－GAS 和 ICC）、循环流化床（CFB）和加压流化床（PFB）等。

循环流化床主要由上升管（即反应器）、气固分离器、回料立管和返料机构等几大部分组成。吹入炉内空气流携带颗粒物充满整个燃烧空间而无确定的床面，高温的燃烧气体携带着颗粒物升到炉顶进入旋风分离器，粒子被旋转的气流分离沉降至炉底入口，再循环进入主燃烧室。循环流化床气化炉操作气速范围在鼓泡流化床和气流床反应器之间，具有较大的滑移速度，使其气固之间的传热和传质速率提高。它综合了并流输送反应器和全混釜式鼓泡流化床反应器的优点，整个反应器系统的温度均匀，可使煤气化操作温度达到最大临界温度即灰熔点温度，从而有利于煤气化反应的快速进行。目前世界上已有 60 多个工厂采用，设计和在建的还有 30 多个工厂，在世界市场处于领先地位。

循环流化床气化炉基本是常压操作，若以煤为原料生产合成气，每千克煤消耗气化剂水蒸气 1.2 kg，氧气 0.4 kg，可生产煤气 1.9~2.0 m³。煤气成分中 CO 和 H_2 的体积分数>75%，CH_4 的体积分数为 2.5% 左右，CO_2 的体积分数为 15%，低于德士古气化炉和鲁奇 MK 型炉煤气中 CO_2 含量，有利于合成氨的生产。

加压流化床是对常压流化床的改进。压力的提高，提高了反应速率，缩小了气化炉的体积，大大降低了炉内的表观流速，减轻了炉内磨损，同时可用的床层压降较高，允许深层运行。高流速和高床深使气体在床内的停留时间大大延长，从而提高了气化效率。

灰熔聚流化床粉煤气化技术：以碎煤为原料（<6 mm），以空气和水蒸气为气化剂，在适当的煤粒度和气速下，使床层中粉煤沸腾，床中物料强烈返混，气固两相充分混合，床中温度均一，在部分燃烧产生的高温（950 ℃ ~ 1 100 ℃）下进行煤的气化。煤在床内实现破黏、脱挥发分、气化、灰团聚及分离、焦油及酚类的裂解等过程。

流化床反应器的混合特性有利于传热、传质及粉状原料的使用，但当应用于煤的气化过程时，受煤的气化反应速率和宽筛分物料气固流态化特性等因素影响，炉内的强烈混合状态导致了炉顶带出飞灰（上吐）和炉底排渣（下泻）中的炭损失较高。常规流化床为降低排渣的炭含量，必须保持床层物料的低炭灰比；而在这种高灰床料工况下，为维持稳定的不结渣操作，不得不采用饺低的操作温度（<950 ℃），这又决定了传统流化床气化炉只适用于高活性的褐煤或次烟煤。灰熔聚流化床粉煤气化工艺根据射流原理，设计了独特的气体分布器和灰团聚分离装置，中心射流形成床内局部高温区（1 200 ℃ ~ 1 300 ℃），促使灰渣团聚成球，借助密度的差异，达到灰团与半焦的分离，在非结渣情况下连续有选择地排出低炭含量的灰渣，提高了床内炭含量和操作温度（达 1 100 ℃），从而使其使用煤种拓宽到低活性的烟煤乃至无烟煤。

该技术可用于生产燃料气、合成气和联合循环发电，特别适用于中小氮肥厂替代间歇式固定床气化炉，以烟煤替代无烟煤生产合成氨原料气，可以使合成氨成本降低 15% ~ 20%，具有广阔的发展前景。

U‑GAS 灰熔聚于 1994 年 11 月在上海焦化厂（120 t/d）开车，长期运转不正常，于 2002 年初停运。中科院山西煤化所开发的 ICC 灰熔聚气化炉，已通过工业示范装置试运行阶段，在多家合成氨厂开始推广使用。循环流化床和加压流化床可以生产燃料气，但国际上尚无生产合成气先例。Winkler 已有用于合成气生产案例，但对粒度、煤种要求较为严格，煤气中甲烷含量较高（体积分数为 0.7% ~ 2.5%），而且设备生产强度较低，已不代表发展方向。

3. 气流床气化

流化床气化是一种并流式气化，粒度、含硫、含灰都具有较大的兼容性，国际上已有多家单系列、大容量加压厂在运作，其清洁、高效代表着当今技术发展潮流。按进料的状态分有干粉进料和水煤浆进料两种。干粉进料的主要有 K-T（Koppres-Totzek）炉、Shell-Koppres 炉、Shell 炉、Prenflo 炉、GSP 炉和 ABB-CE 炉，水煤浆进料的主要有德士古（Texaco）气化炉和 Destec 炉。

（1）德士古（Texaco）气化炉

美国 Texaco 开发的水煤浆气化工艺是将煤加水磨成质量浓度为 60%~65% 的水煤浆，用纯氧作气化剂，在高温高压下进行气化反应，气化压力在 3.0~8.5 MPa，气化温度为 1 400 ℃，液态排渣，煤气成分 CO 和 H_2 为 80% 左右，不含油、酚等有机物质，对环境无污染，碳转化率为 96%~99%，气化强度大，炉子结构简单，能耗低，运转率高，而且煤适应范围较宽。

从已投产的水煤浆加压气化装置的运行情况看，主要优点：水煤浆制备输送、计量控制简单、安全、可靠；设备国产化率高，投资省。由于工程设计和操作经验的不完善，还没有达到长期、高负荷、稳定运行的最佳状态，存在的问题还较多，主要缺点：喷嘴寿命短、激冷环和耐火砖寿命仅一年；因气化煤浆中的水要耗去煤的 8%，比干煤粉为原料氧耗高 12%~20%，所以效率稍低。

（2）Destec（Global E-GAS）炉

该炉型适合于生产燃料气而不适合于生产合成气，目前美国已建设了 2 套商业装置。气化炉分水平段和垂直段：水平段有 2 个喷嘴成 180 ℃ 对喷，借助撞击流以强化混合，克服了德士古炉速度分布的缺陷，最高反应温度约 1 400 ℃；在垂直段中，为提高冷煤气效率，采用总煤浆量的 10%~20% 进行冷激，此处的反应温度约 1 040 ℃，出口煤气进火管锅炉回收热量，熔渣自气化炉水平段中部流下，经水冷激固化，形成渣水浆排出。

Destec 气化技术的缺点为：二次水煤浆停留时间短，碳转化率较低；为了分离一次煤气中携带灰渣与二次煤浆的灰渣与残炭，设有一个分离器，加大了设备投资。

（3）Shell 气化炉

20 世纪 50 年代初 Shell 开发渣油气化成功，在此基础上，进行了煤气化的实验。Shell 气化炉壳体直径约 4.5 m，炉子下部沿圆周均匀布置在同一水面上 4 个喷嘴。炉衬为水冷壁，炉壳与水冷管排之间有约 0.5 m 间隙，作安装、检修用。

煤气携带煤灰总量的 20%~30% 沿气化炉轴线向上运动，在接近炉顶处被循环煤气激冷，温度至 900 ℃，熔渣凝固与煤气分离。煤灰总量的 70%~80% 以熔态流入气化炉底部，激冷凝固，自炉底排出。

粉煤由 N_2 携带，密相输送进入喷嘴。工艺氧（纯度为 95%）与蒸汽也由喷嘴进入，其压力为 4.3~4.5 MPa，气化温度为 1 500 ℃~1 700 ℃，气化压力为 4.0 MPa。冷煤气效率为 79%~81%，原料煤热值的 13% 通过锅炉转化为蒸汽，6% 由设备和出冷却器的煤气显热损失于大气和冷却水中。

Shell 煤气化技术有如下优点：采用干煤粉进料，氧耗比水煤浆低15%；碳转化率高，可达99%，煤耗比水煤浆低8%；调节负荷方便，关闭一对喷嘴，负荷则降低50%；炉衬为水冷壁，据称其寿命为20年，喷嘴寿命为1年。主要缺点：设备投资大于水煤浆气化技术；气化炉及废热锅炉结构过于复杂，加工难度加大。

（4）GSP 气化炉

GSP 气化炉又称为"黑水泵气化技术"，由前东德的德意志燃料研究所于1956年开发成功，目前该技术属于德国西门子公司。GSP 气化炉是一种下喷式加压气流床液态排渣气化炉，其煤炭加入方式类似于 Shell，炉子结构类似于德士古气化炉。1983年12月在黑水泵联合企业建成第一套工业装置，单台气化炉投煤量为720 t/d，1985年投入运行。GSP 气化炉目前应用很少，仅有5个厂应用，我国仅有宁煤集团已引进此技术用于煤化工项目。

三、我国煤化工（煤气化）企业调研

（一）企业调研

应用型高校的教学离不开专业理论，但更离不开实践。为了更好地开展教学研究，一线教师深入到企业进行实践调研。部分典型企业工艺调研结果如表0-1所示。

表0-1 企业调研

煤化工企业	气化方法	建厂时间	煤气用途
国电赤峰化工有限公司	加压鲁奇炉气化	2009年	合成氨、尿素
大唐内蒙古多伦煤化工有限公司	Shell粉煤气化	2009年	甲醇、烯烃
新奥集团新能源有限公司	德士古水煤浆加压气化	2006年	甲醇、二甲醚
鄂尔多斯易高能源煤化工有限公司	德士古水煤浆加压气化	2008年	甲醇
神华宁夏煤业有限公司	GSP粉煤气化	2006年	甲醇、烯烃
内蒙古伊泰煤制油有限责任公司	德士古水煤浆加压气化	2006年	柴油、石脑油
内蒙古伊东集团九鼎化工有限责任公司	德士古水煤浆加压气化	2009年	液氨、硝铵

（二）典型煤化工工艺流程

1. 年产30万吨氨、52万吨尿素工艺流程图

如图0-2所示，本工程拟采用碎煤加压气化技术，粗煤气经变换调节 H/C 比，再经冷却后，进入低温甲醇洗脱除硫和碳，液氮洗涤净化使总硫含量小于0.3 ppm[①]、一氧化碳小于5 ppm 后，经合成气压缩到14.5 MPa 进氨合成系统，采用低压合成工艺生产氨，二氧化碳气提工艺生产大颗粒尿素。

---

① 1 ppm = 10^{-6}。

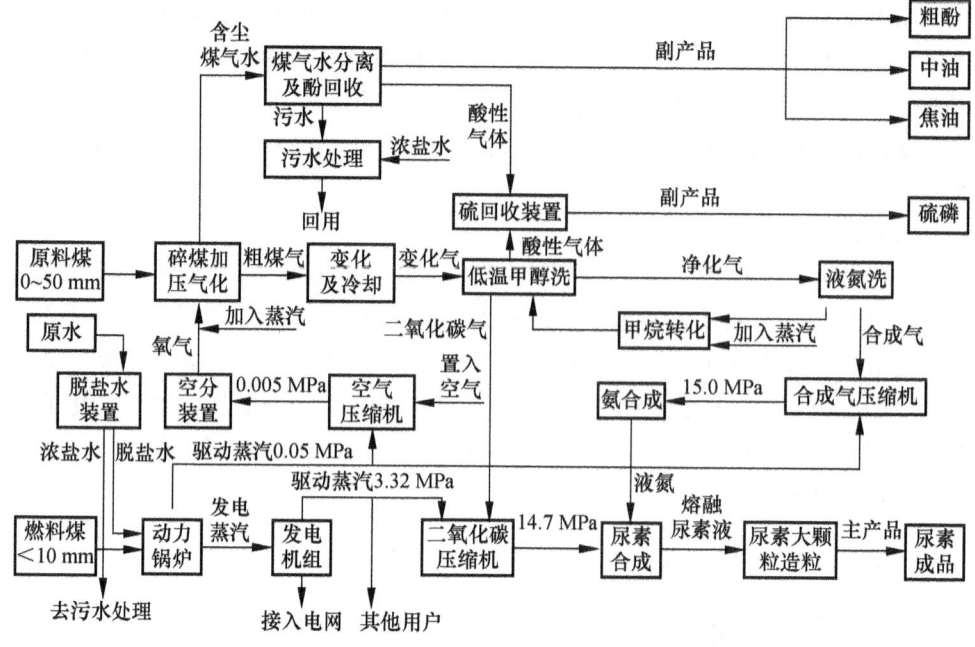

图0-2　年产30万吨氨、52吨尿素生产工艺简图

2. 年产60万吨甲醇工艺流程简图

如图0-3所示，本工程拟采用水煤浆加压气化技术，粗煤气经初步冷却到230℃～240℃后，送变换炉进行部分变换调节H/C比，再经冷却后，进入低温甲醇洗脱除硫和碳，经合成气压缩工段压缩到5.0 MPa进甲醇合成反应器，采用低压合成工艺生产粗甲醇，再经粗甲醇精制得到产品甲醇。

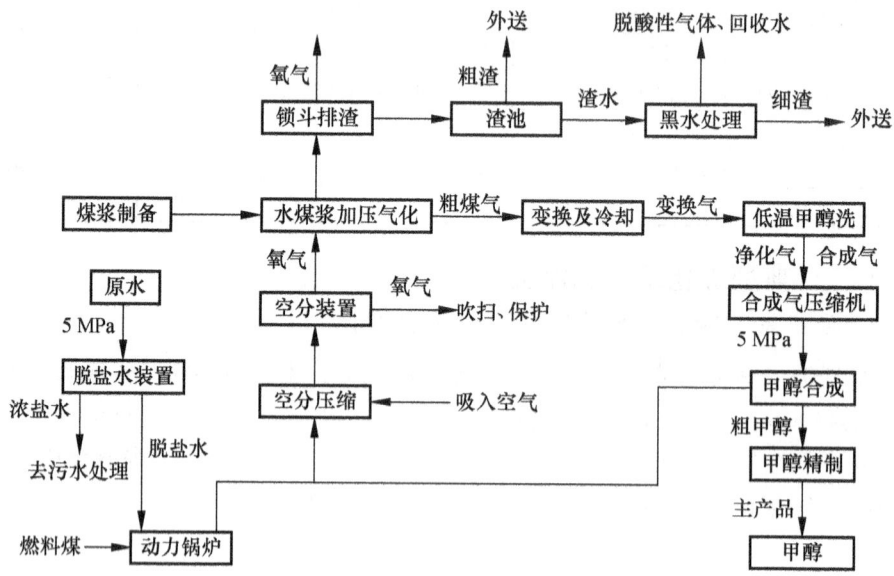

图0-3　年产60万吨甲醇生产工艺简图

(三) 岗位调研

课程内容设计遵循从企业中来，到企业中去的理念，突出"教、学、做"一体、工学结合特色，达到培养学生职业技能的目的。课题组教师深入到神华集团咸阳煤化工有限公司、国电赤峰化工有限公司、大唐内蒙古多伦煤化工有限公司进行了课程建设专项调研活动，主要了解了煤炭气化生产技术与新技术应用、生产岗位技能需求、企业对毕业生专业知识能力和综合能力要求的信息反馈等，结合课程理论知识，确定了本课程总体教学设计为：理论教学→仿真教学→煤化工教学工厂操作实训→校外实训基地生产实习→毕业设计→顶岗实习→职业资格证考取等环节。

1. 煤化工企业一般的岗位设置框图

煤化工企业一般的岗位设置框图如图 0-4 所示。

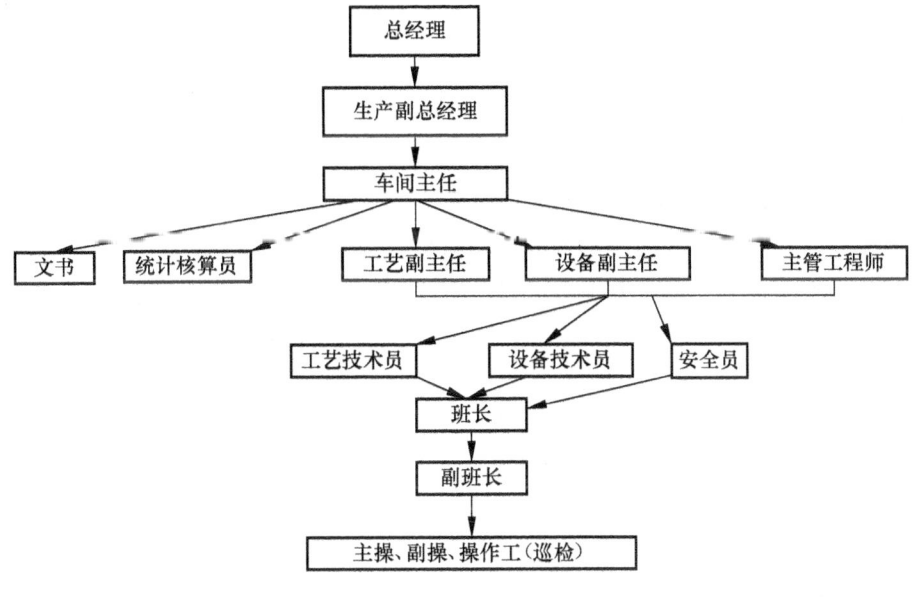

图 0-4　煤化工企业岗位设置

2. 岗位职责

1) 车间主任

（1）岗位职责

① 负责车间安全生产，全面贯彻安全生产方针，严格执行《安全生产法》《消防法》《产品质量法》《环境保护法》和企业安全、质量、环保相关规定，确保生产安全、产品质量合格、环保三废达标。

② 负责车间生产组织机构设置与调整、优化人力资源、合理调配使用人员、车间班子和班组建设。

③ 根据公司经济责任制总体方案，负责制定车间经济责任制实施细则并组

织实施。

④ 根据集团公司各项管理规章制度，负责组织起草车间员工岗位工作标准，组织制定车间成本核算、巡回检查、设备用管修供、工艺管理、工作纪律、技术进步、质量、环保、安全、技术资料等各项具体实施办法并组织落实。

⑤ 根据公司培训计划，组织制定车间员工培训实施细则，培养"四有"员工队伍。

⑥ 负责辖区生产、公用、办公等设施的管理。

（2）权利

① 根据公司生产经营计划，组织生产。

② 负责员工的管理和教育培训。

③ 管理辖区资产。

2）主管工程师

（1）岗位职责

① 认真执行国家和上级主管部门有关所在工段装置生产的工艺技术标准和技术管理工作。

② 协助车间副主任完成车间的工艺技术工作，指导操作人员进行操作，协助、指导技术员处理生产中的各类事故。

③ 落实生产和工艺管理制度的执行情况，确保工艺指标合格率达标。

④ 做好基础资料的收集整理工作，建立工艺技术档案和各类技术台账，定期完成分管的技术总结。

⑤ 负责技术员、员工的技术培训和考核。

⑥ 按时完成上级领导交办的其他工作任务。

（2）权利

① 根据公司生产经营计划稳定生产。

② 负责技术员的管理和教育培训。

③ 协助技术员处理技术问题。

（3）工作标准

① 掌握生产装置的生产要领，做到及时指正、及时处理。

② 保证装置的工艺指标合格率。

③ 协助车间主任工作，做到稳定安全生产。

3）车间副主任

（1）岗位职责

① 负责车间安全生产、全面贯彻安全生产方针，严格执行《安全生产法》《消防法》《产品质量法》《环境保护法》和企业安全、质量、环保的相关规定，确保生产安全、产品质量合格、环保三废达标，负责文明生产。

② 负责解决生产中的工艺问题，确保生产安全平稳。重大问题要及时汇报

车间主任、调度室及生产副总经理,并征得指令,以及组织事故预案的执行。

③ 对生产过程中的安全工作负责。

④ 负责开停车及检修进度计划的制订与落实。

⑤ 主持车间晨会、晚会及车间调度会。

⑥ 负责辖区生产、公用、办公等设施的管理。

(2) 权利

① 根据公司生产经营计划,制定车间生产物质的管理与组织。

② 管理辖区资产。

③ 负责工艺技术员、安全员、化工操作工的管理和教育。

(3) 工作标准

① 按时完成公司的计划生产。

② 组织生产,做到安全文明生产。

③ 协助主任按时完成车间的日常工作。

(4) 工作流程

车间副主任工作流程如图0-5所示。

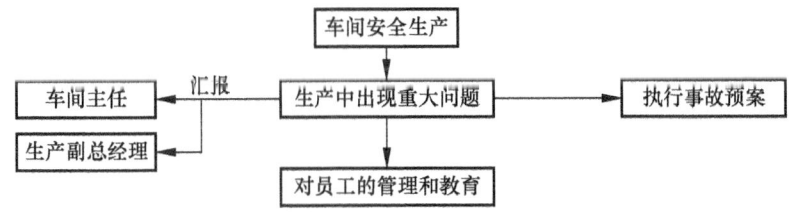

图0-5 车间副主任工作流程

4) 工艺技术员

(1) 职业能力

① 负责解决生产中存在的工艺技术问题,对影响安全、质量、环保、负荷、设备的工艺技术问题组织技术攻关,对生产瓶颈提出技改方案。

② 每天对所管工号进行巡检,对存在的问题及时处理解决,做到事不过夜。

③ 负责装置或设备检修的工艺交出、检修后试车投用、开停车、事故处理、工况调整的技术安全把关。

④ 制订培训计划,负责岗位员工的技术培训和考核。

⑤ 负责组织工艺事故分析并制订方案措施。

⑥ 负责检查生产原料、各种物料、三剂、产品质量控制分析及"三废"排放情况。

⑦ 负责本工号的现场管理。

(2) 权利

① 负责对空干站、压缩机组、所在工段的工艺管理和生产管理。

② 负责员工的专业知识和技能教育培训。
(3) 工作标准
① 每天对运行设备，备用设备进行检查2～3次，做好设备运行台账。
② 每天对运行的工艺指标进行检查并做记录，做好工艺台账，运行指标控制完好。
③ 对装置的联锁进行检查，做到联锁投用完好。
④ 生产中出现的问题及时处理做到事不过夜。
(4) 工作流程
工艺技术员工作流程如图0-6所示。

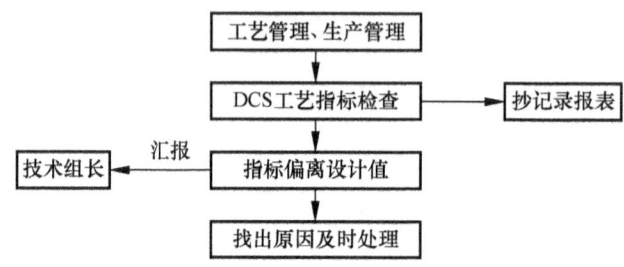

图0-6 工艺技术员工作流程

5) 设备技术员
(1) 职业能力
① 负责设备档案、技术资料、图纸、固定资产台账的管理和填写工作，搞好设备基础管理，及时准确填报各种机动报表和台账。
② 负责对本工号设备的日常巡检、监督检查设备使用情况，下达检修任务书并监督执行，严格控制检修质量，保证检修任务按时完成。
③ 负责对检修备件的领用，并对备件的表面质量和结构尺寸进行把关和复核，保证提供完好的备件，并负责对加工件进行测绘、制图和下达工作任务。
④ 对本工号设备存在的问题和隐患，积极进行分析和研究，并制订相应的方案进行解决，或制订技术改造方案。
⑤ 对设备事故积极组织研究和分析，汇总处理意见和预防措施，总结事故教训，并负责编写设备事故报告。
⑥ 负责职工培训，使检修人员按检修规程检修，操作人员做到"三懂、四会"，严格按操作法执行操作。提高工人的操作和维修水平。
(2) 权利
① 负责对工段的设备管理和技术管理。
② 依据公司机动技术管理规定，贯彻执行设备动力管理制度和技术规程，指导操作、维修工人搞好设备的正确使用、维护和检修。
③ 负责编制本工号的设备大、中、小修计划，材料备件计划，制订相应的

检修方案，编写检修规程，并按规定上报机动部。

④ 负责固定资产管理，搞好设备更新改造调拨计划的编制。

⑤ 负责设备防腐、保温、密封、润滑和压力容器的正常管理，编报相应的维护、维修计划。

（3）工作标准

① 根据生产情况每月按时上报检修计划。

② 做好设备管理工作，保证各自分管的设备运行完好率。

③ 按检修计划做好检修备品备件，做到检修不缺备品备件。

④ 对检修设备的质量负责。保证检修合格率。

⑤ 按时完成上级领导下达的任务。

（4）工作流程

设备技术员工作流程如图 0-7 所示。

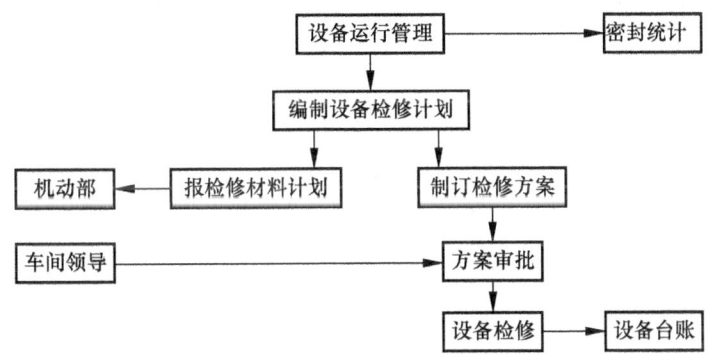

图 0-7 设备技术员工作流程

6）安全员

（1）岗位职责

① 贯彻和执行国家、本企业劳动保护法规、政策，落实车间的安全教育工作，对车间日常生产中的安全负责。

② 负责编制或修定车间有关安全环保管理制度、安全环保管理措施和技术规程，并监督实施。

③ 坚持现场管理，及时检查处理不安全因素，同时做好记录。

④ 负责车间消防器材的管理，以及员工安全方面的技术培训。

⑤ 负责组织经常性的安全活动，定期进行安全检查，做到项目有登记、有整改、有记录。

⑥ 参加各类有关事故的调查和处理，提出意见并填写车间事故报告。

⑦ 对车间安全环保工作提出奖惩建议，对车间违背安全环保规程、制度的人和事进行制止并提出处理意见。

（2）权利

① 根据公司生产经营计划，主要负责车间的安全环保工作。

② 负责新来员工、在职员工的安全教育和培训。

③ 对车间安全、消防器材管理。

（3）工作标准

① 按时对车间的安全，消防设施进行定期更换，做到无过期产品。

② 对车间的检修票证进行管理，做到凭票干活，无票不干活。

③ 做到全年无安全事故发生。

（4）工作流程

安全员工作流程如图 0-8 所示。

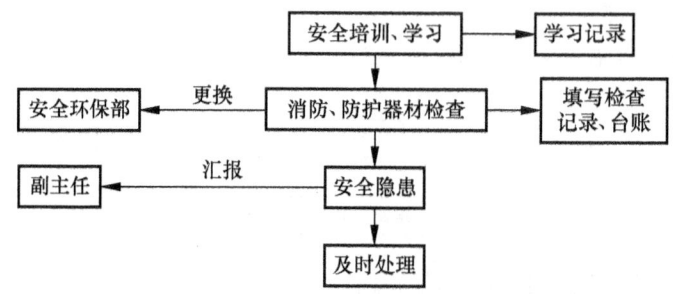

图 0-8 安全员工作流程

7）班长

（1）岗位职责

① 在车间主任领导下，负责本班全面工作。业务上受分管副主任和技术员的专业管理，负责当班期间设备及人员的安全，负责上下级的沟通及人员调度，服从厂生产调度处的指挥。

② 贯彻执行厂各项操作规程、车间安全规程、厂安全总则等规章制度及车间的有关规定，按照正常工艺指标组织安全生产，经济运行，完成生产任务。

③ 凡操作条件发生重大改变及开停机器设备时，都要亲临现场检查指挥，对要交出的检修设备，负责组织安全处理，对检修后的设备，负责组织试车、验收，负责签发当班工作票、动火票。

④ 当生产不正常或发生事故时，必须立即指挥本班人员进行处理，紧急情况有权先停车后汇报。

⑤ 按照工作作风、卫生管理、生产管理、技术培训、宣传报道量化指标对当班人员检查、督办、考核，按照轮班经济责任制，发放当班人员的奖金。

⑥ 认真执行交接班制度，组织开好班前班后会，传达领导指示，布置生产任务，总结当班工作，表扬好人好事，批评不良行为。

（2）权利

① 带领全班完成所在工段的生产任务。

② 有一定的组织能力，能够带领全班完成车间交办的所有任务。
③ 熟练掌握所在工段工艺操作以及开停车操作、事故处理等。
④ 熟悉并掌握所在工段装置全流程。

（3）工作标准

① 每月不定期对各岗位的安全生产进行检查。半个工作日内对上报的重大隐患做出决定，对已发生的重大事故，及时上报。
② 对上报的统计资料进行分析，发现问题，及时解决。
③ 定时配合车间组织召开车间、班组会议。
④ 学习公司车间文件、签字。

（4）工作流程

班长的工作流程如图 0-9 所示。

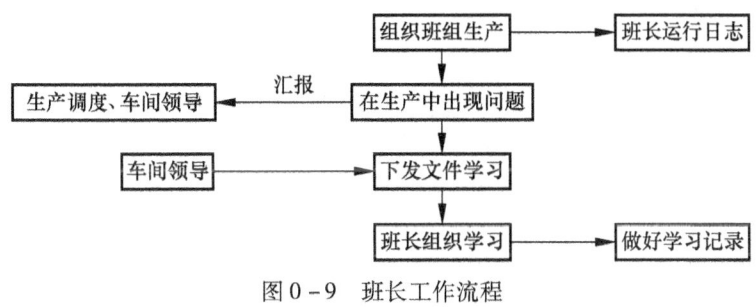

图 0-9　班长工作流程

8）副班长

（1）岗位职能

① 在班长的领导下，负责本班的一部分事务。业务上受分管副主任和技术员的专业管理，副班长在班长领导下完成分管工作，当班期间服从厂生产调度处的指挥。
② 贯彻执行各项操作规程、车间安全规程、厂安全总则等规章制度及车间的有关规定，负责组织安全生产，经济运行，完成生产任务。
③ 凡操作条件重大改变，开停机器设备，都要亲临现场检查指挥，对要交出的检修设备，负责组织安全处理，对检修后的设备，负责组织试车、验收，负责签发当班工作票、动火票。
④ 当生产不正常或发生事故时，必须立即指挥本班人员进行处理，紧急情况有权先停车后汇报。
⑤ 认真执行交接班制度，组织开好班前班后会，传达领导指示，布置生产任务，总结当班工作，表扬好人好事，批评不良行为。

（2）权利

① 协助班长带领全班完成所在工段的生产任务。
② 有一定的组织能力，能够带领全班完成车间交办的所有任务。
③ 负责班组安全工作，具有一定的安全消防知识。

(3) 工作标准

① 熟悉并掌握所在工段工艺全流程，熟练掌握所在工段工艺操作，开停车、事故处理。

② 积极配合班长完成生产任务。

③ 按时检查装置区域的消防设施，并对区域内安全负责，做好班组安全活动记录。

(4) 工作流程

副班长的工作流程如图 0-10 所示。

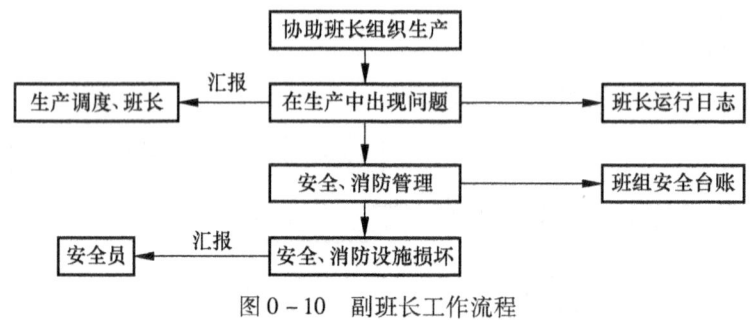

图 0-10　副班长工作流程

9) 操作员

(1) 岗位职能

① 在班长、副班长的领导下生产，听从指挥，完成工作。

② 严格遵守操作规程、车间安全规程、厂安全总则等规章制度，执行上级指示。

③ 生产中如需改变重要操作，得到班长、技术员同意后方可改变，紧急情况可先执行后汇报，对违章指挥可拒不执行，并需越级汇报，对违章作业及外来人员有权禁止。

④ 发现生产异常应及时分析、调整、汇报岗长，组织处理。紧急情况可先处理或停车后汇报。

⑤ 负责好本岗位检修前的工艺处理，监护检修工作，并参加验收，有权禁止违反安全规程的检修工作。

⑥ 熟悉防护器材、防毒面具的使用方法，负责对徒工、实习人员的培训工作。

⑦ 对 CRT 盘面随时调出曲线图、流程图、报警系统监护，并记录报表。

⑧ 严格遵守劳动、工艺纪律，未经班长许可不得离开岗位或干与生产无关的工作，若违反导致事故，如实书写事故经过并根据情况进行处理，情节严重者要负法律责任。

(2) 权利

① 在中控或现场岗位完成所在工段的生产任务。

② 有一定的配合、沟通能力，能完成车间交办的所有任务。

③ 有权拒绝违章指挥。
④ 有权拒绝对不安全设备进行操作。

（3）工作标准

① 熟悉并掌握所在装置工艺流程，牢记装置操作工艺指标。
② 熟练掌握所在工段工艺操作以及开停车操作、简单的事故处理。
③ 对各类消防设施，救护设施熟练掌握操作。

（4）工作流程

操作员的工作流程如图 0-11 所示。

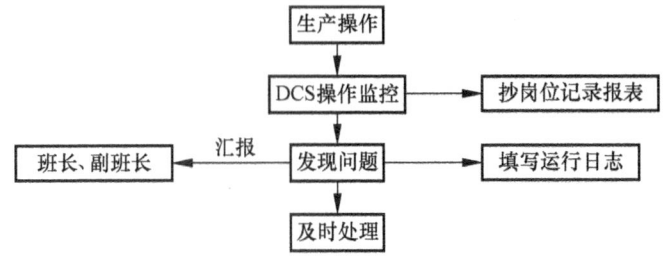

图 0-11 操作员的工作流程

四、本课程教学内容

本课程内容是以原料到产品的加工工艺过程为主线，介绍生产过程原理、设备结构、设备工作原理、工艺参数的调节、工艺流程等内容（如表 0-2 所示），所采用的教学方法是项目导向任务驱动的项目教学法。

表 0-2 教学内容

教学内容	教学方法	教学手段	未来的工作岗位	
			毕业后从事岗位	未来发展岗位
基础知识模块：煤炭气化生产的准备、空气分离生产的准备	讲授法、讨论法、演示法、练习法、实验法	网络、多媒体、仿真软件、煤化工教学工厂、模型	操作员（巡检）	中控副操↓中控主操↓副班长↓班长↓技术员↓车间副主任↓车间主任↓工程师
气化生产过程模块：固定床气化生产工艺流程、流化床气化工艺、气流床气化工艺	讲授法、讨论法、演示法、练习法、实验法	网络、多媒体、仿真软件、煤化工教学工厂、模型		
煤气净化过程模块：粗煤气的除尘、脱硫、变换的原理及典型工艺流程和主要设备等	讲授法、讨论法、演示法、练习法、实验法	网络、多媒体、仿真软件、煤化工教学工厂、模型		
化工产品合成模块：合成氨、合成甲醇、二甲醚的生产等合成过程	讲授法、讨论法、演示法、练习法、实验法	网络、多媒体、仿真软件、煤化工教学工厂、模型		

通过任务驱动法实施教学，将每一个模块分为若干个小任务进行驱动，任务层层递进，逐步深入，教师讲解与学生查阅资料、仿真实训、教学工厂实践、生产实习等实践环节相结合，以生动的多媒体画面、动画为载体，使学生获得知识的同时训练学生分析问题、解决问题、归纳总结问题的能力。

通过"煤炭气化工艺与操作"课程内容的学习，学生除了掌握每一个项目知识目标、能力目标的要求以外，同时还应培养起必要的素质目标。

① 较强的人际沟通能力、团队协调能力。

② 具有创新精神和实践能力。

③ 具备较强的自学能力、社会实践能力和社会适应能力。

④ 具有自我认知能力，有参与主动完成工作的意识。

⑤ 具有化工生产规范操作意识，良好的观察力、逻辑判断力、紧急应变能力。

⑥ 具有初步的日常工作管理能力。

模块一

基础知识

项目一

煤炭气化生产的准备

教学目标：

（1）知识目标
① 掌握煤炭气化原理及煤炭气化方法。
② 熟悉、理解煤炭气化过程的理论基础与煤气平衡组成的计算。
③ 了解煤炭地下气化技术。
④ 理解气化过程的评价指标。
（2）能力目标
① 能够根据煤炭气化反应原理选择煤炭气化的方法。
② 会判断煤气化时的主要影响因素。
③ 会解释温度、压力对气化的影响。
④ 会分析原料煤的性质对气化的影响，能根据选定的气化炉选择合适的原料煤。

任务一　气化方法的选择

一、气化技术分类

气化技术 $\begin{cases} \text{地面气化——将煤从地下挖掘出来后再经过各种气化技术获得煤气的方法} \\ \text{地下气化——将未开采的煤炭有控制地燃烧，通过对煤的热化学作用生产煤气的过程} \end{cases}$

二、地面气化技术

气化介质 $\begin{cases} \text{富氧气化——气化剂是富氧空气} \\ \text{纯氧气化——气化剂是氧气} \\ \text{水蒸气气化——气化剂是水蒸气} \\ \text{加氢气化——气化剂是氢气，即煤与氢气反应生成甲烷的过程} \end{cases}$

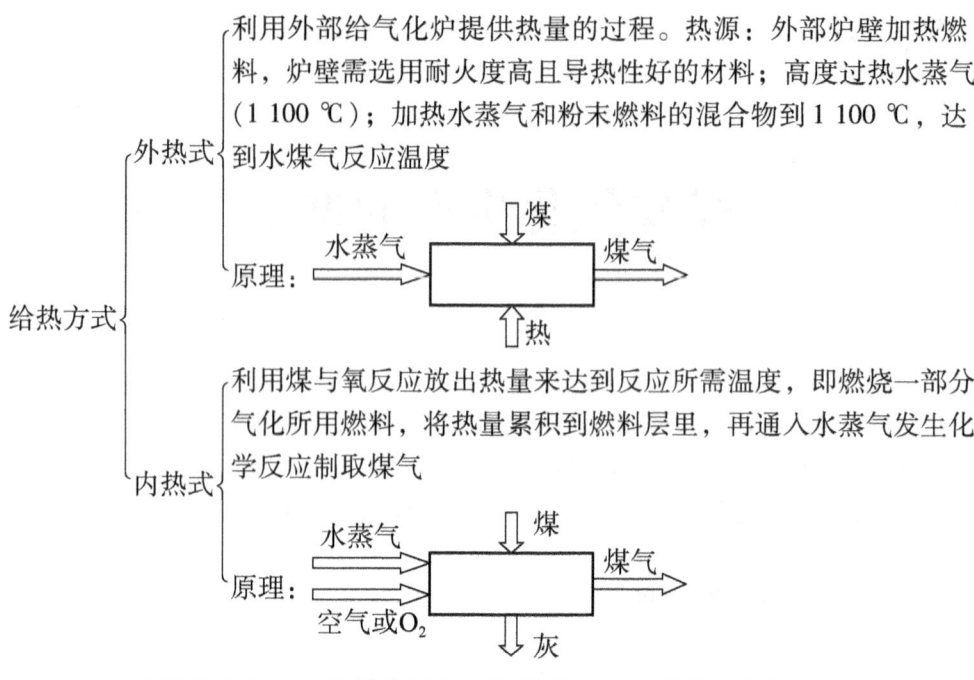

入炉煤块度——粉煤炭气化、块煤炭气化、煤浆气化等

其他分类｛燃料在炉内状况——移动床气化、沸腾床气化、气流床气化、熔融床气化

三、地下气化技术

1. 煤炭地下气化技术概况

煤炭地下气化可用于煤层薄、深部煤层、急倾斜煤层等，能有效地提高煤炭资源的利用率。其过程集建井、采煤、气化工艺为一体，省去了传统的采煤机械设备和地面气化炉等诸多复杂笨重设施。其实质是变物理采煤为化学采煤，具有安全性好、投资少、效率高、污染少等优点，被誉为第二代采煤方法。

目前，山东、山西、内蒙古、贵州、河南、四川、辽宁等地区都在引入煤炭地下气化技术，使"报废"的煤炭资源得到充分利用。

2. 煤炭地下气化原理

煤炭地下气化是煤与气化剂发生热化学作用转化为煤气的过程。如图 1-1-1 所示，从地表沿煤层开掘两个钻孔 1 和 2，两孔底部与一水平通道 3 相连，图中 1、2、3 所包围的整体煤堆为气化盘区 4。气化时，在钻孔 1 处点火并鼓入空气燃烧，此时，在气化通道的一端形成燃烧区，其燃烧面成为火焰工作面。生成的高温气体沿水平通道 3 向前，同时把热量传给周围的煤层，随着煤的燃烧，气化区逐渐扩及整个气化盘区，高温气体流向钻孔 2，由钻孔 2 得到焦油和煤气。

气化过程中，水平通道3内由4个区来共同完成整个气化过程，即燃烧区（Ⅰ）、还原区（Ⅱ）、干馏区（Ⅲ）和干燥区（Ⅳ）。

3. 地下气化煤气的组成

$\varphi(CO_2)$，9%~11%；
$\varphi(CO)$，15%~19%；
$\varphi(H_2)$，14%~17%；
$\varphi(CH_4)$，1.4%~1.5%；
$\varphi(O_2)$，0.2%~0.3%；
$\varphi(N_2)$，53%~55%。

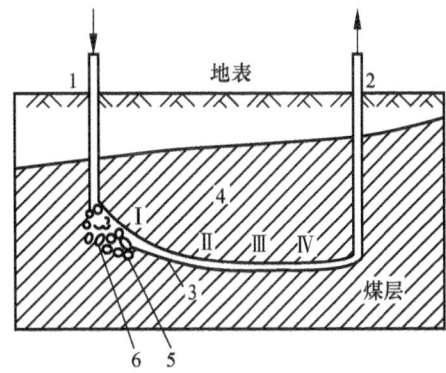

图1-1-1 地下气化示意图

1,2—钻孔；3—水平通道；4—气化盘区；
5—火焰工作面；6—崩落的岩石；Ⅰ—燃烧区；
Ⅱ—还原区；Ⅲ—干馏区；Ⅳ—干燥区

四、煤气

1. 定义、有效成分及用途

定义：煤气是指气化剂通过炽热固体燃料层时，所含游离氧或结合氧将燃料中的碳进行转化而成的可燃性气体。

有效成分：一氧化碳、氢气、甲烷等。

用途：化工原料、城市煤气、工业燃气等。

2. 分类

以空气、富氧、水蒸气为气化剂，反应温度在800 ℃~1 800 ℃，压力在0.1~6.5 MPa下生成的发生炉煤气分类如下：

工业煤气
- 空气煤气——定义：以空气为气化剂生成的煤气。
  主要成分：N_2，CO，CO_2，H_2。
  特点：热值低，主要作为化学工业原料，煤气发动机燃料等
- 混合煤气——定义：以空气和适量水蒸气的混合物为气化剂生成的煤气。
  主要成分：N_2，CO，H_2，CO_2。
  特点：工业上一般用作燃料
- 水煤气——定义：以水蒸气为气化剂生成的煤气。
  主要成分：H_2，CO，CO_2，N_2。
  特点：H_2和CO的体积分数达85%以上，一般用作化工原料
- 半水煤气——定义：以水蒸气加适量的空气或富氧空气为气化剂生成的煤气。
  主要成分：H_2，CO，N_2，CO_2。
  特点：H_2与CO的总量是N_2质量的3倍，一般用来合成氨。

任务二 生产的准备

一、煤气的组成及性质

1. 加压固定床气化炉煤气组成及用途

以褐煤为原料,氧气和水蒸气为气化剂加压鲁奇炉气化煤气的组成,如表 1-1-1 所示,热值为 11 903 kJ/m³。

表 1-1-1 加压鲁奇炉生产煤气的组成

气体分子式	体积分数	气体分子式	体积分数	气体分子式	体积分数
CO_2	32.0%	H_2S	0.2%	CH_4	12.5%
O_2	0.2%	CO	14.5%	N_2	1.0%
C_2H_4	0.2%	H_2	38.3%	其他	1.1%

除了表 1-1-1 所示的煤气组成外,煤气中还含有焦油、半焦、轻质油、氨等化合物。因为一氧化碳含量少,所以这种气化方式多用于合成氨工业原料气生产。

2. 加压流化床气化炉煤气组成及用途

以烟煤为原料,氧气和水蒸气为气化剂灰熔聚气化煤气的组成,如表 1-1-2 所示,热值为 11 166 kJ/m³。

表 1-1-2 灰熔聚气化煤气的组成

气体分子式	体积分数	气体分子式	体积分数	气体分子式	体积分数
CO_2	17.9%	$H_2S + COS$	微量	CH_4	5.6%
O_2	0.3%	CO	31.4%	$N_2 + Ar$	0.9%
C_2H_4	0.2%	H_2	41.5%	CH_2	7.7%

除了表 1-1-2 所示的煤气组成外,煤气中还含有焦油、半焦、轻质油、氨等化合物,因为一氧化碳和氢气的体积分数大于 70%,甲烷含量少,所以多用于合成甲醇工业生产。

3. 气流床气化炉煤气的组成及用途

① 以褐煤为原料,氧气和水蒸气为气化剂。德士古气化煤气的组成,如表 1-1-3 所示,热值为 22.9 MJ/kg。

表 1-1-3 德士古气化煤气的组成

气体分子式	体积分数	气体分子式	体积分数	气体分子式	体积分数
CO_2	18.46%	H_2S	0.14%	CH_4	0.11%
O_2	0.3%	CO	38.4%	$N_2 + Ar$	1.48%
COS	0.006%	H_2	41.35%	CH_2	7.7%

煤气中不含有焦油、半焦、轻质油、氨等化合物，因为一氧化碳和氢气的体积分数为80%左右，甲烷含量少，所以多用于合成甲醇工业生产。

② Shell气化炉煤气的组成及用途。以烟煤为原料，氧气和水蒸气为气化剂。Shell气化煤气的组成如表1-1-4所示。

表1-1-4 Shell气化煤气的组成

气体分子式	体积分数	气体分子式	体积分数	气体分子式	体积分数
CO_2	1.6%	H_2S+COS	微量	CH_4	5.6%
O_2	0.3%	CO	65.6%	N_2+Ar	0.9%
C_2H_4	0.2%	H_2	28.7%	CH_2	7.7%

此煤气因为不含有焦油、半焦、轻质油、氨等化合物，同时一氧化碳和氢气的体积分数大于90%，所以多用于合成甲醇工业生产。

二、气化原料煤的选择

影响煤炭气化的因素有很多，原料煤的性质是影响气化过程因素之一，包括煤中水分、灰分、挥发分和硫分对气化的影响；煤的粒度、机械强度和热稳定性对气化的影响；煤的灰熔点、结渣性、反应性、黏结性对气化的影响。原料煤的选择不同，也会影响到煤气的组成、煤气产率，消耗指标，焦油组成和产率。

1. 气化用煤的分类

煤种不仅影响气化产品的产率与质量，而且关系到气化的生产操作条件。所以，选择气化用煤必须结合气化方式和气化炉的结构进行，也要考虑充分利用资源。

根据气化用煤的主要特征，将气化用煤大致分为以下四类：

➢ 第一类，气化时不黏结也不产生焦油。
➢ 第二类，气化时黏结并产生焦油。
➢ 第三类，气化时不黏结但产生焦油。
➢ 第四类，气化时不黏结，能产生大量的甲烷。

2. 煤炭的性质对气化的影响

（1）煤中水分对气化的影响

对常压气化来讲，气化用煤中水分含量过高，气化时煤未被充分干燥后进入干馏段，影响干馏正常进行，进入气化段降低炉膛温度，使煤气的生成反应速率明显下降，从而降低了煤气的产率和气化率。

对加压气化来讲，由于炉膛高，允许水分含量高点，干燥后气孔吸附气化剂的能力增强，气化速度加快，有利于气化。

炉型不同对气化用煤的水分含量要求也不同：固定床，要求气化炉顶部温度必须高于煤气的露点温度，含水多有可能在顶部出现液态水；水分含量多使煤粒的热稳定变差，飞灰损失增加，后期废水处理费用增加，所以水分控制在8%～10%。流化床和气流床，含水量多会影响颗粒的流动性，因此要求含水量小于5%。

结论：针对不同的炉型和气化条件选择气化用煤的含水量指标。

（2）灰分含量对气化的影响

煤中灰分高，不仅增加了运输费用，而且对气化产生影响。不利方面：气化剂和碳表面的接触面积减少，降低了气化效率；增加灰处理量，同时残碳损失也必然增加；消耗指标增加，净煤气产率下降。有利方面：使用高灰煤的同时也降低了气化的成本。

（3）挥发分对气化的影响

挥发分的多少影响煤气的组成，当煤气用作燃料时，要求甲烷含量高、热值大，选用挥发分较大的煤为原料。用作工业生产的合成气时，要求使用低挥发分、低硫的无烟煤、半焦或焦炭，因为变质程度浅的煤产生的焦油量大，易堵塞管道阀门，同时增加了含氰废水处理量。例如，合成氨工业要求挥发分小于10%。

结论：根据煤气的用途来选择不同质量的原料煤。如果是作为城市煤气，要选择挥发分高的煤作为气化原料；如果是作为化工合成气，要选择挥发分低的煤。

（4）硫分对气化的影响

气化用原料煤硫越低越好，在煤气中硫大部分以H_2S和CS_2的形式存在。如果制得的煤气用作燃料时，会产生SO_2排放到大气中污染环境。用作合成原料气时，会使催化剂中毒，增加后续工段的负担。

结论：所以气化原料煤中硫含量越少越好。

（5）粒度对气化的影响

原料煤的粒度越大，传热越慢，煤粒内外温差越大，煤粒内焦油蒸气的扩散和停留时间增加，焦油的热分解加剧。煤的粒度太小，气化时颗粒有可能被带出去，从而使炉子的气化效率下降；煤的粒度太大，颗粒容易沉降造成残炭损失。为了满足煤炭既不被带出又要减少灰渣的残炭量，可以从气流的流速来考虑。

结论：为了避免未被气化的煤被吹出，对气化炉实际生产力有一定的限制，飞灰损失不应超过入炉煤总量的1%和煤气的速度最大为0.9～0.95 m/s。

（6）燃料的灰熔点和结渣性对气化的影响

煤灰熔融点的两方面含义是：采用液态排渣的最低温度；采用固体排渣的最高温度。灰熔融点的大小与灰的组成有关，若灰中SiO_2和Al_2O_3的比例越大融化温度范围越大，而Fe_2O_3和MgO等碱性成分比例越高，则融化温度越低。若采用固态排渣方式气化，气化温度过高，超出煤灰熔融点，固定床气化炉内炉渣结成大块，气化炉内部出现沟流、偏析等现象，使煤气出口温度升高、气化效率下降。若采用液态排渣方式气化，气化温度低于灰熔融点，煤灰未熔融而排出气化炉，造成堵塞，甚至停产。

结论：气化温度高有利于气化，但煤灰熔融点决定了气化的温度，对于选定的气化炉可以通过添加一定比例的调节剂来调整煤的灰熔融点，尽量避免结渣或堵塞。

(7) 煤的黏结性对气化的影响

选择有黏结性的煤作为气化原料，存在燃料层不易控制、所产煤气的热值较低、气化能力和气化效率低、氧气消耗量大等几个方面的问题。

结论：黏结性高的煤进行降黏处理后进行气化。采取的措施：加装搅拌器或瘦化处理（加入惰性物质降黏）。

(8) 煤的反应性对气化的影响

反应性随煤化程度的加深而降低，反应性主要影响气化过程的起始反应温度，反应性越高，则发生反应的起始温度越低，反应速度越快。煤的起始温度分别为：褐煤大约 650 ℃；焦炭为 843 ℃。

结论：反应性好的煤，煤炭气化的速度快，煤气的产率高，所以从反应性单一因素选择反应性好的煤。

(9) 煤的机械强度和热稳定性对气化的影响

机械强度差的煤在运输过程中，容易因碰撞破碎成粉状颗粒，造成燃料损失，进入气化炉后，粉状燃料的颗粒容易堵塞气道，造成炉内气流分布不均，严重影响气化效率。

热稳定性差的煤，随着气化的温度升高，煤易破碎成粉末和细粒，对移动床内的气流均匀分布和正常流动造成严重影响。

结论：对原料煤要求机械强度高，热稳定性好。而对于无烟煤，保证了热稳定性，而机械强度差，所以选择无烟煤作为气化的原料能够保证热稳定性。

3. 选择不同的原料煤对气化的影响

(1) 对煤气组成的影响

压力越大，同一种煤气化得到的煤气中甲烷含量越高，煤气的发热值越高，同一操作压力下，煤气发热值由高到低的顺序依次是：褐煤 > 气煤 > 无烟煤，由于随着煤化程度的提高，煤的挥发分逐渐降低，煤气中甲烷含量降低。如图 1-1-2、图 1-1-3 所示。

(2) 对煤气产率的影响

煤中挥发分越高，转变为焦油的有机物就越多，煤气的产率下降。此外，随着煤中挥发分的增加，粗煤气中的二氧化碳是增加的，这样在脱除二氧化碳后的净煤气产率下降得更快。煤中挥发分与煤气产率、干馏煤气量之间的关系如图 1-1-4 所示。

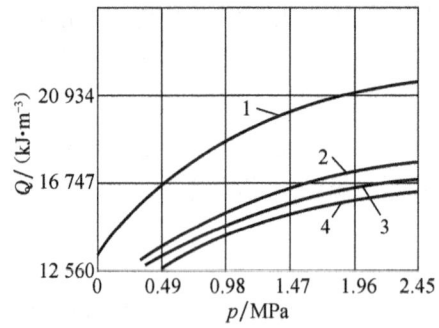
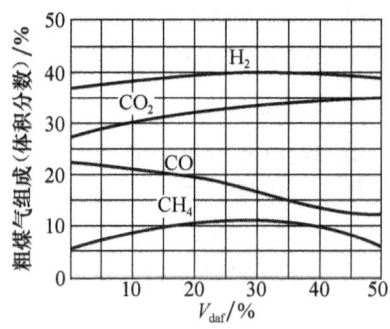

图1-1-2 煤种与净煤气发热值的关系
1—热力学平衡态；2—褐煤；3—气煤；4—无烟煤

图1-1-3 粗煤气组成和挥发分的关系

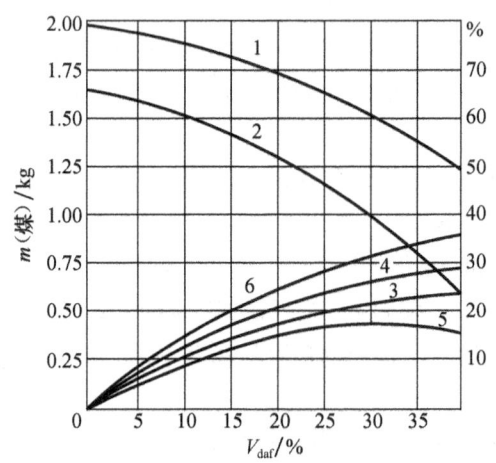

图1-1-4 煤中挥发分与煤气产率、干馏煤气量之间的关系
1—粗煤气产率；2—净煤气产率；3—干馏煤气占净煤气体积百分比；4—干馏煤气占净煤气热能百分比；
5—干馏煤气占粗煤气体积百分比；6—干馏煤气占粗煤气热能百分比

（3）对消耗指标的影响

煤的粒度减小，相应的氧气和水蒸气消耗将增大。煤炭气化过程主要是煤中的碳和水蒸气反应生成氢，需要消耗自身一部分碳来提供热量，所以随着煤化程度的加深，气化时消耗的水蒸气、氧气等气化剂的数量也相应增大。

各种煤的消耗指标在同一干燥无灰基条件下表示时，产生差别的原因之一是固定碳含量，碳含量多，进入气化段的碳也多，则消耗的氧和水蒸气也多；原因之二是不同的煤活性不同，活性高的煤有利于甲烷生成，氧消耗少；另外，灰分和水分的存在也影响指标消耗，水分和灰分含量越多，则氧耗越多。

水蒸气消耗量、水蒸气分解率、水蒸气分解量、气体热值和气体组成之间的关系如图1-1-5所示。水蒸气的消耗量是气化过程非常重要的一个指标。

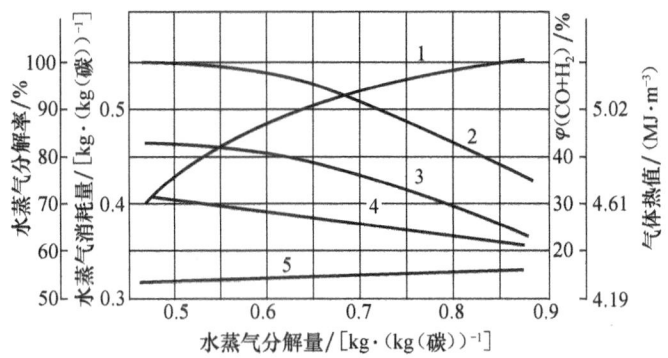

图1-1-5 水蒸气消耗量、水蒸气分解率、水蒸气分解量、气体热值和气体组成之间的关系
1—水蒸气分解量；2—气体热值；3—水蒸气分解率；4—CO含量；5—H_2含量

在气化炉的生产操作过程中，为了防止炉内结渣，一般是通过控制加入的水蒸气量来实现的。但过分增加蒸汽用量，煤气的质量有所下降。由于不同煤种的组成不同，活性差别较大，在气化时，所需的水蒸气用量也不同。一般来讲，气化1 kg无烟煤需水蒸气0.32～0.50 kg，气化1 kg褐煤需水蒸气0.12～0.22 kg，气化1 kg烟煤需水蒸气0.20～0.30 kg。

水蒸气的分解率除了和气化温度有关外，还与其消耗量有关。从图1-1-5可以看出，随着水蒸气消耗量的增加，水蒸气的分解量是增加的，如曲线1所示，然而，水蒸气的分解率却是下降的，如曲线3所示。蒸汽分解率的显著降低，将会使后续冷却工段的负荷增加，而且对水蒸气来讲也是一种浪费。

煤气组成受气化剂消耗量的影响也非常大。随着蒸汽消耗量的增大，气化炉内 $CO + H_2O \rightleftharpoons CO_2 + H_2$ 的反应增强，使得煤气中的一氧化碳含量减少，氢气和二氧化碳的含量增加。

（4）对焦油组成和产率的影响

焦油分为重焦油和轻焦油。一般来说，变质程度较深的气煤和长焰煤比变质程度浅的褐煤焦油产率大，而变质程度更深的烟煤和无烟煤，其焦油产率却更低。

三、气化原料煤的制备

原料煤的制备属于煤炭气化工艺中的一部分内容，具体包括：块煤的制备、水煤浆的制备、粉煤的制备。这部分内容将在煤炭气化篇中做详细的介绍。

任务三 应用生产原理确定工艺条件

煤炭气化是指煤或煤焦与气化剂（空气、氧气、水蒸气、氢等）在一定温度及压力下发生化学反应，将煤或煤焦中有机质转化为含有 CO、H_2、CH_4 等可燃气体和 CO_2、N_2 等非可燃气体的过程。煤炭气化过程如图1-1-6所示。

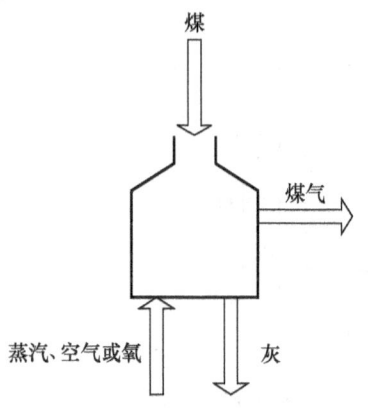

图 1-1-6 煤炭气化过程

煤炭气化时，必须具备 3 个条件，即气化炉、气化剂、供给热量，三者缺一不可。

煤气化是一个热加工转化过程，会发生一系列复杂的物理、化学变化，主要包括干燥、热解、气化及燃烧 4 个阶段。

一、气化过程的主要化学反应

1. 煤气化过程的几个阶段

① 干燥。气化所用的原料煤通常含有一定的水分，煤料进入气化炉后，随着温度的逐渐升高，煤中水分会受热蒸发，从而使煤料得到干燥。

② 热解。煤料在气化炉内经过干燥以后，随着温度的进一步升高，上升气流中已经没有氧气，所以煤分子会发生热分解反应，生成一定数量的挥发性物质（包括干馏煤气、焦油及热解水等）。同时，煤料中不能挥发的部分形成半焦。

③ 气化。煤热解后形成的半焦在更高的温度下与通入气化炉的气化剂（水蒸气）发生化学反应，生成以 CO、H_2、CH_4 及 CO_2、N_2、H_2S、H_2O 等为主要成分的气态产物，即粗煤气。

④ 燃烧。由于煤与气化剂之间发生的水煤气生成反应为强吸热反应，同时需要保证气化反应能够在较高的气化炉操作温度下快速、连续进行，因此一般通过使煤料中的部分碳与气化剂中的氧发生燃烧反应的方式来为气化过程提供必要的热量。

2. 煤气化过程中的基本化学反应

煤气化过程中的基本化学反应主要包括煤的热解反应、气化反应及燃烧反应，使用不同的气化剂，选用不同的炉型可制取不同种类的煤气，但主要反应基本相同。仅考虑煤中主要元素碳，即煤的气化过程仅有碳、水蒸气和氧参加，碳与气化剂之间发生一次反应，反应产物再与燃料中的碳或其他气态产物之间发生二次反应。主要反应如下。

一次反应：

$$C + O_2 \longrightarrow CO_2 \qquad \Delta H = -394.1 \text{ kJ/mol}$$
$$C + H_2O \rightleftharpoons CO + H_2 \qquad \Delta H = 135.0 \text{ kJ/mol}$$
$$2C + O_2 \longrightarrow 2CO \qquad \Delta H = -220.48 \text{ kJ/mol}$$
$$C + 2H_2O \longrightarrow CO_2 + 2H_2 \qquad \Delta H = 96.6 \text{ kJ/mol}$$
$$C + 2H_2 \rightleftharpoons CH_4 \qquad \Delta H = -84.3 \text{ kJ/mol}$$
$$2H_2 + O_2 \rightleftharpoons 2H_2O \qquad \Delta H = -245.3 \text{ kJ/mol}$$

二次反应：

$$C + CO_2 \rightleftharpoons 2CO \quad \Delta H = 173.3 \text{ kJ/mol}$$
$$2CO + O_2 \rightleftharpoons 2CO_2 \quad \Delta H = -566.6 \text{ kJ/mol}$$
$$CO + H_2O \rightleftharpoons H_2 + CO_2 \quad \Delta H = -38.4 \text{ kJ/mol}$$
$$CO + 3H_2 \rightleftharpoons CH_4 + H_2O \quad \Delta H = -219.3 \text{ kJ/mol}$$
$$3C + 2H_2O \longrightarrow CH_4 + 2CO \quad \Delta H = 185.6 \text{ kJ/mol}$$
$$2C + 2H_2O \longrightarrow CH_4 + CO_2 \quad \Delta H = 12.2 \text{ kJ/mol}$$

根据以上反应产物，煤炭气化过程可用下式表示：

$$煤 \xrightarrow{\text{高温、加压、气化剂}} C + CH_4 + CO + CO_2 + H_2 + H_2O$$

在气化过程中，如果温度、压力不同，则煤气产物中碳的氧化物即一氧化碳与二氧化碳的比率也不相同。在气化时，氧与燃料中的碳在煤的表面形成中间碳氧配合物 C_xO_y，然后在不同条件下发生热解，生成 CO 和 CO_2。

因为煤中有杂质硫存在，气化过程中还可能同时发生以下副反应：

$$S + O_2 \rightleftharpoons SO_2$$
$$SO_2 + 3H_2 \rightleftharpoons H_2S + 2H_2O$$
$$SO_2 + 2CO \rightleftharpoons S + 2CO_2$$
$$2H_2S + SO_2 \rightleftharpoons 3S + 2H_2O$$
$$C + 2S \rightleftharpoons CS_2$$
$$CO + S \rightleftharpoons COS$$
$$N_2 + 3H_2 \rightleftharpoons 2NH_3$$
$$2N_2 + 2H_2O + 4CO \rightleftharpoons 4HCN + 3O_2$$
$$2N_2 + xO_2 \rightleftharpoons 4NO_{x/2}$$

从气化炉产出的粗煤气中含有以上反应的产物以及硫化氢、氨等杂质，它们的存在会造成对设备的腐蚀和对环境的污染，必须经过一系列净化步骤除去焦油、硫化氢、氨、CO_2 等物质，最后得到 CO 和 H_2（有时含少量甲烷）的混合气，此混合气就称为合成气。

二、气化过程的物理化学基础

煤的气化过程是一个热化学过程，影响因素很多，首先分析煤炭气化过程中的化学平衡及反应速度。

1. 气化反应的化学平衡

在煤炭气化过程中，大部分的反应是可逆过程。特别是在煤的二次气化中，几乎均为可逆反应。在一定条件下，当正反应速率与逆反应速率相等时，化学反应达到动态化学平衡。

(1) 温度的影响

温度是影响气化反应过程煤气产率和化学组成的决定性因素。对于可逆反应，若焓变值为负值时，为放热反应，温度升高，反应平衡常数值减小，一般降低反应温度有利于反应的进行。反之，升高温度有利于反应的进行。

例如，气化反应式：

$$C + H_2O \rightleftharpoons CO + H_2 \qquad \Delta H = 135.0 \text{ kJ/mol}$$

$$C + CO_2 \rightleftharpoons 2CO \qquad \Delta H = 173.3 \text{ kJ/mol}$$

两反应过程均为吸热反应。因此，升高温度，平衡向吸热方向移动，即升高温度对主反应有利。对于 C 与 CO_2 生成 CO 的反应，随着温度的升高，其还原产物 CO 的含量增加。

由表 1-1-5 可知，当温度升高到 1 000 ℃ 时，CO 的平衡组成达到 99.1%。

表 1-1-5 反应在不同温度下 CO_2 与 CO 的平衡组成

温度/℃	450	650	700	750	800	850	900	950	1 000
$\varphi(CO_2)$/%	97.8	60.2	41.3	24.1	12.4	5.9	2.9	1.2	0.9
$\varphi(CO)$/%	2.2	39.8	58.7	75.9	87.6	94.1	97.1	98.8	99.1

但是对于放热反应，温度过高对反应不利，如：

$$2CO + O_2 \rightleftharpoons 2CO_2 \qquad \Delta H = -566.6 \text{ kJ/mol}$$

$$CO + 3H_2 \rightleftharpoons CH_4 + H_2O \qquad \Delta H = -219.3 \text{ kJ/mol}$$

如有 1% 的 CO 转化为甲烷，则气体的绝热温升为 60 ℃~70 ℃。在合成气中 CO 的组成大约为 30%，因此，反应过程中必须将反应热及时移走，使得反应在一定的温度范围内进行，以确保不发生由于温度过高而引起催化剂烧结的现象发生。

结论：升高温度对 CH_4、CO 的生成有利。

(2) 压力的影响

根据化学平衡原理，升高压力平衡向气体体积减小的方向进行；反之，降低压力，平衡向气体体积增加的方向进行。在煤炭气化的一次反应中，所有反应均为体积增大的反应，故增加压力，不利于反应进行。

$$C + 2H_2 \rightleftharpoons CH_4 \qquad \Delta H < 0$$

$$CO + 3H_2 \rightleftharpoons CH_4 + H_2O \qquad \Delta H < 0$$

$$CO_2 + 4H_2 \rightleftharpoons CH_4 + 2H_2O \qquad \Delta H < 0$$

$$2CO + 2H_2 \rightleftharpoons CH_4 + CO_2 \qquad \Delta H < 0$$

甲烷的生成反应既是放热反应，又是体积减小的反应，升高压力有利于甲烷的生成。如图 1-1-7 所示为粗煤气组成与气化压力的关系图，从图中可见，压力对煤气中各气体组成的影响不同，随着压力的增加，粗煤气中甲烷和二氧化碳含量增加，而氢气和一氧化碳含量则减少。因此，压力越高，一氧化碳平衡浓度越低，煤气产率随之降低。由此可知，在煤炭气化中，可根据生产产品的要求确定气化压力，当气化炉煤气主要用作化工原料时，可在低压下生产；当所生产气化煤气需要较高热值时，可采用加压气化。这是因为压力提高后，在气化炉内，在 H_2 气氛中，CH_4 产率随压力提高迅速增加。

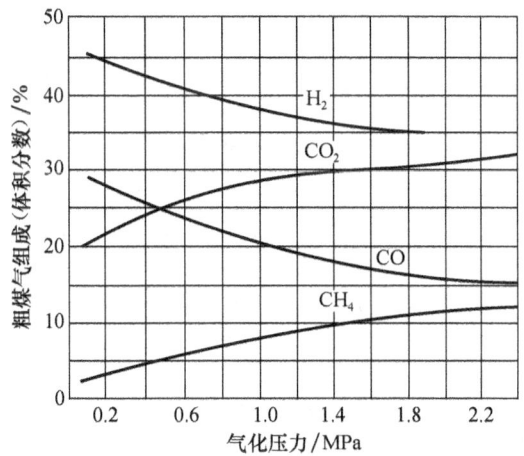

图 1-1-7 煤的组成与气化压力的关系图

结论：压力升高有利于 CH_4、CO_2 生成，不利于 CO、H_2 的生成。

此外加压除了有利于 CH_4 的生成，同时 CH_4 的生成反应都是放热反应，减少了系统水蒸气、二氧化碳反应消耗热，同时也减少了氧的消耗，加压还可以阻止气体带出损失，有效地提高鼓风速度，增大了生产能力。用公式表示为：

$$\frac{V_1}{V_2} = \sqrt{\frac{T_1 p_2}{T_2 p_1}} \quad (1-1-1)$$

加压炉与常压炉生产能力比较为：

$$V_2/V_1 = (3.19 \sim 3.14)\sqrt{p_2} \quad (1-1-2)$$

由上式可知，尽管加压气化对甲烷的生产有利，而不利于一氧化碳的生产，但是由于加压气化的生产能力是常压的 3~4 倍，所以化工企业多选择加压气化的方式生产化工原料气。

三、煤气平衡组成的计算

1. 以空气为气化剂时煤气组成的计算

（1）碳与氧平衡组成的计算

以空气为气化剂的生产过程中，煤气组成主要由下面 4 个反应平衡状态确定：

$$C + O_2 \longrightarrow CO_2 \qquad \Delta H = -394.1 \text{ kJ/mol}$$

$$2C + O_2 \longrightarrow 2CO \qquad \Delta H = -220.8 \text{ kJ/mol}$$
$$C + CO_2 \rightleftharpoons 2CO \qquad \Delta H = 173.3 \text{ kJ/mol}$$
$$2CO + O_2 \longrightarrow 2CO_2 \qquad \Delta H = -566.6 \text{ kJ/mol}$$

4个反应的平衡常数分别为：

$$K_{p_1} = \frac{p_{CO_2}}{p_{O_2}} \qquad K_{p_2} = \frac{p_{CO}^2}{p_{O_2}} \qquad K_{p_3} = \frac{p_{CO}^2}{p_{CO_2}} \qquad K_{p_4} = \frac{p_{CO_2}^2}{p_{CO_2}^2 p_{O_2}}$$

平衡常数与温度的关系如表1-1-6所示。

表1-1-6 平衡常数与温度的关系

平衡常数	$\lg K_p$	600 ℃	700 ℃	900 ℃	1 000 ℃	1 100 ℃	1 300 ℃	1 700 ℃
K_{p_1}	$\lg K_{p_1}$	—	20.80	15.82	13.93	12.12	9.38	7.25
K_{p_2}	$\lg K_{p_2}$	—	—	—	18.70	17.43	16.33	—
K_{p_3}	$\lg K_{p_3}$	-2.49	-0.05	1.55	2.12	2.65	3.48	4.10
K_{p_4}	$\lg K_{p_4}$	—	20.80	17.37	16.05	14.78	12.86	—

由上表可以看出，第三个反应的平衡常数的对数值在正负值之间变动，即说明 CO 和 CO_2 的含量随平衡时温度的不同变化很大。例如平衡时气体总压为 p，各组分的分压分别为 p_{CO} 和 p_{CO_2}，设气体中只有 CO 和 CO_2 两种气体，CO 的物质的量为 x，则：

$$p_{CO} = px \qquad p_{CO_2} = p(1-x)$$

$$K_{p_3} = \frac{p_{CO}^2}{p_{CO_2}} = \frac{px^2}{1-x} \qquad (1-1-3)$$

由表1-1-6和上式可以计算出不同压力、不同温度下的 x 值，即可求出平衡时 CO 和 CO_2 的组成。

工业生产中如果以空气为气化剂，与空气中的氧气同时进入煤气发生炉的还有氮气。这样降低了 CO 和 CO_2 的分压，平衡向 CO 的方向移动。

空气中氮与氧的体积比为 79/21 = 3.76，假设二氧化碳的转化率为 α，则：

$$K_{p_3} = \frac{p_{CO}^2}{p_{CO_2}} = p\frac{4\alpha^2}{(4.76-\alpha)(1-\alpha)} \qquad (1-1-4)$$

已知不同温度平衡常数，在总压为101.3 kPa时空气煤气的平衡组成如表1-1-7所示。

表1-1-7 总压为101.3 kPa时空气煤气的平衡组成

温度/℃	$\varphi(CO_2)/\%$	$\varphi(CO)/\%$	$\varphi(N_2)/\%$	$\varphi(CO)/[\varphi(CO_2)+\varphi(N_2)]$
650	10.8	16.9	72.3	0.610
800	1.6	31.3	66.5	0.951
900	0.4	34.1	65.5	0.988
1 000	0.2	34.4	65.6	0.994

由表 1-1-7 可以看出，反应温度越高，生成煤气中 CO 的含量越高，而 CO_2 的含量越少。

(2) 碳与氧反应的产物组成和用气量计算

在生产过程中，碳与氧的反应难以达到平衡，CO、CO_2 和没有消耗尽的 O_2 同时存在。如以空气为气化剂，空气用量为 $V_空$，发生一次反应产生煤气为 V，煤气中的 CO、CO_2、N_2 与过剩的 O_2 分别用 y_{CO}、y_{CO_2}、y_{N_2}、y_{O_2} 表示，则产物组成和用气量可计算如下。

一次反应（空气吹风）：

$$C + O_2 \longrightarrow CO_2$$
$$C + \frac{1}{2}O_2 \longrightarrow CO$$

因为：

$$V = V_空 + \frac{1}{2}V_{CO} \qquad V_{CO} = V y_{CO}$$

所以：

$$V = V_空 + \frac{1}{2} V y_{CO} \qquad (1-1-5)$$

$$V = \frac{V_空}{1 - \frac{1}{2} y_{CO}} \qquad (1-1-6)$$

又根据气化过程的原子平衡关系：

$$V_空 \times 0.21 = V\left(y_{CO_2} + \frac{1}{2} y_{CO} + y_{O_2}\right)$$

得：

$$\frac{y_{CO_2} + \frac{1}{2} y_{CO} + y_{O_2}}{1 - \frac{1}{2} y_{CO}} = 0.21 \qquad (1-1-7)$$

上式即为以空气为气化剂时一次反应（吹风气）中 CO、CO_2 的组成。

例1 已知吹风气中 CO_2 的体积分数为 16%，O_2 的体积分数为 0.5%（如不考虑吹风气中氢、甲烷的含量及煤中含氧量），试求吹风气中一氧化碳的组成及通入每 1 m³（标准状况）空气，所得吹风气的量。

解 已知 $y_{CO_2} = 0.16$，$y_{O_2} = 0.005$

代入式 (1-1-7)：

$$\frac{y_{CO_2} + \frac{1}{2} y_{CO} + y_{O_2}}{1 - \frac{1}{2} y_{CO}} = 0.21$$

$$\frac{0.16 + 0.5 y_{CO} + 0.005}{1 - 0.5 y_{CO}} = 0.21$$

解得：
$$y_{CO} = 0.074 = 7.4\%$$

由式（1-1-6）有：
$$V = \frac{V_{空}}{1 - \frac{1}{2} y_{CO}}$$

$$= \frac{1}{1 - 0.5 \times 0.074} = 1.04 (m^3)$$

（3）理想空气煤气组成、产率、热值及气化效率的计算

空气煤气是以空气作气化剂反应产生的煤气。在理想状态下的气化过程中，碳全部转化为CO。此时煤气生成的总过程可用下式表示：

$$2C + O_2 + 3.76 N_2 \longrightarrow 2CO + 3.76 N_2$$

① 组成计算。

$$\varphi(CO) = \frac{2}{2 + 3.76} \times 100\% = 34.7\%$$

$$\varphi(N_2) = \frac{3.76}{2 + 3.76} \times 100\% = 63.3\%$$

理想空气煤气的单位产率为：

$$V = \frac{22.4 \times (2 + 3.76)}{2 \times 12} = 5.38 (m^3/kg)$$

② 热值计算。

CO的燃烧热为283.7 kJ/mol，煤气的热值Q计算如下：

$$Q = \frac{283.7 \times 1000}{5.18 \times 12} = 4394.4 (kJ/m^3)$$

③ 气化效率η计算。

气化效率等于煤气的热值与碳的燃烧热之比，碳的燃烧热为34 069.6 kJ/kg，则气化效率的计算如下：

$$\eta = \frac{QV}{34\ 069.6} \times 100\%$$

$$= \frac{4\ 394.4 \times 5.38}{34\ 069.9} \times 100\% = 69.4\%$$

式中　η——气体效率，%；

Q——煤气热值，kJ/m³；

V——煤气的单位产率，m³/kg。

可见，空气煤气的生产在理想状态下，转入煤气中的热能也不会超过碳中热

能的 69.4%，而其余的热能则消耗在气体的加热和炉渣带走的热量中。

2. 以水蒸气为气化剂

（1）碳与水蒸气反应的化学平衡

高温下的碳与水蒸气反应，可生成含有 H_2、CO 和 CO_2 的混合气体。

（2）碳与水蒸气反应的产物组成和用气量计算

如水蒸气与碳的反应程度可用蒸汽分解率表示：

$$水蒸气分解率\ \eta_水 = \frac{水蒸气分解量}{入炉水蒸气量} \times 100\%$$

碳与水蒸气的反应和碳与氧的反应相似，一般难以达到平衡。反应产物中除 CO、H_2、CO_2、CH_4 外，还有大量未分解的水蒸气。如水蒸气通入量为 V（标准状况），得到的干燥水煤气量为 $V_干$（标准状况），水蒸气分解率为 $\eta_水$，干水煤气中的 CO、CO_2、H_2、CH_4 的组成分别为 y_{CO}、y_{CO_2}、y_{H_2}、y_{CH_4}，则有如下关系：

$$V \times \eta_水 = V_干(y_{H_2} + y_{CH_4})$$

$$V_干 = \frac{V\eta_水}{y_{H_2} + 2y_{CH_4}}$$

干水煤气中各组分间的关系：

$$y_{H_2} + 2y_{CH_4} = y_{CO} + 2y_{CO_2}$$

$$y_{CO} + y_{CO_2} + y_{H_2} + y_{CH_4} = 1$$

例 2 已知干水煤气中 CO_2 含量为 7%，CH_4 含量为 0.5%，若蒸汽分解率为 40%，试计算干水煤气中的 CO 和 H_2 组成及生产 1 m^3（标准状况）的干水煤气消耗的水蒸气量。

解得 CO 和 H_2 组成分别为：

$$y_{H_2} = 0.528, \quad y_{CO} = 0.397$$

$$y_{H_2} + 0.005 + y_{CO} + 0.07 = 1$$

又已知：

$$V_干 = 1\ m^3, \quad \eta_水 = 40\%$$

所以：

$$V = \frac{V_干(y_{H_2} + 2y_{CH_4})}{\eta_水}$$

$$V = \frac{1 \times (0.528 + 2 \times 0.005)}{0.4} = 1.345(m^3)$$

即生产 1 m^3（标准状况）的干水煤气，水蒸气消耗量为 1.345 m^3。

四、煤炭气化过程的主要评价指标

反映煤炭气化过程经济性的主要评价指标有气化强度、单炉生产能力、气化效率、热效率、蒸汽消耗量、蒸汽分解率等。

1. 气化强度

所谓气化强度,即单位时间、单位气化炉截面积上处理的原料煤质量或产生的煤气量。

气化强度的两种表示方法如下:

$$q_1 = \frac{消耗原料量}{单位时间,单位炉截面积}$$

$$q_2 = \frac{产生煤气量}{单位时间,单位炉截面积}$$

但一般常用处理煤量来表示。气化强度越大,炉子的生产能力越大。气化强度与煤的性质、气化剂供给量、气化炉炉型结构及气化操作条件有关。实际的气化生产过程中,要结合气化的煤种和气化炉确定合理的气化强度。

对于烟煤炭气化时,可以适当采用较高的气化强度,因其在干馏段挥发物较多,所以形成的半焦化学反应性较好,同时进入气化段的固体物料也较少。

而在气化无烟煤时,因其结构致密,挥发分少,气化强度就不能太大。以大同烟煤和阳泉无烟煤为例,大同煤的挥发分为28%~30%,阳泉煤的挥发分为8%~9.5%,采用13~50 mm的煤粒度进行气化时的气化强度分别为300~350 kg/(m²·h)和180~220 kg/(m²·h)。

对于较高灰熔点的煤炭气化时,可以适当提高气化温度,相应也提高了气化强度。

2. 单炉生产能力

气化炉单台生产能力是指单位时间内,一台炉子能生产的煤气量。它主要与炉子的直径大小、气化强度和原料煤的产气率有关,计算公式如下:

$$V = \frac{\pi}{4} q_1 D^2 V_g$$

式中　V——单炉生产能力,m^3/h;

　　　D——气化炉内径,m;

　　　V_g——煤气产率,m^3/kg(煤);

　　　q_1——气化强度,$kg/(m^2 \cdot h)$。

公式中的煤气产率是指每千克燃料(煤或焦炭)在气化后转化为煤气的体积,它也是重要的技术经济指标之一。一般通过试烧试验来确定。

在生产中也经常使用另一个与煤气产率意义相近的指标,即煤气单耗,定义为每生产单位体积的煤气需要消耗的燃料质量,以 kg/m^3 计。

3. 气化效率

煤炭气化过程实质是燃料形态的转变过程,即从固态的煤通过一定的工艺方法转化为气态的煤气。这一转化过程伴随着能量的转化和转移,通常是首先燃烧部分煤提供热量(化学能转化为热能),然后在高温条件下,气化剂和炽热的煤进行气化反应,消耗了燃烧过程提供的能量,生成可燃性的 CO、H_2 或 CH_4 等(这实际上是能量的一个转移过程)。由此可见,要制得煤气,即使在理想情况下,消耗一定的能量也是不可避免的,再加上在氧化过程中必然会有热量的散失、可燃气体的泄露等引起的损耗,也就是说,煤所能够提供的总能量并不能完全转移到煤气中,这种转化关系可以用气化效率来表示。

所谓的气化效率是指所制得的煤气热值和所使用的燃料热值之比。用公式表示为:

$$\eta = \frac{Q'}{Q} \times 100\% \qquad (1-1-8)$$

式中　η——气化效率,%;

Q'——1 kg 煤所制得煤气的热值,kJ/kg;

Q——1 kg 煤所提供的热值,kJ/kg。

4. 碳转化率

碳转化率是指在气化过程中消耗的(参与反应的)碳量占入炉原料煤中总碳量的百分数。不同气化炉的碳转化率一般为90%~99%,其中干粉煤进料气流床气化碳转化率最高。

5. 煤气产率

煤气产率是气化单位质量原料煤所得到煤气的体积(标况),单位为 m^3/kg,煤气产率的高低决定于原料煤的水分、灰分、挥发分和固定碳含量,也与碳转化率有关。挥发分含量愈高,煤气产率愈低;而原料煤固定碳含量高,则煤气产率高。煤气产率通常由物料衡算得到。

6. 灰渣含碳量(原料损失)

灰渣含碳量包括飞灰含碳量和灰渣含碳量。

(1) 飞灰含碳量

煤气夹带着未反应碳粒出炉,使原煤能量转化造成损失。气流速度愈大,造成损失愈大。

(2) 灰渣含碳量

未反应的原料被熔融的灰分包裹而不能与气化剂接触就随灰渣一起排出炉外损失的碳。灰渣含碳量与原料煤灰分含量、灰分的性质、操作条件及气化炉结构等有关。

灰渣含碳量用灰渣中碳所占的百分数表示,一般固定床和流化床气化炉排出的灰渣含碳量要求低于10%,最好在5%以下。干法进料气流床灰渣含碳量一般为1%以下,水煤浆进料一般在5%~10%。一般地,从加压气化炉排出的灰渣中碳含量在5%左右;常压气化炉在15%左右;对于液态排渣的气化炉,灰渣中碳含量则在2%以下。

7. 热效率

热效率是评价整个煤炭气化过程能量利用的经济技术指标。气化效率偏重于评价能量的转移程度,即煤中的能量有多少转移到煤气中;而热效率则侧重于反映能量的利用程度。热效率计算公式如下:

$$\eta' = \frac{\sum Q_{入} - \sum Q_{热损失}}{\sum Q_{入}} \quad (1-1-9)$$

$$\sum Q_{入} = Q_{煤气} + \sum Q_{热损失} \quad (1-1-10)$$

式中 η'——热效率,%;

$Q_{煤气}$——煤气的热值,MJ;

$\sum Q_{入}$——进入气化炉的总热量,MJ;

$\sum Q_{热损失}$——气化过程的各项热损失之和,MJ。

进入气化炉的热量有燃料带入热、水蒸气和空气等的显热。气化过程的热损失主要有通过炉壁散失到大气中的热量、高温煤气的热损失、灰渣热损失、煤气泄露热损失等。

8. 水蒸气消耗量和水蒸气分解率

水蒸气消耗量和水蒸气分解率是煤炭气化过程经济性的重要指标。它关系到气化炉是否能正常运行,是否能够将煤最大限度地转化为煤气。一般地,水蒸气的消耗量是指气化1 kg煤所消耗蒸汽的量。水蒸气消耗量的差异主要由于原料煤的理化性质不同而引起的。

① 水蒸气分解率。水蒸气分解率是指被分解掉的蒸汽与入炉水蒸气总量之比。蒸汽分解率高,得到的煤气质量好,粗煤气中水蒸气含量低;反之,煤气质量差,粗煤气中水蒸气含量高。

② 汽氧比。汽氧比是指气化时加入气化剂中水蒸气和氧气之比,单位为kg/mol,也有的使用kg/kg。汽氧比主要用于固定床和流化床,对于固态排渣的气化过程,如灰渣软化温度低,则需要采用高汽氧比控制炉温,防止结渣;对液态排渣,因需要高温使灰渣熔化,因此采用低汽氧比。

③ 氧煤比。氧煤比是指气化时单位干燥无灰基煤所消耗的氧气量,单位为kg/kg。对纯氧气化,它是一个重要控制指标,氧煤比与气化炉型、煤种、排渣方式有关,气流床、流化床、固定床的氧煤比依次降低;反应性高的煤气化时可调低氧煤比;液态排渣时的氧煤比高于固态排渣。降低氧煤比,可减少氧耗,降低生产成本。

项目二

空气分离生产的准备

教学目标：

（1）知识目标
① 了解空气分离的目的。
② 掌握空气分离的基本原理和工艺流程。
③ 理解空气分离设备的工作原理和工作过程。
④ 能够执行工艺规程并熟练完成岗位操作，完成装置开车、停车、正常操作。

（2）能力目标
① 能够分析各种空气分离的原理和意义。
② 能够进行空气分离生产方法的选择。
③ 能够根据生产原理进行工艺条件的确定。

任务一　空气分离方法的选择

一、空气的组成及性质

空气是一种均匀的多组分混合气体，根据地区条件的不同，空气中二氧化碳、水蒸气以及乙炔等碳氢化合物的含量也有所不同。干空气中含有的主要成分及各种组分的沸点如表1-2-1所示。

表1-2-1　空气的组成及性质

组成	分子式	相对分子质量	体积分数/%	沸点/K（101.3 kPa）
氮气	N_2	28.0	78.09	77.35
氧气	O_2	32.0	20.95	90.18
氩	Ar	39.9	0.93	87.29
氖	Ne	20.2	1.8×10^{-3}	27.09
氦	He	4.0	5.2×10^{-4}	4.13
氪	Kr	83.8	1.0×10^{-4}	119.97
氙	Xe	131.3	8.0×10^{-6}	165.02

续表

组 成	分子式	相对分子质量	体积分数/%	沸点/K (101.3 kPa)
氢气	H_2	2.0	5.0×10^{-3}	20.27
臭氧	O_3	48.0	1.0×10^{-5}	78.90～81.70
二氧化碳	CO_2	44.0	0.03	194.75（升华）

空气中99.04%是氧气和氮气，0.932%是氩气，它们基本不变。氢、二氧化碳和碳氢化合物视地区和环境在一定范围内变化。空气中的水蒸气含量随着饱和温度和地理环境条件影响而变化较大。氮和氧的沸点相差约13 K，氩和氮的沸点相差约10 K，氩和氧的沸点相差约3 K。由以上分析可利用各组分间的沸点不同，采用低温分离方法将空气中的氧、氮和氩分离。

二、空气分离的目的

空气分离的目的是获得氧气，在煤炭气化工艺中，氧气作为气化剂。同时，空气分离还可用于冶金、石油化工、轻纺、电子、农牧业、食品工业、环境保护、医疗卫生等行业和领域。

三、空气分离的方法

空气分离的方法有液化精馏及分子筛吸附（变压吸附）两种类型。由于分子筛吸附能耗较高，仅适用于小气量的独立用户；而大型化工生产所需氧气、氮气量较大，并且纯度较高，多用液化精馏方法分离空气。

四、空气分离的物理化学基础

空气中氧和氮所占的体积为99.04%，因此，在一般分析和计算中，可近似认为空气中氧的体积分数为20.9%，氮的体积分数为79.1%，将氩归并到氮中。

1. 气－液平衡

气－液平衡状态是指在一个密闭的容器中，液体蒸发的速度等于气体在液面冷凝的速度。对应的温度称为饱和温度，对应的压力称饱和压力。如果温度和压力任意一个发生变化都会打破这种平衡，再达到另外一个平衡状态。如图1－2－1表示氧、氮纯物质的气－液平衡时对应的温度－压力的关系。

从气－液平衡曲线分析，在相同的温度下，饱和蒸汽压大的物质容易由液体变为蒸汽，饱和蒸汽压小的物质容易由蒸汽变为液体。从图1－2－1分

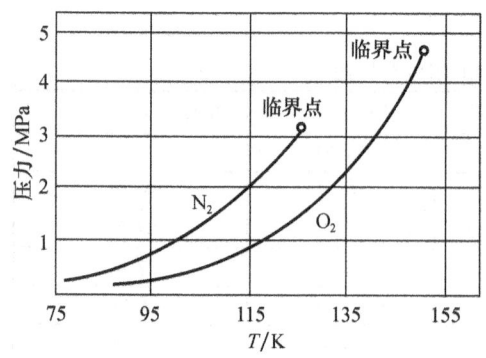

图1－2－1　氧气－氮气气流平衡曲线

析,将空气液化得到液化空气后,在相同的温度下,氮的饱和蒸汽压大于氧的饱和蒸汽压,氮更容易气化后与氧分离。

任务二　生产的准备

一、氧气的性质及用途

氧是一种无色、无嗅、无毒的气体,有强烈的助燃作用。氧的浓度越高,燃烧就越剧。空气中的氧含量只要增加4%,就会导致燃烧显著加剧。包括金属在内的许多物质在普通大气中不会点燃但在较高浓度氧的情况下,或在纯氧中便能燃起来。因此,可燃物质在较高氧浓度的情况下,如遇火花极易燃烧,甚至爆炸。如遇高压氧气和液态氧,则情况更会加剧。

浸透氧的衣服极易着火(例如由静电荷产生的火花),并会极其迅速燃烧起来,如不及时把氧驱除,则可能会有这种危险。

在炼钢过程中吹入高纯度氧气,氧便和磷、硫、硅等起氧化反应,这不但降低了钢的含碳量,还有利于清除磷、硫、硅等杂质。而且氧化过程中产生的热量足以维持炼钢过程所需的温度,因此,吹氧不但缩短了冶炼时间,同时提高了钢的质量。高炉炼铁时,提高风中的氧浓度可以降低焦比,提高产量。在有色金属冶炼中,采用富氧也可以缩短冶炼时间,提高产量。

在化工生产中,氧气主要用于气化原料。例如,重油的高温裂化以及煤粉、水煤浆的气化等,都是通过气化原料来达到强化工艺过程、提高产品产量的目的。液氧是现代火箭最好的助燃剂,在超音速飞机中也需要液氧作氧化剂,可燃物质浸渍液氧后具有强烈的爆炸性,可制作液氧炸药。

医疗保健方面:供给呼吸,用于缺氧、低氧或无氧环境。例如,潜水作业、登山运动、高空飞行、宇宙航行、医疗抢救等。此外氧气在金属切割及焊接等方面也有着广泛的用途。

二、氮气的性质及用途

氮气是一种无色、无嗅、无毒的气体,但在高浓度的情况下,人一旦吸入,引起缺氧,便会窒息,受害者会在事先没有任何不舒服表示的情况下很快失去知觉,这是很危险的。

氮能阻止燃烧。因此,氮气在许多场合是作易燃和易爆物质的保护气,在空分装置的保冷箱内,充有氮气,以排除湿气和防止氧的积聚。氩、氖、氦、氪、氙等稀有气体也具有和氮相似的性质。

氮气主要用于生产合成氨,另外还广泛地用于化工、冶金、原子能、电子、石油、玻璃、食品等工业部门作吹扫气、保护气。低压用于吹扫,高压用于保护。

液氮用于国防工业,作为火箭燃料的压送剂和作宇宙航行导弹的冷却装置。此外,液氮还广泛地用于科研部门作低温冷源,以及用于金属的低温处理、生物保存、冷冻法医疗和食品冷藏等。

三、氩的性质及用途

1. 氩的物理性质

在希腊语中,氩是"懒惰者"的意思,即使在高温高压的环境下,氩也不会与其他物质化合,其化学性质非常不活泼。氩是一种无色无味的气体,在空气中仅占 0.93%。工业上通过冷却空气,与氧气、氮气等一同分离精制而成。

2. 氩气的用途

① 铝业。用来替代空气或氮气,在铝的制造过程中产生惰性气氛;在脱气过程中帮助去除不需要的可溶气体;以及去除熔铝中溶解氢气和其他颗粒。

② 炼钢。用于置换气体或蒸气并防止工艺流程中的氧化;用于搅拌钢水来保持恒定的温度和同一的成分;在脱气过程中帮助去除不需要的可溶气体;作为载体气体,氩可以用层析法来确定样品的成分;氩还能用于不锈钢精炼中使用的氩氧脱碳工艺(AOD),目的是去除一氧化碳和减少铬的损失。

③ 金属加工。氩在焊接中用作惰性保护气;在金属和合金的退火及辊轧中提供无氧无氮保护;以及用于冲洗熔化金属以消除铸件中的气孔。

④ 其他用途。电子、照明、焊接保护气等。

四、乙炔的性质

乙炔可用于照明、焊接及切断金属(氧炔焰),也是制造乙醛、醋酸、苯、合成橡胶、合成纤维等的基本原料。

纯品乙炔为无色无气味的气体,常压下不能液化,升华点为 -83.8 ℃,在 1.19×10^5 Pa 压强下,熔点为 -81 ℃;易燃易爆,空气中爆炸极限很宽,为 2.5% ~80%;难溶于水,易溶于石油醚、乙醇、苯等有机溶剂,在丙酮中溶解度极大,液态乙炔稍受震动就会爆炸,工业上在钢筒内盛满丙酮浸透的多孔物质(如石棉、硅藻土、软木等),在 1~1.2 MPa 下将乙炔压入丙酮,安全贮运。

任务三 应用生产原理确定工艺条件

一、空分流程的演变

① 第一代,高低压循环,氮气透平膨胀,吸收法除杂质。
② 第二代,石头蓄冷器,空气透平膨胀,低压循环。

③ 第三代，可逆式换热器。
④ 第四代，分子筛纯化。
⑤ 第五代，规整填料，增压透平膨胀机的低压循环。
⑥ 第六代，内压缩流程，规整填料，全精馏无氢制氩。

二、我国空分流程的技术发展

我国空分于1953年起步，经过50多年的发展，从第一代小型空分流程发展到目前的第六代大型精馏无氢制氩工艺流程。每一个空分设备流程的变革和推进，都是新技术、新工艺的创新。透平膨胀机的产生，实现了大型空分设备全低压流程；高效板翅式换热器的出现，使切换板翅式流程取代了石头蓄冷器、可逆式换热器流程，使装置冷量回收效率更高；增压透平膨胀机的出现极大地提高了膨胀机的制冷效率并把输出的外功有利地得到回收；常温分子筛净化流程替代了切换式换热器，使空分装置净化系统的安全性、稳定性得到了极大提高并使能耗大大降低，随着规整填料和低温液体泵在空分装置中的应用，进一步降低了空分设备的能耗，实现了全精馏无氢制氩，使空分设备在高效、节能、安全等方面取得了进步。随着计算机的广泛应用，空分装置的自动控制、变负荷跟踪调节等变得更为先进。

三、现代空分流程的特点

① 采用常温分子筛净化清除空气中的有害物质更有效，切换损失小，装置设计连续运行周期大于两年。
② 采用规整填料上塔替代筛板上塔，使上塔阻力大大降低，使空压机的排气压力降低，装置运行能耗下降5%~7%。
③ 空分设备氧的提取率提高，氧气纯度在99.6%以上。
④ 精馏采用全精馏无氢制氩技术，氩塔采用规整填料塔，省略了制氢设备，流程简化，节省投资和运行费用。
⑤ 分子筛纯化系统采用双层床结构，大大延长了分子筛的使用寿命和降低了床层阻力，使空分装置运行更安全可靠。
⑥ 采用高效增压透平膨胀机技术，能很好地回收部分能量，膨胀机制冷效率在85%以上。
⑦ 采用DCS控制技术，实现了中控、机房和就地一体化的控制，可有效地监控整套空分设备的生产过程。

四、空分装置与其他界区的联系

① 空分装置原始开车时，由动力分厂为空分装置提供驱动汽轮机用的高压蒸汽和蒸汽加热器用的中压蒸汽，空分装置原始开车时为自己提供仪表气源。如

图 1-2-2 所示。

② 空分装置正常生产后，主要为下游气化装置提供氧气，作为气化装置的原料气参加反应。

③ 压力氮气主要供下游工艺生产使用，作为气提气、密封保护气和吹扫用气。

④ 高压氮气主要供下游净化装置开车升压时使用。

⑤ 副产的工厂空气供空分及下游所有化工区使用，作为仪表气源和吹扫用气。

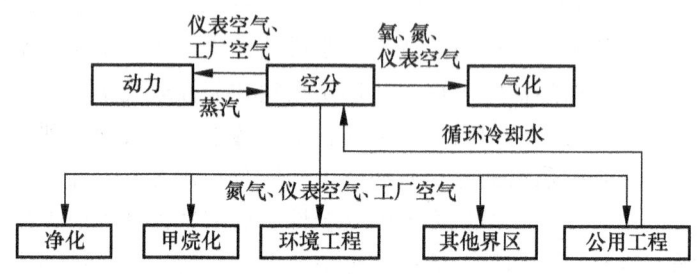

图 1-2-2　空分装置与其他界区的联系

五、深冷分离工艺技术

工业上通常将获得 -100 ℃ 以下温度的方法称为深度冷冻法，简称为深冷法。空气的温度降至临界温度 -140.6 ℃ 以下时，空气液化，在精馏塔中进行空气分离，获得纯度较高的氧气和氮气，这种空气分离的方法称为液化精馏或深冷分离。除了这种方法以外还有变压吸附的方法。

两种方法比较，液化精馏分离的产品纯度高、生产规模大，满足连续生产的需要，而变压吸附适合小型化生产、对产品纯度要求不高、根据需要可以随时启停。

六、液化精馏分离工艺流程

在空气中除了氮、氧、氩及稀有气体外，还含有水蒸气、二氧化碳及乙炔等有害气体及灰尘。灰尘能磨损压缩机；水蒸气、二氧化碳在低温下会凝固成冰与干冰，堵塞管道与设备；碳氢化合物特别是乙炔在含氧介质中受到摩擦、冲击或静电作用，会引起爆炸。

为了保证空分过程安全及长周期运行，这些杂质必须加以清除，大中型空分装置对空气的要求如表 1-2-2 所示。

表 1-2-2　大中型空分装置对空气的要求

杂　　质	机械杂质（标）	二氧化碳	乙　炔	C_nH_m
允许含量	<30 mg/m³	350 mL/m³	0.5 mg/m³	≤30 mL/m³

为得到合格的空气，液化精馏的一般流程包括空气的压缩、净化、热交换、制冷、精馏等过程，有的流程还包括氩和其他稀有气体的提取过程，如图1-2-3所示其简易流程框图。各化工厂空气分离工艺的不同，主要区别在于各过程所用的设备不同，操作条件不同，所生产的氧产品的量和压力不同。

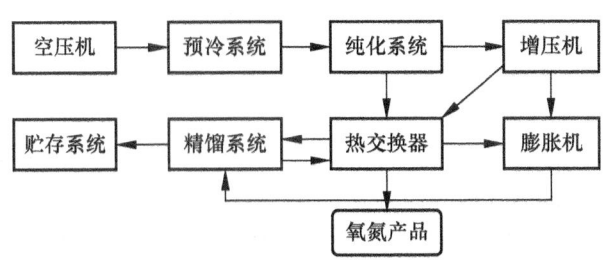

图1-2-3 空气分离工艺流程框图

1. 机械杂质的清除

机械杂质会影响空气压缩机的正常运转。当使用离心式压缩机时，较粗大的干性杂质会造成叶片磨损，而细灰会沉积在转子叶片上，导致压缩机效率降低，转子叶片积灰多时还会产生震动，严重时被迫停车处理。因此压缩机进气前的灰尘必须进行清除。

空气中灰尘的处理大多以过滤为主，并辅之以惯性或离心式来处理，大中型空分均使用无油干式除尘器。目前国内外空分装置使用的气体过滤器有惯性除尘器、电动卷帘式干带过滤器、脉冲袋式过滤器、动环袋式过滤器、脉冲"纸"筒式过滤器。惯性除尘器和电动卷帘式干带过滤器一般用于空气的初步除尘；脉冲袋式过滤器是一种高效的自动清洁精滤器。

2. 水分及二氧化碳的脱除

空气中的水分及二氧化碳在低温下均呈固态冰和干冰析出，易造成设备和管道的堵塞，因此在空气进入冷箱之前必须加以脱除。脱除二氧化碳、水蒸气一般有吸附法和冻结法。

（1）吸附法

吸附法是空气通过装有分子筛或硅胶的吸附器，二氧化碳和水蒸气被分子筛或硅胶吸附，达到清除的目的。

（2）冻结法

冻结法是在低温下，水分与二氧化碳以固态形式冻结，在切换式换热器的通道内而被除去。经过一段时间后，自动将通道切换，让干燥的返流气体通过该通道，使前一阶段冻结的水分和二氧化碳在该气流中蒸发、升华而被带出装置。另外也可用8%~10%的氢氧化钠溶液洗涤空气中的二氧化碳。

3. 碳氢化合物的脱除

碳氢化合物特别是乙炔，进入空分装置并积累到一定程度时易造成爆炸事故，因此必须脱除。各种烃类化合物在液氧中的爆炸敏感性顺序为：乙炔 > 丙烯 > 丁烯 > 丙烷 > 甲烷。清除空气中的乙炔采用吸附法。在低温下，乙炔呈固体微粒状浮在液体空气或液体氧中，当通过装有硅胶的吸附器时，乙炔被硅胶吸附而除去。

4. 冷箱前端净化

空气经除尘、压缩、水冷后，水分、二氧化碳及烃类物质还存留在其中，为了保证冷箱内设备不受堵塞并消除爆炸的危险，早期的空分采用碱洗脱二氧化碳、水分，但对乙炔等烃类物质只能在冷箱内设置硅胶吸附器除去。自从分子筛吸附法被成功运用到空分净化系统后，空气进入冷箱之前的净化（前端净化）采用分子筛吸附为主的方法，使各种有害气体杂质清除干净。表1-2-3列出了常用分子筛的组成及孔径。

表1-2-3　常用分子筛的组成及孔径

型号	SiO_2/Al_2O_3（分子比）	孔径/nm	典型化学组成
3A型（钾A型）	2	3.0~3.3	$0.67K_2O \cdot 0.33Na_2O \cdot Al_2O_3 \cdot 2SiO_2 \cdot 4.5H_2O$
4A型（钠A型）	2	4.2~4.7	$Na_2O \cdot Al_2O_3 \cdot 2SiO_2 \cdot 4.5H_2O$
4A型（钙A型）	2	4.9~5.6	$0.7CaO \cdot 0.3Na_2O \cdot Al_2O_3 \cdot 2SiO_2 \cdot 4.5H_2O$
10X型（钙X型）	2.3~3.3	8~9	$0.87K_2O \cdot 0.2Na_2O \cdot Al_2O_3 \cdot 2.5SiO_2 \cdot 6H_2O$
13X型（钠X型）	2.3~3.5	9~10	$Na_2O \cdot Al_2O_3 \cdot 2.5SiO_2 \cdot 6H_2O$
Y型（钠Y型）	3.3~5.0	9~10	$Na_2O \cdot Al_2O_3 \cdot 5SiO_2 \cdot 6H_2O$
钠丝光沸石	3.3~6.0	约5	$Na_2O \cdot Al_2O_3 \cdot 10SiO_2 \cdot (6~7)H_2O$

图1-2-4　13X型分子

分子筛即人工合成沸石，属于强极性吸附剂，对极性分子有很大的亲和力，并且其热稳定性和化学稳定性高。分子筛具有微孔尺寸大小一致的特点，凡被处理的流体分子若大于其微孔尺寸，都不能进入微孔，可以起到筛分的作用，所以称为分子筛，可分为A型、X型、Y型分子筛晶体。

分子筛对被吸附的气体具有高的选择性。气体的吸附多为放热效应，因此，温度越低，压力越高，对吸附越有利。一般认为分子筛吸附过程分为两步，一是膜扩散，二是孔扩散（内扩散）。晶体孔扩散在吸附过程中起控制作用，要提高吸附速度，即要提高孔扩散速度。所以现代大型空分均采用13X型分子筛进行空气净化。图1-2-4为13X型分子筛气体杂质穿透的顺序，空气中的水分、CO_2 及最具爆炸危险的乙炔都被 13X 型分子筛吸附，从而使空气进入冷箱之前彻底净化。

5. 空气的液化

常温常压下，氧、氮为气态物质，将空气降至临界温度 -140.6 ℃ 以下时空气才能液化，所以必须采用深冷技术。工业上深度冷冻一般是利用高压气体进行绝热膨胀来获得低温，有对外不做功节流膨胀和对外做功的等熵膨胀两种方法。

（1）节流膨胀

在绝热和对外不做功的条件下，高压流体通过节流阀膨胀到低压的过程，称为节流膨胀。节流时由于压力降低而引起的温度变化称为节流效应（焦耳-汤姆逊效应）。由于节流过程中绝热且对外不做功，所以焓变等于零，引起气体分子间的位能增加，而动能相应减少。由于在节流过程中的摩擦等原因产生的热量不可能完全转换成其他形式的能，所以节流过程是不可逆过程，为熵值增加的过程。

（2）等熵膨胀

等熵膨胀是压缩气体经过膨胀机，在绝热条件下膨胀到低压，同时输出外功的过程。在理想条件下，该过程为等熵膨胀过程。等熵膨胀过程由于对外做功，使膨胀后的气体不仅温度降低，同时还产生冷量。由于该过程以同样大小的功由反方向施加给膨胀机，则气体可返回到初始状态，所以这一过程为可逆过程。等熵膨胀的降温效果比节流膨胀的降温效果好。例如，温度为 20 ℃ 的空气，压力由 1 MPa 膨胀到 0.1 MPa 时，采用等熵膨胀可使温度降至 -119 ℃，而用节流膨胀则能降至 18 ℃。所以等熵膨胀是空分装置制造低温并获得冷量的主要方法，但膨胀机的结构比节流阀复杂。

（3）深度冷冻循环的发展过程

以节流膨胀为基础的深度冷冻循环称为一次节流循环。一次节流循环也称为林德循环，是德国的林德教授提出，并于 1895 年以此理论建成了世界上第一套空气液化装置。一次节流循环流程简单，但效率较低。

带膨胀机的低压循环是法国工程师克劳德提出的，它利用其他做外功的等熵膨胀所产生的冷量来使空气液化。此法的主要特点是使用了膨胀机进行等熵膨胀，从而可以获得较好的降温及产冷效果。克劳德当时使用的是往复式膨胀机。由于往复式膨胀机效率低（<60%），后来苏联科学院院士卡皮查使用高效率的透平膨胀机（效率达到 80% ~ 82%）代替往复式膨胀机，在低压（0.6 ~ 0.7 MPa）下使空气液化获得成功，此法称为卡皮查循环。卡皮查循环由于使用透平膨胀机的效率高，使得实际膨胀过程更接近于等熵膨胀过程。

6. 空气的分离

空气经低温液化后，产生了气-液两相平衡的氧、氮混合物。利用液体精馏的原理即可将液体空气进行分离。

要获得氧氮双高浓度的产品,精馏塔必须满足下列条件,即提馏段塔釜必须加热蒸发,精馏段塔顶必须冷凝回流。由于精馏过程在很低温度下进行,一个精馏塔不能同时满足这两个条件,因此采用双极精馏塔,如图1-2-5所示。

双极精馏塔由常压操作的上塔、加压操作的下塔和连接上下塔之间的冷凝蒸发器组成。下塔的作用是将空气进行初步分离,得到液体氮和富氧液空;上塔的作用是对富氧液空进行最后的分离,得到合格的产品纯氧和纯氮,为保证产品纯度,在适当位置抽取污氮,实际是抽氩,使氮的纯度提高;冷凝蒸发器的作用是联系上塔和下塔的换热,为列管式换热器,管内与下塔相通,管间与上塔相通。在冷凝蒸发器中,管间的液氧吸收热量而蒸发,管内气体氮放出热量而冷凝。因此,冷凝蒸发器是上塔的蒸发器,又是下塔的冷凝器,为了将上塔分离得到的产品氮进一步精馏提纯得到合格氮,在上塔顶部设有辅塔。

精馏塔的内件可采用板式塔或填料塔。一般多用筛板塔,在上下塔内均设有若干块筛板,上塔有70块,下塔有36块,全塔由铝合金制成。筛板的结构如图1-2-6所示。

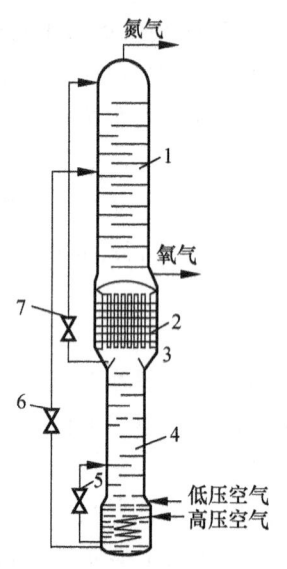

图1-2-5 双极精馏塔
1—上塔;2—冷凝蒸发器;
3—液氮贮槽;4—下塔;5~7—节流阀

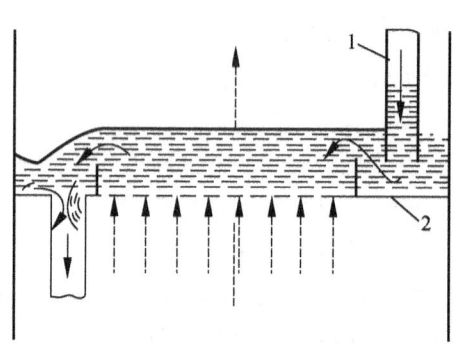

图1-2-6 筛板的结构
1—溢流管;2—筛板

筛板由带有许多小孔的平板构成,其上设有溢流管。蒸气通过小孔时,呈鼓泡形式穿过液体层,并进行热量交换和质量交换。筛板上的液体通过溢流管排到下一塔板。正常生产中,只要通过小孔的气流速度足够大,液体就不会从小孔漏下来。液体在塔板上的流向有两种形式。一般小型塔采用单溢流;中型以上的塔采用双溢流。

塔板的数量须根据气体的气-液两相平衡数据计算出所需的理论塔板数。下塔板数与氮纯度有关,当不产生纯氮时,下塔板数为25块即可。上塔板数取决于氧的纯度,当氧纯度为98.5%时,上塔板数大于50块即可;当氧纯度为99.5%时,上塔板数需大于76块。

7. 空气在双级精馏塔内的精馏过程

已被预冷的高压空气进入下塔底部的蛇管冷凝成液体,经节流阀减压后进入下塔中部,节流后产生的蒸气向上升,液体沿塔板向下流。在下塔内,上升的蒸气中氧含量逐渐减少,在下塔的顶部得到纯氮,纯氮进入冷凝蒸发器管内被冷凝成液氮,一部分作为下塔的回流液,自上而下沿管板逐块流下,至下塔塔釜得到含氧36%~40%的液体富氧空气;另一部分液氮积聚在液氮贮槽,经节流减压后进入上塔顶部,作为上塔的回流液。因此,下塔的作用是将空气进行初步分离,得到液氮和液体富氧空气。

下塔底部的液体富氧空气经节流阀减压后送入上塔中部,液体顺塔板向下流,与上升的蒸气接触,液体中氧含量增加,在上塔底部得到纯氧,纯液氧在冷凝蒸发器的管间蒸发,导出部分氧气作为产品,其余在上塔内上升。在上塔顶部得到纯氮。因此,上塔的作用是将空气进一步分离,得到纯氧和纯氮。

8. 空分装置的流程过程

(1) 空气的过滤和压缩

如图1-2-7所示,大气中的空气先经过自洁式空气过滤器过滤灰尘等机械

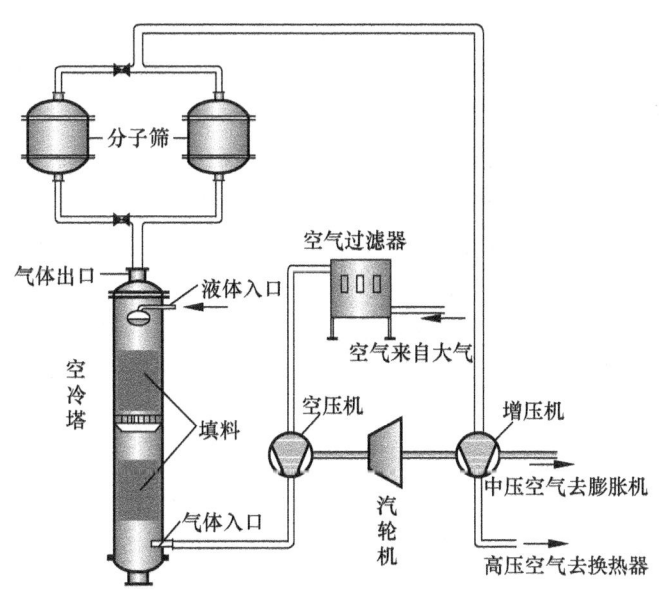

图1-2-7 空气过滤、压缩、净化流程

杂质，然后在空气透平压缩机中被压缩到所需要的压力，压缩产生的热量被冷却水带走。

(2) 空气中水分和二氧化碳的清除

如图 1-2-7 所示，加工空气中的水分和二氧化碳若进入空分设备的低温区后，会形成冰和干冰，这样就会堵塞换热器的通道和精馏塔的塔板或填料，因而配用分子筛吸附器来预先清除空气中的水分和二氧化碳。分子筛吸附器成对切换使用，一只工作时另一只再生。

(3) 冷量的制取

空气的冷却是在主换热器中进行的，在其中空气被来自精馏塔的返流气体冷却到接近液化温度。与此同时，冷的返流气体被复热。

(4) 精馏

分离过程可获得高纯度产品。空气的精馏是在氧-氮混合物的气相与液相接触之间的热质交换过程中进行的，气体自下而上流动，而液体自上而下流动，该过程由筛板（填料）来完成。由于在氧-氮混合物中，氮比氧易蒸发，氧比氮易冷凝，气体逐（段）板通过时，氮浓度不断增加，只要有足够多的塔板（填料），在塔顶即可获得高纯的氮气，反之液体逐板（段）通过时，氧浓度不断增加，在下塔底部可获得富氧液空，在上塔底部可获得高纯度液氧。

在下塔中空气被初次分离成氮气，液空由下塔底部抽出后经节流送入和液空组分相近的上塔某段上，污液氮由下塔抽出后经节流送入上塔相应位置，一部分液氮由下塔顶部抽出后经节流送入上塔顶部。另一部分液氮作为下塔的回流液，流回下塔。

空气的最终分离是在上塔进行的，从上塔底部抽出液氧经液氧泵加压送入高压换热器气化后送出。同时，从主冷凝蒸发器液氮管道抽出部分液氮经液氮泵加压送入主换热器气化后送出，压力氮气由下塔顶部抽出经主换热器复热到常温后送出，而低压氮气则由上塔顶部抽出经主换热器复热到常温后送出。

空分装置中，为了提高氧的提取率，设置了一个增效塔。在增效塔内，气态氩馏分沿填料盘上升，由于氧的沸点比氩高，高沸点的组分氧被大量地洗涤下来，形成回流液返回上塔。因此上升气体中的低沸点组分（氩）含量不断提高，最后在增效塔顶部得到粗氩气，大部分粗氩气在粗氩冷凝器中被液空冷凝成粗液氩，作为增效塔的回流液体，粗氩气经过低压换热器被正流空气复热到常温导入水冷塔或者放空。

(5) 危险杂质的排放

空气中的危险杂质是碳氢化合物，特别是乙炔。在精馏过程中如乙炔在液空和液氧中浓缩到一定程度就有发生爆炸的可能，因此乙炔在液氧中含量规定不得超过规定值。

在冷凝蒸发器中，由于液氧的不断蒸发，将会有使碳氢化合物浓缩的危险，但是只要从冷凝蒸发器中连续排放部分液氧就可防止浓缩。本空分装置为液氧内压缩流程，需要从主冷凝蒸发器不断地抽取大量的液氧，这样就可不用再另外排放液氧来防止碳氢化合物浓缩。

9. 工艺流程

空分装置根据操作压力进行分类，空分操作可分为高压（7.1~20.3 MPa）、中压（1.5~2.5 MPa）和低压（<1 MPa）3 种流程。目前大中型空分装置普遍采用低压流程，操作压力在 0.6 MPa 左右。

如图 1-2-8 所示空分装置流程，主精馏塔由杭州制氧机厂制造，单套空分制氧能力为 58 000 Nm³/h，制氮能力为 97 500 Nm³/h，同时副产工厂空气、仪表空气、液氮和液氧。副产的工厂空气、仪表空气供所有化工区分厂和动力车间生产装置使用，作为仪表气源和吹扫用气。

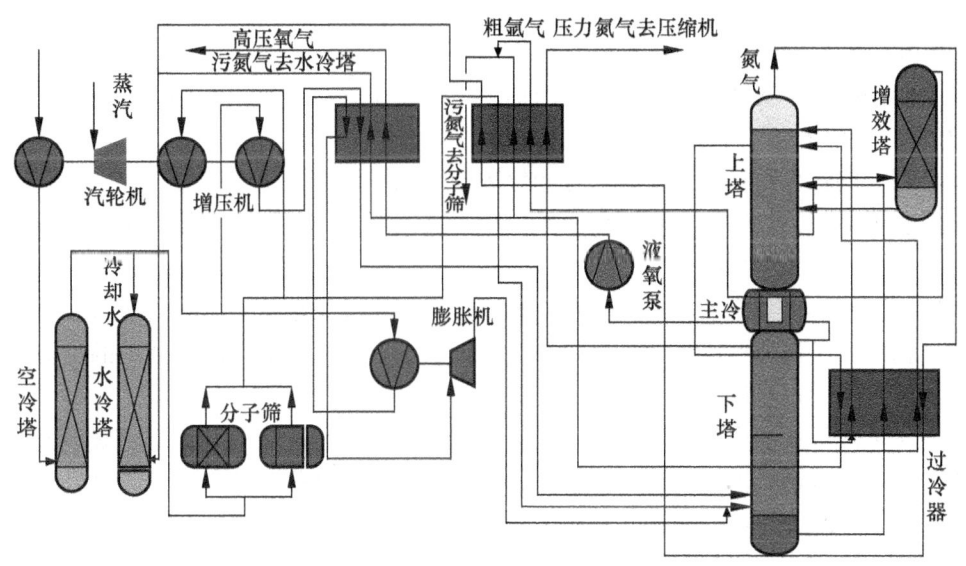

图 1-2-8　空气分离工艺流程简图

本装置生产的纯度为 99.6% 的氧气主要供下游煤气化装置使用，作为气化装置的原料气参加反应，纯度为 99.99% 的氮气供下游工艺（主要为煤气化装置、甲醇装置）生产使用，作为保护气和吹扫用气。

原料空气自吸入口吸入，经自洁式空气过滤器，除去灰尘及其他机械杂质，空气经过滤后，经离心式空压机压缩后，经空气冷却塔预冷，冷却水分段进入冷却塔内，下段为循环冷却水，上段为经水冷塔冷却后的低温水，空气自下而上穿过空气冷却塔，在冷却的同时，又得到清洗。空气经空气冷却塔冷却后，进入切换使用的分子筛纯化器 1# 或 2#，空气中的二氧化碳、C_2H_2、部分碳氢化合物及残留的水蒸气被吸附。分子筛纯化器为两只切换使用，其中一只工作时，另一只再生。纯化器的切换时间约为 240 min，定时自动切换。

空气经净化后，由于分子筛的吸附热，温度升至20 ℃，然后分五路。

第一路：空气在低压主换热器中与返流气体（纯氮气、压力氮气、污氮等）换热达到接近空气液化温度约－173 ℃后进入下塔进行精馏。

第二路：空气进入增压空气压缩机Ⅰ段进行增压，压缩后的这部分空气又分为以下两部分。

① 相当于膨胀空气的这部分空气从增压空气压缩机的Ⅰ段抽出，经膨胀机的增压机增压后进入高压主换热器。在高压主换热器内被返流气体冷却后抽出，进入膨胀机膨胀制冷，膨胀后的空气，经气－液分离器分离后气体部分进入下塔，液体经节流后送入粗氩冷凝器。

② 另一部分继续进增压空气压缩机的Ⅱ段增压，从增压空气压缩机的Ⅱ段抽出后，进入高压主换热器，与返流的液氧和其他气体换热后冷却经节流后进入下塔中部。

第三路：空气从分子筛纯化系统后空气管道上抽出作为用户工厂空气使用。

第四路：空气从增压机组第一级抽出经过减压阀减压至0.8 MPa作为用户的仪表空气使用。

第五路：少量空气进入本空分的仪表控制系统，作为仪表气源。

在下塔中，空气被初步分离成氮气和富氧液态空气，顶部气氮在主冷凝蒸发器中液化，同时主冷凝蒸发器的低压侧液氧被气化。绝大部分液氮作为下塔回流液回流到下塔，其余液氮经过冷器，被纯气氮和污气氮过冷并节流后送入上塔顶部。污液氮经过冷器过冷后，再经节流送入上塔上部。从下塔底部抽出的富氧液空在过冷器中过冷后，经节流送入上塔中部作回流液。

工艺液氧从上塔底部引出，经工艺液氧泵加压，通过管道导入主冷凝蒸发器中，在主冷凝蒸发器中被来自下塔的压力氮气气化，气化后的低压工艺氧气通过管道导入上塔。产品液氧在主冷凝蒸发器底部导出，经高压液氧泵加压，然后在高压主换热器复热后作为气体产品出冷箱。

污气氮从上塔上部引出，并在过冷器及高压主换热器和低压主换热器中复热后送往分馏塔外，部分作为分子筛纯化器的再生气体，其余进入水冷塔作为冷源。纯气氮从上塔顶部引出，在过冷器及低压主换热器中复热后出冷箱，作为产品送往氮压机，多余部分送往水冷却塔中作为冷源冷却外界水。

压力氮气从下塔顶部引出来，在低压主换热器中复热后出冷箱，然后经过氮气压缩机组压缩后供后续工艺使用。

从上塔相应部位抽出氩馏分送入粗氩冷凝器，粗氩冷凝器采用过冷后的液空作冷源，氩馏分直接从增效塔的底部导入，上升气体在粗氩冷凝器中液化，得到粗液氩和粗氩气，前者作为回流液入增效塔，而后者经进入低压换热器复热到常温送出冷箱；在粗氩冷凝器蒸发后的液空蒸汽和底部少量液空同时返回上塔。

七、空气分离的主要设备及其操作

1. 透平压缩机

（1）工作原理

离心式制冷压缩机有单级、双级和多级等多种结构形式。单级压缩机主要由吸气室、叶轮、扩压器、蜗壳等组成。对于多级压缩机，还设有弯道和回流器等部件。多级离心式制冷压缩机的中间级，级数较多的离心式制冷压缩机中可分为几段，每段包括一到几级。

离心式制冷压缩机的工作原理：通过叶轮对气体做功，使其动能和压力能增加，气体的压力和流速得到提高。然后大部分气体动能转变为压力能，压力进一步提高。对于多级离心式制冷压缩机，则利用弯道和回流器再将气体引入下一级叶轮进行压缩。

（2）结构

透平压缩机的结构分为转子和静子。转子为离心式压缩机的主要部件，由叶轮、轴套、平衡盘和推力盘等组成。静子包括机壳、进口导叶、进气室、扩压室、弯道、回流器、蜗壳、轴承和密封等。辅机包括驱动机、齿轮增速机、气体冷却器、强制供油系统。

（3）压缩机喘振

当压缩机的进口流量小到足够的时候，会在整个扩压器流道中产生严重的旋转失速，压缩机的出口压力突然下降，使管网的压力比压缩机的出口压力高，迫使气流倒回压缩机，一直到管网压力降到低于压缩机出口压力时，压缩机又向管网供气，然后压缩机恢复正常工作。当管网压力恢复到原来压力时，流量仍小于机组喘振流量，压缩机产生旋转失速，出口压力下降，管网中的气流又倒流回压缩机。如此周而复始，一会气流输送到管网，一会又倒回到压缩机，使压缩机的流量和出口压力周期的大幅波动，引起压缩机的强烈气流波动，这种现象就叫作压缩机的喘振。一般管网容量大，喘振振幅就大，频率就低，反之，管网容量小，喘振的振幅就小，频率就高。

（4）压缩机喘振的特征

① 压缩机的工况极不稳定，压缩机的出口压力和入口流量周期性地大幅度波动，频率较低，同时平均排气压力值下降。

② 喘振有强烈的周期气流声，出现气流吼叫。

③ 机器强烈振动。机体、轴承、管道的振幅急剧增加，由于振动剧烈，轴承润滑条件遭到破坏，损坏轴瓦。转子与定子会产生摩擦、碰撞，密封元件将严重损坏。

（5）防止压缩机喘振的条件

① 防止进气压力低、进气温度高和气体量小等。

② 防止管网堵塞使管网特性改变。

③ 要坚持在开、停车过程中，升降速不可太快，并且先升速后升压和先降压后降速。

④ 开、关防喘阀时要平稳缓慢。关防喘阀时要先低压后高压，开防喘阀时要先高压后低压。

2. 膨胀机

（1）工作原理

工质在透平膨胀机的通流部分中膨胀获得动能，并由工作轮轴端输出外功，因而降低了膨胀机出口工质的热力学能和温度。根据公式 $q_v = vA$，当流体体积流量 q_v 一定时，流道截面积 A 和气体速度 v 成反比关系。所以膨胀过程工作轮所产生的功只取决于工作轮进、出口工质的速度，而与工质的性质无关。

（2）膨胀机的主机结构

膨胀机的主机结构如图 1-2-9 所示，由通流部分（扩压器、蜗壳、工作轮、喷嘴）、内轴承、主轴、机壳、外轴承、外轴封、制动器组成。

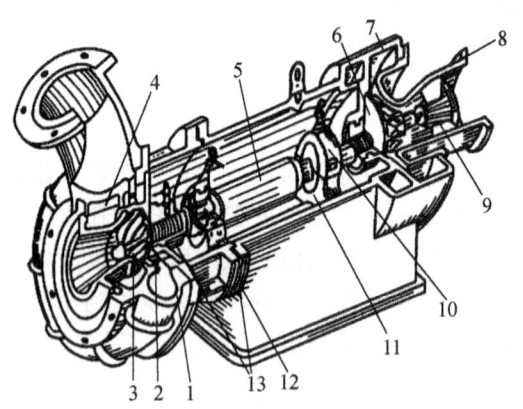

图 1-2-9　向心径-轴流反作用式透平膨胀机结构示意图
1—蜗壳；2—喷嘴；3—工作轮；4—扩压器；5—主轴；6—风机轮；7—风机蜗壳；
8—风机端盖；9—测速器；10—轴承座；11—机体；12—中间体；13—密封设备

向心径-轴流反作用式透平膨胀机由膨胀机通流部分、制动器及机体三部分组成。膨胀机通流部分是获得低温的主要部件，由蜗壳、喷嘴环（导流器）、工作轮（叶轮）及扩压器组成。制冷工质从入口管线进入膨胀机的蜗壳 1，把气流均匀地分配给喷嘴环。气流在喷嘴环的喷嘴 2 中第一次膨胀，把一部分焓降转换成动能，因而推动工作轮 3 输出外功。同时，剩余的一部分焓降也因气流在工作轮中继续膨胀而转换成外功输出。膨胀后的低温工质经过扩压器 4 排至出口低的入口管吸入，先经风机轮 6 压缩后，再经无叶扩压器及风机蜗壳 7 扩压，最后排入管线中。测速器 9 用来测量透平膨胀机的转速。机体在这里起着传递、支承和隔热的作用。主轴支承在机体11中的轴承座10上，通过主轴（传动轴）5把膨胀机工作轮的功率传递给同轴安装的制动器。为了防止不同温度区的热量传递和冷气体泄漏，机体中还设有中间体12和密封设备13。由膨胀机工作轮、制动风机论和主轴等组成的旋转部件又称为转子。此外，为使透平膨胀机连续安全运行，还必须有一些辅助设备和系统，例如润滑、密封、冷却、自动控制和保安系统等。

3. 离心式低温泵

（1）工作原理

离心式低温泵是利用叶轮旋转产生的离心力使液体的压力升高而达到输送目的。叶轮传递1 kg液体的能量叫理论扬程。

（2）结构

如图1-2-10所示，由吸入室、叶轮和压出室（泵壳、扩压管）三部分组合在一起，形成泵的流通部分。其中叶轮轴的密封形式为充气式密封。

图1-2-10 离心式低温泵

（3）用途

离心式低温液体泵主要用于贮槽与贮槽之间、贮槽与槽车之间低温液体的输送，它可大大缩短液体输送时间和减少液体的无谓浪费。同时，在各种空分装置中用于输送液氧、液氮、液氩。

（4）特点

蜗壳材料选用高强度的铜合金（铜的质量分数大于80%），特别适合低温液体，同时在液氧介质下也能确保安全，结构采用双蜗壳设计，较好地平衡了径向力；机械密封选用成熟产品，密封寿命长；泵轴采用高强度不锈钢空心轴；叶轮均经过静、动平衡试验和超速试验；叶轮设计运用先进流体理论，各项性能优异，叶轮加工采用先进加工手段，精度完全符合设计要求；电机轴承选用进口高精度轴承，可根据用户需要采用防爆电机。

4. 空气冷却塔

（1）作用

把出空压机出来的高温气体冷却，以改善分子筛纯化器的工作状况。

（2）结构

立式圆筒形塔，分上下两部分，上、下段均为填料塔。塔内设有分配器，出口处安装高效除雾器。

（3）使用方式

冷却水被水泵分别送到空冷塔的上部和中部，水自上而下流经填料。出空压机的空气从下部进入空冷塔，与填料中的水进行热质交换，然后从塔顶被除雾器

图 1-2-11 空冷塔

分离水分后出空冷塔,进入分子筛吸附系统。上段升温后的水进入下段空冷塔中,塔下段升温后的水由塔底自动排出。空冷塔如图 1-2-11 所示。

5. 水冷却塔

(1) 作用

用分馏塔出来的污氮气和纯氮气冷却外界供水,然后由水泵送入空气冷却塔的上段。

(2) 结构

本塔为填料塔,塔顶设捕雾器和布水器,填料分两层装入塔内,在两填料层中间设有再分配器,内设支撑板,以支撑填料。

(3) 使用方式

被冷却的水自上而下流经填料,与从分馏塔出来的污氮气和部分氮气进行热质交换,使水冷却下来成为低温水,在塔底被水泵抽走,氮气带走热量后从塔顶排往大气。

6. 分子筛吸附器

(1) 作用

吸附空气中的水分、二氧化碳及乙炔等碳氢化合物,使进入冷箱的空气净化。

(2) 结构

卧式圆筒体,内设支承栅架,以承托分子筛吸附剂。

7. 主热交换器

(1) 作用

进行多股流之间的热交换。

(2) 结构

可逆式换热器也称为板翅式换热器,如图 1-2-12 所示,由隔板、波形翅片和封条三部分组成,分解示意如图 1-2-13 所示,在相邻两隔板之间放置翅片及封条组成夹层,称为通道。也可采用以石头或铝带为填料的蓄冷器代替可逆式换热器,各通道中的冷热气流通过翅片和隔板进行良好的换热。

由于在低温下,碳钢变硬、变脆,失去抵抗冲击能力,而铜和铝却具有良好的机械强度和可塑性,因此空分装置中的低温设备一般用铜或铝的合金制成。为了防

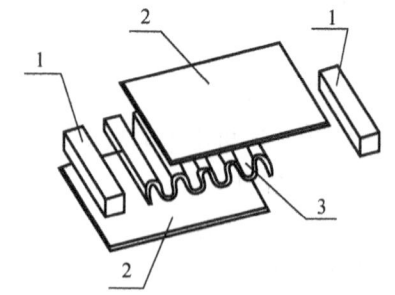

图 1-2-12 板束体层的结构示意图
1—封条;2—隔板(或侧板);
3—翅片(或导流片)

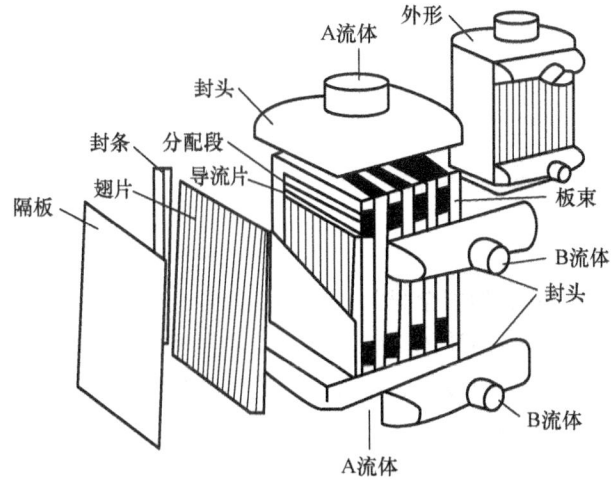

图 1-2-13 板翅式换热器分解示意图

止冷损失,将所有设备和管道全部装在保温冷箱内,并装填保温材料。常用的保温材料有珠光砂、矿渣棉和碳酸镁等。

8. 液空液氮过冷器

(1) 作用

对低温液体进行过冷。

(2) 结构

为多层板翅式。相邻通道间物流通过翅片和隔板进行良好的换热。

9. 冷凝蒸发器

(1) 作用

供氮气冷凝和液氧蒸发用,以维持精馏塔精馏过程的进行。

(2) 结构

为多层板翅式,相邻通道的物流通过翅片和隔板进行良好的换热。

10. 下塔与上塔

(1) 作用

利用混合气体中各组分的沸点不同,将其分离成所要求纯度的组分。

(2) 结构

塔体为圆筒形,下塔内装多层密布小孔的筛板,筛板上设置溢流斗和溢流挡板;上塔内装规整填料及液体分布器。

11. 增效塔

(1) 作用

导出氩。

（2）结构

增效塔为圆筒形填料塔。塔内相邻两段填料之间设置分布器，以利于液体在塔内均匀分布。

八、空分装置的安全操作措施

1. 液氧的安全排放

在正常生产时，液氧的安全排放是冷凝蒸发器防爆的一个有力措施，不能忽视。由于本装置采用液氧内压缩流程，在主冷凝蒸发器中抽取大量的液氧加压后经高压换热器气化复热后出冷箱，因此，主冷凝蒸发器是非常安全的。

2. 碳氢化合物的控制

冷凝蒸发器液氧中的碳氢化合物必须严格控制，每隔 8 小时化验一次，测定结果必须记录。

3. 冷箱的充气

为防止潮湿空气渗入冷箱和危险气体在冷箱内浓缩，冷箱内需充入气封干燥氮气。

4. 空气预冷、分子筛纯化系统安全操作

① 空气预冷系统的循环冷却水在添加药剂时，应该严格控制用药量，不要使水起泡过多，否则容易造成空冷塔带水事故，影响分子筛吸附器的正常工作。

② 在启动时或停车后再启动时，应检查分子筛吸附器的进出口阀开关位置是否正确，否则应予调正。阀门的开启动作要缓慢地进行，不要造成对分子筛吸附床层的冲击。

③ 在空分装置冷开车停车排液后开始进行全面加温时，必须注意加温气量要少，速度要慢，切不可一开始就用大气量加温。加温气体为常温干燥空气。

5. 安全注意事项

空分装置的工作区及所有贮存、输送和再处理各类产品气的场所，都必须注意以下安全事项。

（1）防止火灾和爆炸

① 禁止吸烟和明火。会产生火苗的工作，如电焊、气焊、砂轮磨刮等，禁止在空分生产区进行，如确需进行，则必须采取措施，确保氧浓度正常范围内场地，并要在专职安全人员的监督下才能进行。

② 不得穿着带有铁钉或带有任何钢质件的鞋子，以避免摩擦产生火花。并不能采用易产生静电火花的质料作工作服。

③ 严格忌油和油脂，所有和氧接触的部位和零件都要绝对无油和油脂，因此要进行脱脂清洗，应该用碳氢氯化物或碳氢氟氯化合物，例如全氯乙烯来清

洗，一般的三氯乙烯等不适用于铝或铝合金的清洗，会引起爆炸反应。由于这类清洗剂有毒，在使用时，必须注意通风，保护皮肤，并戴防毒面具。

④ 现场人员的衣着必须无油和油脂，即使脂肪质的化妆品也会成为火源。

⑤ 装置的工作区内禁止贮放可燃物品，对于装置运行所必需的润滑剂和原材料必须由专人妥为保管。

⑥ 要防止氧气的局部增浓，如果发现某些区域已经增浓或有可能增浓，则必须清楚地做出标记，并以强制通风。

⑦ 人员在进入氧气容器或管道之前，必须用无油空气吹除，并经取样分析确认含量正常才能进入。

⑧ 人员应避免在氧气浓度增高的区域停留。如果已经停留则其衣着必被氧气浸透，应立即用空气彻底吹洗置换。

⑨ 氧气阀门的启闭要缓慢进行，避免快速操作，特别是对加压氧气必须绝对遵守。

⑩ 冷凝蒸发器液氧中的乙炔和碳氢化合物的浓度必须严格控制。

（2）防止窒息引起死亡

① 要防止氮气的局部增浓，如果发现某些区域已经增浓或有可能增浓则必须清楚地做出标记，并加以强制通风。

② 严禁人员进入氮气增浓区域，如要进入氮气增浓区域，需先通风置换，经检验分析确认正常以后才能允许进入，并要在安全人员监督下进行。

③ 人员进入氮气容器或管道前，必须经检验分析确认无氮气增浓，才允许进入，并要在安全人员监督下进行。

（3）防止冻伤

① 在处理低温液化气体时，必须穿着必要的保护服，戴手套，裤脚不得塞进靴子内，以防止液体触及皮肤。

② 进入空分装置保冷箱内前，有关的区段必须先加温。

任务四　生产操作

一、开车过程

以空气分离生产为例，可分为以下具体步骤。

1. 原始开车

（1）开车前的准备工作

① 检查。按图纸检查所有设备、管道、阀门、分析取样点、电器、仪表等，必须正常完好。自动阀、安全阀和仪表，全部校对调试合格，并且灵活好用。

② 单体试车。膨胀机、空气压缩机、液氧泵及水泵单体试车合格。

（2）系统吹除

系统吹除的目的是除去遗留在设备、管道内的杂物和水分。吹除时中压系统和低压系统分别进行，中压系统用 0.45~0.50 MPa 的压缩空气吹除，低压系统用 0.04~0.05 MPa 的空气吹除，按先中压、后低压、最后全系统吹除的顺序进行，当排出的气体中无水分及杂质时为合格。

对冷箱的吹除要求如下：吹除时各排放口要有足够的气量，以保证吹除干净；吹除回路中的安全阀、孔板必须拆除，各压力表、液位计等表头必须拆下，表管与设备一起进行吹除；冷箱外的碳钢管线必须经吹除合格后才能进冷箱。

（3）气密试验

目的是检查设备、管道、法兰、焊接处是否有泄漏。气密试验的方法是向中压系统导入 0.6 MPa 的压缩空气，然后逐渐向低压系统导入空气，使上塔压力保持在 0.06 MPa，用肥皂水检查所有法兰、焊缝及填料函等密封点，发现泄漏时，泄压处理，直到完全消除泄漏为止，同时对自动阀门进行试漏检查。

上述工作进行完后，将下塔压力保持在 0.6 MPa，若 4 h 内压力降小于 0.02 MPa 为合格；同时将上塔压力保持在 0.06 MPa，保压 8 h，压力降小于 0.01 MPa 为合格。

（4）常温干燥

为了除去系统的水分，需要进行常温干燥。方法是用空气压缩机将空气加压后，对所有设备、管道进行吹除干燥 2~4 h。

（5）第一次裸冷

在冷箱未装保温材料之前，进行开车冷冻的过程，称为裸冷。裸冷的方法是在空分设备安装完毕或检修之后，未装珠光砂之前，按正式开车程序启动膨胀机，使冷箱内低温设备及管道温度降至 -100 ℃ 以下，并保持 2~3 h，考验设备在低温下的工作性能，即在冷态下检验有无变形，设备的制造质量以及法兰接头、焊缝等安装质量。在低温下查漏，处理泄漏，并拧紧所有螺丝。裸冷的目的就是使设备在低温下的缺陷充分暴露出来，以得到及时处理。

（6）加热干燥

加热干燥是为了除去在裸冷时带入系统的水分和二氧化碳，同时考验设备在低温、升温后是否可靠，然后再次裸冷，考验设备是否耐冷热变化，再次进行加热干燥。

（7）试压试漏

在没有装保温材料前，再对系统进行一次试压试漏。

（8）装填硅胶和珠光砂

在吸附器和液氧吸附器加入球形硅胶，装满后封住加入口，并用干燥空气吹除。打开冷箱顶部的入孔，将保温材料珠光砂装入冷箱。装填时要严防出现漏装、死角和空洞等现象，要防止各种杂物掉入冷箱内。

2. 系统启动

系统启动是指空分装置自膨胀机启动到转入正常运转的整个过程。在启动过程中，主要利用膨胀机所获得的冷量，逐渐将所有设备及管道冷却到正常生产所要求的低温，并在精馏塔内积累起足够数量的液体，从而转入正常生产。

在启动阶段，系统中的物流、温度、压力发生着剧烈变化，能否掌握这种变化，将关系到能否转入正常生产，以及影响产品产量、质量和生产周期等方面。因此，做好启动操作是空分过程重要的环节。

（1）启动前的准备工作

准备工作主要包括空气压缩机、透平膨胀机等做好运转充分准备；空分装置经过充分的加热干燥，并吹冷至常温，启动干燥器处于备用状态；检查仪器仪表，并投入使用；检查各阀门开闭状态；启动空气压缩机，调节到工作压力；启动干燥器送上仪表空气；启动切换装置，检查其工作是否正常。当上述工作完成后，可以正式启动空分装置。

（2）启动操作

对具有可逆式换热器的全低压空分装置，一般采用分段冷却法并行启动。在 0.5 MPa 的操作压力下，水分在 -40 ℃ ~ -60 ℃ 基本上冻结，而在 -130 ℃ 以下，二氧化碳才开始冻结，直到 -165 ℃ ~ -170 ℃ 全部冻结，可见在 -60 ℃ ~ -130 ℃ 区间为干燥区。利用这一特性，在启动操作中，设备的冷却过程分为 4 个阶段进行。

第一阶段的任务是充分发挥透平膨胀机的制冷能力，以最短的路线、最快的速度集中冷却可逆式换热器，迅速通过水分冻结区（-40 ℃ ~ -60 ℃），同时使膨胀机在水分可能冻结阶段运转时间最短。当可逆式换热器冷端温度达到 -60 ℃ 时，去膨胀机的空气基本是完全干燥的，此阶段即告结束。

第二阶段是在透平膨胀机出口降低至相对二氧化碳析出温度（-130 ℃）以上，将空分装置内各容器有计划地冷却到尽可能低的温度。由于空气温度高于二氧化碳析出温度，所以水分和二氧化碳都不会在膨胀机或其他设备内析出，可以充分发挥膨胀机的制冷潜力，将设备逐渐冷却，直到膨胀机出口空气温度下降至 -130 ℃ 为止。

第三阶段在 -130 ℃ ~ -165 ℃ 进行。要求充分发挥膨胀机的制冷潜力，以最短路线和最快的速度集中冷却可逆式换热器，使其迅速通过二氧化碳冻结区，为液化空气创造条件。当可逆式换热器冷段温度达到 -165 ℃ 时，这一阶段即告结束。

第四阶段是用已经清除水分和二氧化碳的空气继续冷却所有设备，一直降到操作温度，并在设备内积累一定数量的液体，逐步调整上下塔的产品纯度，使精馏工况达到正常状态。

二、正常操作

空气分离装置的正常操作主要是空分精馏工况的调节。空分精馏工况的调节主要是对塔内物流量的分配，即对回流比的调节、液面的控制以及产品产量和纯度的调节。

1. 下塔精馏工况的调节

下塔精馏是上塔精馏的基础，调整下塔精馏工况就是为上塔提供纯度符合要求的、一定数量的液空、液氮和污液氮，控制液空、液氮纯度的目的在于提高氧、氮的纯度和产量。

（1）液空、液氮纯度的调节

液空、液氮纯度的调节与下塔回流比有关。下塔回流比增大，精馏过程中，蒸气中高沸点组分氧液化充分，下塔上部蒸气中的含氧量减小，所以液氮的纯度提高，而液空的纯度降低；反之，当下塔回流比减小时，蒸气中高沸点组分氧液化不充分，下塔上部蒸气中含氧量增多，液氮的纯度下降，而液空的纯度由于液氮回流液的减小而升高。下塔回流比的大小与液氮节流阀和污液氮节流阀的开度有关。液氮节流阀开大，送到上塔的液氮量增多，下塔回流液增多，回流比增大，污液氮的纯度下降，液空的纯度提高。在操作中，要妥善控制液氮和污液氮节流阀的开度，将液空、液氮的纯度控制在规定的范围内。一般要求液空的含氧量为 $36\% \sim 40\%$，液氮的纯度为 99.9%，污液氮的纯度为 94.6% 左右。

（2）下塔液空液面的调节

液空节流阀不能调节下塔回流比，只能控制液空液面的高度。若液空液面控制过低，经过液空节流阀的液体夹带气体时，则使下塔的上升气量减少，回流比增大，液空中氧含量降低，并对上塔氧气浓度带来较大影响。因此，要控制好液空液面，确保精馏过程正常进行。

2. 上塔精馏工况的调节

上塔精馏工况的调节主要是对氧、氮产量与纯度的调节及冷凝蒸发器液位的调节。

（1）氧纯度的调节

① 氧取出量的影响。当产品的氧浓度不变而取出量过大时，氧纯度就会降低。由于氧取出量过大，使得上塔精馏段上升蒸气量减小，回流比增大，液体中氮蒸发不充分，使氧纯度下降。可适当关小氧取出阀，减少送氧量，同时开大污氮取出阀。

② 液空氧含量变化的影响。决定氧气纯度的最重要部位是上塔提馏段。液空中氧纯度低，必然使液空量大，一方面使上段提馏段的分离负荷加大，另一方

面由于回流液多,难使氮组分蒸发充分,从而造成氧纯度降低。这时应对下塔精馏工况进行调节,适当提高液空含氧量。

③ 膨胀空气量的影响。当进入上塔的膨胀空气量过大时,破坏上塔的正常精馏工况,使氧纯度下降。这时如果塔内冷量过剩,应对膨胀机减量。

④ 加入空气量波动的影响。当空气量增加或减少,相应地要增加或减少氧、氮的取出量,否则发生液泛或液漏等情况,破坏了精馏塔的工况,造成氧纯度下降。这时要根据具体情况,防止液泛或液漏现象的产生。

⑤ 冷凝蒸发器液氧液位高低的影响。当冷凝蒸发器液氧液面上升时,说明下流流量大于蒸发量,提馏段的回流比增大,回流入冷凝蒸发器的液体含氮量增加,造成氧纯度下降。这时应对膨胀机进行减量。

(2) 氮纯度的调节

① 辅塔回流比的影响。当辅塔回流比减小时,产品的氮纯度降低。这时应适当关小送氮阀或减少液氮取出量以增加辅塔的回流比。

② 液氮纯度低。首先要从下塔调起,待下塔液氮纯度提高后,再调整上塔氮的纯度。一般地,应当把氮的取出量略降一些。

3. 冷凝蒸发器液位的调节

冷凝蒸发器液氧液位是空分装置冷量平衡的重要标志。液位波动的原因一般是由于膨胀机制冷量和系统冷损失不能平衡。若冷损失大于制冷量,液位下降,这时应增加膨胀机制冷量;反之,当液位上升时则降低膨胀机的制冷量。

当节流阀开度不当,也可引起冷凝蒸发器液位与下塔液位向相反方向偏离。当冷凝蒸发器液位下降,而下塔液空液位上升时,应适当开大液空节流阀,增加送入上塔的液空量,达到规定液位时使其稳定;反之,则用关小液空节流阀的办法调节。

三、异常现象及处理

这里仅对运行期间可能出现的一些故障加以说明,其他意外故障必须由现场人员根据具体情况,及时予以处理。

1. 加工空气供气停止

(1) 信号

空压机报警装置鸣响。

(2) 后果

系统压力和精馏塔阻力下降;产品气体压缩机若继续运转,则会造成在精馏塔及有关管道出现负压。

(3) 紧急措施

停止产品气体压缩机运转;把精馏塔产品气放空;停止透平膨胀机运转;关

闭液体排放阀；停止纯化系统再生。

（4）进一步措施

空分设备停止运行。

（5）排出故障方法

按空压机使用维护说明书的规定查明原因，并采取相应的措施。

2. 供电中断

（1）信号

所有电驱动的机器均停止工作，这些机器上的报警装置鸣响。

（2）后果

系统压力和精馏塔阻力下降，产品纯度破坏。

（3）紧急措施

关透平膨胀机及有关机器的停止按钮；把精馏塔产品气放空；关闭液体排放阀；停止分子筛吸附器再生。

（4）进一步措施

把全部由电驱动的机器从供电网断开，空分设备停止运行。

（5）按照排除故障的方法排除电源故障

电路恢复后，视停电时间长短决定精馏塔系统是否需重新加温；按启动程序重新启动。

3. 透平膨胀机发生故障

（1）信号

透平膨胀机报警装置鸣响。

（2）后果

若转速过高，影响膨胀机正常运行；若转速过低，制冷量降低，冷凝蒸发器液氧液面下降，产量下降。

（3）紧急措施

启动备用膨胀机；调整转速，使膨胀机稳定；减少产品量，检验产品的纯度，必要时减少产品产量或液体排出量或完全停车。

（4）进一步措施

立即排除故障；调整流量、转速和产量到正常值。

（5）排除故障方法

透平膨胀机的常见故障是冰和干冰引起的堵塞。必须进行加热，才能排除故障。至于其他的故障，则应按透平膨胀机的使用说明书查明原因，并排除之。

4. 吸附器切换装置发生故障

（1）信号

切换周期失控。

（2）后果

若分子筛纯化系统的切换过程停止运行，正在工作的分子筛吸附器的吸附时间势必延长，先是二氧化碳，后是水分进入冷箱内，使板翅式换热器堵塞。

（3）紧急措施

紧急暂停分子筛切换程序。

（4）进一步措施

如果预计排除时间要很长，则空分设备调节失控。

（5）排除故障方法

按照仪控说明书规定查明原因，并排除之。

5. 仪表空气中断

（1）信号

仪表空气压力报警器鸣响。

（2）后果

吸附器切换装置失效；所有气动仪表失效；整个空分设备调节失控。

（3）紧急措施

把备用仪表空气阀门打开，空分设备即可恢复运行。如果不能正常运行，则空分设备停止运行。

（4）进一步措施

如空分设备继续运行，应检验产品纯度，检查分子筛吸附器再生和吹冷程度。如不正常应做相应调整。

（5）排除故障的方法

故障可能是仪表空气过滤器堵塞或是阀门和管道的泄漏造成，应清洗过滤器，消除泄漏。

项目三

公用工程

教学目标：

（1）知识目标
① 了解煤炭气化及化工产品合成过程公用工程概况。
② 了解循环水、回用水循环状态。
③ 了解公用工程车间工艺概况。
（2）能力目标
① 能够分析公用工程特点。
② 能够理解公用工程上下游的关系。

一、公用工程车间概况及特点

公用工程就是为其他装置提供水、蒸汽、电、工厂空气和火炬管网的一个中转站或者储存站，具有分散、面广、点多、与全厂各装置联系紧密的特点，包括循环水装置、回用水装置、污水处理装置、冷凝液精制装置、冷凝液闪蒸扩容装置、除氧给水装置、火炬装置、蒸汽减温减压装置、换热站、消防事故水池和公用管网共计 11 个单元。

二、公用工程车间工艺概况

1. 循环水装置工艺概况

（1）工艺概述

循环水装置将化工区各生产装置冷却设备的冷却水回水通过机力通风冷却塔降低水温，由水泵加压后，供给相同的冷却设备循环使用，同时对该循环冷却水进行水质稳定处理，保证工艺冷却设备的换热效率。

（2）循环水装置的上下游关系

① 循环水装置的上游关系。循环水装置的补充水由综合给水泵房提供的新鲜水、污水处理站处理后的化工污水、回用水装置处理后的循环水排污水三部分组成。

② 循环水装置的下游关系。循环冷却水装置向空分装置、煤气化装置、硫

回收装置、甲醇装置（包括 CO 变换和酸性气体脱除装置）、冷凝液精制等装置提供循环冷却水，并接收经过以上装置换热后的循环冷却水回水。循环冷却水装置的排污水去回用水装置和动力分厂（作为脱硫用水和干灰拌湿用水）。

③ 循环水装置的上下游关系，如图 1-3-1 所示。

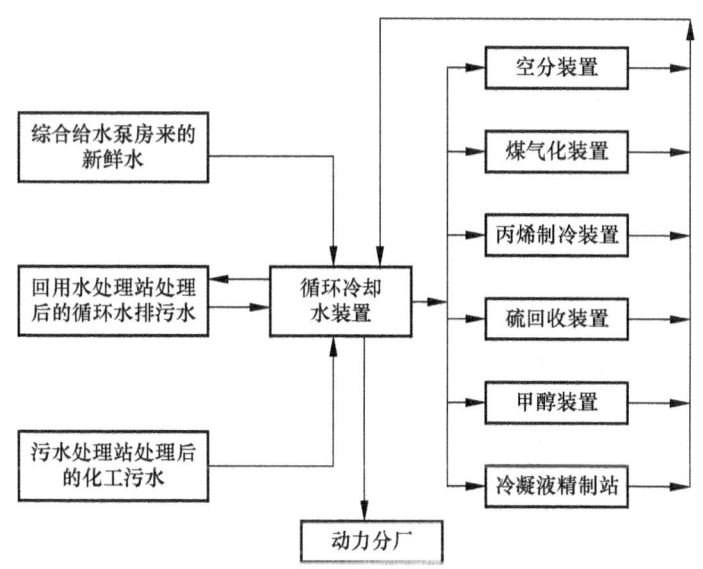

图 1-3-1　循环水装置上下游关系方框图

2. 回用水装置工艺概况

（1）工艺概述

回用水装置主要处理全厂循环冷却水站排污水，循环冷却水站排污水在回用水装置经过滤、除盐处理后作为循环冷却水站补充水，排放的浓盐水送输煤栈桥作冲洗水处理装置补水、干灰拌湿用水和厂外灰渣场抑尘喷洒水。回用水装置采用过滤器去除悬浮物质和反渗透脱盐工艺技术，用 PLC 进行操作和控制。

（2）回用水装置的上下游关系

① 回用水装置的上游关系。回用水装置的来料为循环冷却水装置的排污水。

② 回用水装置的下游关系。经回用水装置处理后的循环水排污水返回循环水装置作为循环水装置补充水，回用水装置产生的浓盐水送输煤栈桥冲洗水处理装置作为冲洗水装置补水、全厂干灰、干渣拌湿用水和厂外灰渣场抑尘喷洒水。

③ 回用水装置的上下游关系，如图 1-3-2 所示。

3. 污水处理装置工艺概况

（1）工艺概述

污水处理装置主要采用完全破氰工

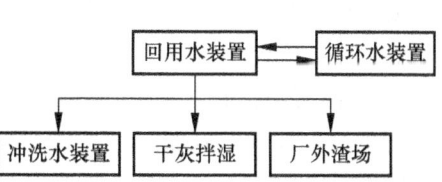

图 1-3-2　回用水装置上下游关系

艺、脱氟工艺、SBR生化工艺、多介质和活性炭过滤吸附工艺,处理全厂的生活污水、地面及设备检修冲洗用水、厂区内的初期雨水（前15 min）、煤气化装置、甲醇装置、MTP装置、PP装置的化工污水和煤气化装置的锅炉排污水。煤气化装置的化工污水经破氰和除氟处理后作为全厂干灰拌湿用水（也可入循环水装置作为循环水补水），其他污水处理后要求达到污水作为循环水的补充水标准后用作循环水的补充水。本装置采用PLC进行操作和控制。

（2）污水处理装置的上下游关系

① 污水处理装置的上游关系。污水处理装置废水来自于气化装置、酸性气体脱除装置、甲醇装置、MTP装置、PP装置、全厂的地面冲洗水、生活污水和初期雨水。

② 污水处理装置的下游关系。经污水处理装置处理后的废水作为循环水装置的补充水（也可作为干灰拌湿用水）。

③ 污水处理装置的上下游关系，如图1-3-3所示。

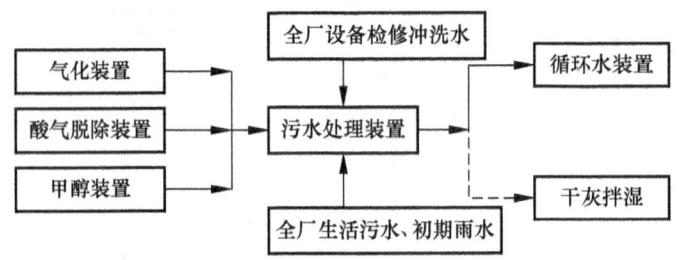

图1-3-3　污水处理装置的上下游关系

4. 冷凝液精制装置工艺概况

（1）工艺概述

冷凝液精制装置将化工区的工艺蒸汽冷凝液和透平冷凝液经过除铁（包括其他杂质）和脱盐精制成除盐水作为化工区的锅炉补给水，多余的除盐水送动力站化学水车间除盐水箱作为动力锅炉用水。本装置采用过滤器除铁和离子交换脱盐工艺技术。采用PLC进行操作和控制。排放的酸碱废水经中和后作为煤栈桥冲洗水处理站补水和全厂干灰拌湿用水。

（2）冷凝液精制装置的上下游关系

① 冷凝液精制装置的上游关系。冷凝液精制装置来料（工艺冷凝液）来自冷凝液闪蒸扩容装置，透平冷凝液来自空分透平、丙烯透平、合成循环气透平、烯烃透平。

② 冷凝液精制装置的下游关系。冷凝液精制装置的产品（除盐水）去化工区除氧给水装置除氧加药后供化工区用户使用（空分装置、气化装置、CO变换装置、酸性气体脱除装置、硫回收装置、甲醇装置、减温减压装置），多余的除盐水送动力分厂。

冷凝液精制装置排放的酸碱废水经中和后作为煤栈桥冲洗水处理站补水和全厂干灰拌湿用水。

③ 冷凝液精制装置的上下游关系，如图 1-3-4 所示。

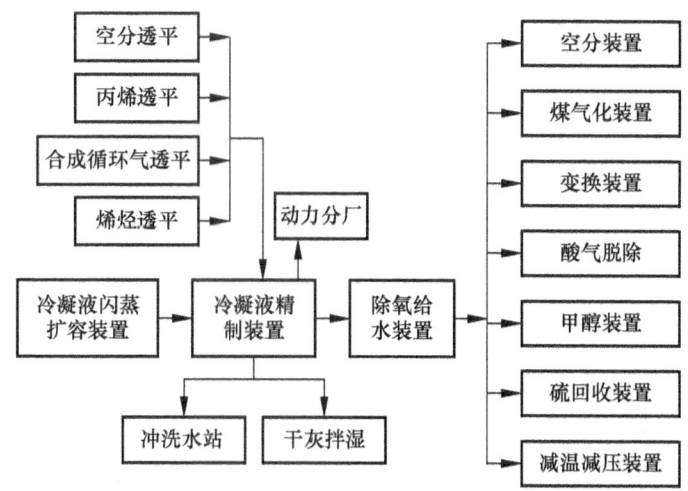

图 1-3-4 冷凝液精制装置的上下游关系

5. 冷凝液闪蒸扩容装置工艺概况

（1）工艺概述

冷凝液闪蒸扩容装置用于回收全厂的工艺蒸汽冷凝液，不同等级的蒸汽冷凝液经过减压闪蒸回收部分蒸汽，再将不可回收的低等级蒸汽进行冷却。这些冷凝液的水质较洁净，经处理后可作为锅炉的补充给水，节约运行成本。本工程冷凝液回收系统分为化工装置冷凝液回收系统和动力站冷凝液回收系统。化工装置冷凝液分蒸汽透平冷凝液、高压蒸汽冷凝液、中压蒸汽冷凝液、低压蒸汽冷凝液（Ⅰ、Ⅱ）5 个管网进行回收，再分为蒸汽透平冷凝液和蒸汽冷凝液两个系统送化工装置冷凝液处理装置进行净化处理。

（2）冷凝液闪蒸扩容装置的上下游关系

冷凝液闪蒸扩容装置的上下游关系，如图 1-3-5 所示。

① 冷凝液闪蒸扩容装置的上游关系。冷凝液闪蒸扩容装置的来料为化工区的高压蒸汽冷凝液、中压蒸汽冷凝液、低压蒸汽冷凝液（Ⅰ、Ⅱ）管网，其中高压蒸汽冷凝液来自于 MTP 装置；中压蒸汽冷凝液来自于 MTP 装置、硫回收装置；低压蒸气冷凝液（Ⅰ）来自空分装置、低温甲醇洗装置、甲醇装置、MTP 装置、PP 装置、全厂的蒸气伴热；低压蒸气冷凝液（Ⅱ）来自于备煤装置、硫回收装置和全厂的采暖用气。

② 冷凝液闪蒸扩容装置的下游关系。经过闪蒸扩容和冷却之后工艺冷凝液送冷凝液精制装置。

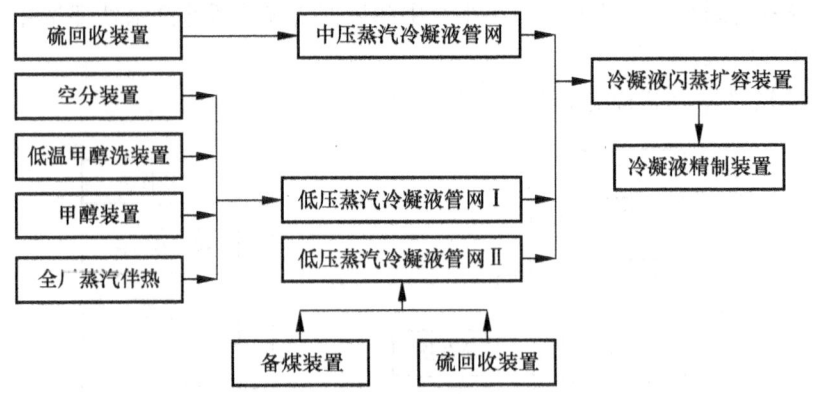

图1-3-5 冷凝液闪蒸扩容装置的上下游关系

6. 除氧给水装置工艺概况

(1) 工艺概述

除氧给水装置用于将冷凝液精制系统产出的（电导率为 0.1 μs/cm）除盐水进行热力学除氧、化学除氧和加氨调节 pH 值，除氧和加氨调节 pH 值后的 0.1 μs/cm 除盐水供化工区用户使用。

(2) 除氧给水装置的上下游关系

① 除氧给水装置的上游关系。除氧给水装置的来料（电导率为 0.1 μs/cm 的除盐水）来自于冷凝液精制装置。

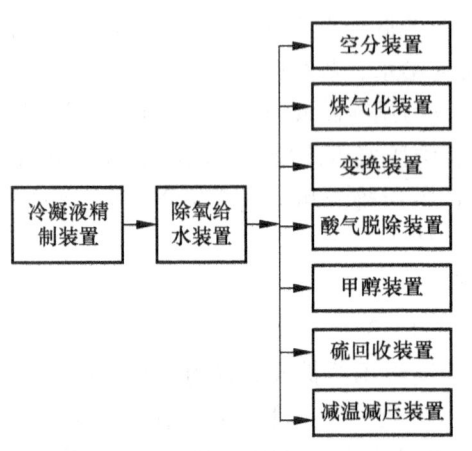

图1-3-6 除氧给水装置的上下游关系

② 除氧给水装置的下游关系。经过除氧加药后的除盐水供化工区的除盐水用户使用（空分装置、气化装置、CO变换装置、酸性气体脱除装置、硫回收装置、甲醇装置、减温减压装置）。

③ 除氧给水装置的上下游关系，如图1-3-6所示。

7. 火炬装置工艺概况

(1) 工艺概述

火炬装置承担各工艺装置正常、开停车及事故排放任务，使装置正常、开停车或事故排放时能够及时、安全、可靠地在火炬中排放燃烧，并满足国家现行的有关标准和环保标准要求。

(2) 火炬装置的上下游关系

① 火炬装置的上游关系。高压火炬装置的来料来自气化装置、CO变换装置、甲醇装置、酸性气体脱除装置、酸脱（冷冻站）装置，燃料气来自厂区燃料

气管网。低压火炬装置（Ⅰ）的燃料气来自厂区燃料气管网。低压火炬装置（Ⅱ）的来料来自气化装置、甲醇装置、酸性气体脱除装置、硫回收装置，燃料气来自厂区燃料气管网。酸气火炬装置的来料来自酸性气体脱除装置，燃料气来自厂区燃料气管网。化工装置排放气体经燃烧后高空排放。

② 火炬装置的上下游关系，如图1-3-7所示。

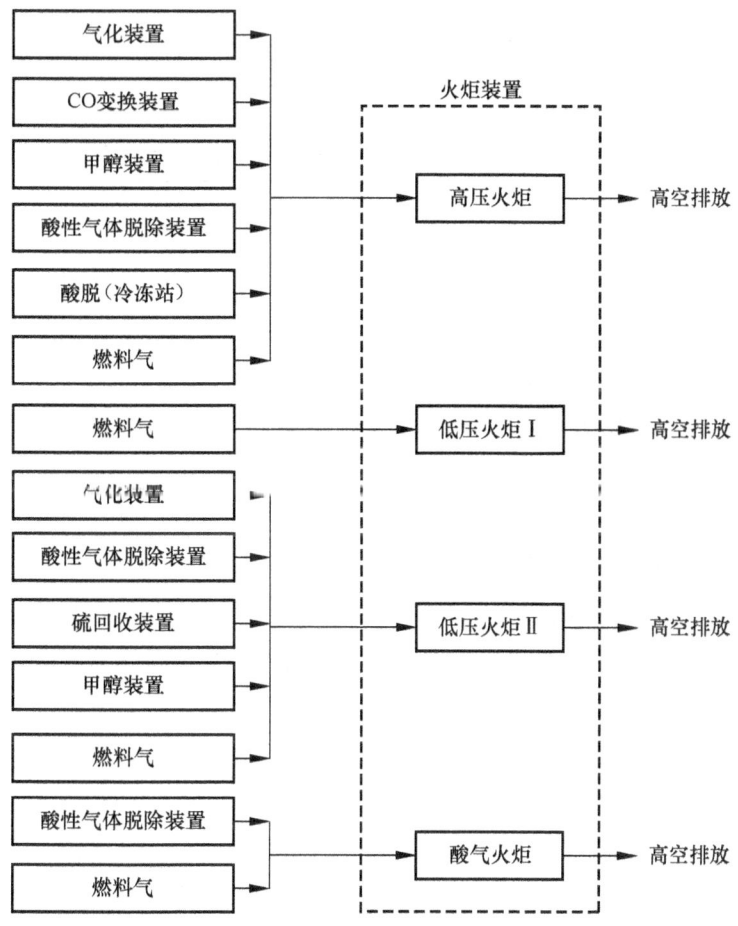

图1-3-7 火炬装置的上下游关系

8. 减温减压装置工艺概况

（1）工艺概述

减温减压装置用于将动力站送来的高压蒸汽和化工区产生的蒸汽通过减温器、减温减压器转换成不同低等级的蒸汽供化工区用户使用。

（2）减温减压装置的上下游关系

减温减压装置的上下游关系，如图1-3-8所示。

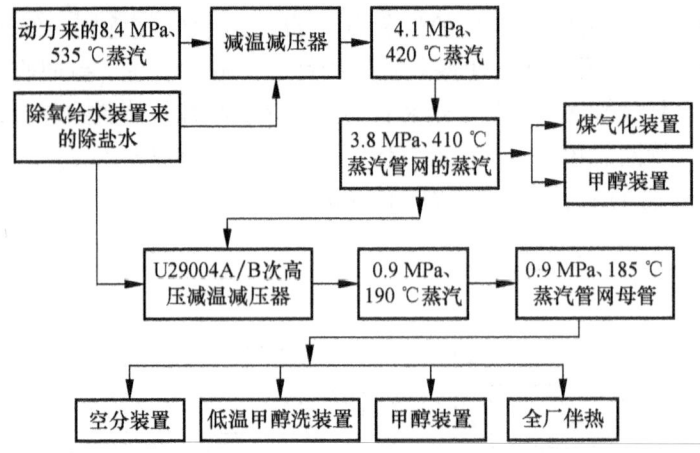

图1-3-8 减温减压装置的上下游关系

9. 换热站工艺概况

（1）工艺概述

换热站通过与冷凝液闪蒸扩容装置（也称为冷凝液回收装置）排出的工艺冷凝液进行换热，换热后的水作为全厂的采暖用水。

（2）上下游关系

上下游关系如图1-3-9所示。

10. 消防事故水池概况

（1）消防事故水池的作用

消防事故水池主要是用来储存全厂的消防排水或事故排水，并具备废水的排放功能。

（2）消防事故水池的上下游关系

消防事故水池的上下游关系，如图1-3-10所示。

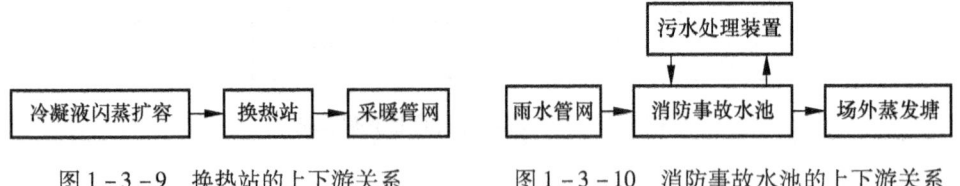

图1-3-9 换热站的上下游关系　　图1-3-10 消防事故水池的上下游关系

11. 公用管网

全厂的公用管网分为地下管网和地上管廊两部分。地下管网：消防水管线、自动喷淋给水管、生产水管线、生活给水管线、泡沫消防管线、循环水管线、栈桥冲洗给排水管线。

项目四

学习拓展

变压吸附（PSA）气体分离与提纯技术成为大型化工工业的一种生产工艺和独立的单元操作过程，是20世纪60年代迅速发展起来的。一方面是由于随着世界能源的短缺，各国和各行业越来越重视低品位资源的开发与利用，以及各国对环境污染的治理要求也越来越高，使得吸附分离技术日益受到重视；另一方面，60年代以来，吸附剂也有了重大进展，如性能优良的分子筛吸附剂的研制成功，活性炭吸附剂、活性氧化铝和硅胶性能的不断改进等，这些都为连续操作的大型吸附分离工艺奠定了技术基础。我国第一套PSA工业装置就是由西南化工研究院开发设计，1982年建于上海吴淞化肥厂的从合成氨弛放气回收氢气的装置。

变压吸附气体分离技术工艺过程简单、设备制造容易、占地少、启动时间短、设备维护简便、适应性强、自动化程度高，可随时开停车，不需采用特别措施。适用于氧气需求量不大、纯度要求不高的场合。例如家庭增氧、病人随时呼吸等，因此近年来，变压吸附在中小装置的应用日益增加。在工业上，还可将PSA和低温精馏法相结合。

一、基本原理

工业上混合气体的种类很多，一般混合气体的主要成分为 H_2、O_2、N_2、CO、CO_2、CH_4、C_xH_y、H_2O 等，不同气体在吸附剂上的吸附能力不同，而且平衡吸附量均是随压力的升高而增大。变压吸附就是利用吸附剂的这种特性，在两个不同的压力条件下循环进行，形成加压下吸附、降压时解吸的循环过程，此期间无温度变化，因而该过程不需要外界提供热量。分离气体混合物的变压吸附工艺是一个纯粹的物理吸附过程，在整个分离过程中无任何化学反应发生，且该工艺设备比较简单。

二、变压吸附的基本过程

变压吸附过程是利用装在立式压力容器内的活性炭、分子筛等固体吸附剂，对混合气体中的各种杂质进行选择性的吸附。由于混合气体中各组分沸点不同，根据易挥发的不易吸附、不易挥发的易被吸附的性质，将原料气通过吸附剂床层，氢以外的其余组分作为杂质被吸附剂选择性地吸附，而沸点低、挥发度最高的氢气基本上不被吸附离开吸附床，从而达到与其他杂质分离的目的。

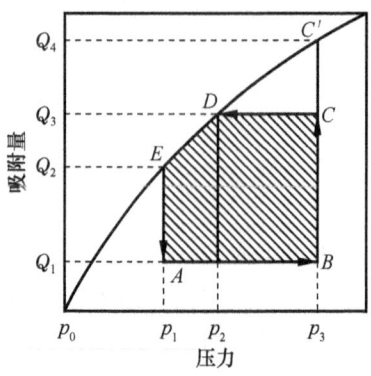

图 1-4-1 变压吸附循环的基本过程示意图

每一个变压吸附循环过程都是由 5 个基本步骤组成，如图 1-4-1 所示。

(1) 升压 ($A \sim B$)

在解吸与再生后，吸附床处于循环过程最低压力为 p_1、床层中气体的残留量为 Q_1 (A 处) 的状态条件。在此条件下，用产品气升压至吸附压力 p_3，此时床层中吸附气体的残留量 Q_1 未变 (B 处)。

(2) 吸附 ($B \sim C$)

在固定的吸附压力下，原料气连续进入吸附床，产品气同时从吸附床的另一端排出。当床层中气体的吸附量达到 Q_3 时 (C 处)，停止进气，吸附停止，此时床层前沿有一部分吸附剂尚未吸附气体（如果全部吸附剂都吸附气体，则床层吸附的气体量将达到 Q_4，图中 C' 处）。

(3) 并流降压 ($C \sim D$)

操作压力从原料气压力降至产品气压力。在床层压力逐渐降低过程中，吸附剂上吸附的气体逐渐解吸，并被床层前沿未饱和的吸附剂吸附。此阶段仍未离开床层，气体量仍为 Q_3。当床层的压力降至 p_2 时 (D 处)，床层中所有吸附剂全部被气体饱和。

(4) 逆流降压 ($D \sim E$)

床层中的气体逆向放空降压，床层中的压力降至变压吸附循环过程的最低点 p_1（一般接近常压），大部分被吸附的气体解吸，此时床层中残留的气体量为 Q_2 (E 处)。

(5) 吹净解吸 ($E \sim A$)

根据吸附等温线，在压力 p_1 时仍然有部分吸附气体留在床层中。为了解吸这部分残留气体，床层压力必须进一步降低。在最低压力 p_1 下，可以用其他吸附器床层并流降压时的产品气作为本床层的逆向吹净气。吹净时，床层中气体的压力逐渐降低，气体解吸，并随吹净气从床层中排出。吹净一定时间后，床层中吸附的气体达到最低量 Q_1 (A 处)，此时再生完成。至此，吸附床完成吸附、解吸与再生的循环过程，再加压便进入下一个循环过程。

上述循环过程中的最后一步 ($E \sim A$) 吹净也可改用真空泵抽吸，使床层压力进一步降至接近 p_0。这两种循环过程中的解吸环节均需要消耗一部分产品气。真空解吸虽然需多耗电力，但产品气的回收率高于吹净解吸。实际应用中解吸方式的具体选择决定于原料气组成、吸附压力以及产品气纯度等因素。

三、常用吸附剂

吸附剂是通过变压吸附使混合气体中各气体组分得以分离的基础。目前，变压吸附分离气体过程中常用的吸附剂主要有合成沸石（分子筛）、活性炭、硅胶、活性氧化铝及碳分子筛等。工业生产上对吸附剂的性能有以下几点基本要求：

① 比表面积较大。
② 机械强度较高。
③ 耐磨性能较好。
④ 粒度均匀。
⑤ 吸附分离能力较强。
⑥ 价格比较合理。

四、变压吸附的流程

1. 变压吸附的主要设备

过滤器（过滤空气中的粉尘等杂质）、冷却及分离器（冷却、分离空气中的水）、吸附器（用于分离氧、氮）、真空解吸泵（分子筛再生）。

2. 变压吸附流程

（1）PSA 流程

该流程是美国空气制品与化学制品公司（APCI）研制，能同时制备富氧和富氮。采用两床流程，主吸附床采用钠丝光沸石分子筛，预处理床内充填钠型分子筛，其容积为主床的 25%。选择优良的吸附剂后，该装置对氧的回收纯度为 95%，干燥后的氮纯度为 99.9%，工艺流程及主要设备如图 1-4-2 所示。

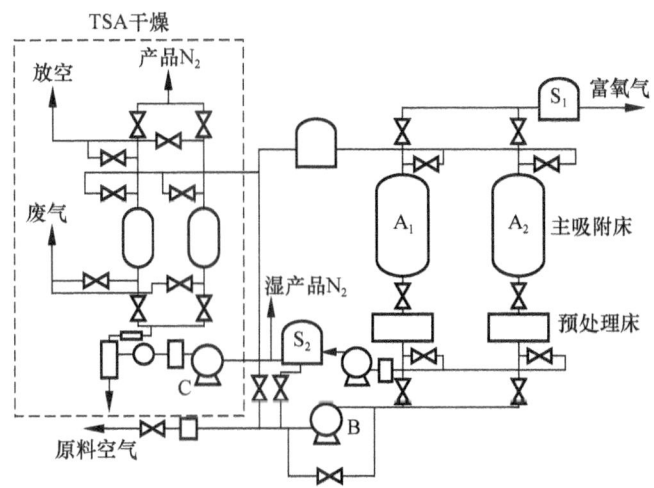

图 1-4-2　同时制富氧和富氮的 PSA 工艺流程
A_1，A_2—吸附罐；B，C—风机；S_1，S_2—缓冲罐

（2）变压吸附于低温精馏组合式制氧流程

结合两种空气分离的优缺点，为了弥补彼此的不足，美国 UEI 公司研制出新的变压吸附与低温精馏组合式制氧装置。该工艺特点：氧气纯度高、出氧快、能耗低、适应性强，工艺流程及主要设备如图 1-4-3 所示。

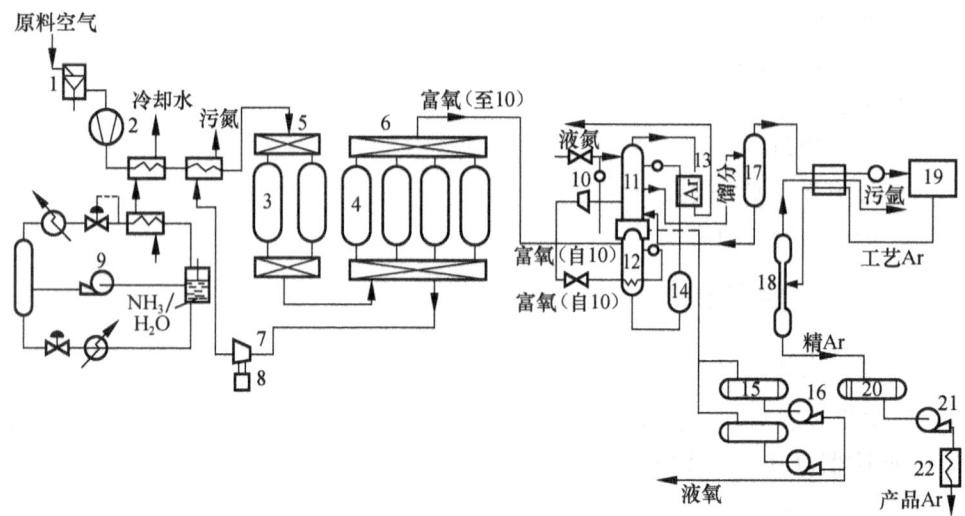

图 1-4-3　组合式制氧工艺流程

1—袋式滤尘器；2—空气压缩机；3，4—分子筛 H_2O、CO_2 吸附装置；5，6—切换组阀；7，10—膨胀机；8—电动机；9—氮冷却系统；11—上塔；12—下塔；13—过冷器；14—乙炔吸附器；15—液氧储罐；16—液氧泵；17—粗氩塔；18—精氩塔；19—氩净化器；20—液氩贮槽；21—液氩泵；22—气化器

练习与实训

1. 练习

（1）什么是煤的气化？煤炭气化技术如何分类？地面气化和地下气化各有哪些优缺点？

（2）煤的气化过程会发生哪些主要化学反应？

（3）影响煤炭气化的因素有哪些？如何影响气化过程的？

（4）气化用煤分为哪几类？各有什么特点？

（5）空气分离的目的是什么？氧气、氮气在化工厂中的作用是什么？

（6）空气分离的方法是什么？其中深冷分离的工艺包括哪些过程？

（7）简述液化精馏的主要设备及双极精馏塔的结构。

（8）简述空气分离生产的开车过程。

（9）公用工程的概念是什么？甲醇合成过程包括哪些公用工程？

2. 训练

（1）单体开车仿真：离心泵、换热器、压缩机、透平膨胀机等开车、停车和事故处理。

（2）空气分离仿真软件操作过程开车、停车和事故处理。

（3）年产 30 万吨甲醇煤化工教学工厂实习。

（4）年产 30 万吨氨、52 万吨尿素、30 万吨甲醇生产企业生产实习。

模块二

煤炭气化过程

项目一

概　　述

教学目标：

(1) 知识目标
① 了解煤炭气化技术的发展情况。
② 掌握气化炉的分类。
③ 分析比较各种气化炉的特点。
(2) 能力目标
能够根据各种气化炉的特点选择一种气化方式。

一、世界煤炭气化技术的发展趋势

世界煤炭气化技术的发展趋势有以下几个方面。

① 增大气化炉规模，提高单炉制气能力。以 K-T 炉为例，20 世纪 50 年代是双嘴炉，20 世纪 70 年代采用了双嘴和四头八嘴，以及后来设计的六个头的气化炉等，使得单炉产气能力大幅度提高。

② 提高气化炉的操作压力，降低压缩动力消耗，减少设备尺寸，降低氧耗，提高碳的转化率。

③ 气流床和流化床技术日益发展，扩大了气化煤种的范围。

④ 提高气化过程的环保技术，尽量减少环境污染。

⑤ 将煤炭气化过程和发电联合起来的生产技术越来越受到各国的重视，并已建成不同规模的生产厂。

总之，煤炭气化技术的发展基本是围绕气化炉展开的，以下对常用的不同类型的煤气化技术以及所使用的气化炉做一基本介绍。

二、气化炉分类

目前，国内外用煤造气的方法不下几十种，分类方法也不少，其中以燃料在炉内的运动状况来分类的方式应用比较广泛，相应的气化炉有移动床（固定床）、沸腾床（流化床）、气流床和熔融床。

1. 移动床气化炉

主要有褐煤、长焰煤、烟煤、无烟煤、焦炭等燃料。以空气、空气-水蒸气、氧气-水蒸气等为气化剂。气化过程中燃料由移动床上部的加煤装置加入，底部通入气化剂，燃料与气化剂逆向流动，反应后的灰渣由底部排出。移动床及其炉内料层温度分布情况如图2-1-1所示。

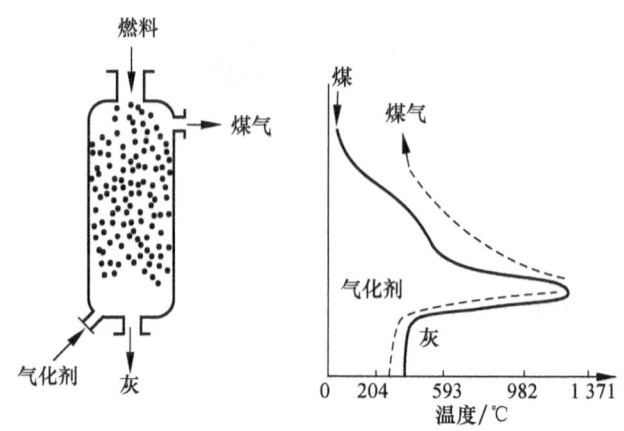

图2-1-1 移动床及其炉内料层温度分布

2. 沸腾床气化炉

沸腾床气化炉是用流态化级数来生产煤气的一种气化装置，也称流化床气化炉。气化剂通过粉煤层，使燃料处于悬浮状态，固体颗粒的运动如沸腾的液体一样。气化用煤的粒度一般较小，比表面积大，气固相运动剧烈。整个床层温度和组成一致，所产生的煤气和灰渣都在炉温下排出，因而，导出的煤气中基本不含焦油类物质，如图2-1-2所示。

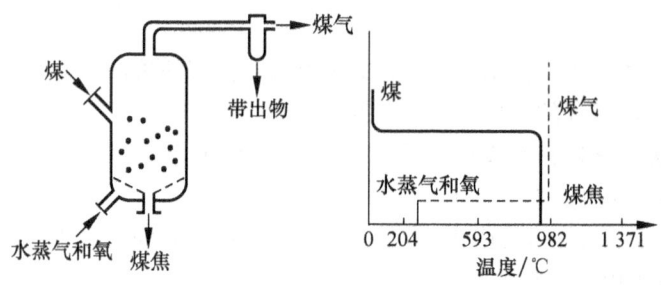

图2-1-2 沸腾床气化炉及炉内温度分布

在沸腾床气化炉（如温克勒炉）中，采用气化反应性高的燃料褐煤，粒度在3~5 mm，由于粒度小，再加上沸腾床较强的传热能力，因而煤料入炉的瞬间即被加热到炉内温度，几乎同时进行着水分的蒸发、挥发分的分解、焦油的裂化、碳的燃烧与气化过程。有的煤粒来不及热解并与气化剂反应就已经开始熔融，熔融的煤粒黏性强，可以与其他粒子接触形成更大粒子，有可能出现结焦而破坏床层的正常流化，因而沸腾床内温度不能太高。由于加入气化炉的燃料粒径分布比较分散,而且随气化反应的进行,燃料颗粒直径不断减小,则其对应的自由沉降速度相应减小。当其对应的自由沉降速度减小到小于操作的气流速度时,燃料颗粒即被带出。

沸腾床具有流体那样的流动特性,因而向气化炉加料或由气化炉出灰都比较方便。整个床内的温度均匀,容易调节。但采用这种气化途径,对原料煤的性质很敏感,煤的黏结性、热稳定性、水分、灰熔点变化时,易使操作不正常。

3. 气流床气化炉

沸腾床气化炉与气流床气化炉比较,沸腾床气化时可以利用小颗粒燃料,气化强度较固定床大,但气化炉内的反应温度不能太高,一般用气化反应性高的煤种。而气流床气化却是采用更小颗粒的粉煤。

所谓气流床,就是气化剂将煤粉夹带进入气化炉,进行并流气化。微小的粉煤在火焰中经部分氧化提供热量,然后进行气化反应,粉煤与气化剂均匀混合,通过特殊的喷嘴进入气化炉后瞬间着火,直接发生反应,温度高达2 000 ℃。所产生的炉渣和煤气一起在接近炉温下排出,由于温度高,煤气中不含焦油等物质,剩余的煤渣以液态的形式从炉底排出,如图2-1-3所示。

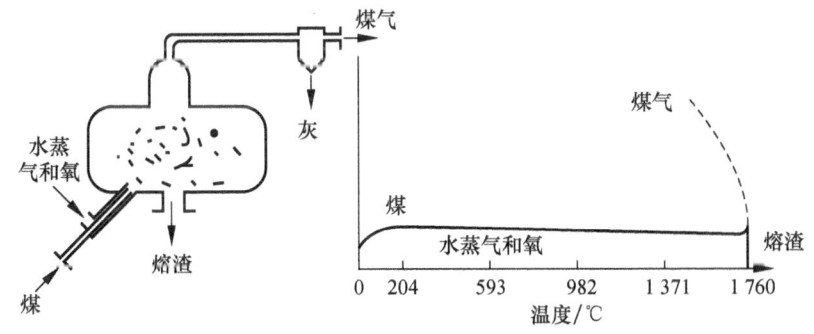

图2-1-3 气流床气化炉及其炉内温度分布

煤颗粒在反应区内停留时间约1 s,来不及熔化而迅速气化,而且煤粒能被气流各自分开,不会出现黏结凝聚,因而燃料的黏结性对气化过程没有太大的影响。

粉煤和气化剂之间进行并流气化,反应物之间的接触时间短。为了提高反应速度,一般采用纯氧-水蒸气为气化剂,并且将煤粉磨得很细,以增加反应的表面积,一般要求70%的煤粉通过200目筛。也可以将粉煤制成水煤浆进料,缺点是水的蒸发会消耗大量的热,故需要消耗较多的氧气来平衡。

4. 熔融床气化炉

熔融床气化炉是一种气、固、液三相反应的气化炉。燃料和气化剂并流进入炉内,煤在熔融的灰渣、金属或盐浴中直接接触气化剂而气化,生成的煤气由炉顶导出，灰渣则以液态和熔融物一起溢流出气化炉，如图2-1-4所示。

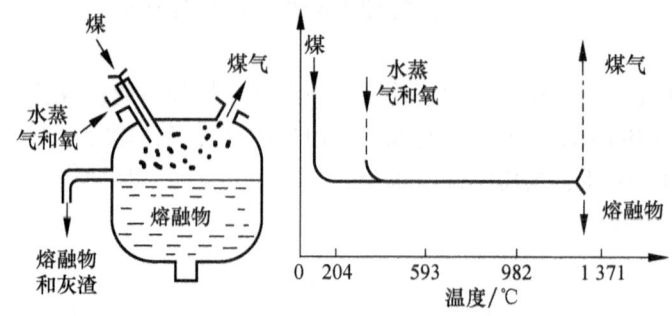

图2-1-4　熔融床气化炉及炉内温度分布

炉内温度很高，燃料一进入床内便迅速被加热气化。因而没有焦油类的物质生成。熔融床不同于移动床、沸腾床和气流床，对煤的粒度没有过分限制，大部分熔融床气化炉使用磨得很粗的煤，也包括粉煤。熔融床也可以使用强黏结性煤、高灰煤和高硫煤。但是热损失大，熔融物对环境污染严重，高温熔盐会对炉体造成严重腐蚀。

项目二

固定床气化生产工艺流程的组织

教学目标：

(1) 知识目标
① 掌握加压鲁奇炉气化的基本原理。
② 掌握气化工艺参数的调节。
③ 理解气化炉的结构特点。
④ 理解气化过程中常出现的问题及处理办法。
(2) 能力目标
① 能够根据常压气化与加压气化的特点分析选择一种气化方式。
② 能够根据工艺指标控制发生炉温度、保证有效气体成分含量。
③ 能够掌握气化工段开停车过程及对常见事故进行分析处理。
④ 能分析气化过程工艺参数的波动及调节。

任务一 鲁奇加压气化工艺

一、加压气化的发展

常温固定床气化炉生产的煤气热值较低，煤气中一氧化碳的含量较高，气化强度和生产能力有限。后来人们进行了加压气化技术的研究，并在1939年由德国的鲁奇公司设计的第一代工业生产装置建成投产，后来又不断地对气化炉的结构、气化压力、气化的煤种进行研究，相继推出了第二代、第三代、第四代炉型。

由开始仅以褐煤为原料，炉径 $D = 2\ 600$ mm，采用灰斗放置于炉底侧面和平型炉箅，发展到能使用气化弱黏结性烟煤，加设了搅拌装置和转动布煤器，炉箅改成塔节型，灰箱设在炉底正中的位置，炉子的直径也在不断加大，单炉的生产能力可以高达 $75\ 000 \sim 100\ 000\ m^3/h$。

中国20世纪60年代就引进了捷克制造的早期鲁奇炉，在云南建成投产，用褐煤加压气化制造合成氨。1987年建成投产的天脊煤化工集团公司（原山西化肥厂）从德国引进的4台直径3 800 mm的Ⅳ型鲁奇炉，用贫瘦煤代替褐煤来生产合成氨（鲁奇炉主要用于以褐煤为原料生产城市煤气），先后用阳泉煤、晋城煤、西山官地煤等煤种的试验，经过十几年的探索，基本掌握了鲁奇炉气化贫瘦煤生产合成氨的技术。

鲁奇加压气化炉可以采用氧气-水蒸气或空气-水蒸气作气化剂，在 2.0~3.0 MPa 的压力和 900 ℃~1 100 ℃的条件下进行煤的气化，制得的煤气热值高。鲁奇炉的排渣方式主要有液态排渣和气态排渣两种。

二、加压鲁奇炉的特点

鲁奇加压气化和常压气化比较，主要有下面一些优点。

① 原料方面。加压气化所用的煤种有无烟煤、烟煤、褐煤等。

② 生产能力高。气化炉的生产能力比一般的常压气化高 4~6 倍，所产煤气的压力高，可以缩小设备和管道的尺寸。

③ 气化产物方面。压力高副产品的回收率高，通过改变气化压力和气化剂的汽氧比等条件，以及对煤气进行气化处理后，几乎可以制得 H_2/CO 各种比例的化工合成原料气。

④ 煤气输送方面。可以降低动力消耗，便于远距离输送。

这种气化工艺的主要缺点如下。

① 高压设备的操作具有一定的复杂性，固态排渣的鲁奇炉中水蒸气分解率低。2 MPa 下水蒸气的分解率只有 32%~38%，这样就要消耗大量的水蒸气。采用液态排渣的鲁奇炉，水蒸气的分解率可以提高到 95% 左右。

② 气化过程中有大量的甲烷生成（8%~10%），这对燃料煤气是有利的，但如果作为合成氨的原料气一般要分离甲烷，其工艺较为复杂。

③ 加压气化一般选纯氧和水蒸气作为气化剂，而不像常压气化那样较多地采用空气加蒸汽的方法。解决纯氧的来源需要配备庞大的空分装置，加上其他高压设备的巨大投资规模，成为国内一些厂家采用加压气化的障碍。

三、加压气化炉

加压气化炉以鲁奇炉为代表，又根据气化后炉渣的排出状态不同分为干法排渣鲁奇炉和湿法排渣鲁奇炉，两种气化炉的结构特点分述如下。

1. 干法排渣鲁奇炉

鲁奇加压气化炉的结构和常压移动床的结构类似，如图 2-2-1 所示。鲁奇炉内有可转动的煤分布器和灰盘，气化介质氧气和水蒸气由转动炉箅的条状孔隙处进入炉内，灰渣由灰盘连续排入灰斗，以与加煤方向相反的顺序排出。块煤加入气化炉顶部的煤锁，在进入气化炉之前增压。旋转的煤分布器的作用是确保煤在反应器的整个截面上均匀分布，煤缓慢下移到气化炉。气化产生的灰渣由旋转炉箅排出，并在灰斗中减压，蒸汽和氧气被向上吹。气化过程产生的煤气在 650 ℃~700 ℃时离开气化炉。

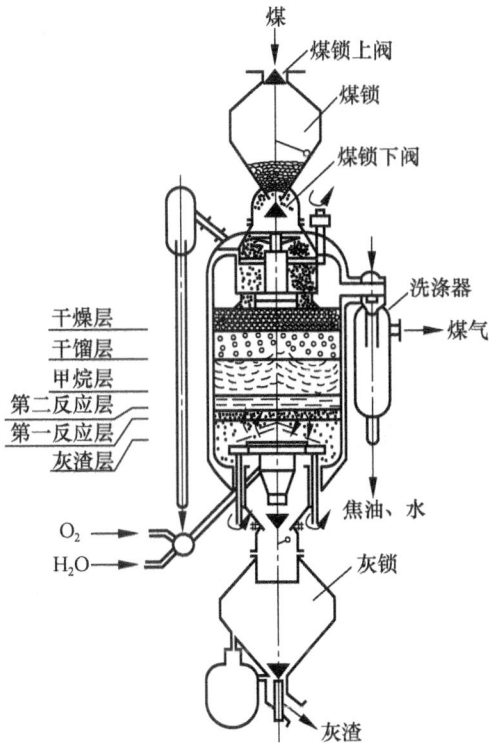

图 2-2-1 鲁奇加压气化炉

气化炉外部设有水夹套,回收余热副产蒸汽,副产的蒸汽供汽化过程的气化剂。鲁奇炉使用的原料仍是块煤,且产生焦油。

由图 2-2-2 燃料层的分布状况和温度之间的关系可以看出,燃料从上到下

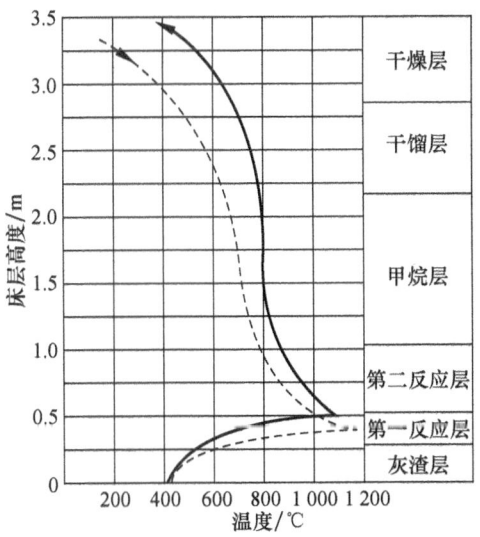

图 2-2-2 加压气化炉中燃料层的分布状况和温度之间的关系

分为干燥层、干馏层、甲烷层、第二反应层、第一反应层、灰渣层。其中甲烷层、第二反应层、第一反应层为真正的气化阶段；干燥层和干馏层为原料的准备阶段。第二反应层和甲烷层统称还原层。

灰渣层位于气化炉的下部，气化剂自下而上穿越1 500 ℃左右灰渣层，气化剂升温的同时将灰带走的热量回收，灰渣温度比气化剂温度高30 ℃～50 ℃。

燃烧区进行下列主要反应：

$$C + O_2 \longrightarrow CO_2 \qquad \Delta H = -394.1 \text{ kJ/mol}$$

$$2C + O_2 \longrightarrow 2CO \qquad \Delta H = -220.48 \text{ kJ/mol}$$

在燃烧区的第一个反应是主要的，两反应均放出大量的热量。气体温度被加热1 500 ℃左右。气化区内的温度约850 ℃，来自燃烧区含CO_2和H_2O的气体主要进行以下反应：

$$C + H_2O \Longleftrightarrow CO + H_2 \qquad \Delta H = 135.0 \text{ kJ/mol}$$

在干馏层，煤的挥发分逸出并吸收上升煤气的热量，在干燥层，煤被干燥并预热到大约200 ℃。

以第三代加压气化炉为例，该炉子的内径为3.8 m，最大外径为4.128 m，高为12.5 m，工艺操作压力为3 MPa。主要部分有炉体、夹套、布煤器和搅拌器、炉箅、灰锁和煤锁等，现分述如下。

（1）炉体

加压鲁奇炉的炉体由双层钢板制成，外壁按3.6 MPa的压力设计，内壁仅能承受比气化炉内高0.25 MPa的压力。

两个筒体（水夹套）之间装软化水用来回收炉膛所散失的一些热量产生工艺蒸汽，蒸汽经过液滴分离器分离液滴后送气化剂系统，配成蒸汽/氧气混合物喷入水夹套内，软化水的压力为3 MPa，这样筒内外两侧的压力相同，因而受力小。夹套内的给水由夹套水循环泵进行强制循环，同时夹套给水流过煤分布器和搅拌器内的通道，以防止这些部件超温损坏。

第三代鲁奇炉取消了早期鲁奇炉的内衬砖，燃料直接与水夹套内壁相接触，避免了在较高温度下衬砖壁挂渣现象，造成煤层下移困难等异常现象，另一方面，取消衬砖后，炉膛截面可以增大5%～10%，生产能力相应提高。

（2）布煤器和搅拌器

如果气化黏结性较强的煤，可以加设搅拌器。布煤器和搅拌器安装在同一转轴上，速度为15 r/h左右。从煤箱降下的煤通过转动布煤器上的两个扇形孔，均匀下落在炉内，平均每转可以在炉内加煤150～200 mm厚。

搅拌器是一个壳体结构，由锥体和双桨叶组成，壳体内通软化水循环冷却。搅拌器深入到煤层里的位置与煤的结焦性有关，煤一般在400 ℃～500 ℃结焦，桨叶要深入煤层约1.3 m。

(3) 炉箅

炉箅分四层,相互叠合固定在底座上,顶盖呈锥体。材质选用耐热的铬钢铸造,并在其表面加焊灰筋。炉箅上安装刮刀,刮刀的数量取决于下灰量,灰分低,装 1~2 把;对于灰分较高的煤可装 3~4 把。炉箅各层上开有气孔,气化剂由此进入煤层中均匀分布。各层开孔数不太一样,例如某厂使用的炉箅开孔数从上至下为:第一层 6 个、第二层 16 个、第三层 16 个、第四层 28 个。

炉箅的转动采用液压传动装置,也有用电动机传动机构来驱动的,液压传动机构有调速方便、结构简单、工作平稳等优点。由于气化炉炉径较大,为使炉箅受力均匀,采用两台液压马达对称布置。

(4) 煤锁

煤锁是一个容积为 12 m³ 的压力容器,它通过上下阀定期定量地将煤加入到气化炉内。根据负荷和煤质的情况,每小时加煤 3~5 次。煤锁如图 2-2-3 所示。

加煤过程简述如下。

① 煤锁在大气压下(此时煤锁下阀关,煤锁上阀开),煤从煤斗经过给煤溜槽流入煤锁。

② 煤锁充满后,关闭煤锁上阀。煤锁用煤气充压到和炉内压力相同。

③ 充压完毕,煤锁下阀开启,煤开始落入炉内,当煤锁空后,煤锁下阀关闭。

④ 煤锁卸压,煤锁中的煤气送入煤锁气柜,残余的煤气由煤锁喷射器抽出,经过除尘后排入大气。煤锁上阀开启,新循环开始。

(5) 灰锁

如图 2-2-4 所示,灰锁是一个可以装灰 6 m³ 的压力容器,和煤锁一样,

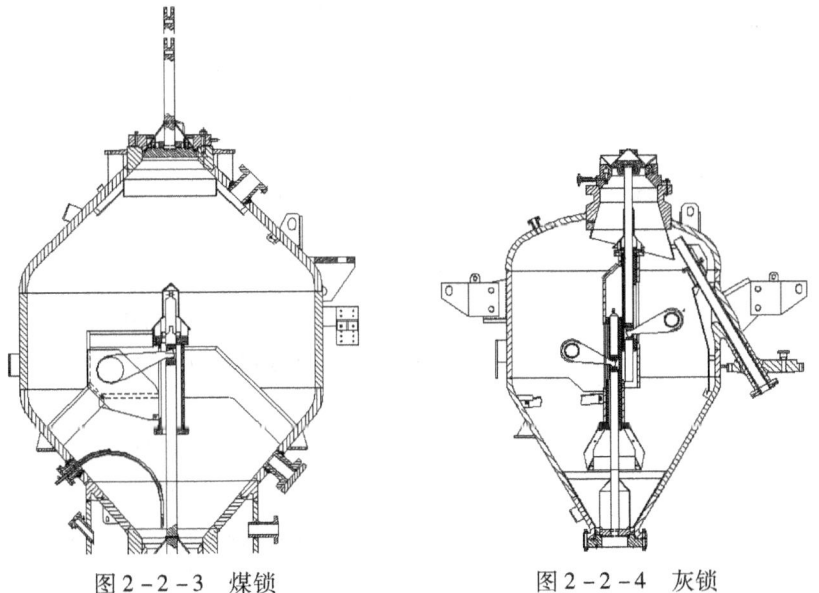

图 2-2-3 煤锁　　　　　　图 2-2-4 灰锁

采用液压操作系统，以驱动底部和顶部锥形阀和充、卸压阀。灰锁控制系统为自动可控电子程序装置，可以实现自动、半自动和手动操作。该循环过程如下。

① 连续转动的炉箅将灰排出气化炉，通过顶部锥形阀进入灰锁。此时灰锁底部锥形阀关闭，灰锁与气化炉压力相等。

② 当需要卸灰时，停止炉箅转动，灰锁顶部锥形阀关闭，再重新启动炉箅。

③ 灰锁降压到大气压后，打开底部锥形阀，灰从灰锁进入灰斗，在此灰被急冷后去处理。

④ 关闭底部锥形阀，用过热蒸汽对灰锁充压，然后炉箅运行一段时间后，再打开顶部锥形阀，新循环开始。

2. 液态排渣加压气化炉

干法排灰和湿法排灰的主要区别是前者使用的氧化剂中蒸汽与氧气的比率更大，干法在（4∶1）~（5∶1）范围内，湿法一般低于0.5∶1。这就意味着气化温度不能超过灰熔点，更适合气化一些反应性高的煤种如褐煤。

液态排渣加压气化炉的基本原理是，仅向气化炉内通入适量的水蒸气，控制炉温在灰熔点以上，灰渣要以熔融状态从炉底排出。气化层的温度较高，一般在1 100 ℃~1 500 ℃，气化反应速度大，设备的生产能力大，灰渣中几乎无残碳。液态排渣气化炉如图2-2-5所示。

液态排渣气化炉的主要特点是炉子下部的排灰机构特殊，取消了固态排渣炉的转动炉箅。在炉体的下部设有熔渣池。在渣箱的上部有一液渣急冷箱，用循环熄渣水冷却，箱内充满70%左右的急冷水。由排渣口下落在急冷箱内淬冷形成渣粒，在急冷箱内达到一定量后，卸入渣箱内并定时排出炉外。由于灰箱中充满水，和固态排渣炉比较，灰箱的充、卸压就简单得多了。在熔渣池上方有8个均匀分布、按径向对称安装并稍向下倾斜、带水冷套的钛钢气化剂喷嘴。气化剂和煤粉及部分焦油由此喷入炉内，在熔渣池中心管的排渣口上部汇集，使得该区域的温度可达1 500 ℃左右，使熔渣成流动状态。

为避免回火，气化剂喷嘴口的气流喷入速度不低于100 m/s。如果要降低生产负荷，可以关闭一定数量的喷嘴来调节，因此它比一般气化炉调节生产负荷的灵活性大。

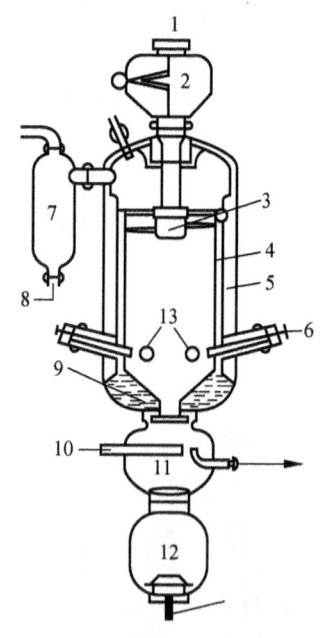

图2-2-5 液态排渣加压气化炉
1—加煤口；2—煤锁；3—搅拌布煤器；4—耐火砖衬里；5—水夹套；6—气化剂入口；7—洗涤冷却器；8—煤气出口；9—耐压渣口；10—循环熄渣水；11—熄渣室；12—渣箱；13—风口

高温液态排渣与气化反应的速度大大提高，是熔渣气化炉的主要优点。所气化的煤中的灰分是以液态形式存在，熔渣池的结构与材料是这种气化方法的关键。为了适应炉膛内的高温，炉体以耐高温的碳化硅耐火材料作内衬。

该炉型装上布煤器和搅拌器后，可以用来气化强黏结性的烟煤。与固态排渣炉相比，可以用来气化低灰熔点和低活性的无烟煤。在实际生产中，气化剂喷嘴可以携带部分粉煤和焦油进入炉膛内，因此可以直接用来气化煤矿开采的原煤，为粉煤和焦油的利用提供了一条较好的途径。

液态排渣加压气化技术和固态排渣比较关键在于通过提高气化温度来提高气化速度，气化强度大、生产能力高。一些加压气化实验表明，对于直径相同的加压气化炉，液态排渣能力约比固态排渣的能力又提高了3倍多。

另一个更为重要的方面是，液态排渣加压气化的水蒸气分解率大大提高，几乎可以达到95%，结果使水蒸气的消耗量仅为固态排渣时的20%左右，汽氧比也仅为1.3:1左右。低水蒸气消耗、高水蒸气分解率使得粗煤气中的水蒸气含量显著下降，冷凝液减少，最终煤气站的废水量下降，废水处理量仅为固态排渣时的1/4~1/3。

液态排渣加压气化的高气化温度操作特点也导致了煤气组成（体积分数）的变化。甲烷化反应属于放热反应，因而温度的上升必然使煤气中的甲烷含量减少。同时，较低的汽氧比使二氧化碳还原为一氧化碳的反应加强，粗煤气中的一氧化碳和氢气的总体积分数提高约25%，二氧化碳的体积分数则由一般的30%下降到2%~5%。

这样的结果，对于煤气用于工业原料气当然是十分有利的，但作为城市民用燃气时，还必须有一氧化碳变换等工艺技术的配合。

四、工艺流程叙述

1. 工艺条件

加压鲁奇炉的操作压力为3.6 MPa，产气量在36 000~55 000 m^3/h（以4~50 mm贫煤为气化原料），所产的煤气主要成分为CO、H_2、CH_4、CO_2、H_2O，并含有少量的C_nH_m、N_2、H_2S、油、焦油、石脑油、酚、脂肪酸和氨等。生产中通常将含尘焦油返回到气化炉内进一步裂解，称焦油喷射，正常操作时的喷射量一般为0.5 m^3/h。

2. 气化炉的操作过程

碎煤加压气化适用于多煤种，尤其适用于灰熔点较高、无黏结性和有弱黏结性的煤。鲁奇炉采用固态排渣，炉温偏低，煤与气化剂逆向运动，煤气中甲烷含量高（体积分数为10%左右）。固定床加压气化工艺技术的特点是工艺技术成熟、先进、可靠，在大型煤气化技术中投资最少。

碎煤加压气化装置由具有内件的气化炉及加煤用煤锁和排灰用灰锁组成，煤锁和灰锁均直接与气化炉相连接。装置运行时，煤经由自动操作的煤锁加入气化炉，入炉煤系从煤斗通过溜槽由液压系统控制充入煤锁中。煤斗的容量可供 4 h 用，它装有料位测量装置。装满煤之后，对煤锁进行充压，从常压充至气化炉的操作压力，再向气化炉加煤，之后煤锁再卸压至常压，以便开始下一个加煤循环过程。这一过程实施既可以采用自动过程，也可使用手动操作。

用来自煤气冷却装置的粗煤气和来自气化炉的粗煤气使煤锁分两步充压。煤锁卸压的煤气收集于煤锁气柜，并由煤锁气压缩机送至煤气冷却工段。减压后，留在煤锁中的少部分煤气，用煤锁引射器抽出，经尘气分离器除去煤尘后排入大气。蒸汽和氧气的混合物作为气化剂，经安装在气化炉下部的旋转炉箅喷入，在燃烧区燃烧一部分，为吸热的气化反应提供所需的热。

在气化炉的上段，刚加进来的煤向下移动，与向上流动的气流逆流接触。在此过程中，煤经过干燥、干馏和气化后，只有灰残留下来，灰由气化炉中经旋转炉箅排入灰锁，再经灰斗排至水力排渣系统。

灰锁也进行充压、卸压的循环。灰锁拥有可编程控制电子程序器，也可自动操作。充压用过热蒸汽来完成。为了进行泄压，灰锁接有一个灰锁膨胀冷却器，其中充有来自循环冷却水系统的水。逸出的蒸汽在水中冷凝并排至排灰系统。气化所需蒸汽的一部分在气化炉的夹套产生，从而减少了中压蒸汽的需求。为此向气化炉夹套中加入中压锅炉水，在气化炉中产生的蒸汽经夹套蒸汽分离器送往气化剂系统，蒸汽/氧气在此按比例混合好喷射入气化炉。

3. 加压鲁奇气化工艺

如图 2-2-6 所示，原料煤经筛分后的 5~50 mm 的碎煤，由备煤皮带供到气化炉煤仓，煤仓储量 100 t，在供煤停止时，煤仓内的煤可供气化炉连续运行两个小时。

煤锁为压力容器，全容积为 12.1 m^3。煤定期靠重力通过连接在煤仓两个出口的煤溜槽进入煤锁中；煤锁上、下阀均为液压控制，可定期将煤加入气化炉内；煤锁内残余煤气及煤尘通过煤锁引射器抽出，经尘旋风分离器排放。

来自管网的 3.8 MPa、435 ℃ 中压过热蒸汽和 3.8 MPa、常温氧气及夹套自产蒸汽经气化剂混合管混合后约 320 ℃，作为气化剂通过分布在旋转炉箅面的布气孔进入气化炉。气化剂与来自煤锁的煤逆流接触，煤中的碳与气化剂（H_2O/O_2）进行复杂多相的物理化学反应，生成 3.0 MPa、约 400 ℃ 粗煤气（粗煤气成分主要包括：CO_2、CO、H_2、CH_4 和 H_2O，以及碳氢化合物轻组分，H_2S、N_2、焦油、油、石脑油、酚、腐植酸、NH_3 等少量物），经洗涤冷却器洗涤冷却至 203 ℃ 进入废热锅炉，粗煤气经废热锅炉管程与壳程的低压锅炉给水换热冷却至 174 ℃，进入粗煤气分离器，分离后的粗煤气经粗煤气总管送往变换冷却装置，分离后的液滴汇入循环冷却洗涤水泵入口煤气水管线。

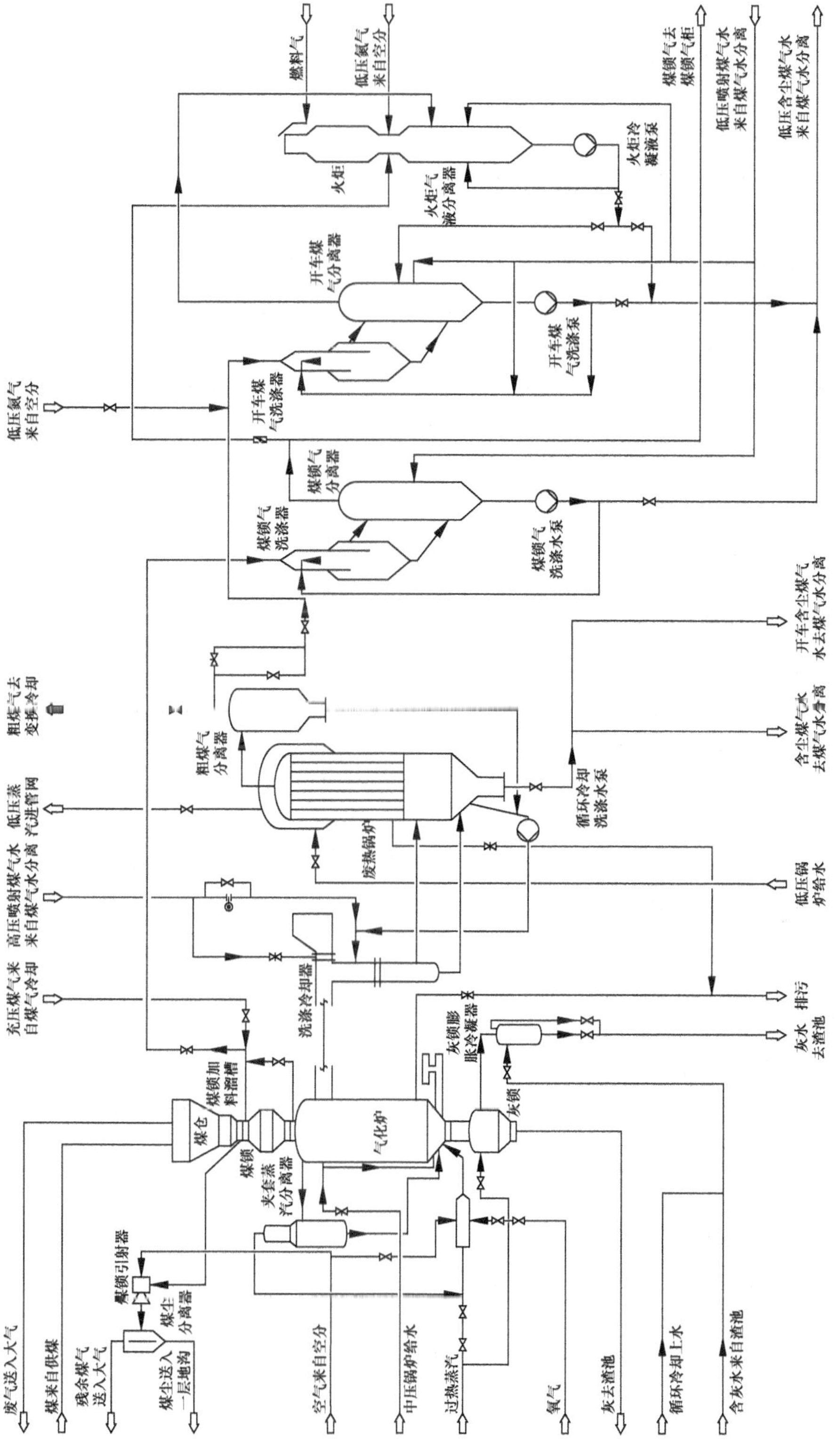

模块二 煤炭气化过程

图 2-2-6 加压气化流程简图

煤与气化剂反应后产生的灰，经过炉箅的旋转不断排入灰锁。灰锁满后泄至常压，使灰周期性地排入渣沟。气化炉排灰的能力取决于安装在炉箅上的刮刀数量和炉箅的转速。

来自管网的 4.9 MPa、105 ℃ 中压锅炉给水通过夹套液位切断阀进入气化炉夹套，产生中压饱和蒸汽经夹套气液分离器分离后，蒸汽作为气化剂，液滴返回气化炉夹套底部；夹套排污经夹套排污取样冷却器排至渣沟。

来自管网的 1.2 MPa、105 ℃ 的低压锅炉给水通过废锅壳侧液位切断阀进入废热锅炉壳侧，产生 0.5 MPa、158 ℃ 的低压蒸汽送至管网；废锅排污经废锅排污取样冷却器排至渣沟。

连接在气化炉粗煤气出口的洗涤冷却器设有一刮刀，用来清理粗煤气出口管线的焦油和煤尘，防止沉淀。来自废热锅炉集水槽的煤气水经循环冷却洗涤水泵送至洗涤冷却器喷淋洗涤；同时来自煤气水分离的高压喷射煤气水也送至洗涤冷却器中，当循环煤气水量波动时，高压喷射煤气水通过事故喷射煤气水阀自动调节。洗涤过程中冷凝的油、焦油和其他一些物质伴随粗煤气及部分从气化炉来的煤尘，与煤气水一起进入废热锅炉集水槽进一步分离，分离后多余的煤气水经废热锅炉集水槽液位切断阀送往煤气水分离装置。

煤锁泄压循环期间排出 2 400 Nm³/h 粗煤气（最大量短时可达 2 500 Nm³/h），煤锁气通过煤锁气洗涤器（用来自煤锁气分离器的低压喷射煤气水洗涤）及煤锁气分离器后进入煤锁气气柜。煤锁气气柜用于平衡、收集不稳定的煤锁气，收集的煤锁气经煤锁气压缩机提压至 3.0 MPa 后，送变换冷却装置。煤锁气在气柜检修和事故操作期间送至火炬。

气化炉开、停车期间，来自加压气化的煤气（这些煤气含有杂质和冷凝液）通过开车煤气洗涤器及开车煤气分离器进入火炬系统。

开车煤气分离器和火炬气气－液分离器所用的低压喷射煤气水，均来自煤气水分离装置，过量的煤气水通过煤锁气洗涤水泵和开车煤气洗涤水泵送回煤气水分离装置。

通过火炬气－液分离器的火炬气，在火炬头部用导燃器点火燃烧。供长明灯连续使用的燃料气来自其他工段。火炬采用分子封作为火焰挡板，并连续向火炬筒注入氮气。

4. 加压鲁奇工艺主要设备

（1）膨胀冷却器

结构：由排水口、与灰锁连接口、进水口、灰锁减压口、溢流口、温度计口、吊耳、支座等组成。

作用：与灰锁侧壁通过接管相连，用于冷凝灰锁内的蒸汽，卸掉灰锁的压力。

膨胀冷却器如图 2-2-7 所示。

(2) 洗涤冷却器

结构：由煤气入口、煤气出口、煤气水出口、煤气水入口、安全阀接口、排渣口、蒸汽出口等组成。

作用：与气化炉粗煤气出口管垂直相接，是对气化炉出来的高温粗煤气进行洗涤冷却，使粗煤气温度由 386 ℃ ~ 450 ℃ 降至 201 ℃ 左右。

洗涤冷却器如图 2 - 2 - 8 所示。

(3) 废热锅炉

结构：由煤气入口、煤气出口、循环水入口、蒸汽出口等组成。

作用：回收余热副产蒸气。

废热锅炉如图 2 - 2 - 9 所示。

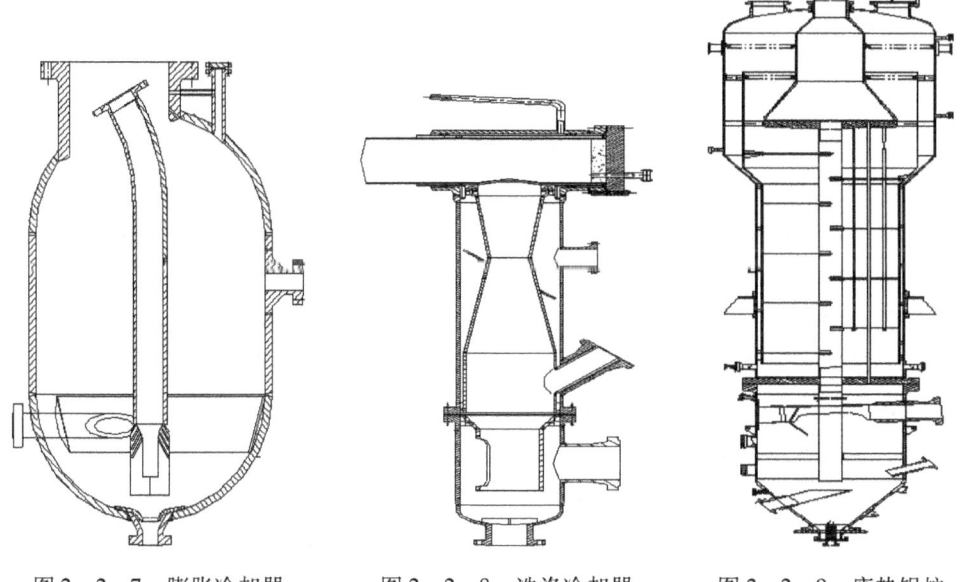

图 2 - 2 - 7　膨胀冷却器　　图 2 - 2 - 8　洗涤冷却器　　图 2 - 2 - 9　废热锅炉

任务二　生产操作

一、装置开车操作

（一）原始开车

1. 开车前应具备的条件

① 所有管线已经严格按照设计的要求施工完毕，"三查四定"整改完毕，遗留尾项已经处理完毕。装置设备、阀门（包括安全阀）、电气、仪表全部符合安装要求并调试合格。

② 装置区域内地面已经设计要求硬化完毕，公共排水系统畅通，具备使用条件。

③ 设备位号和管线输送介质名称、流向标示清楚齐全，管线颜色标志符合标准。

④ 装置水压试验、容器标定、空气吹扫、水冲洗完毕，气密试验、单机试车、水联运和氮气置换完成，出现的问题均已解决。

⑤ 空分装置试车合格，具备提供工厂空气、氧气、仪表空气、氮气的条件，公用工程水、电、蒸汽、火炬管网具备使用条件。

⑥ DCS 系统调试正常，并投用。

⑦ 原料煤已储备在煤仓内（100 t），煤溜槽插板杆已经配置好。

⑧ 煤气水分离装置具备送水条件。

⑨ 渣沟内检查无杂物，畅通无阻，水力排灰系统具备送水条件。

⑩ 灰蒸汽系统已启动并运行正常，满足气化炉开车条件。

⑪ 联锁试验合格，具备正常投用条件。

⑫ 装置区内照明齐全，通信设施、消防安全防护用具齐全。

⑬ 操作记录及各类记录表已准备好。

⑭ 已成立包括岗位技术人员、安全员在内开车领导小组，并有明确分工。

⑮ 参与开工的人员已经过系统的安全、技术、操作知识培训，熟悉本规程，并经考核合格，持有安全作业证和上岗合格证，具备上岗条件。

⑯ 保运队伍已落实，人员已到位，保运的范围、责任明确。

⑰ 切记氧气切断阀阀杆不能涂油。

2. 公用系统的投运

① 公用管线的投运。中压蒸汽系统，氧气系统，工厂空气系统，仪表空气系统，低压氮气系统，低压蒸汽系统，中、低压锅炉给水系统，燃料气系统，冷凝液系统，循环水系统，锅炉给水排污系统。

② 润滑油泵站的投运。

③ 液压泵站的投运。

④ 火炬系统确认。

⑤ 水力排渣系统已准备好。

⑥ 灰蒸汽系统已准备好。

3. 首台气化炉开车确认

① 气化炉安装工作已经完成且装置已交付使用。

② 对开车气化炉进行完整性检查。

动设备、管道、切断阀、孔板等部件完整，单向阀方向正确，所有法兰连接检查符合要求。

③ 由工艺和安装或检修技术人员进行内部检查。

清理炉箅、检查布气孔有无异物堵塞，环隙间隙合格，炉箅平稳运行，刮刀间隙合格，专人负责监护，炉内外安全措施到位。

④ 炉箅系统的投用。

⑤ 气化炉人孔封闭。

⑥ 按"气化炉电动阀、调节阀确认单"进行确认，确认后中控人员将所有确认的阀门打在手动关闭位置。

⑦ 按"气化炉联锁执行确认表"进行确认。

⑧ 煤锁系统、灰锁系统检查。

⑨ 夹套建立液位、废锅壳程建立液位。

⑩ 投用废热锅炉低压蒸汽。

⑪ 其他管线盲板的确认。

⑫ 建立废热锅炉集水槽液位。

⑬ 按"气化炉开车系统确认执行表"，每执行完一步，认真填写并签名。

4. 气化炉蒸汽升温

① 开车准备完成。

② 确认表已执行、签名。

③ 煤仓充满煤。

④ 废热锅炉集水槽液位调节阀在自动位置。

⑤ 将洗涤冷却器事故喷射煤气水阀置于关闭位置。

⑥ 夹套锅炉给水液位液位调节阀投自动。

⑦ 启运洗涤冷却器循环泵，确认运转正常打开出口阀。

⑧ 缓慢打开过热蒸汽管线旁路上切断阀直至全开位置。

⑨ 气化炉加 8 锁煤，然后关闭煤锁下阀；炉箅转 $0.3\sim0.5$ 圈以除去细煤粉，灰锁打循环。

⑩ 气化炉升温时间为 3 h。

5. 气化炉空气点火

① 点火前必须具备的条件，关闭灰锁上阀；关闭煤锁上、下阀。

② 通知调度准备点火。

③ 缓慢打开空气调节阀，调整过热蒸汽和空气流量，稳定操作约 30 min，缓慢将压力升至 0.4 MPa。

④ 开车火炬点火。

⑤ 保持气化炉和煤锁满料，煤锁由气化炉充压（开车时）。

⑥ 在切氧操作之前气化炉空气运行 4 h。

6. 气化炉切氧、提压、并网

① 切氧前必须具备的条件,导通充压煤气总管和支管上盲板。停转炉箅,排灰并关闭灰锁上阀。导通入炉氧气管线盲板,并关闭放空阀。

② 通知煤锁、灰锁和巡回人员、气化炉准备切氧。灰锁打循环排灰后,关上阀,停炉箅。打开氧气电动阀,炉箅以 1 r/h 的转速运转。检查气化炉与夹套压差。检查气化剂温度。检查粗煤气中 CO_2 和 O_2 含量,CO_2 应增为 30%~35%,O_2 应降为 0.4% 以下。

③ CO_2 和 O_2 含量符合要求,工况稳定后,导盲开工空气支管上的盲板。关闭灰锁上阀。

④ 气化炉慢慢升压到 1.0 MPa(表压),控制升压速度为 0.05 MPa/min,气化炉夹套温度应跟随相应压力下的沸点温度。

⑤ 通知煤、灰锁正常操作。根据灰况,适当调整汽氧比。增加炉箅转速以维持灰锁温度低于气化剂温度约为 30 ℃~50 ℃。

(二) 气化炉大修及内部检修后的开车 (包括煤、灰锁的单独检修)

1. 开车前准备工作

① 清理现场。

② 对整个系统进行检查,包括动、静设备,管线,切断阀,孔板,电气和仪表等安装就绪。

③ 所有机械设备,如:泵、齿轮、减速箱、刮刀等根据机械数据手册和润滑要求,加注规定用油脂,并进行功能试验、设备能够正常运行。

④ 全部控制和测量装置已进行调试并合格,可正常操作。

⑤ 装置进行了空气吹扫、水冲洗和气密性试验。

⑥ 依据开车情况分别按以下表格执行:

● 整个装置大修及内部检查之后再开车之前,气化炉的准备和抽出盲板按首台炉开车前的确认执行。

● 煤锁检修或煤锁下阀检修后再开车之前的准备工作和抽出盲板按操作规程执行。

● 灰锁检修或灰锁上、下阀检修后再开车之前的准备工作和抽出盲板按操作规程执行。

2. 气化炉蒸汽升温

① 开车准备完成。

② 确认表已执行、签名。

③ 煤仓充满煤。

④ 废热锅炉集水槽液位调节阀在自动位置。

⑤ 将洗涤冷却器事故喷射煤气水阀置于关闭位置。

⑥ 夹套锅炉给水液位液位调节阀投自动。

⑦ 启运洗涤冷却器循环泵,确认运转正常打开出口阀。

⑧ 缓慢打开过热蒸汽管线旁路上切断阀直至全开位置。

⑨ 气化炉加 8 锁煤,然后关闭煤锁下阀;炉箅转 0.3~0.5 圈以除去细煤粉,灰锁打循环。

⑩ 气化炉升温时间为 3 h。

3. 气化炉空气点火

① 点火前必须具备的条件,关闭灰锁上阀;关闭煤锁上、下阀。

② 通知调度准备点火。

③ 缓慢打开空气调节阀,调整过热蒸汽和空气流量,稳定操作约 30 min,缓慢将压力升至 0.4 MPa。

④ 开车火炬点火。

⑤ 保持气化炉和煤锁满料,煤锁由气化炉充压(开车时)。

⑥ 在切氧操作之前气化炉空气运行 4 h。

4. 气化炉切氧、提压、并网

① 切氧前必须具备的条件,导通充压煤气总管和支管上盲板。停转炉箅,排灰并关闭灰锁上阀。导通入炉氧气管线盲板,并关闭放空阀。

② 通知煤锁、灰锁和巡回人员、气化炉准备切氧。灰锁打循环排灰后,关上阀,停炉箅。打开氧气电动阀。炉箅以 1 r/h 的转速运转。检查气化炉与夹套压差。检查气化剂温度。检查粗煤气中 CO_2 和 O_2 含量,CO_2 应增为 30%~35%,O_2 应降为 0.4% 以下。

③ CO_2 和 O_2 含量符合要求,工况稳定后,导盲开工空气支管上的盲板。关闭灰锁上阀。

④ 气化炉慢慢升压到 1.0 MPa(表压),控制升压速度为 0.05 MPa/min,气化炉夹套温度应跟随相应压力下的沸点温度。

⑤ 通知煤、灰锁正常操作。根据灰况,适当调整汽氧比。增加炉箅转速以维持灰锁温度低于气化剂温度为 30 ℃~50 ℃。

(三) 短期停车后的开车

1. 直接通氧开车

① 如果气化炉短时停车(停车时间不得超过 30 min),则保压处理,做好开车准备。

② 如果气化炉联锁停车,待联锁条件消除后,直接通氧恢复开车。恢复时将气化炉切出粗煤气总管,待恢复后,气化炉工况稳定,气化炉出口煤气成分合格,再并入粗煤气总管。

2. 气化炉泄压后空气点火开车

气化炉停车后不能直接通氧恢复,需泄压至 0.4 MPa,通入空气开车。

注意事项:停车后应加够煤,并适当排灰,以保持合适灰床。

二、装置正常生产中的调节

(一) 正常操作说明

1. 单台气化炉及整个气化装置的操作

单台气化炉及整个气化装置的操作设置了各种自动控制器及报警、联锁停车系统,一些控制器的设定值必须根据下列变化适时调整:灰的性能大幅度变化,粗煤气中 CO_2 含量超标,温度超指标,单台气化炉负荷大幅度变化。

2. 主要工艺参数说明

以下列出单台气化炉的主要工艺参数及其正常值或范围,具体详见表 2-1-1 正常生产中控制的主要工艺指标。

表 2-2-1 正常生产中控制的主要工艺指标

项 目	指 标
粗煤气流量/(Nm³·h⁻¹)	33 000 ~ 55 000
气化剂蒸汽流量/(kg·h⁻¹)	20 700 ~ 41 400
氧气流量/(Nm³·h⁻¹)	3 000 ~ 6 000
汽氧比/(kg·Nm⁻³)	6.8 ~ 7.2
气化炉出口煤气压力/MPa	3.01
炉算转速	根据灰分及负荷调整
气化剂温度/℃	300 ~ 350
气化炉出口煤气温度/℃	280 ~ 406
灰锁温度/℃	320 ~ 380
气化炉顶部法兰温度/℃	150
洗涤冷却器出口温度/℃	200
粗煤气(干气)中 CO_2 含量	30.03%(体积)
灰粒度	稍有烧结
灰渣残碳量	<6%

(二) 气化炉操作指南

1. 气化剂混合管前后温差高

气化剂混合管前后温差高说明气化剂温度低。气化剂温度低,最严重的情况

可能由于气化剂中 O_2 含量高而引起,这将导致渣块的形成和严重影响炉箅的正常运行。此外,如果灰床低将会对炉箅带来损坏性的影响,遇有这种情况应检查下述项目:检查过热蒸汽总管的温度;检查来自气提的中压蒸汽温度;比较前和后的温度指示值是否一致;检查汽氧比,如果低,增加蒸汽流量,提高汽氧比,相应提高气化剂温度;检查粗煤气中 CO_2 含量,如偏低,提高汽氧比,相应提高气化剂温度;检查灰粒度及灰质情况,如果有大块融渣形成,增加汽氧比,相应提高气化剂温度;检查夹套锅炉给水耗量及夹套产汽量,如果非常大,则:检查灰床是否低,灰床低可由灰锁温度高指示,检查气化炉床层内是否有沟流,其现象为气化炉出口温度高且大幅度波动,同时灰锁温度也高;检查夹套液位并和现场玻璃液位计对照,若高:立即关闭夹套液位控制阀,经排污阀将夹套液位排至正常,检查液位控制阀是否正常;检查蒸汽流量和氧气流量仪表,并计算实际的汽氧比和指示汽氧比是否一致。如果指示有问题,校正之。

2. 气化剂混合管前后温差低

气化剂混合管前后温差低说明气化剂温度高。气化剂温度高可能由于气化剂中氧含量低,出现这种情况,将导致灰细,从而引起严重的炉箅操作问题,遇此情况,应采取以下措施:检查过热蒸汽总管的温度;比较前和后的温度指示值是否一致;检查汽氧比,如高,减少蒸汽流量,降低汽氧比,相应降低了气化剂温度;检查煤气中 CO_2 含量,若高,减少蒸汽流量,即降低汽氧比;检查灰粒大小,如灰细而无渣块,减少蒸汽流量,降低汽氧比,并及时看灰,了解结渣状况;检查夹套液位并和现场玻璃液位计对照,若高:立即关闭夹套液位控制阀,经排污阀将夹套液位排至正常,检查液位控制阀是否正常;检查蒸汽流量和氧气流量仪表,并计算实际的汽氧比和指示汽氧比是否一致。如果指示有问题,校正之。

3. 气化炉出口煤气温度高

对于所使用的褐煤,气化炉出口温度应控制在约 397 ℃。即使在最大负荷时,出口温度也不应超过 590 ℃,以防对气化炉造成损坏,如果在最低负荷下短时间内出口温度仍不能降到 590 ℃以下,则气化炉必须停车。正常情况下,这一温度不应大于 540 ℃,若高于这一温度时,则应减负荷运行。

如果气化炉出口煤气温度有超过 590 ℃的趋势,应立即检查以下各项并采取相应处理措施。

(1) 检查气化炉是否出现沟流

沟流现象如下:气化炉出口煤气温度高并大幅度波动;CO_2 含量高,且不稳定;在严重情况下,粗煤气中氧含量增加;粗煤气流量大幅度波动;夹套蒸汽产量和夹套锅炉给水耗量增大;灰中含渣块和未燃烧的煤;灰锁温度和气化炉煤气出口温度同时升高。

如果出现上述现象，需要采取以下措施：降低气化炉负荷至最小；增加汽氧比操作一段时间（每次调整幅度不超过0.2），直至操作参数恢复正常；用奥氏分析仪进一步分析CO_2和O_2，至少每30 min取样分析一次；短时增加炉算的转速以破坏风洞；检查给煤中的细煤含量，进行筛分分析。改善筛分效果以调整正常的粒度范围；检查气化炉煤气出口温度测量结果；检查气化炉夹套是否漏水；如果温度和CO_2含量不能降至正常范围，则气化炉停车；如果粗煤气中O_2的体积分数超过0.4%时立即切出管网，气化炉停车；如果粗煤气中CO_2的体积分数超过40%时立即切出管网，气化炉停车。

（2）检查气化炉炉算上气化剂是否分布不均匀

气化剂的不均匀分布是由灰和煤堵塞炉算上部分气化剂通道和布气孔所引起的。

堵塞现象如下：气化炉煤气出口温度高；粗煤气中CO_2含量高；严重时，粗煤气中氧含量高；灰中含有渣块和未燃烧的煤；灰锁温度和气化炉煤气出口温度同时升高。

如果出现上述现象，建议采取下列措施：气化炉降到最低负荷；增加汽氧比；进一步分析CO_2和O_2；检查给煤中的细煤含量，进行筛分分析。改善筛分效果以调整正常的粒度范围；检查气化炉煤气出口温度测量结果；如果煤气出口温度和CO_2不能降至正常，气化炉立即停车；如果粗煤气中O_2的体积分数超过0.4%时立即切出管网，气化炉停车；如果粗煤气中CO_2的体积分数超过40%时立即切出管网，气化炉停车。

（3）检查气化炉加煤是否不足

加煤不足有下列现象：气化炉顶部法兰温度迅速增加；气化炉出口煤气温度迅速增加，但灰锁温度正常；夹套蒸汽产量大量增加；粗煤气流量大量减少；粗煤气中CO_2大大增加。

给煤不足，可能造成危险，因此，需要立即采取如下措施：气化炉降负荷至最低；使用现场手动控制柜，为气化炉加煤。检查煤锁给料溜槽和煤锁加煤是否正常；检查煤斗料位是否不足；加强粗煤气中CO_2和O_2分析；如果煤气出口和顶部法兰温度在短时间内不能降至正常值，则气化炉停车；如果煤气中O_2的体积分数超过0.4%时立即切出管网，气化炉停车；如果粗煤气中CO_2的体积分数超过40%时立即切出管网，气化炉停车。

（4）检查气化炉排灰是否不充分，排灰不充分有下列温度变化特征：气化炉煤气出口温度逐渐增加；灰锁温度大大低于正常范围（正常时灰锁温度在320 ℃～380 ℃范围内）。

如果排灰不充分，须采取以下措施：增加炉算转速；检查灰锁上阀是否全开；检查有无细灰，有细灰的情况下，略降汽氧比；检查灰中渣块，如有大渣块，略微增加汽氧化；检查下灰量，下灰量不足，增加炉算转速，短时正反转炉箅。

4. 气化炉出口煤气温度大幅度波动

气化炉出口煤气温度大幅度波动由气化炉沟流、夹套漏水或煤质变化所致。

① 检查气化炉有无沟流现象。

② 检查气化炉夹套锅炉给水有无泄漏，其现象如下：锅炉给水耗量大；CO_2 含量高，且大范围波动；灰锁温度低；灰湿且细，排灰困难；如果发现夹套漏水，气化炉必须停车。

③ 检查上煤粒度及煤中矸石含量。

5. 灰锁温度控制和炉箅转速调整

灰锁温度间接地指示炉箅上的灰床高低。调整炉箅转速是调整这一高度的手段之一，当灰锁温度在 320 ℃ ~ 380 ℃ 内时，灰床高度最佳，任何时候均不应超过 400 ℃，以防损坏炉箅。

灰锁温度通过调整炉箅转速来控制，灰锁温度低应增加炉箅转速；灰锁温度高应降低炉箅转速或停转炉箅。

6. 灰锁温度低

正常的灰锁温度范围应在 320 ℃ ~ 380 ℃ 内。灰锁温度低和正在降低有多种原因，应做下列检查。

① 检查炉箅是否在运行，如果不在运行，重新启动炉箅。

② 检查排灰循环结束后灰锁上阀是否已经打开，如未开，则：打开灰锁上阀；检查炉箅电流，电流一般控制在 17.5 ~ 18.5 A。

③ 检查炉箅转速是否与气化炉负荷和灰况相适应，如太低，增加炉箅转速。

④ 检查灰的粒度情况，如果灰太细或含的粗灰粒太少，则：增加炉箅转速；略减蒸汽流量即略减汽氧比。

⑤ 检查灰粒度分布，如果：灰极细或含有太少的粗灰粒；炉箅电流异常低；气化炉与夹套压差异常高。

灰锁温度不能通过如前所述的增加炉箅转速来调整正常，则需采取以下措施：降低气化炉负荷（如需要，降至最小负荷）；进一步增加炉箅转速；略减蒸汽流量，即降低汽氧比（如此项工作未进行的话）；检查灰锁充压阀是否关严和内漏；检查排出灰量及状态；仔细检查炉箅电流；停炉箅；确认灰锁空；开关灰锁上阀若干次，并将该阀置于开启位置；炉箅正转和反转，并检查其电流；重复上述操作。

如果上述措施未见成效，须采取下列措施：调整气化炉负荷至最小；关闭灰锁上阀；短时打开灰锁充压阀，增加灰锁压力略高于气化炉压力；打开灰锁上阀，炉箅正反转并检查其电流；如需要，重复上述动作。

⑥ 检查排出灰中有无渣块，渣块的存在由下述现象表征：炉箅电流异常高，

超过 20 A；灰中含渣块；炉箅速度降低或可能降至零；由于汽氧比低，CO_2 可能低于正常值，导致渣块产生；由于气化炉床层沟流，CO_2 可能高于正常值，导致渣块产生。

⑦ 如果结渣，认为是操作问题引起，应采取下列措施：增加蒸汽流量，即增加汽氧比；调整气化炉至最小负荷；炉箅正转，短时间反转；如果问题不能解决，气化炉必须停车。

⑧ 检查灰锁是否过满，灰锁过满有下列现象：灰锁上阀不能完全关闭。

如果出现上述现象必须采取以下措施：停炉箅；调整气化炉至最小负荷；切换灰锁控制为现场手动控制柜；间断地用充压蒸汽吹扫并反复开关上阀，以关闭灰锁上阀为止；灰锁上阀关闭后，启动排灰循环；开关灰锁上阀数次，置该阀于开启位置；转动炉箅一圈，并观察炉箅电流；按正常的方法启动卸排灰循环。

⑨ 检查炉箅下灰室是否过满，过满有下述现象：炉箅电流异常高；灰锁上阀关闭后，炉箅转数大于压灰设定转数；灰锁温度已迅速下降；灰的粒度大小正常或细；粗煤气中 CO_2 含量正常；气化炉煤气出口温度正常。

如果出现过满，应采取下列措施：调整气化炉负荷至最小；炉箅正转，短时间内反转；如果问题短期内不能解决，气化炉必须停车。

⑩ 检查夹套锅炉给水是否漏水，锅炉给水泄漏将出现下述现象：锅炉给水消耗增量大；CO_2 含量大范围波动且高；气化炉煤气出口温度大幅度波动；灰湿；可能出现排灰难问题。

锅炉给水泄漏的情况下，气化炉必须停车检修。

7. 灰锁温度高

灰锁温度正常范围为 320 ℃ ~ 380 ℃。灰锁温度迅速增加的情况下，采取以下检查和处理措施。

① 检查炉箅转速是否与气化炉负荷及灰的状态相适应，如果太高，降低炉箅转速。

② 检查气化炉是否出现沟流。

③ 检查气化剂是否出现短路，向下流入灰锁，气化剂进入灰锁可能在灰锁卸压期间发生。这是由于灰锁上阀未关严所引起的，其现象如下：灰锁温度迅速增加；尽管氧气和蒸汽流量未变化，但粗煤气流量大大下降。

如果出现上述现象，必须立即采取以下措施：灰锁泄压必须停止；灰锁重新充压；用灰锁充压阀对灰锁进行蒸汽吹扫以便吹出气化剂；重新反复关闭灰锁上阀直至关严；检查灰锁是否过满；检查灰锁上阀是否完全关严；重复灰锁泄压，并做上阀浮动试验；如果灰锁上阀确认漏，气化炉停车。

8. 灰中含有渣块

大渣块会引起炉箅严重的运行问题，最终可能导致气化炉停车。结渣条件如下。

① 汽氧比小,这可由出口煤气成分 CO_2 含量低和炉篦电流高显示出来。

② 灰熔点降低：稍增汽氧比；联系备煤,送合格煤种。

③ 气化炉发生沟流。

④ 灰床低,检查炉篦转速是否与气化炉负荷及灰的状态相适应,如果太高,降低炉篦转速。

⑤ 气化剂分布不均。

9. 洗涤冷却器出口温度异常高

正常时,洗涤冷却器出口温度约为 200 ℃,按照煤中水分和汽氧比的变化,洗涤冷却器出口温度在 195 ℃~200 ℃ 的小范围波动。

如果洗涤冷却器出口温度增加到 215 ℃ 以上,事故煤气水阀会自动打开,煤气水喷射进入洗涤冷却器。洗涤冷却器工况正常后,可以按下事故煤气水阀的复位按钮,手动关阀,停止喷射事故煤气水。

如果洗涤冷却器温度超过正常范围,则应进行下列检查和处理。

① 检查洗涤冷却器循环泵是否正常运行,如泵停运,洗涤冷却器出口温度将突然升高,则应采取以下措施：密切观察洗涤冷却器出口温度；按正常程序重新启动泵；检查循环泵的电流。

② 检查洗涤冷却器循环泵是由于堵塞或不正常的阀位,引起煤气水通过量减少或中断。可进行下列检查和处理：仔细观察洗涤冷却器出口温度；检查循环泵进出口阀位和喷射煤气水管线上各阀位是否开关到位；检查循环泵电机的电流；通过泵入口管线小心地排放煤气水；如上述措施未见成效,则对隔离泵进行内部检查并清洗叶片。

③ 检查废锅集水槽液位,低液位会引起：洗涤冷却器煤气出口温度升高或波动；洗涤冷却器循环泵振动；洗涤冷却器循环泵电机的电流低。

如出现以上现象,采取以下措施：比较现场和中控的液位指示；提高集水槽液位；让仪表人员检查废锅集水槽液位控制阀。

④ 如果洗涤冷却器循环泵停运,且短时不能恢复运行,则气化炉降负荷至最低,投运事故喷射煤气水,运行的气化炉煤气切出总管。

10. 气化炉顶部法兰温度

气化炉顶部法兰温度的高低反映了气化炉内的料位和床层的分布情况,正常情况下这一温度约 150 ℃,如大于 200 ℃ 时应考虑气化炉减负荷,如果最低负荷时仍大于 200 ℃,且短时间内无明显下降,气化炉立即停车。

11. 气化炉汽氧比调节与粗煤气中 CO_2 控制

汽氧比,即气化剂中水蒸气与氧气之比,是气化炉的重要操作条件之一。根据我公司所用煤种,汽氧比控制在 6.8~7.2 kg/Nm³。对应于某一煤种汽氧比有一变动范围。改变汽氧比，实际上是调整与控制了气化过程的温度。对固态排渣的碎煤加压气化炉而言，应首先保证在排渣过程中灰不熔融成渣。在此基础上以保证足够高的床层温度（尽可能地降低 H_2O/O_2）以保证煤的完全气化。

在原料煤及气化方法一定的情况下，汽氧比调节主要就参照排灰的品质及气化炉出口 CO_2 含量来调节，CO_2 含量的高低反映了炉内反应温度的高低。汽氧比高，炉内反应温度低，煤气中 CO_2 含量就高，反之炉内反应温度高，煤气中 CO_2 含量就低。

三、装置停车

停车分为计划停车和事故停车。

（一）计划停车程序

① 气化炉停车前，2~3 h 停止向煤仓加煤，气化炉停车前煤仓应为低料位或是空的。

② 停车后煤仓最好排空。

③ 停气化炉炉箅。

④ 通知灰锁、煤锁气化炉准备停车。关闭煤锁充压煤气切断阀，关闭煤锁泄压煤气切断阀，全关氧气切断阀，关闭氧气管线上的电动阀，关闭过热蒸汽切断阀，关闭过热蒸汽管线上的电动阀，关闭粗煤气管线上的电动阀，关闭氧气管线上的切断阀，之后打开放空阀，导盲氧气管线上的盲板。

⑤ 打开过热蒸汽旁路阀，关小高压喷射煤气水管线切断阀，以防泄压过程中煤气水分布不均。

⑥ 打开粗煤气去火炬的泄压阀，使气化炉泄压，气化炉泄压至常压后，关闭火炬泄压阀，停止洗涤冷却循环水泵，打开废锅底部排放阀，排净。

（二）事故停车及紧急停车

1. 事故停车

为防止气化炉误操作或超标运行，设置了若干报警和联锁装置。

① 气化炉由主控器切至蒸汽和氧气手动控制。

② 先关氧气阀，再关闭蒸汽阀，使氧气管线泄压，加装盲板，保持放空阀开。

③ 关闭粗煤气阀并停电，打开气化炉去火炬管线上的泄压阀及电动阀。

④ 打开废锅底部排放阀，排净废锅底部集水槽液位后，关闭废锅底部排放管线。

2. 紧急停车

如果出于人身或装置原因，不能按事故停车进行处理，应按紧急停车进行处理。例如：气化炉厂房或周围有大量煤气泄漏，必须首先紧急停车，并隔离后再进行检修。

① 按下处于危险状态的气化炉事故停车按钮，使氧气和过热蒸汽自动切断。

② 关闭氧气阀，切断过热蒸汽阀，关闭粗煤气管线上的电动阀，手动调节开车压力切断阀泄掉气化炉压力。

③ 告知调度：一台气化炉已紧急停车，其余的气化炉也将停车。

④ 停止所有气化炉炉箅。

⑤ 切换所有气化炉煤锁、灰锁操作为手动。煤锁关闭上阀，打开下阀；灰锁关闭上下阀。

⑥ 停止向所有煤仓供煤。

⑦ 停止其他气化炉。

四、事故处理

在加压气化炉生产过程中，维持正常的气化炉操作是非常关键的，但气化炉运行过程中，由于种种原因，会出现一些不正常的现象和事故，因此掌握一定的事故处理方法是很必要的，现列出一些常见故障的现象、原因分析及其处理措施。常见事故如表 2-2-2 所示。

表 2-2-2 常见事故一览表

序号	事故	现象	原因	处理
1	气化炉内出现沟流	（1）炉出口温度大幅度波动。 （2）CO_2 含量高且不稳定。 （3）严重时，粗煤气中含氧且粗煤气流量波动大。 （4）夹套产气量、锅炉给水耗量增大。 （5）灰中有大渣块和未燃烧的煤。 （6）灰锁和炉出口温度同时升高	（1）煤的湿度增加。 （2）煤的粒度有变化。 （3）气化剂分布不均。 （4）操作和调整滞后	（1）降负荷至最小。 （2）稍增汽氧比直至操作恢复正常。 （3）短时间增加炉箅转速以破坏风洞。 （4）调整煤的粒度到正常范围。 （5）检查炉出口温度测量仪表等。 （6）检查夹套是否有水泄漏。 （7）增加汽氧比，操作一段时间至材质参数恢复正常。 （8）连续分析 CO_2 和 O_2 量，若超出正常范围，停车处理
2	气化炉结渣		（1）煤的灰熔点降低（汽氧比未及时调整）。 （2）H_2O/O_2 比值低。 （3）煤的粒度变化，细煤增多。 （4）炉箅布气不均（灰床低）	（1）联系备煤，送标准粒度的煤。 （2）增加炉箅的转数，加快排灰速度。 （3）如以上处理无效，应停车处理，彻底检查分布不均的原因

续表

序号	事故	现象	原因	处理
3	气化炉出口粗煤气温度大幅度波动		（1）炉箅转速不均衡。 （2）气化炉内有沟流现象。 （3）夹套锅炉给水内漏	（1）调整炉箅转速。 （2）气化炉沟流参考事故1。 （3）若夹套漏水时应立即停车
4	气化炉出口粗煤气中 O_2 含量升高		（1）炉内产生沟流。 （2）气化剂布气孔可能堵塞，造成布气不均。 （3）燃烧层燃烧不均。 （4）供煤不足	（1）（2）（3）的处理方法见沟流的处理。 （4）尽快向炉内加煤，否则停车
5	夹套漏水	（1）炉内局部熄火，灰中含碳量高。 （2）灰锁温度下降，灰湿、排灰困难。 （3）锅炉给水消耗量增加		立即停车处理
6	灰锁上阀（TC阀）关不严		（1）灰锁充灰过满：第二设定转数设定过高或灰锁挂壁未及时发现。 （2）有异物或大渣块卡住。 （3）灰锁密封面或上阀座损坏	（1）重复关闭上阀。如果仍然关不严，征得液压负责人同意后可以提高油压，如果这些努力都无效，停炉处理。 （2）反复动作上阀，如果无效，停炉处理。 （3）停炉处理
7	灰锁上阀打不开		（1）灰锁未充够压。 （2）下灰室充灰过满。 （3）上阀被异物卡住。 （4）液压故障	（1）继续充压后打开。 （2）（3）参考事故6。 （4）联系检修处理
8	灰锁泄压时，压力泄不尽或泄压慢		（1）灰锁泄压时，泄压阀或泄压管道堵塞。 （2）灰锁充压阀未关严或漏气。 （3）灰锁上阀未关严或漏气。 （4）泄压阀芯脱落。 （5）膨胀冷凝器中心管破裂	（1）开充压蒸汽，反复开关泄压阀使之吹净。 （2）继续关严充压阀，如漏气则关闭充压切断阀，更换切断阀。 （3）参考事故6。 （4）更换阀芯。 （5）停炉处理
9	灰锁泄压时，DV1阀堵			当DV1阀堵时，应手动打开DV1旁路阀进行泄压，泄压时应缓慢打开切断阀，但不能全开，应采用稍开关关的方法泄压，待泄至一定压力后，再全开泄压旁路阀。泄完压后拆DV1处理

续表

序号	事故	现象	原因	处理
10	煤锁在预定时间不能充至设定压力		(1) 上阀漏或未关严。 (2) 充压阀不畅通。 (3) 泄压阀漏或未关严	(1) 若是切断阀泄漏，应更换垫圈。 (2) 搞通充压阀。 若以上措施无效，则汇报值班长
11	煤锁在预定时间内不能卸至最终压力		(1) 下阀未关严或漏气太大。 (2) 平衡阀漏或未关严。 (3) 泄压阀或管线堵塞。 (4) 充压阀内漏或未关严	(1) 重复关下阀，平衡阀，充压阀。 (2) 处理通泄压阀或管道。 若以上措施无效，则汇报值班长
12	突然断煤			根据所停时间的长短，及时与中控联系，做减负荷或停车处理
13	煤锁上阀关不严		(1) CF 阀关闭给定信号太迟，煤锁过满。 (2) 有异物或大块煤卡住。 (3) 液压油路接头松或其他故障	(1) 切至现场控制柜，打开煤锁上阀，关闭其液压油路，用PV1 充压阀短暂吹扫，反复关闭上阀，调整关闭 CF 阀。 (2) 拆开上阀护板，人工清除。 (3) 检查油路
14	废锅底部集水槽排水不畅	集水槽液位居高不下，控制阀无法调节液位	煤气水中含有大量的焦油和尘，堵塞了含尘煤气水管线和阀门	当集水槽液位高过废锅底部的粗煤气进气口时，气相进气阻力增大，使洗涤冷却器出口温度 TISA606（A-D）30 A 升高，当高至 220 ℃时，自动反洗装置自动投用。（后附废锅返洗说明）

任务四　学　习　拓　展

安全环保及注意事项

碎煤加压气化炉的生产过程中伴随着高温、高压，其产品粗煤气易燃、易爆，并含有易使人中毒的一氧化碳，因此所有的上岗人员在上岗前必须经过三级安全教育并获得安全作业证。同时，还需具备相当的专业知识和操作技能，掌握事故情况下的自救及处理常识。

操作者在生产过程中必须严格遵守操作规程，为了保证设备及人身安全，必须严格控制碎煤加压气化炉的工艺指标。特别需要强调的是粗煤气中 CO_2 和 O_2 含量是气化炉工况的重要参数，一旦超标，必须毫不犹豫地主动处置。气化炉所设置的压力、温度、料位、压差、温差等联锁，其值不能随意更改，联锁的投用与旁置需有严格的手续，岗位人员应做好记录。工艺技术人员至少应每周检查一次联锁投用状况并做好记录。

在操作过程中,操作者必须在所有条件满足的情况下才能进行下一步操作,如气化炉开车过程中的切换氧气操作必须是在空气运行 6 h 之后,其他条件达到操作规程的规定条件后进行。尤其需要注意的是气化炉开车或停车过程中其升温升压和降温降压的速度应不超过规定值。

对于氧气管道,应防止油污、粉尘进入。在氧气盲板导盲,通气时应用 CCl_4 擦洗干净。

在由于供水条件不满足而导致气化炉夹套缺水停车时,夹套不应立即补水,应熄火或自然冷却后再行补水。

当气化炉夹套,废锅给水液位高,废锅集水槽液位高,需要外排或定期排污时,防止高温水烫伤。

当导盲板时,发现有煤气泄漏又必须进行工作时,要带好防毒面具,并有专人监护。处理煤溜槽堵塞时,要带好防毒面具。

火炬排放煤气水时,要有人监护,不许一人单独工作。

煤锁上阀,灰锁下阀,泄不到规定压力不许打开。

总之,在生产中应本着"安全第一,预防为主"的原则,保证个人人身的安全,保证设备的安全,才能保证生产的正常运行。

项目三

流化床气化生产工艺流程组织

教学目标：

（1）知识目标
① 熟悉煤气发生炉的主要结构与作用。
② 掌握流化床气化工艺。
③ 了解加压流化床气化工艺与常压流化床气化工艺的区别。
（2）能力目标
能够流利地讲述并分析加压与常压流化床气化的特点、工艺流程、主要设备、操作因素等。

任务一 流化床气化工艺

在固定床阶段，燃料以很小的速度下移，与气化剂逆流接触。当气流速度加快到一定程度时，床层膨胀，颗粒被气流悬浮起来。当床层内的颗粒全部悬浮起来而又不被带出气化炉时，这种气化方法即为流化床（沸腾床）气化工艺。

和固定床相比较，流化床的特点是气化的原料粒度小，相应的传热面积大，传热效率高，气化效率和气化强度明显提高。

一、常压流化床气化工艺

1. 温克勒气化炉

图 2-3-1 为温克勒气化炉的示意图，气化炉为钢制立式圆筒形结构，内衬耐火材料。粉煤由螺旋加料器加入圆锥部分的腰部，加煤量可以通过调节螺旋给料机的转数来实现。筒体的圆周设置 2~3 个加料

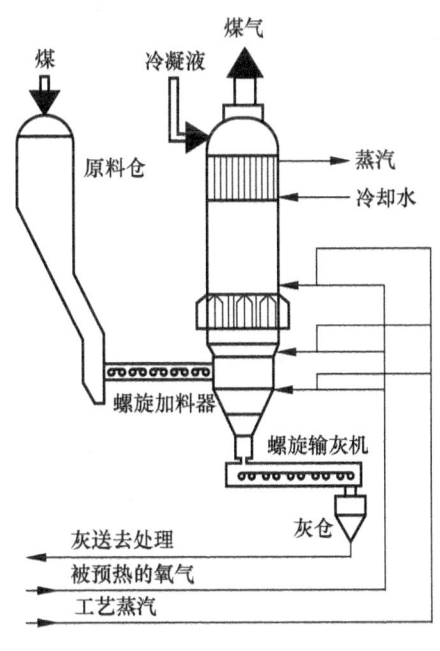

图 2-3-1 温克勒气化炉

口,互成180°或120°的角度有利于煤在整个截面上的均匀分布。炉箅安装在圆锥体部分,蒸汽和氧(或空气)由炉箅底侧面送入,形成流化床。气化炉底部设有螺旋排灰机连续排灰。

气化剂分两部分送入,下面送入总量的60%~75%,其余的气化剂由燃料层上面2.5~4 m处的许多喷嘴喷入,使煤在接近灰熔点的温度下气化,这可以提高气化效率,有利于活性低的煤种气化。大约有30%的灰从底部排出,另外的70%被气流带出流化床。

气化炉顶部装有辐射锅炉,是沿着内壁设置的一些水冷管,用以回收出炉煤气的显热。

典型工业规模的温克勒常压气化炉,内径为5.5 m,高23 m。当以褐煤为原料时,氧气蒸气常压鼓风,单炉生产能力在标准状态下为47 000 m^3/h,采用空气蒸气鼓风时,生产能力在标准状态下为94 000 m^3/h。生产能力的调整范围为25%~150%。

2. 温克勒气化工艺流程

温克勒气化工艺流程包括煤的预处理、气化、气化产物显热的利用、煤气的除尘和冷却等。如图2-3-2所示。

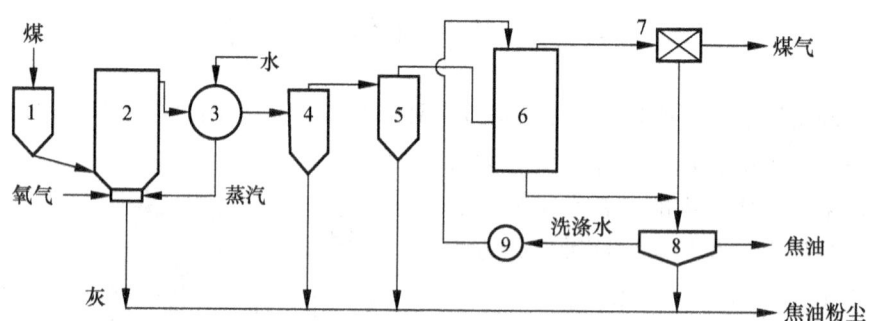

图2-3-2 温克勒气化流程示意图
1—料斗;2—气化炉;3—废热锅炉;4,5—旋风除尘器;6—洗涤塔;
7—煤气净化装置;8—焦油、水分离器;9—泵

(1)原料的预处理

首先对原料进行破碎和筛分,制成0~10 mm的炉料,一般不需要干燥,如果炉料含有表面水分,可以使用烟道气对原料进行干燥,控制入炉原料的水分在8%~12%。对于有黏结性的煤料,需要经过破黏处理,以保证床内的正常流化。

(2)气化

预处理后的原料送入料斗中,料斗中充以氮气或二氧化碳惰性气体。用螺旋加料器将煤料加入气化炉的底部,煤在炉内的停留时间约15 min。气化剂送入炉内和煤反应,生成的煤气由顶部引出。煤气中含有大量的粉尘和水蒸气。

(3) 粗煤气的显热回收

粗煤气的出炉温度一般为 900 ℃ 左右。在气化炉上部设有废热锅炉,生产的蒸汽压力在 1.96~2.16 MPa,蒸汽的产量为 0.5~0.8 kg/m³ 干煤气。

(4) 煤气的除尘和冷却

出煤气炉的粗煤气进入废热锅炉,回收余热,产生蒸汽,然后进入两级旋风分离器和洗涤塔,煤气中的大部分粉尘和水汽,经过净化冷却,煤气温度降至 35 ℃~40 ℃,含尘量降至 5~20 mg/m³。

3. 工艺条件和气化指标

(1) 工艺条件

① 原料。褐煤是流化床最好的原料,但褐煤的水分含量很高,一般在 12% 以上,蒸发这部分水分需要较多的热量(即增加了氧气的消耗量),水分过大,也会造成粉碎和运输困难,所以水分含量太大时,需增设干燥设备。

煤的粒度及其分布对流化床的影响很大,当粒度范围太宽,大粒度煤较多时,大量的大粒度煤难以流化,覆盖在炉箅上,氧化反应剧烈可能引起炉箅处结渣。如果粒度太小,易被气流带出,气化不彻底。一般要求粒度大于 10 mm 的颗粒不得高于总量的 5%,小于 1 mm 的颗粒小于总量的 10%~15%。

由于流化床气化时床层温度较低,碳的浓度较低,故不太适宜气化低活性、低灰熔点的煤种。

② 气化炉的操作温度。高炉温对气化是有利的,可以提高气化强度和煤气质量,但炉温是受原料的活性和灰熔点的限制。一般在 900 ℃ 左右,影响气化炉温度的因素大概有汽氧比、煤的活性、水分含量、煤的加入量等。其中又以汽氧比最为重要。

③ 二次气化剂的用量。使用二次气化剂的目的是为了提高煤的气化效率和煤气质量。被煤气带出的粉煤和未分解的碳氢化合物,可以在二次气化剂吹入区的高温环境中进一步反应,从而使煤气中的一氧化碳含量增加、甲烷量减少。

(2) 气化指标

褐煤的温克勒气化指标如表 2-3-1 所示。

表 2-3-1 温克勒气化指标

指 标		褐煤(Ⅰ)	褐煤(Ⅱ)
对原料煤的分析	M/%	8.0	8.0
	w(C)/%	61.3	54.3
	w(H)/%	4.7	3.7
	w(N)/%	0.8	1.7
	w(O)/%	16.3	15.4
	w(S)/%	3.3	1.2
	A/%	13.8	23.7
	高热值	21 827	18 469

续表

指标		褐煤（Ⅰ）	褐煤（Ⅱ）
产品组成及热值	$\varphi(CO)/\%$	22.5	36.0
	$\varphi(H_2)/\%$	12.6	40.0
	$\varphi(CH_4)/\%$	0.7	2.5
	$\varphi(CO_2)/\%$	7.7	19.5
	$\varphi(N_2)/\%$	55.7	1.7
	$\varphi(不饱和化合物)/\%$	—	—
	$\varphi(H_2S)/\%$	0.8	0.3
	焦油和轻油/(kg·m^{-3})	—	—
	煤气高热值/(kg·m^{-3})	4 663	10 146
条件	(汽/煤)/(kg·kg^{-1})	0.12	0.39
	(氧/煤)/(kg·kg^{-1})	0.59	0.39
	(空气/煤)/(kg·kg^{-1})	2.51	—
	气化温度/℃	816~1 200	816~1 200
	气化压力/MPa	~0.098	~0.098
	出炉温度/℃	777~1 000	777~1 000
结果	煤气产率/(m^3·kg^{-1})	2.9	1.36
	气化强度/[kJ·(m^3·h)$^{-1}$]	20.8×10^4	21.2×10^4
	碳转化率/%	83.0	81.0
	气化效率/%	61.9	74.4

4. 优缺点

优点：温克勒气化工艺单炉的生产能力较大、煤气中无焦油，污染小。

缺点：主要是温度和压力偏低造成的。炉内温度要保证灰分不能软化和结渣，一般应控制在900℃左右，所以必须使用活性高的煤为气化原料。为此进一步开发了温克勒加压气化和灰团聚气化工艺。

二、加压流化床气化工艺

1. 高温温克勒气化

气化炉也具有简单可靠、运行灵活、氧耗量低和不产生液态烃等优点。采用比低温温克勒气化法较高的压力和温度，为了提高碳的利用率，采用带出煤粒再循环回床层。

（1）工艺流程

HTW的气化工艺流程如图2-3-3所示。

加煤、气化、出灰均在加压密闭系统下进行。含水分8%~12%的褐煤进入压力为0.98 MPa的密闭煤锁系统后，经过螺旋给料阀输入炉内。为提高煤的灰熔点而按一定比例配入的添加剂（主要是石灰石、石灰或白云石）也经给料机加入炉内。

出炉粗煤气直接进入两级旋风除尘器，一级分离的含碳量较高的颗粒返回到床内进一步气化，二级除尘器流出的气体入废热炉回收热量，再经水洗塔冷却除尘。

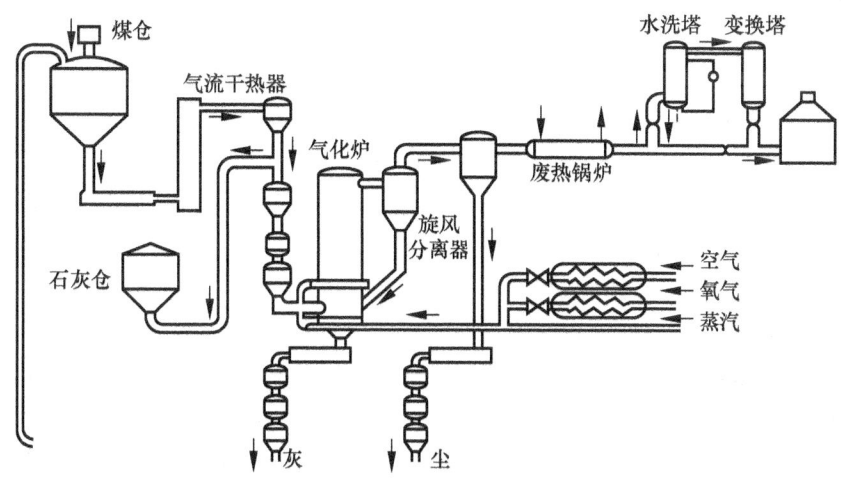

图 2-3-3　HTW 气化工艺流程

HTW 气化工艺最初是由德国的莱茵褐煤公司发明的，该公司拥有并经营德国鲁尔地区的几座褐煤煤矿。用莱茵褐煤为原料，煤的灰分中 $w(CaO+MgO)$ 为 50% 左右；$w(SiO_2)$ 为 8%；灰熔点 $T_1=950$ ℃，添加 5% 的石灰石后提高到 1 100 ℃。在气化压力 0.98 MPa 的压力下，以氧气/水蒸气为气化剂，温度 1 000 ℃下进行的 HTW 气化工艺试验，其结果和常温温克勒气化的比较如表 2-3-2 所示。

表 2-3-2　两种温克勒气化方法的比较

项目		常压温克勒	HTW
气化条件	压力	0.098	0.98
	温度	950	1 000
气化剂	氧气耗量	0.398	0.380
	水蒸气耗量	0.167	0.410
$(CO+H_2)$ 产率/[$m^3 \cdot t^{-1}$(煤)]		1 396	1 483
气化强度 $(CO+H_2)$ 产率/[$m^3 \cdot t^{-1}$(煤)]		2 122	5 004
碳转化率/%		91	96

由表中的数据可以看出，在加压和高温下的气化，设备的生产能力大大提高，是常压的 2 倍多。温度的提高和大颗粒重新返回床层使得碳转化率上升为 96%。煤中加入助剂，可以脱除硫化氢等，并且可使碱性灰分的灰熔点提高。气化温度提高，虽然煤气中的甲烷含量降低，但煤气中的有效成分却提高了，煤气的质量也相应得到提高。

（2）工艺条件和气化指标

① 气化温度。提高气化温度有利于二氧化碳的还原反应和水蒸气的分解反应，相应地提高了煤气中的一氧化碳和氢气的浓度，碳的转化率和煤气的产率也

提高。

提高气化反应温度受灰熔点的限制。当灰分为碱性时，可以添加石灰石、石灰和白云石来提高煤的软化点和熔点。

② 气化压力。加压气化可以增加炉内反应气体的浓度，流量相同时，气体流速减小，气固接触时间增大，使碳的转化率提高，在生产能力提高的同时，原料的带出损失减小在同样的生产能力下，设备的体积相应减小。

试验证明，使用水分为 24.5%，粒度为 1~1.6 mm 的褐煤为原料，在表压分别为 0.049 MPa 和 1.96 MPa 下，用水蒸气/空气为气化剂时，气化强度可由 930 kg/(m^2·h) 增加到 2 650 kg/(m^2·h)；如用水蒸气/氧气作为气化剂时气化强度可以由 1 050 kg/(m^2·h) 增加到 3 260 kg/(m^2·h)。

加压流化床的工作状态比常压的稳定。经研究，加压流化床内气泡含量少，固体颗粒在气相中的分散较常压流态化时均匀，更接近散式流态化，气固接触良好。

此外，加压流化时，对甲烷的生成是有利的，相应提高了煤气的热值。

任务二 知识拓展

灰熔聚气化法

灰熔聚气化法属于加压流化床气化工艺。所谓的灰熔聚是指在一定的工艺条件下煤被气化后，含碳量很少的灰分颗粒表面软化而未熔融的状态下，团聚成球形颗粒，当颗粒足够大时即向下沉降并从床层中分离出来。

其主要特点是灰渣与半焦的选择性分离。即煤中的碳被气化成煤气，生成的灰分熔聚成球形颗粒，然后从床层中分离出来。

和传统的固态排渣和液态排渣不同。与固态排渣相比，降低了灰渣中的碳损失；与液态排渣相比，降低了灰渣带走的显热损失，从而提高了气化过程的碳利用率，这种排渣方法是煤炭气化排渣技术的重大进展。

目前使用该技术的气化方法有 U－GAS 气化工艺和 KRW 气化工艺。

我国研究的现状：从 1980 年起，中国科学院山西煤炭化学研究所开始了灰熔聚流化床气化技术开发，至今已完成工业装置工艺和工程设计。经过多年的研究开发，所取得的数据和经验达到了与国外同类技术相当的水平，依据国内市场的需要，正在进行制合成气示范厂项目。

下面以美国煤气工艺研究所（IGT）开发的 U－GAS 气化工艺为例，对灰熔聚气化做一简单介绍。

U－GAS 气化炉的结构如图 2-3-4 所示，气化炉要完成的 4 个过程是：煤的破黏、脱挥发分、煤的气化、灰的熔聚和分离。

U-GAS 气化炉可以气化 36% 的烟煤。煤料破碎到 0～8 mm 的范围, 和温克勒气化炉相比, 气化粒度更细的粉煤是其又一优点, U-GAS 气化可以接纳 10% 小于 200 目 (0.07 mm) 的煤粉。对黏结性强的煤种要在脱黏器中进行预处理以免气化炉发生问题, 如果气化非黏结性煤种时可以不进行预处理。

经过粉碎和干燥的煤料通过闭锁煤斗或螺旋加料器均匀、稳定地加入炉内。煤脱黏时的压力与气化炉的压力相同, 温度一般在 370 ℃～430 ℃ 内, 吹入的空气使煤粉颗粒处于流化状态, 并使煤部分氧化提供热量, 同时进行干燥和浅度碳化, 使煤粉颗粒表面形成一层氧化层, 达到破黏的目的。破黏后的煤粒在气化过程中可以避免黏结现象的发生。

在流化床内, 煤与气化剂在 950 ℃～1 100 ℃ 和表压 0.69～2.41 MPa 下接触反应, 生成的煤气从气化炉的顶部导出, 经过两级旋风分离器除尘, 气化形成的灰分被团聚成球形粒子, 从床层中分离出来。

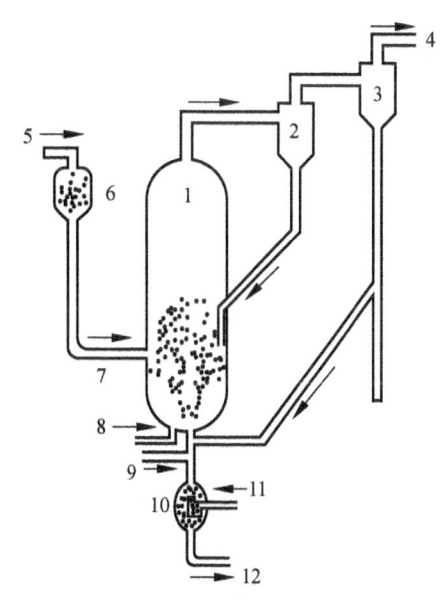

图 2-3-4 U-GAS 气化炉结构
1—气化炉; 2—一级旋风除尘器; 3—二级旋风除尘器; 4—粗煤气出口; 5—原料煤入口; 6—料斗; 7—螺旋给料机; 8, 9—气化剂入口; 10—灰斗; 11—水入口; 12—灰、水混合物出口

炉箅是一倒置锥体, 锥体上开有大型进气孔, 气化剂分两部分进入炉子。通过炉箅侧面的栅孔进入炉内的一部分气化剂, 由下而上流动, 流速为 0.30～0.76 m/s, 使入炉煤粒处于流化状态, 煤粒在床内的高温环境下被迅速气化, 逐步缩小的焦粒之间不会形成熔渣。生成气体主要成分为 CO、H_2、N_2、CO_2、CH_4, 甲烷含量稍多于一般气化生成煤气的量, 流化床均处于还原气氛中, 故煤粒的绝大部分硫都转化为硫化氢, 有机硫化物很少。一座直径为 1.2 m 的 U-GAS 气化炉, 以空气和水蒸气为气化剂, 气化温度为 943 ℃, 气化压力为 2.41 MPa 时, 粗煤气的产量为 16 000 m³/h, 调荷能力达 10∶1, 气化效率约 79%, 煤气组成和热值如表 2-3-3 所示。

表 2-3-3 煤气组成和热值

煤气组成	操作条件	
	空气鼓风, 烟煤	氧气鼓风, 烟煤
$\varphi(CO)/\%$	19.6	31.4
$\varphi(CO_2)/\%$	9.9	17.9
$\varphi(H_2)/\%$	17.5	41.5

续表

煤气组成	操作条件	
	空气鼓风,烟煤	氧气鼓风,烟煤
$\varphi(CH_4)/\%$	3.4	5.6
$\varphi(H_2S+COS)/\%$	0.7	微量
$\varphi(N_2+Ar)/\%$	48.9	0.9
煤气热值/$(kJ \cdot m^{-3})$	5 732	11 166

气化剂中的另一部分通过炉子底部中心文氏管高速向上流动，经过倒锥体顶端孔口进入锥体内的灰熔聚区域，使该区域的温度高于周围流化床的温度，一般比灰熔点低100 ℃~200 ℃。在此温度下，煤炭气化后形成的含灰分较多的粒子由流化床的上部落下进入该区域后，互相黏结、逐渐长大、增重，当其重力超过锥顶逆向而来气流的上升力时，即落入排渣管和灰渣斗中，被水急冷后定时排出，渣粒中的含碳量一般低于1%。控制中心管的气流速度，可以控制排灰量的多少。

中心文氏管中的气流速度和气化剂中的汽氧比极为重要，它直接关系到灰熔聚区的形成。气流速度决定了灰球在床层中的停留时间，气流速度越大，则停留时间越长，相应的灰渣残碳量小，在灰渣残碳量满足要求后，停留时间应尽量小，以免由于停留时间过长，床层中灰渣过多而熔结。对于气化剂的汽氧比而言，一般地，通过文氏管气化剂的汽氧比要远远低于通过炉箅的气化剂汽氧比，过量的氧气能够提供足够的热量，形成灰熔聚所必需的高温区。

床层上部较大的空间是气化产生的焦油和轻油进行裂解的主要场所，因而粗煤气实际上不含这两种物质，这有利于热量的回收和气体的净化。

气化产生的煤气夹带大量的煤粉，含碳量较大，一般采用的方法是用两级旋风除尘器分离，一级分离下来的较大颗粒的煤粉返回气化炉的流化区进一步气化，二级分离的细小粉尘进入熔聚区气化。一种方法是一级旋风除尘器置于气化炉内，另一种方法是一级旋风除尘器和二级旋风除尘器一样置于气化炉外。

U-GAS气化工艺的突出优点是它气化的煤种范围较宽，碳的转化率高。气化炉的适应性广，一些黏结性不太大或者灰分含量较高的煤也可以作为气化原料。

项目四

气流床气化生产工艺流程组织
——水煤浆加压气化工艺

教学目标：

（1）知识目标
① 了解德士古气化的发展历史。
② 掌握关于德士古气化生产过程中的工艺流程。
③ 掌握德士古气化生产操作因素分析。
（2）能力目标
能流利地讲述德士古气化生产工艺流程及能分析德士古气化操作的各种情况。

任务一　加压水煤浆气化工艺

一、德士古气化炉

1. 发展史

德士古（TEXACO）气化工艺最早开发于20世纪40年代后期。开始的工作重点集中在开发一种天然气的重整工艺上，以便为转换成液态烃化合物制造合成气。不久后，重点转向为氨的生产制造合成气。20世纪50年代期间，研究扩大该工艺以气化石油及少量的煤。

兖矿鲁南化肥厂的德士古气化装置，是我国从国外引进的第一套德士古煤炭气化装置。

2. 德士古气化炉

德士古气化炉是一种以水煤浆进料的加压气流床气化装置，是一直立圆筒形钢制耐压容器，内壁衬以高质量的耐火材料，可以防止热渣和粗煤气的侵蚀。如图2-4-1所示。该炉有两种不同的炉型，根据粗煤气采用的冷却方法不同，可分为淬冷型和全热回收型，如图2-4-1（a）、图2-4-1（b）所示。

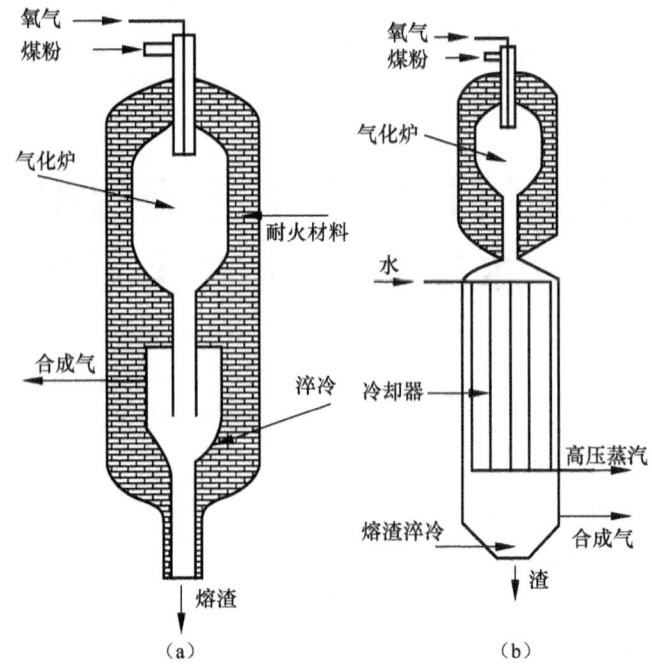

图 2-4-1　德士古气化炉简图
(a) 淬冷型；(b) 全热回收型

两种炉型的比较：两种炉型下部合成气的冷却方式不同，但炉子上部气化段的气化工艺是相同的。

德士古加压水煤浆气化过程是并流反应过程。合格的水煤浆原料同氧气从气化炉顶部进入，煤浆由喷嘴导入，在高速氧气的作用下雾化，氧气和雾化后的水煤浆在炉内受到高温衬里的辐射作用，迅速进行着一系列的物理、化学变化：预热、水分蒸发、煤的干馏、挥发物的裂解燃烧以及碳的气化等。气化后的煤气中主要是一氧化碳、氢气、二氧化碳和水蒸气。气体夹带灰分并流而下，粗合成气在冷却后，从炉子的侧面排出。

在淬冷型气化炉中，粗合成气经过淬冷管离开气化段底部，淬冷管底端浸没在一水池中。粗气体经过急冷到水的饱和温度，并将煤气中的灰熔渣分离下来，灰熔渣被淬冷后截留在水中，落入渣罐，经过排渣系统定时排放。冷却了的煤气经过侧壁上的出口离开气化炉的淬冷段，然后按照用途和所用原料，粗煤气在使用前进一步冷却或净化。

在全热回收型炉中，粗煤气离开气化段后，在合成气冷却器中从 1 400 ℃ 被冷却到 700 ℃，回收的热量用来生产高压蒸汽，熔渣向下流到冷却器被淬冷，再经过排渣系统排出，合成气由淬冷段底部送入下一工序。

对于这两种工艺过程，目前大多数德士古气化炉采用淬冷型，优势在于它更廉价，可靠性更高，劣势是热效率较全热回收型的低。

二、气化装置岗位任务

气化岗位的主要任务是把煤浆制备岗位生产出来的高浓度煤浆（60%左右）与空分生产的高纯氧气（99.6%）在气化炉内进行部分氧化反应，生产出以CO、H_2为主要成分的工艺气，经水洗塔洗涤后送往变换工段，并分离出粗渣，对气化炉排出的黑水进行闪蒸，回收灰水和热量。

三、气化装置管辖范围

1. 气化动设备

煤浆槽搅拌器；渣池搅拌器；煤浆给料泵；烧嘴冷却水泵；锁斗循环泵；渣池泵；灰水循环泵；低压密封水泵；高压氮气压缩机；扒渣机；起重机；电梯；破渣机。

2. 气化静设备

气化炉；水洗塔；烧嘴冷却水换热器；煤浆槽；氮气储罐；水封槽；烧嘴冷却水槽；烧嘴冷却水气液分离器；事故烧嘴冷却水槽；锁斗；锁斗冲洗水罐；渣池；氧气缓冲罐；开车抽引器；文丘里；黑水过滤器；工艺烧嘴；预热烧嘴；氧气消音器；抽引器消音器。

四、灰水处理管辖范围

1. 灰水处理动设备

澄清槽耙料机；过滤机给料槽搅拌器；絮凝剂槽搅拌器；滤液槽搅拌器；细渣过滤机；脱氧水泵；真空泵；真空凝液泵；絮凝剂泵；分散剂泵；低压灰水泵；澄清槽底料泵；过滤机给料泵；滤液泵；澄清槽进料泵。

2. 灰水处理静设备

灰水加热器；真空冷凝器；废水冷却器；开工冷却器；真空泵出口冷却器；低压闪蒸气冷却器；高温热水塔；高压闪蒸分离器；脱氧水槽；真空闪蒸分离器；真空泵分离器；澄清槽；灰水槽；分散剂槽；絮凝剂槽；过滤机给料槽；高温热水器；低温热水器；真空闪蒸器；真空泵出口分离器；滤液槽。

五、水煤浆气化反应的原理

多元料浆加压气化炉是一个两相并流气化的炉型，上部为燃烧室，下部为激冷室，氧气和煤浆通过三流式工艺烧嘴混合后喷入气化炉内，中心管走氧占总氧量的15%~20%、内环隙走水煤浆、外环隙走氧占80%~85%，在气化炉内水煤浆和氧气发生部分氧化反应产生粗煤气，同时释放出大量的热量。除了维持气化炉在煤的灰熔点温度以上操作并且满足液态排渣的需要外，所产的工艺气和进入气化炉激冷室激冷水进行换热除灰,回收热量,同步饱和了一氧化碳变换装置所需的水蒸气,这个反应温度根据煤种不同一般保持在 1 320 ℃~1 350 ℃,气化炉的操作压力为 6.5 MPa,气化炉内的反应速度进行得非常迅速,水煤浆细颗粒在炉内停留时间仅 4~6 s,反应生成的合成气中甲烷含量较少,一般仅为 0.1% 以下,碳的转化率较高。由于反应温度较高,不生成焦油、酚及高级烃等易凝聚的副产物,所以对环境的污染较小。

六、水煤浆加压气化反应影响因素

水煤浆加压气化制取水煤气的目的,是要得到 H_2 和 CO 作为主要成分的原料气,因此,在生产过程中选择最有利于气化反应操作条件,以便使比氧耗、比煤耗最小,CO 和 H_2 的产率最大,影响水煤浆气化的主要因素有:煤质、水煤浆浓度、氧煤比、气化温度及压力,而添加的助溶剂对气化反应温度有一定的影响。

1. 煤质

煤的变质程度影响着煤的反应活性,变质程度低的反应活性高,变质程度高的反应活性较低。在水煤浆气化这种气流床的流动反应方式中,煤与气体接触的时间很短,所以要求煤有较高的反应活性。当然,某种煤的反应活性较差,可以由粒度来弥补,粒度越小,反应活性速度越快,但过细的粒度会影响煤浆的浓度。

2. 水煤浆浓度

水煤浆浓度是指煤浆中煤的质量分数,该浓度与煤炭的质量、制浆的技术密切相关。水煤浆浓度及性能,对气化反应效率、煤气质量、原料消耗、水煤浆的输送及雾化等,均有很大的影响。需要说明的是,水煤浆中的水分含量是指全水分,包括煤的内在水分。通常使用的煤也并不是完全干的,一般含有 5%~8% 甚至更多的水分在内。

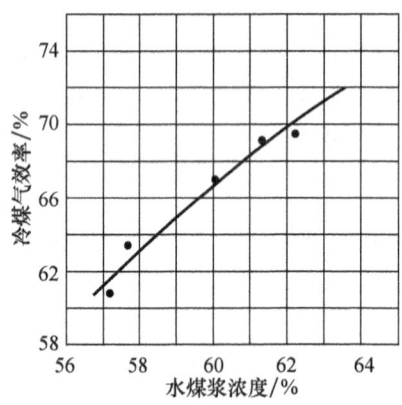

图 2-4-2 水煤浆浓度和冷煤气效率的关系

水煤浆浓度对气化过程的影响基本表现在几个方面。一般地,随着水煤浆浓度的提高,煤气中的有效成分增加,气化效率提高,氧气的消耗量下降,如图 2-4-2 和图 2-4-3 所示。

图 2-4-4 为水煤浆浓度与研磨的关系曲线;如图 2-4-5 所示为煤浆黏度和添加剂浓度的关系,曲线表示的是用不同的添加剂得到的平均值。不同添加剂之间的差异甚小,这一点对生产来讲很重要。因为添加剂的用量很大,一个日产千吨氨厂按添加 0.5% 计算,每年需表面活性剂 3 000~4 000 t,这样就可以选择价廉的添加剂以降低生产成本。

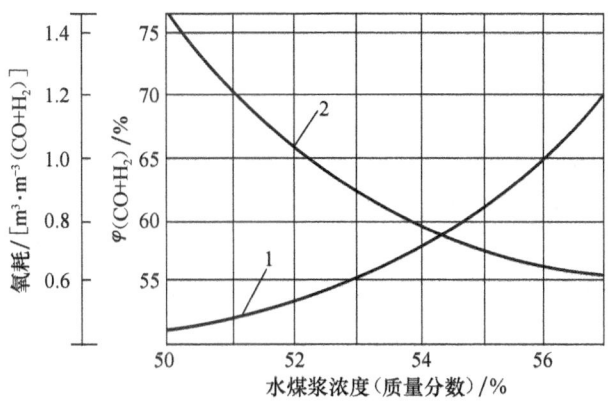

图 2-4-3　水煤浆浓度与煤气质量及氧耗的关系

1—($CO+H_2$)含量；2—氧气耗量

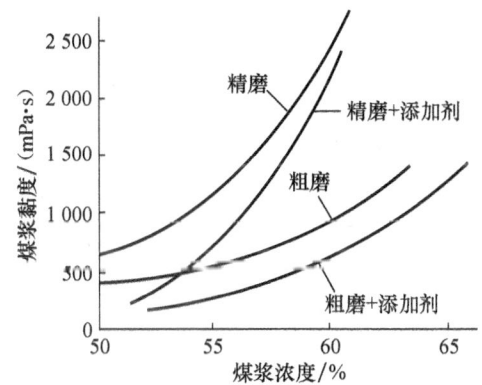

图 2-4-4　水煤浆浓度与研磨的关系

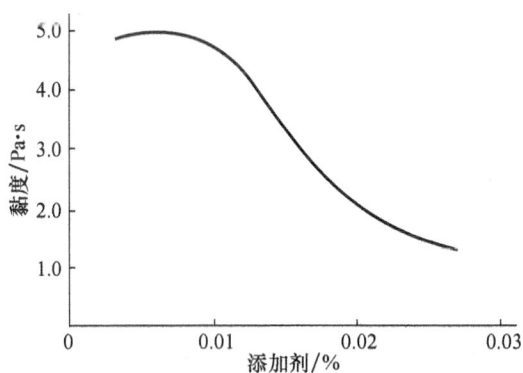

图 2-4-5　添加剂与煤浆黏度的影响

3. 氧煤比

根据水煤浆部分氧化反应方程式：

$$C_nH_m + \frac{n}{2}O_2 \longrightarrow nCO + \frac{m}{2}H_2 + Q$$

可知,理论上氧原子数等于碳原子数即氧碳比应该为1.0,由实验室数据得知,氧碳比稍大于1.0时比较合适。

在气化炉内,氧与水煤浆直接发生氧化和部分还原反应。因此,氧碳比是气化反应非常重要的操作条件之一。如图2-4-6所示,随着氧煤比的增加,将有较多的煤与氧气发生燃烧反应,放出较多的热量,气化炉温度随着升高。同时,由于炉温高,从动力学角度,使反应加速,从热力学的角度,有利于吸热反应进行,对气化反应有利,煤气中的CO和H_2含量增加。如图2-4-7所示,碳转化率升高,当氧煤比为1.0时,碳的转化率可达到94.5%以上,冷煤气效率达到最大值,随着氧煤比的继续增加,碳转化率增加不大,而冷煤气效率却降低了。这是由于过量的氧气进入气化炉,导致了CO_2的含量增加,使有效气体成分下降,从而使得冷煤气效率降低。

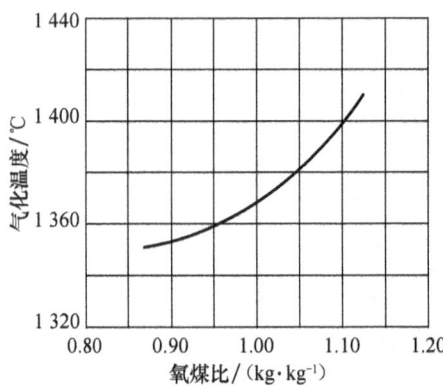 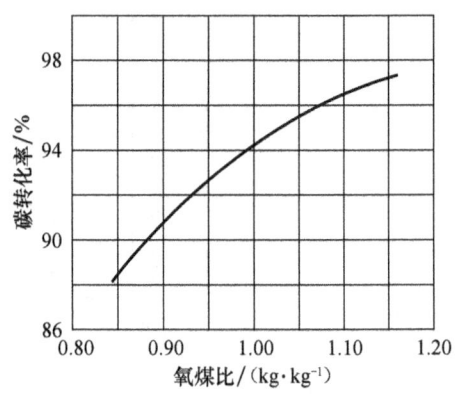

图2-4-6 氧煤比与气化温度的关系　　图2-4-7 氧煤比与碳转化率的关系

工业上使用的氧煤比是指气化1 kg干煤所用氧的立方米数,单位为Nm^3(氧)/kg(干煤)。

4. 反应温度

气化温度是一个很重要的操作条件,水煤浆部分氧化还原反应属自热反应。碳与氧的燃烧反应所放出来的热量,除维持气化炉的热损失以外,还供给甲烷、碳与水蒸气、CO_2的气化反应这些吸热反应所需的热量。从吸热反应的平衡上来看,提高反应温度有利于反应的进行,可以改善出口气体中有效气体的组成,提高碳的转化率,并且由于反应速度是随着反应温度提高而提高的,提高反应温度有利于气化反应。

但由于气化炉操作温度不是一个独立的变数,它与氧的用量有直接的关系,如果提高氧的用量来提高温度,进料氧碳比发生变化,即导致氧煤比过高,则有效气体成分下降,CO_2含量升高。另外,气化炉温度过高将会对耐火材料腐蚀加剧,影响或缩短了耐火材料的寿命,甚至烧坏耐火衬里。

气化温度的选择原则是在保证液态排渣的前提条件下,尽可能地保持较低的操作温度,具体的方法是使液态灰渣的黏度略低于250 mPa·s,即为最适宜温度,由于煤种的不同,操作温度也不同,气化温度一般为1 300 ℃~1 400 ℃。

5. 气化压力

气化反应是体积增大反应,提高压力对化学平衡不利。但在生产中普遍采用加压操作,其原因是:

① 加压气化增加了反应物浓度,加快了反应的速度,提高了气化效率。
② 加压气化有利于提高水煤浆的雾化质量。
③ 加压气化下气体体积缩小,在生产气量不变的条件下,可减小设备体积,缩小占地面积,使单台产气量增大,便于实现大型工业化。
④ 加压气化可降低动力消耗。

6. 助熔剂的影响

多元料浆气化工艺的一个特点是高于煤灰熔点之上进行气化,煤灰熔点高,气化操作温度就高,对耐火材料的要求就更加严格。而对于现有的耐火材料来讲,气化温度过高,炉内介质对耐火材料的腐蚀就会加剧,从而使耐火材料的寿命大大缩短。所以为使气化炉在一个合适的温度下进行气化,就要想办法降低煤的灰熔点,现有的办法就是添加助熔剂。

煤灰分的灰熔点(即熔化温度)取决于煤灰分的组成,如果在灰分中 $m(SiO_2 + Al_2O_3)$ 所占比例愈大,则灰分的熔化温度愈高,因为这两种成分熔点极高,其他成分如 Fe_2O_3、MgO 和 CaO 的含量多时,则灰分的熔点就愈低,通常用下式判断灰分熔融的难易:

$$m(SiO_2 + Al_2O_3)/m(CaO + MgO + Fe_2O_3)$$

当此值大于1小于5时易熔,比值大于5时难熔;煤灰中 SiO_2/Al_2O_3 质量比小于2时,CaO 在灰中的含量达30%时熔点最低,若再增加 CaO,熔点反而有可能升高;煤灰中 SiO_2/Al_2O_3 质量比大于2时,$m(SiO_2)$ 大于50%,灰中 CaO 含量为20%~25%时熔点最低,如果再增加 CaO 含量,其灰熔点将超过1 350 ℃。

在水煤浆中加入石灰石能改善灰渣的黏温特性,这是由于氧化钙在灰渣中作为氧化剂,破坏了硅聚合物的形成,从而使液态灰渣的黏度降低。但是当石灰石添加量超过了30%时,熔渣顺利流动的范围反而缩小,熔渣黏度将随添加量的增加而增加。这是因为,添加大量石灰石后,灰渣中的高熔点正硅酸钙(熔点2 130 ℃)生成量增多,而使灰渣的灰熔点升高。所以,石灰石的添加量也不宜太多,应根据不同煤种经实验后确定其添加量。另外,还要考虑石灰石的添加会使水煤浆的黏度和吸水率有所增高,使水的硬度有所提高。

七、德士古气化工艺

1. 工艺流程简图

如图2-4-8所示,气化工艺的核心是德士古气化炉,以煤浆和氧气为原料送入气化炉气化生成熔渣和煤气的混合物,经过激冷水冷却排出煤气和渣水。煤气经过文丘里洗涤器和洗涤塔洗涤后送净化;渣水经锁斗排入渣池后经沉淀过滤得到炉渣和黑水,黑水经过黑水处理脱除酸性气体回收余热后送脱氧水处理系统。

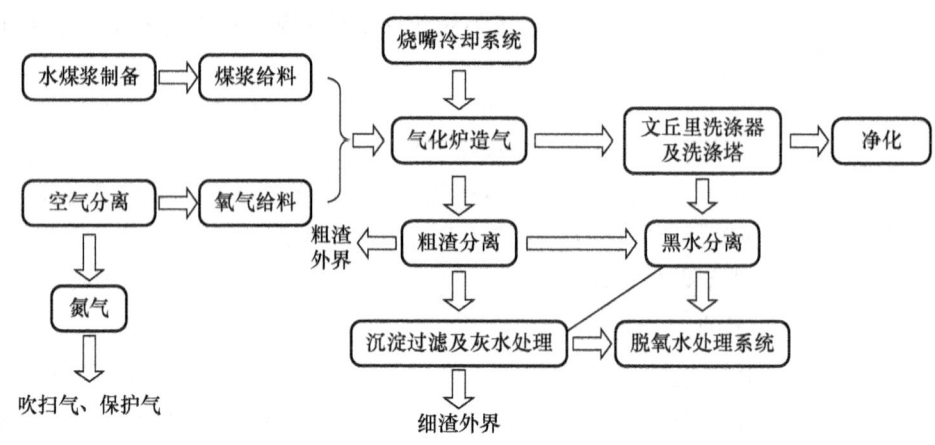

图2-4-8 德士古气化工艺流程简图

2. 分段工艺流程叙述

(1) 煤浆制备

如图2-4-9所示,水煤浆制备的任务是为气化过程提供符合质量要求的水

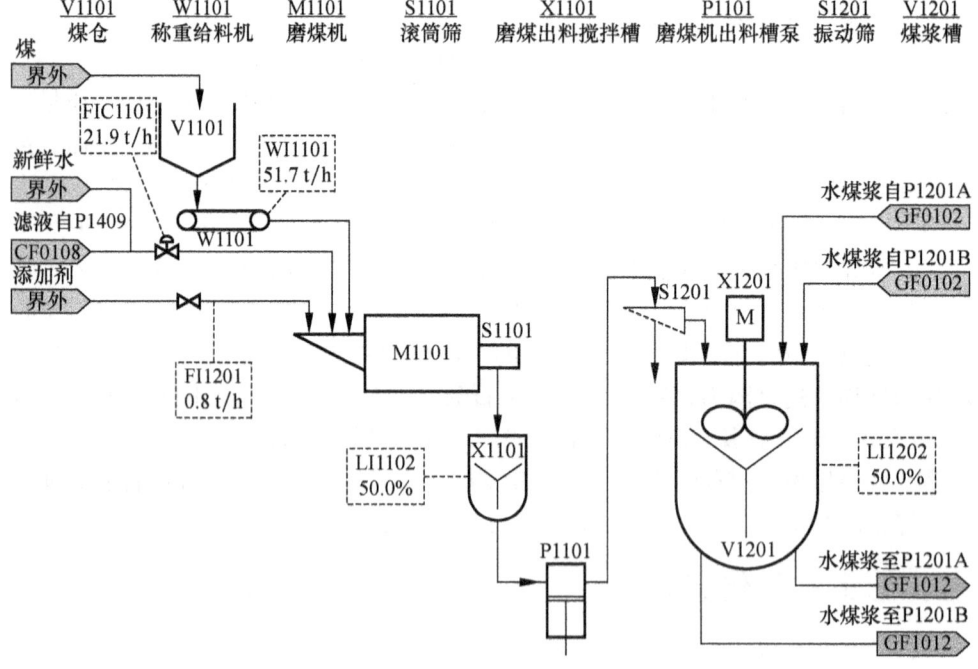

图2-4-9 煤浆的制备

煤浆。制备过程:煤料斗中的原料煤经称量给煤机称重后与软水、添加剂同时加入磨煤机中,在磨煤机中被湿磨成高浓度的水煤浆(加入添加剂是为了降低水煤浆的黏度,提高水煤浆稳定性)。磨煤机制备好的水煤浆,再经过振动筛滤除大颗粒后,由煤浆泵送入磨煤机出口槽,再经磨煤机出口槽泵,送入煤浆槽,再经煤浆泵送到气化炉,与氧气在高温下气化。

(2)气化工艺

① 烘炉工艺。启动开工抽引机:将气化炉合成气去开工抽引器管线上的"8"字盲板导通;全开烟气闸阀VA1304。打开入工段总阀VD1427;控制室打开抽引器蒸汽调节阀HV1306。

② 燃料气烘炉。将燃气管线上的"8"字盲板导通;打开驰放气总阀VA1504;操作人员站在上风口,点燃预热烧嘴;燃烧正常后装预热烧嘴;控制室稍微打开HV1305,观察气化炉测温热偶有上升;现场缓慢关闭阀门VA1506;按升温要求用HV1305调节入炉燃料气流量,用HV1306调节抽引蒸汽量,两阀配合调节气化炉温度。

如图2-4-10所示为气化炉烘炉工艺流程。

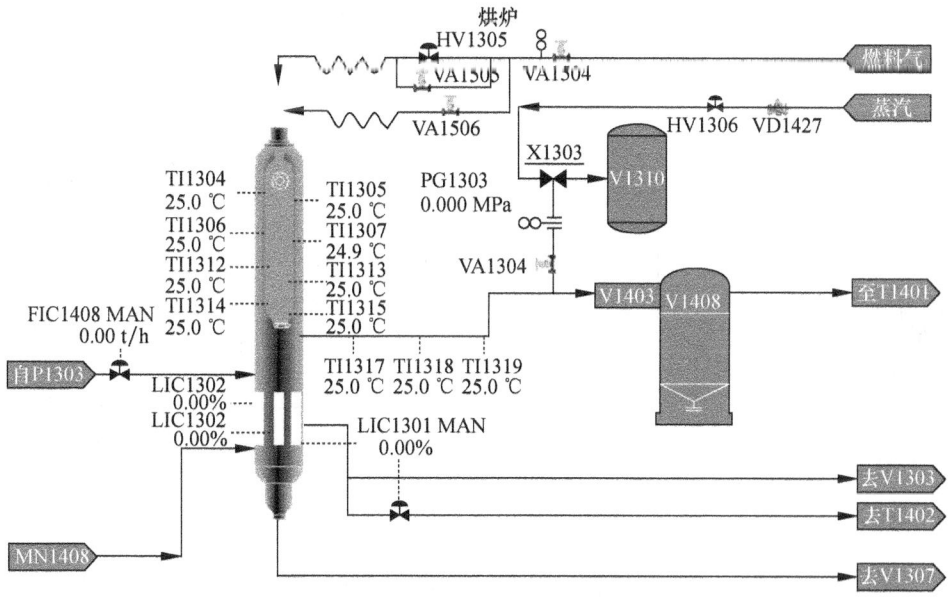

图2-4-10 气化炉烘炉工艺流程

③ 气化炉更换工艺烧嘴、导合成气出工段盲板。将合成气管线出工段盲板导为通路;确认气化炉已升至1 000 ℃以上,关闭燃料气调节阀HV1305、手阀VA1504,将燃气管线上的"8"字盲板变为盲路,拔出预热烧嘴,用法兰封住炉口。

软硬管切换开始实施：将工艺烧嘴安置在气化炉内，切换通路三通阀门，打开通路硬管阀门，关闭通路软管阀门。确认切断阀前阀打开，关闭合成气去开工抽引器阀门 VA1304，停止抽引器，控制室关闭抽引器蒸汽调节阀 HV1306，关闭入工段总阀 VD1427，抽引器"8"字盲板导为盲路。

④ 气化工艺。如图 2-4-11 所示，煤浆槽的多元料浆经煤浆给料泵送入工艺烧嘴，多元料浆和氧气经工艺烧嘴喷入气化炉内，在部分氧化条件下进行气化反应，生成的粗煤气主要含氢气、一氧化碳、二氧化碳及水蒸气等的混合物，气化原料中的未转化组分和由部分灰形成的液态熔渣与生成的粗煤气一起并流向下进入气化炉下部的激冷室。

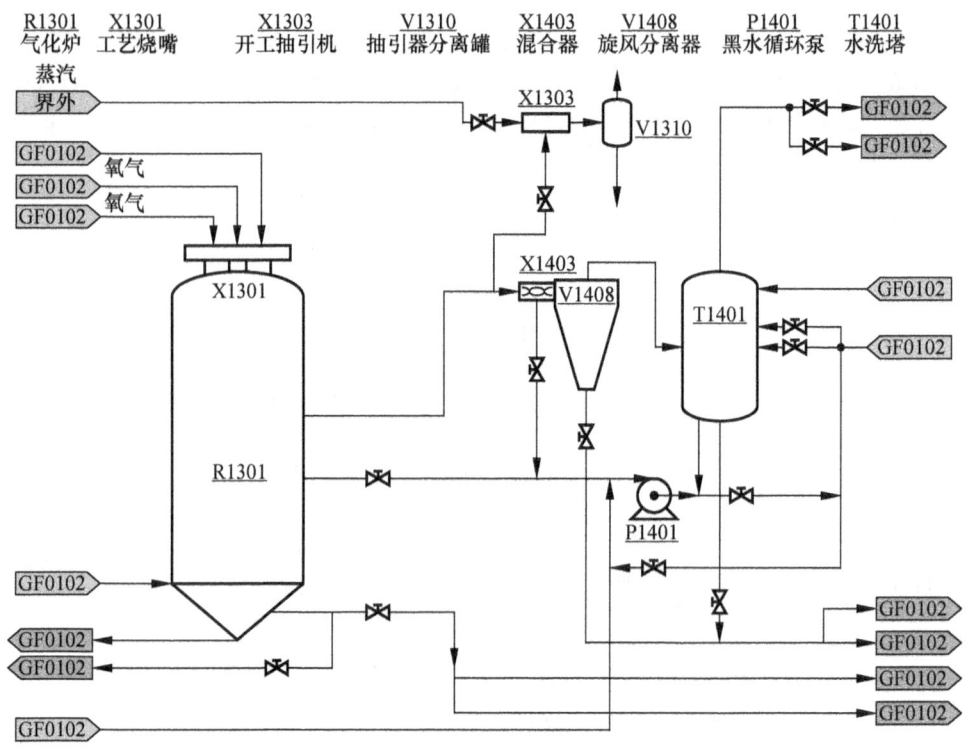

图 2-4-11 气化工艺

进入气化炉激冷室的激冷水来自于水洗塔下部灰水循环泵，激冷水进入位于激冷室下降管顶端的激冷环，并沿下降管内壁向下流入激冷室，激冷水与出气化炉渣口的高温气流接触，部分激冷水气化对粗煤气和夹带的固体及熔渣进行淬冷、降温，激冷水沿下降管内壁向下流还可对激冷室下降管起保护作用，激冷水中任何可能堵塞激冷环的较大固体颗粒经黑水过滤器除去。

气化炉激冷室中的黑水通过液位调节系统连续排出，并送往多元料浆气化灰水系统，回收的灰水返回气化系统使用。

(3) 粗煤气洗涤系统

如图2-4-11所示，出气化炉的粗煤气进入文丘里管，粗煤气与来自灰水循环泵的水经文丘里管混合，细灰在此被水完全浸湿，在水洗塔中从粗煤气中除去。湿粗煤气进入水洗塔沿下降管进入水洗塔底部水浴，粗煤气中夹带的大部分细灰在此从粗煤气中除去。粗煤气经下降管和导气管间的环隙上升，进入水洗塔顶部的塔板，来自变换冷凝液泵洁净变换工艺热冷凝液在此将粗煤气中残留的细灰洗涤下来。粗煤气夹带的水滴在塔板上方的除沫器中进行分离回到水洗塔，基本上不含细灰的粗煤气出水洗塔送到界区外的变换系统。

水洗塔底部排出的黑水，通过流量控制经减压后进入灰水系统，在灰水系统中，黑水经闪蒸、冷凝和液固分离，灰水再经过预热返回到水洗塔，以维持水洗塔的液位。

水洗塔底部黑水出口一部分水经灰水循环泵向气化炉激冷环及文丘里管供水。

开车期间，在多元料浆投料前，通过一套自动阀门控制系统先建立料浆循环和料浆流量，料浆返回煤浆槽，气化炉投料后，建立的料浆流量应全部入炉，要绝对避免料浆再有返回。

入气化炉的氧气来自空分装置，纯度为99.96%。

多元料浆气化反应在气化炉燃烧室中进行，气化温度大约为1 350 ℃，气化压力约6.5 MPa，燃烧室内衬耐火砖和隔热砖，可保持气化炉外部炉壁温度为285 ℃~315 ℃。

气化反应生成的粗煤气及少量的其他物质（包括氯化物、硫化物、氮气、氩气及甲烷等）、液态熔渣及细灰颗粒。这些物质出气化炉燃烧室，沿下降管进入激冷室水浴。熔渣在水中淬冷固化，并沉入气化炉底部水浴。粗煤气与水直接接触进行冷却，大部分细灰留在水中。粗煤气沿下降管与导气管之间的环隙上升，经激冷室上部折流板折流分离出部分粗煤气中夹带的水分，从气化炉旁侧的出气口引出，送往文丘里管和洗涤塔。

在气化炉燃烧室装有4个直接测量反应温度的热电偶。由于熔渣沉积，气化炉内温度又非常高，这些热电偶要经常更换。随着操作经验的积累，在直接测温热电偶失真的情况下，可以通过位于水洗塔下游粗煤气管线上的在线分析仪测量出粗煤气中甲烷含量和粗煤气组成，并借助于甲烷-温度曲线和物料热量平衡，确认热电偶读数或气化反应温度。

在开车初期及停车期间，激冷室中的水可根据要求，或者排往溢流水封，或者排往渣池，或者排往开工冷却器；正常后气化炉排出的黑水，通过流量控制经减压后进入灰水系统。在灰水系统中，黑水经闪蒸、冷凝和液固分离，灰水再经过预热返回到水洗塔，以维持水洗塔的液位。

气化炉炉底聚集的粗渣，经破渣机破碎，用水带入锁斗系统，由锁渣系统定期自动排放。

(4) 气化炉烧嘴冷却系统

如图2-4-12所示,烧嘴冷却水通过工艺烧嘴端部的水夹套及冷却盘管连续循环流动,以保护处于气化炉燃烧室高温环境中的工艺烧嘴。烧嘴冷却水系统包括一套供两台气化炉共用的烧嘴冷却水槽、烧嘴冷却水泵及烧嘴冷却水换热器,备用泵在烧嘴冷却水出口压力低的情况下可自动启动,烧嘴冷却水回水进入每个气化炉系列分别设置的烧嘴冷却水气体分离器,烧嘴冷却水气体分离器上设置的一氧化碳分析仪可对烧嘴冷却水系统中漏入的煤气进行连续检测并发出预警,在两台烧嘴冷却水泵断电,或者两台泵同时故障后,也就是说在烧嘴冷却水出口压力低的情况下,烧嘴冷却水由事故烧嘴冷却水槽供给,可供10 min左右。

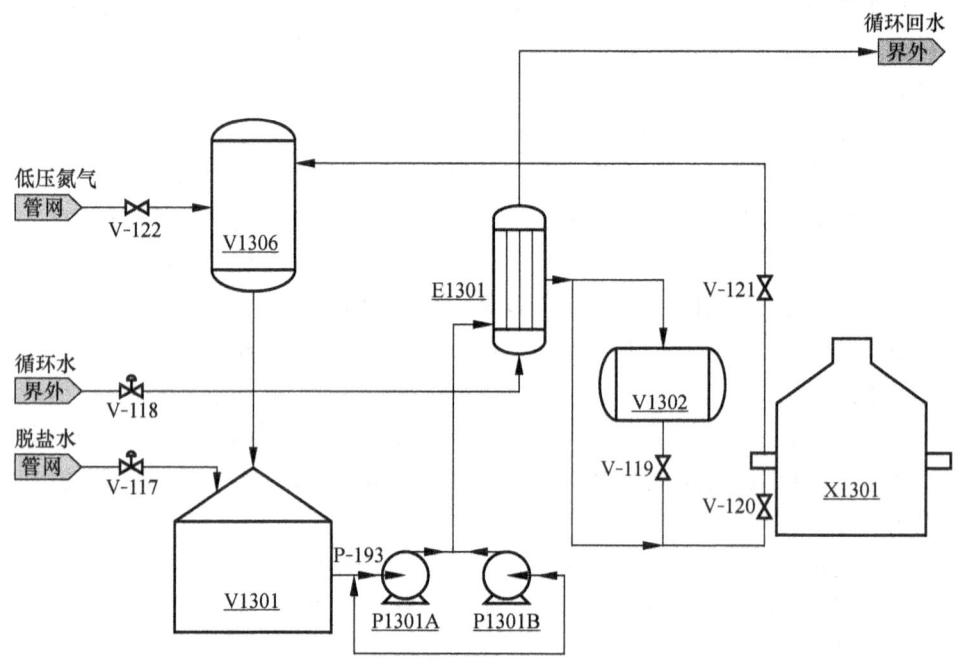

图2-4-12 烧嘴冷却水系统

在开车投料前烘炉期间,用预热烧嘴临时替换工艺烧嘴进行升温,直到气化炉内温度达到要求的投料温度,预热烧嘴有其单独的燃料供给及调节系统,燃烧需要的空气通过开工抽引器引入气化炉,开工抽引器使用蒸汽将气化炉内抽成负压,蒸汽及燃烧后的烟气经抽引器消音器排入大气。

(5) 气化炉渣处理系统

如图2-4-13所示,沉积在气化炉激冷室底部的粗渣及其他固体颗粒,通过锁斗循环泵打循环作用带入锁斗,大的渣块经破渣机进行破碎,从气化炉排出的大部分灰渣沉降在锁斗底部,从锁斗顶部抽出较清的水,经锁斗循环泵循环进入气化炉激冷室水浴。

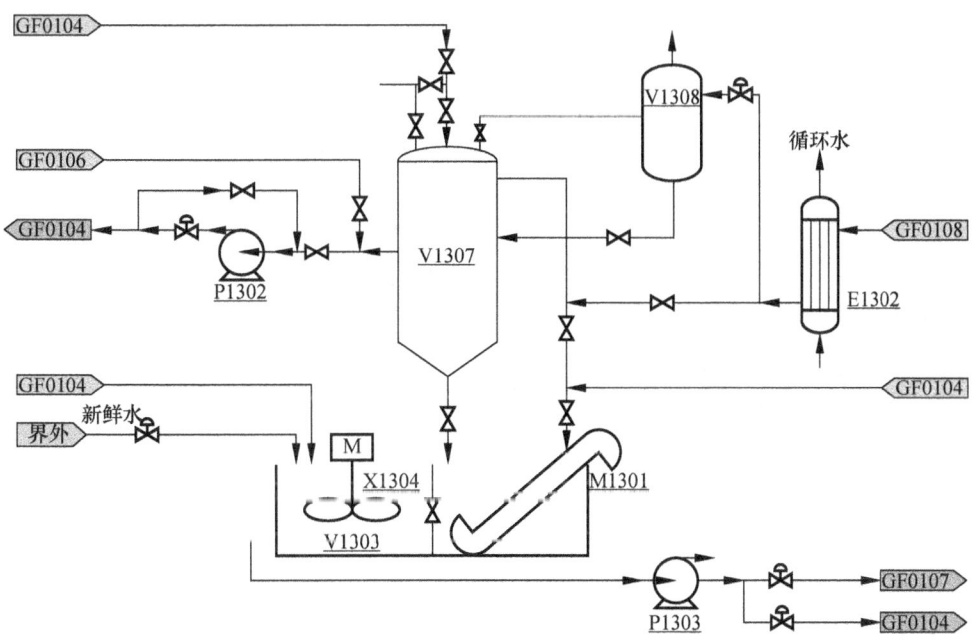

图 2-4-13 粗渣分离

气化炉联锁排渣系统的排渣循环时间预先设定,排渣周期一般大约为 30 min,渣池中设置捞渣机的部分与渣池另一部分通过关闭隔板阀暂时隔开,以便渣沉降到捞渣机上,由捞渣机送出渣池。

(6) 多元料浆气化装置灰水系统

灰水系统主要包括:高压闪蒸单元、低压闪蒸单元、真空闪蒸单元、黑水处理系统和细渣过滤系统等。

① 高、低压闪蒸单元。

如图 2-4-14 所示,来自气化炉激冷室的黑水经过减压后送入高温热水塔,在高温热水塔中,一部分水闪蒸成为蒸汽,连同少量溶解气体向上进入塔板。来自变换工段的冷凝液,在塔板上进入高温热水塔闪蒸,闪蒸后的液体向下进入塔板洗涤闪蒸气体。闪蒸气从高温热水塔顶部送出。

水洗塔底的黑水经过减压后送入高温热水器,在高温热水器中,一部分水闪蒸成为蒸汽,连同少量气体以及闪蒸气从高温热水器顶部送出。

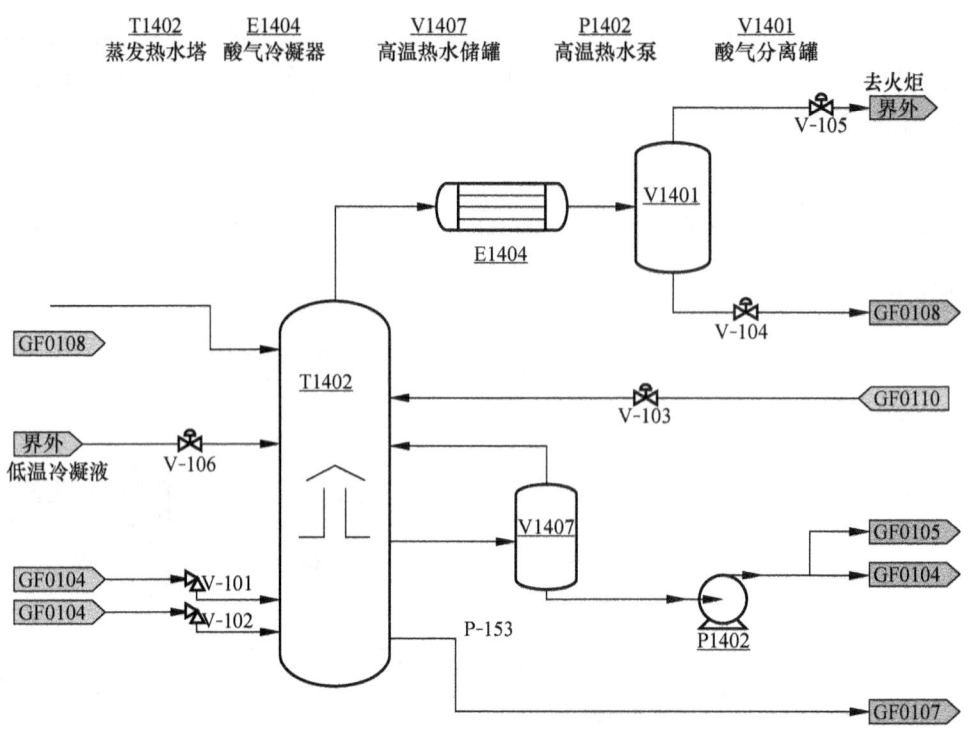

图 2-4-14 黑水一次处理

高温热水塔和高温热水器顶部送出的闪蒸气合并后,在灰水加热器中与冷高压灰水换热冷却,然后进入高压闪蒸分离器,分离出的冷凝液返回到脱氧水槽,不凝气及饱和水汽经过压力调节送出界区进一步处理。

高温热水器塔和高温热水器底部的黑水经液位调节进入低温热水器,在低温热水器闪蒸出的水汽从塔顶溢出送往脱氧水槽作为脱氧的热源并回收冷凝液,低温热水器底部的黑水经液位调节进入真空闪蒸系统。

脱氧水槽接受高压闪蒸冷凝液及界外其他工艺装置来的冷凝液及一部分低压灰水泵返回的灰水,不足部分通过液位调节用原水补充,各种进水在脱氧水槽中进行脱氧,防止氧进入系统对设备腐蚀,脱氧加热源使用低温热水器过来的低压闪蒸蒸汽,不足部分经压力调节由低压蒸汽补入。

除氧水泵将灰水经灰水加热器加热后送入气化系统的水洗塔,为防止水洗塔中或下游水系统中发生结垢,在低压灰水进脱氧水槽前由分散剂泵注入分散剂。

② 真空闪蒸单元。

如图 2-4-15 所示,低温热水器出来的水及细渣进入真空闪蒸器,在此对黑水进行进一步闪蒸,来自渣池的细渣水由渣池泵经过流量调节送入真空闪蒸器。

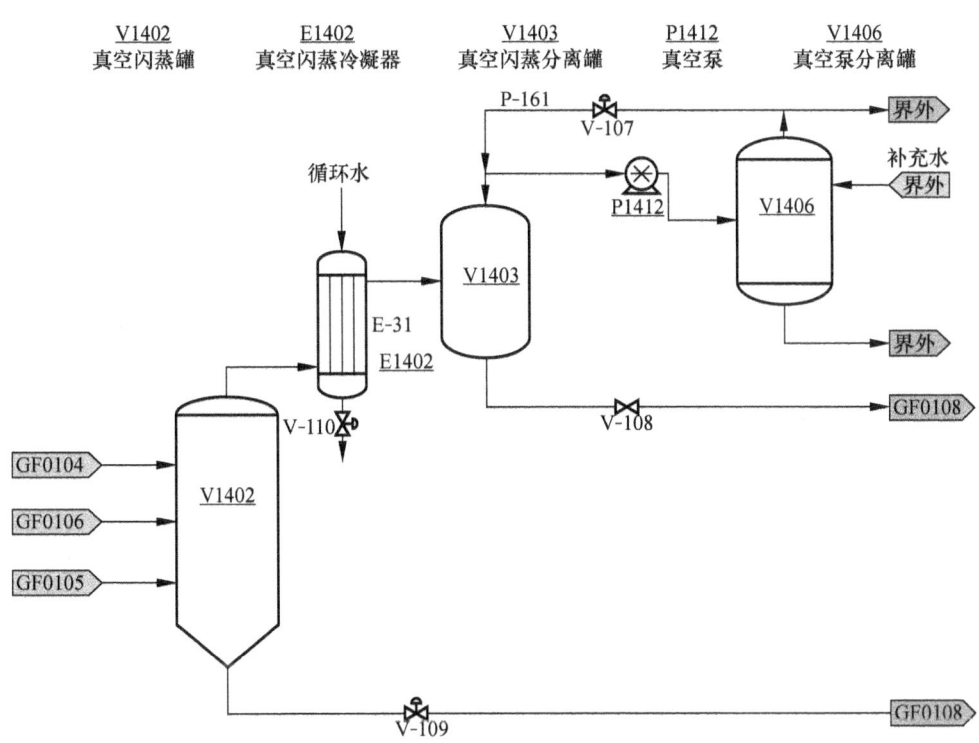

图 2-4-15 黑水二次处理

真空闪蒸器在真空条件下操作，顶部出来的气体经真空冷凝器及真空闪蒸分离器进入真空泵入口。真空闪蒸分离器的冷凝液经真空凝液泵送往脱氧水槽，一部分冷凝液用于真空泵液环密封。真空闪蒸器底部的水及细渣混合物经真空闪蒸出料泵送往澄清槽。真空泵出口物料进入真空泵分离器对气水进行分离，分离出的水经凝液冷却器返回至真空分离器，不凝气从分离器排入大气。

③ 黑水处理系统。

如图 2-4-16 所示，来自真空闪蒸系列的水及细渣混合物由真空闪蒸出料泵经絮凝剂管道混合器送入澄清槽，在絮凝剂管道混合器上游加入絮凝剂以使澄清槽灰水中细渣沉降。澄清槽中设置缓慢转动的澄清槽耙料机，将沉淀的细渣推至澄清槽底部出口，澄清槽底部的细渣及水经澄清槽底泵送往过滤机给料槽。过滤机给料槽的细渣及水经过滤机给料泵送往细渣过滤系统。

澄清后的灰水仅含有很少量的细灰，由澄清槽溢流并依靠重力进入灰水槽，回收的灰水经低压灰水泵返回系统，循环使用。低压灰水泵出口的灰水，分别送往脱氧水槽、锁斗冲洗水罐、渣池。为防止灰水中溶解固体在水系统中的累积和沉积，保持灰水中溶解固形物的平衡，部分灰水送往界外废水处理系统。

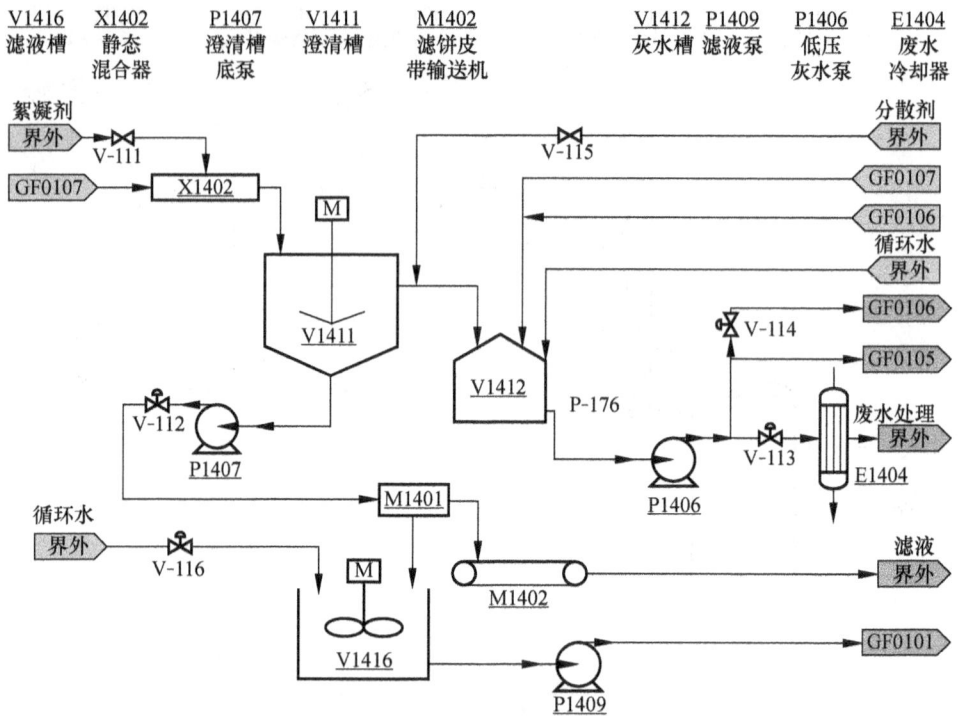

图 2-4-16 沉淀过滤及灰水处理

④ 细渣过滤系统。

如图 2-4-16 所示，来自澄清槽底泵的浓缩黑水，送入过滤给料槽，过滤给料槽中设置过滤给料槽搅拌器，防止细灰沉积，细渣及水的混合物经过滤机给料泵送入真空带式过滤机。真空带式过滤机的滤液进入带式过滤机真空罐，然后经滤液槽由滤液泵送至磨煤水槽。带式过滤机真空罐的负压由带式过滤机真空泵产生，过滤产生的细渣送至界外处理。

⑤ 脱氧水处理系统。

如图 2-4-17 所示，工艺中的循环水经过脱盐水处理系统对水进行净化后回用。净化的原理利用中压蒸汽带走溶解水中的气体，再送入洗涤塔、锁斗。

2. 气化炉安全联锁系统

（1）气化炉安全联锁系统

主要功能是保证气化设备及操作系统安全、可靠的运行，一旦联锁启动，气化炉立即跳车，并发出第一停车信号。因为气化工艺是多元料浆与纯度很高的氧气混合燃烧，过程中存在高温、高压环境，开、停车操作必须由安全联锁系统自动控制完成。气化装置运行中，一些重要参数偏离正常值，达到一定程度（高或低）时报警。经操作人员处理，当偏离值继续增加，达到更高或更低后，则触发联锁停车系统，使某台气化炉甚至整个气化装置按预定的程序一步步安全停车。

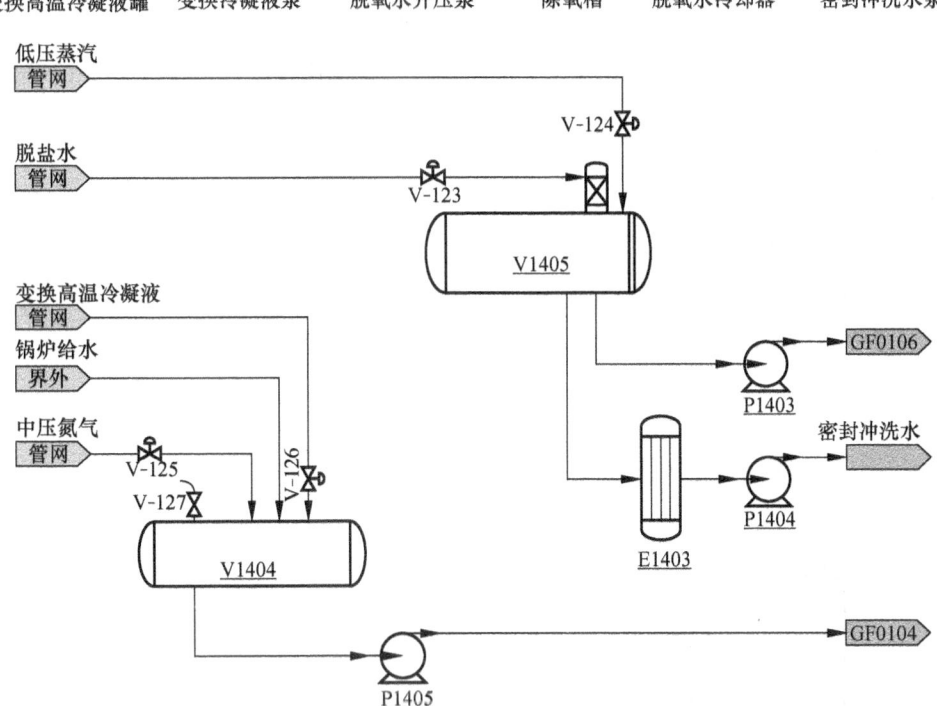

图 2-4-17 脱氧水处理

另外，装置的一些意外情况如停电、仪表空气故障、某台设备损坏，都会触发联锁停车系统，使气化炉或气化装置按预定的程序安全停车。气化装置安全联锁系统还设有手动紧急停车开关，在发生预想不到的情况下，手动使气化装置安全联锁动作。

（2）锁斗联锁系统

本联锁系统的主要功能是保证气化炉激冷室内的粗渣按一定步骤安全、顺利地排入渣池。

（3）烧嘴冷却水联锁系统

由于工艺烧嘴是在 6.5 MPa、1 350 ℃ 的高温高压下工作的，因此用冷却水夹套和盘管加以保护，且应保证冷却水连续供应。在气化炉运行过程中，为保证工艺烧嘴冷却水夹套和盘管不缺水、断水而设置了联锁。

八、德士古气化工艺的主要设备

1. 德士古气化炉

如图 2-4-18 所示，气化炉是水煤浆加压气化的核心设备之一。气化炉由燃烧室和激冷室组成，上部带拱形顶部和锥形底部的圆形空间为燃烧室，是气化反应的场所，内衬三层耐火砖（由内到外分别为热面砖、刚玉浇注层、高铝纤维层）。下部为激冷室，安装有激冷环、下降管、上升管等内件。气化炉的顶端与工艺烧嘴相连，下端与破渣机相连。

为了及时掌握气化炉耐火衬里的情况，燃烧室外面装有测温系统，通过每一块面积上的温度测量，可以迅速指出外表面的热点温度，从而可预示炉内衬里的腐蚀程度。

破渣机的主要作用是用于破碎进入气化炉底部的大块固态渣以及老化脱落的耐火材料。

2. 工艺烧嘴

如图2-4-19所示，烧嘴的主要功能是借高速氧气流的动能，将水煤浆和氧气高度混合、雾化。

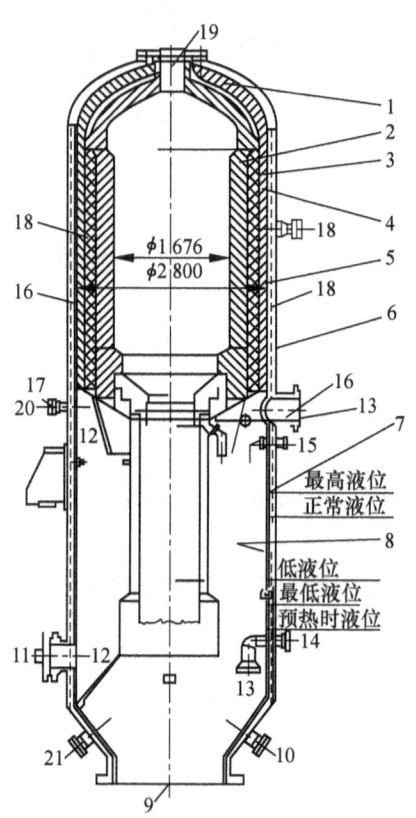

图2-4-18 德士古气化炉结构

1—浇注料；2—向火面砖；3—支撑砖；4—绝热砖；5—可压缩耐火材料；6—燃烧室炉壳；7—淬冷段炉壳；8—堆积层；9—渣水出口；10—锁斗再循环；11—人孔；12—液位指示联箱；13—仪表孔；14—排放水出口；15—冷淬水入口；16—出气口；17—锥底温度计；18—热电偶；19—烧嘴口；20—吹氮口；21—再循环口

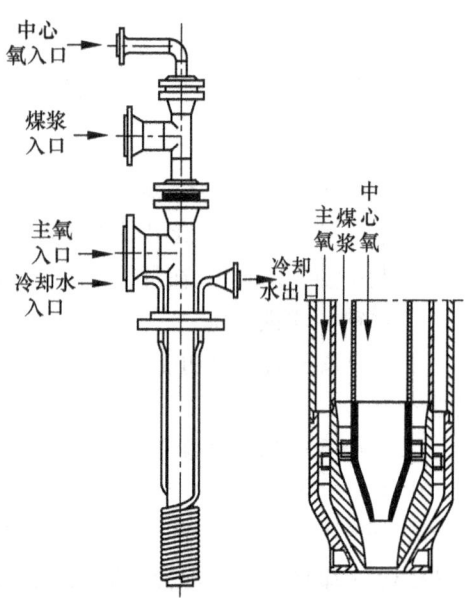

图2-4-19 工艺烧嘴结构示意图

工艺烧嘴采用三流道设计，中心管和外环隙走氧气，内环隙走水煤浆，为了保护工艺烧嘴，工艺烧嘴头部设有冷却盘管。

工艺烧嘴的连续运行时间为两个月左右，国外进口的烧嘴使用时间为 90 天左右。一般运行 45 天就要检查更换。

3. 磨煤机

如图 2-4-20 所示，磨煤机的作用是为得到指定煤浆浓度和粒度的水煤浆成品，采用湿式流程对煤料进行研磨。

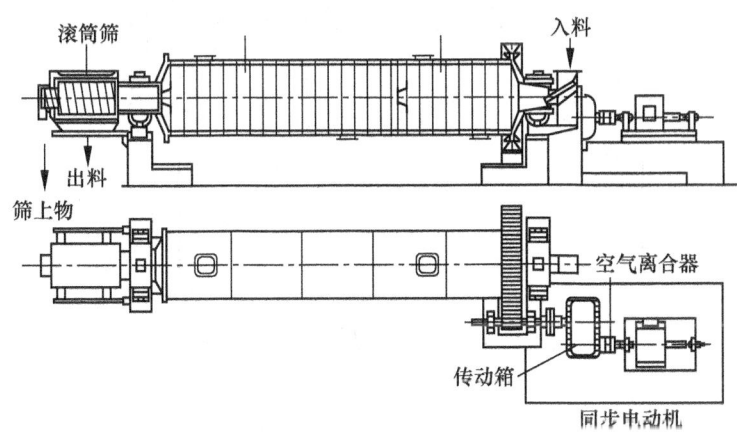

图 2-4-20 磨煤机

4. 煤浆泵

如图 2-4-21、图 2-4-22 所示，煤浆输送一般采用活塞隔膜泵，采用橡

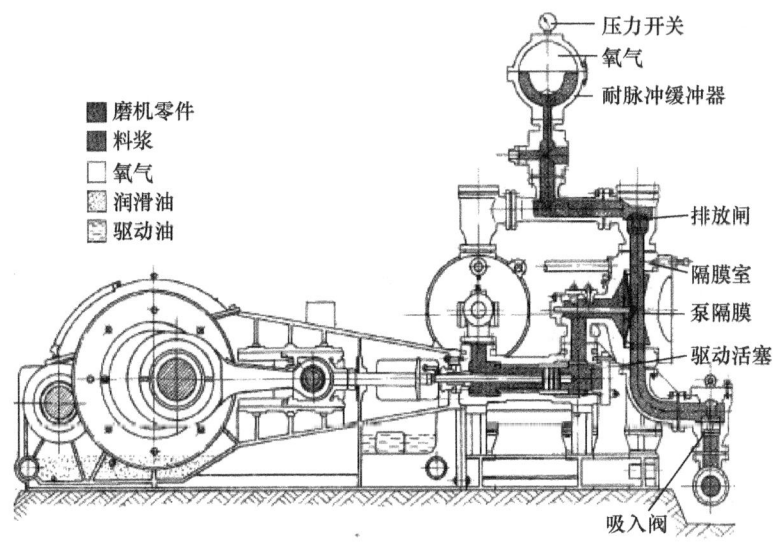

图 2-4-21 活塞隔膜泵结构

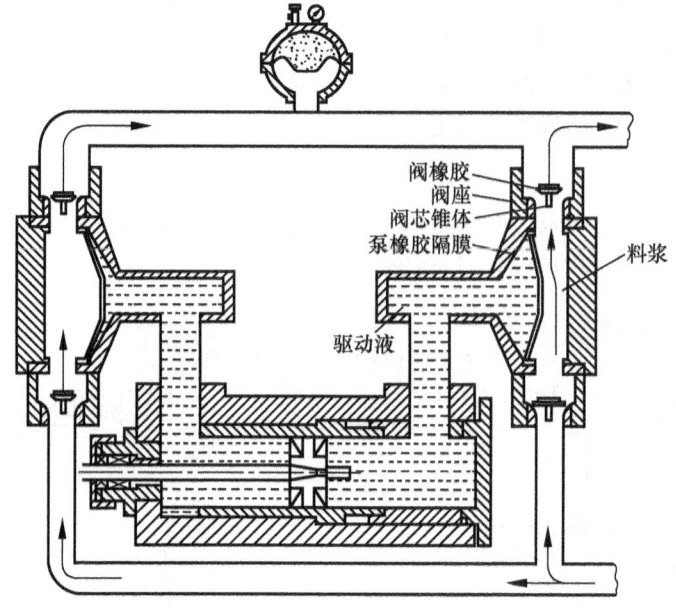

图2-4-22 活塞隔膜泵工作原理

胶隔膜,将料浆与活塞、缸衬里等隔开。当活塞运动时,活塞推动力作用在隔膜上,继而传递到料浆上。当活塞向右方推动时,右上方的阀芯抬起,右方料浆被吸入;当活塞向左方推动时,则右方吸料、左方排料。

5. 称重给料机

如图2-4-23、图2-4-24所示,适用于对粉状物料、散状物料进行连续动态计量,可根据用户实际情况实现开环或闭环控制。

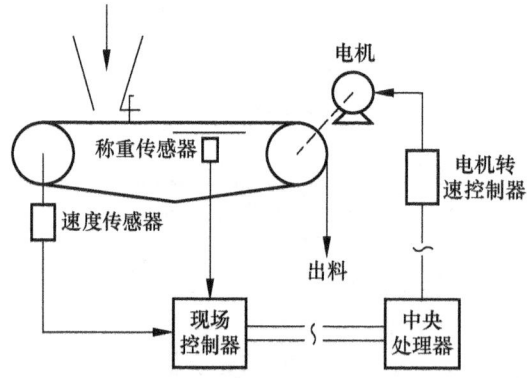

图2-4-23 称重给料机称量原理图

图2-4-24 称重给料机图片

6. 文丘里洗涤器

如图 2-4-25 所示,文丘里洗涤器是一种投资省、效率高、结构简单的湿法净化设备,在化工行业有着广泛的应用,在德士古气化工艺中,文丘里洗涤器的作用是增湿工艺气,使工艺气夹带的固体颗粒完全湿润,以便在洗涤塔内快速去除,同时也对煤气进行降温作用,文丘里洗涤器的设置大大降低了洗涤塔的负荷。

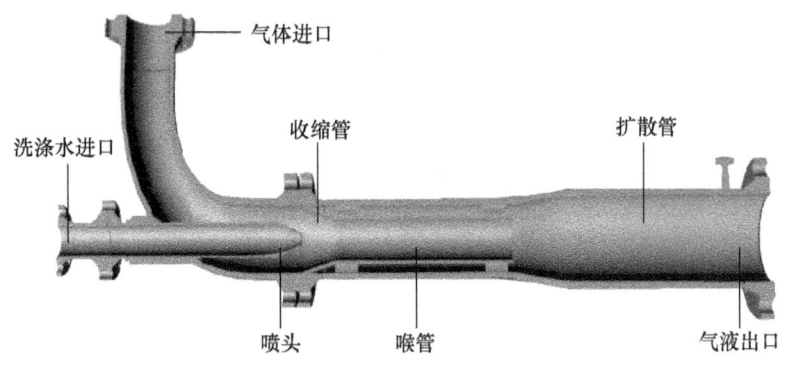

图 2-4-25 文丘里洗涤器

文丘里洗涤器主要由喷头、收缩管、喉管、扩散管、气体进口、气液出口和洗涤水进口组成。

夹带灰尘的工艺气从文丘里洗涤器气体进口进入,洗涤水在收缩管前通过喷头高速喷入,与气流撞击大量雾化。气体和水汽进入到收缩管后随着管壁的缩小气体流速逐渐增加,在喉管内速度达到最大。随着流速的增加湍动越剧烈,气体中的尘粒与液滴接触而被湿润,同时尘粒与液滴发生激烈碰撞和凝聚。在扩散段,气液速度减小,压力回升,以尘粒为凝结核的凝聚作用加快,部分凝聚成直径较大的含尘液滴进入液面,其他进入洗涤塔洗涤。

7. 洗涤塔

如图 2-4-26 所示,洗涤塔的作用是对粗煤气进一步洗涤除尘,粗煤气进入洗涤塔进行鼓泡洗涤,洗涤后,气体再经撞击式高效塔盘,最终经除雾器使气体中含尘量小于 $1\ mg/m^3$。常用的洗涤塔有空塔、填料塔、筛板塔、喷淋塔、蒸发热水塔等。

为除去夹带的液滴,塔顶可设丝网除沫器或垂直型折板除沫器。如图 2-4-27、图 2-4-28 所示,前者可有效去除 $3 \sim 5\ \mu m$ 的雾滴;后者只能除去 $50\ \mu m$ 的微小液滴,但防堵塞性能好。

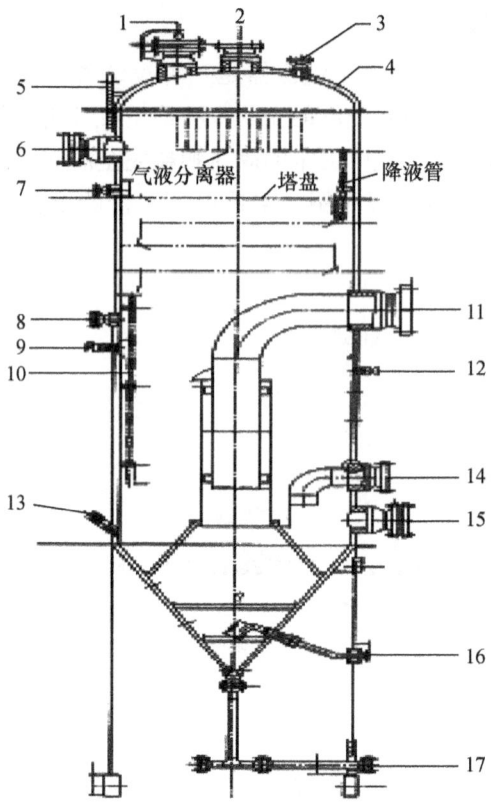

图 2-4-26 洗涤塔

1,6,15—人孔；2—合成气出口；3—安全阀；4—封头；5—吊耳；7—冷凝液进口；
8—灰水进口；9,13—液位变送器接口；10—挡液板；11—合成气进口；12—氮气口；
14,16—黑水出口；17—排渣口

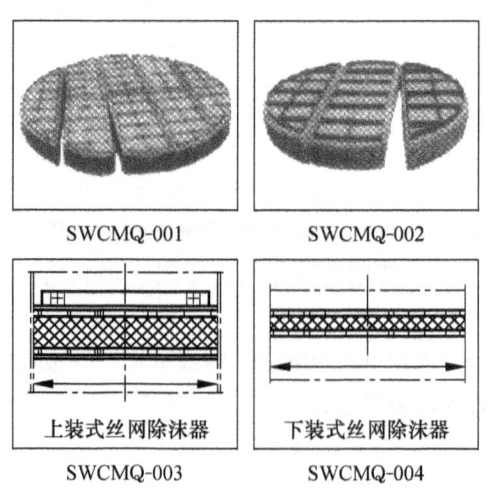

图 2-4-27 丝网除沫器

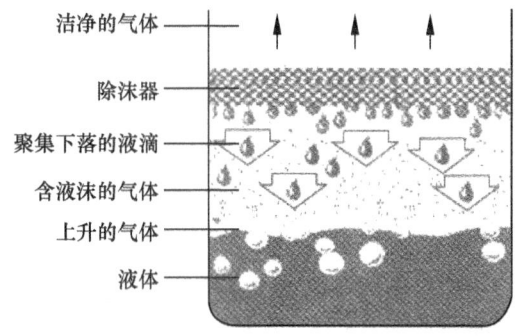

图 2-4-28 丝网除沫器工作原理

任务二 气化系统生产操作

一、开车

(一) 开车条件

① 所有设备、管道和阀门都已安装完毕，强度试验合格，吹扫和清洗合格，气密性试验合格。

② 所有程控阀调试完毕，动作准确，报警和联锁整定完成。

③ 电气、仪表检查合格。

④ 单体试车、联动试车完毕。

⑤ 水（新鲜水、高压冷热密封水、低压密封水、脱盐水、循环水等）、电、气（仪表空气、压缩空气、氧气、氮气、液化气）、柴油及原料输送等公用设施都已完成，并能正常供应。

⑥ 生产现场清理干净，特别是易燃易爆物品不得留在现场。

⑦ 检查盲板情况，凡是临时盲板均已拆除，操作盲板也已就位（见盲板确认表）。

⑧ 用于开车的通讯器材、工具、消防和气防器材已准备就绪。

⑨ 界区内所有工艺阀门确认关闭。

⑩ 核查各记录台账，确认各项工作准确无误后，准备开车。

(二) 开车前的准备

① 开车前，将进界区水（包括新鲜水、高压冷热密封水、低压密封水、脱盐水、循环水）的入口总阀打开引入界区，且压力、温度等指标都应保证设计要求，并送至各用水单元最后一道阀前待用。

② 蒸汽已送到界区内各用汽单元。

③ 烘炉预热用的柴油及液化气已送至气化界区最后一道阀前，火炬用的液化气准备就绪，送至火炬系统燃气管线。

④ 工厂空气、仪表空气、氧气、低压氮气已从空分送至界区内各使用单元。
⑤ 低压氮气分析合格后，经氮压机加压后贮存在高压氮罐中。
⑥ 原料煤经分析合格后由供煤系统送入煤斗，处于正常料位。
⑦ 添加剂槽中已配制好合格的添加剂。
⑧ 磨煤工序已开车稳定，生产出合格的水煤浆贮存在煤浆槽中。
⑨ 所有仪表投入运行，确认其灵敏度并指示准确。
⑩ 分散剂、絮凝剂已配制好并贮存在槽内待用。
⑪ 所有调节阀的前后手动阀打开，旁路阀及导淋阀关闭。
⑫ 气化炉炉膛热电偶已更换为预热电偶，表面热电偶投用。
⑬ 气化炉安全联锁系统最少空试两遍，并达到要求。
注意：在气化炉升温前锁斗排渣顺序控制系统尽量空试合格。

（三）开车

① 气化炉升温：建立预热水循环、预热烧嘴点火。
② 煤浆给料泵水压试验（现场人员在动作煤浆管线上任何阀门时必须车间技术员和班长有一人在场，且动作煤浆管线任何阀门时必须两个人都在现场）。
③ 冲洗激冷水管线。
④ 投料前大联锁实验。
⑤ 更换烧嘴。
⑥ 现场盲板的确认。
⑦ 投料前现场阀门确认。
⑧ 中控检查。
⑨ 初始化及复位。
⑩ 建立气化炉的水循环。
⑪ 锁斗投用准备及水循环。
⑫ 接受氧气。
⑬ 投料。
⑭ 投料后的操作。

（四）气化炉连投

1. 连投的概念

① 气化炉连投是指气化炉在投料后或者气化炉运行未超过 25 天的时间范围内因多种因素而停车，停车后又在未检修状态下，短时间内进行的第二次连续投料作业。

气化炉再次投料可操作性的时间概念是指：经综合评价分析确定气化炉从运行开始至停车时的设备运行状态，空分车间供氧、氮状况及其他公用工程是否完全具备连投条件。

② 气化炉连投是一种因各种因素停车后且具备再投料条件的非常规操作，

此操作方法现已被各个德士古水煤浆加压气化生产厂家所熟练使用，成为一种重要的投料方式和方法。

2. 连投与首次投料的区别

① 连投必须做好停车工作操作后方可实施，而首次投料则不需要进行此项工作。

② 连投不需要升温，而首次投料需要升温。

③ 连投不需要拔烧嘴，而首次投料需要架烧嘴。

④ 连投不需要再做气化的水循环、烧嘴冷却水投用、水压试验、捞渣机启动、破渣机启动、冲洗激冷水管线等首次开车必须完成的程序。

⑤ 连投与首投最大的区别在于节约时间，但连投的气化炉再次运行后由于未涉及冲洗管线，未检修、检查气化炉内部设备状况，使气化炉长周期、满负荷运行带来一定的未确定因素和困难。

二、气化炉停车

（一）计划停车

计划停车是指在生产过程中，发生在气化工号以后的后续工段。因多种原因及因素在短时间内无法恢复生产的状态下，或者在临时局部检修、全公司大检修的情况下，由生产部调度中心统一协调指挥，气化车间具体实施的有计划的停车工作程序。

① 气化炉计划停车前的操作。

② 气化炉计划停车过程中一氧化碳变换装置的操作。

③ 气化炉计划停车。

④ 气化炉卸压。

⑤ 气化炉水系统的切换。

⑥ 气化系统停车后供水系统的切换。

⑦ 停车后的氮置换。

⑧ 停车后的锁渣系统操作。

⑨ 停车后盲板状态。

⑩ 煤浆、氧气管线 S_1 吹扫。

⑪ 煤浆给料泵出口管线泄压。

⑫ 拔生产烧嘴。

⑬ 煤浆主管线冲洗。

（二）事故停车

① 事故停车是指因装置内运行设备故障、物料刺漏、工艺操作等原因无法再继续生产的突发性、不确定因素的停车。

② 事故停车操作等同于上述单台气化炉停车，但是由于事故停车对后续工

号工况产生很大的波动。所以，在事故停车后，必须迅速地调整运行炉和一氧化碳变换工况，以免水系统紊乱及变换床层超温。

（三）全厂停电停车

① 停电停车是指因电力系统故障或电压突然晃动、雷电等恶劣气候影响而造成的停车事故。

② 在生产运行中，假定断电事故发生，无论现场人员还是中控人员均不能采取任何方式通过液相或气相对气化系统卸压。

③ 操作提示：供电系统恢复后依照单台气化炉停车操作规程进行停车操作。

（四）断仪表气停车

① 仪表气压力或系统断仪表气而引起的气化炉停车是因为空压机停车或者仪表气压缩机停车及其他仪表气故障所引起的事故停车。

② 仪表气停止供应后，气化除了部分气关阀，其他阀门由于仪表失气后均处于关闭状态，中控对气化炉激冷水进水量无法控制调节，所以，必须通知现场关小截止阀达到控制激冷水流量的目的，以免因激冷室液位高而发生停车事故；

③ 待仪表气恢复后，停车处理按照单台气化炉停车操规进行操作。

（五）UPS 电源断电停车

UPS 电源是指不间断供电系统，但因多种原因及因素，该电源断电后，气化系统 DCS 操作站及数据交换系统全部瘫痪，气化全系统停车。

三、不正常现象及处理

1. 大煤浆槽搅拌器损坏

（1）后果

大煤浆槽搅拌器不能立即启动，将引起系统停车。

（2）原因

① 电机发热，没及时发现，电机损坏。

② 减速器缺油或油使用时间长，质量差，造成减速机损坏。

③ 电机电流高，电机轴承温度高，没及时发现，电机损坏。

④ 煤浆槽 V0701 液位低，A0701 空转发生飞车。

（3）采取措施及防范

① 加强巡检，用温度检测仪检测电机的温度。

② 加强巡检，定时检查减速器油位，发现缺油、油质差后及时更换，且定期更换齿轮油。

③ 总控室发现电流异常，及时通知现场、保全、电工等相关人员，现场也要加强巡检电流。

④ 严禁在煤浆槽 V0701 液位低时，启动 A0701。

2. 过氧爆炸

(1) 后果

烧嘴损坏,煤浆及氧气管线损坏,煤浆及氧气管线阀门损坏,气化炉耐火砖、上升管及下降管损坏,水洗塔内件损坏,严重时气化炉、水洗塔损坏。

(2) 原因

① 煤浆给料泵出口排污阀法兰盖未紧好外漏、试压阀后"8"法兰未紧好外漏、烧嘴的煤浆口法兰未紧好外漏、循环阀 XV0701 内漏,煤浆不入炉或入炉量减少,发生过氧爆炸。

② 投料时,水投进气化炉,发生过氧爆炸。

③ 安全系统发生问题,阀门误动作,煤浆未进入气化炉而氧气先进入气化炉,发生过氧爆炸。

④ 操作工在操作煤浆给料泵转速、氧气流量调节阀时误操作,有可能因安全系统滞后而发生过氧爆炸。

⑤ 投料前,气化炉、水洗塔置换不彻底,或已置换彻底后但氧气切断阀内漏氧气入炉,使投料后进炉煤浆加热挥发后产生可燃性气体与气体炉内氧气混合发生爆炸。

⑥ 煤浆流量低联锁、烧嘴压差低联锁未投用,在煤浆流量低后发生过氧爆炸。

⑦ 停车后,氧气切断阀内漏,氧气入炉与炉内可燃性气体形成爆炸性混合物发生爆炸。

⑧ 煤浆给料泵进口柱塞阀关闭,造成煤浆给料泵不打量,有可能因安全系统滞后而发生过氧爆炸。

⑨ 煤浆给料泵出口管漏或振动大焊缝开,煤浆不进炉,过氧爆炸。

(3) 采取预防措施

① 投料前,煤浆给料泵在水压试验时必须检查出口排污阀是否内漏,发现内漏时应更换新阀,发现不内漏时工艺处理完阀后加法兰盖;试完压工艺处理完后试压阀阀后"8"字盲板导盲;煤浆给料泵在水压试验时必须检查循环阀是否内漏,发现内漏应及时处理;投完料后要及时检查煤浆给料泵出口排污阀法兰盖处是否外漏、试压阀后"8"法兰处是否外漏、烧嘴的煤浆口法兰处是否外漏、循环阀是否内漏,发现微漏时应及时处理漏点,发现漏较大时则应及时采取停车措施。

② 投料时,水切换煤浆时,必须等水全部切换成煤浆后,方可投料。

③ 气化在投料前,安全系统必须空试三次以上,确保安全系统的阀门动作无误方可进行投料。

④ 操作工在动作煤浆给料泵转速、氧气调节阀时,一定要集中注意力,尽量使用步进键逐步调节,避免使用键盘输入数字进行操作。

⑤ 气化投料置换之前,氧气切断阀间高压氮隔离阀及后手动阀必须打开,

并确认氧气切断阀间压力大于氧气总管压力,然后进行气化炉、水洗塔彻底置换(标准:水洗塔出口氧气含量低于0.5%)。

⑥ 煤浆流量低联锁、烧嘴压差低联锁禁止摘除,发现煤浆流量降低时及时降低氧气流量,加大煤浆给料泵转速,通知现场查找原因。

⑦ 停车后现场人员应第一时间关闭氧气炉头阀和氧气单系列手阀,中控人员确认阀关到位,开到位,未到位立即联系仪表处理。在烧嘴拔出之前禁止关闭前后手动阀,防止氧气漏进气化炉;在烧嘴拔出之前,气化炉、水洗塔必须置换彻底($\varphi(CO+H_2) \leqslant 0.5\%$)。

⑧ 运行的煤浆给料泵进口柱塞阀上锁,停车后操作工到控制室取停车炉钥匙,开锁后才能关闭进口柱塞阀和打开进口冲洗水阀。

⑨ 发现管线振动大时应及时解决;经常对煤浆出口管焊缝进行探伤,早发现问题早解决。

(4) 处理方法

若发生爆炸立即采取停车措施,用氮气置换系统。

3. 耐火砖损坏

(1) 后果

停车,更换耐火砖。

(2) 原因

① 气化炉过氧爆炸。

② 气化炉升、降温度速度过快。

③ 系统升、降压速度过快。

④ 气化炉燃烧室进水。

⑤ 投料时温度过低。

⑥ 生产中炉温过低或过高。

(3) 采取措施及预防

① 按过氧爆炸措施,预防发生过氧爆炸。

② 在烘炉时严格按烘炉曲线烘炉,开、停车严禁炉温升、降太快。

③ 在开、停车时,升、降压速度按0.1 MPa/min控制。

④ 投料时,一定要完全切换成煤浆后方可投料,防止投料时水进入燃烧室;在气化炉液位高时,一定采取措施防止液位高时漫液危及耐火砖。

⑤ 投料温度应大于900 ℃。

⑥ 在生产中炉温控制在1 350 ℃左右,渣黏度控制在25 Pa·s左右。

4. 高窜低

(1) 后果

造成低压设备超压爆炸损坏。

（2）原因

① 气化炉、水洗塔液位低，高压合成气窜入高压闪蒸罐造成设备超压爆炸。

② 高压合成气通过脱氧水泵、密封水泵出口到进口造成除氧器超压爆炸、脱氧水泵、密封水泵倒转损坏。

③ 在正常生产期间，在锁斗进口阀打开情况下，开启锁斗出口阀、锁斗泄压管线冲洗阀、锁斗冲洗阀、锁斗泄压阀，造成气化炉高温高压合成气喷出伤人，设备损坏。

（3）采取措施及防范

① 保持气化炉、水洗塔液位在指标范围内，发现角阀内漏严重时应立即通知现场关小角阀前手动阀。

② 密封水泵、除氧水泵在开车前一定要检查止回阀的密封效果，防止泵发生问题后出口压力低，高压气倒回造成泵与除氧器的损坏。

③ 锁斗运行期间，动作锁斗阀门一定要谨慎，应避免仪表联锁摘除，严禁在锁斗进口阀打开情况下，开启锁斗出口阀、锁斗泄压管线冲洗阀、锁斗冲洗阀、锁斗泄压阀。

5. 水洗塔出口合成气带水

（1）后果

造成变换触媒失活、堵塞，严重时停车更换触媒。

（2）原因

① 水洗塔液位高或指示偏低。

② 水洗塔塔板加水多。

③ 合成气流量增大。

④ 气化炉合成气带水严重，经碳洗塔也未能分离。

⑤ 水洗塔塔板、旋流分离器等内件损坏。

（3）采取措施及预防

① 加大水洗塔、气化炉黑水排放量，气化炉液位控制在40%左右，水洗塔液位控制在40%~65%。

② 减少水洗塔塔盘上冷凝液流量，流量控制在$15 \sim 20 \ m^3/h$。

③ 带水严重影响变换炉温，变换可以切出气放空。

④ 降负荷，若降负荷仍无效，则申请停车，停车后检查气化炉、水洗塔内件情况。

6. 下降管缺水

（1）后果

下降管烧穿变形。

（2）原因

① 灰水循环泵跳车。

② 水洗塔液位低，灰水循环泵抽空。

③ 激冷环堵塞，造成激冷水流量低或偏流。

④ 激冷水过滤器堵塞，造成激冷水流量低。

⑤ 灰水循环泵进、出口管线不畅通。

⑥ 渣口砖磨损严重或渣口堵塞合成气偏流。

（4）采取措施及预防

① 灰水循环泵跳车后，立即给激冷环供水，并启动备泵。

② 查找水洗塔液位低的原因，对症处理，若不能处理，减负荷、降激冷水流量。

③ 每次停车对激冷环、激冷水过滤器及出口管线清垢。

④ 形成定期冲洗过滤器制度。

⑤ 水洗塔黑水排放流量不能控制太小，防止水洗塔积灰，激冷水进、出口管线堵塞严重，并申请停车处理。

⑥ 渣口砖定期更换，发现渣口压差大后应及时采取措施，严禁高灰熔点煤混入系统。

7. 灰水循环泵 P0705 打量不好

（1）后果

造成激冷环缺水，下降管烧坏变形。

（2）原因

① 泵内或吸入管线内有空气，吸入管线堵塞。

② 吸入管线压力小于或接近气化压力。

③ 泵出口阀开得过小。

④ 机械故障。

⑤ 水洗塔液位低或假液位，泵抽空。

（3）采取措施及预防

① 启动泵之前应充分排气，停车清通进口管。

② 操作中保证水洗塔内水温度对应的气化压力应始终小于系统压力。

③ 开全泵出口阀。

④ 启动备泵并联系维修及时处理。

⑤ 查找水洗塔液位低的原因，提高水洗塔液位。

8. 气化炉支撑板温度高

① 各班操作人员精心操作，甲烷在线分析不要低于 600 ppm，气化炉的燃烧室温度尽量不要高于 1 350 ℃。

② 气化炉的支撑板温度升至 300 ℃ 时，通知相关人员同时降低负荷至 12 000 Nm³/h 以下，通知现场人员用测温仪监测。

③ 气化炉的支撑板升至 350 ℃ 时，班长应再联系调度通知相关人员到厂，准备气化炉的停车事宜，通知现场人员用测温仪监测。

④ 气化炉的支撑板升至 380 ℃ 时，班长应立即汇报调度，在征得调度同意后，指令操作人员对气化炉做紧急停车处理，以免对气化炉的支撑板造成损坏。

9. 气化炉筒体和拱顶壁温度高

（1）壁温超造成的后果

壁温超，高温下会使气化炉设备材料发生蠕变，或者说，"变软"，耐压能力下降，高压下变形鼓包，严重时气化炉烧穿。气化炉烧穿之后，CO、H_2 会大量高速泻出，易燃介质会在高速流动时产生的静电下起火，甚至引起爆炸。

（2）壁温超的原因

① 耐火砖质量差、砌炉质量差、系统升降压速度过快、燃烧室升降温度过快致使燃烧室耐火砖局部脱落，引起壁温超。

② 耐火砖缝隙大，串气或气走短路引起壁温升得快而超温。

③ 因高灰熔点的煤混入或炉温控制偏低，造成渣口压差大渣口堵塞，致使串气而引起壁温超。

④ 因烧嘴使用后期，烧嘴磨损严重，致使烧嘴偏喷而引起壁温超。

⑤ 氧煤比控制不好，中心氧量控制不好，致使炉膛内温度过高，烧嘴火焰太短，引起壁温超、拱顶超温。

⑥ 因燃烧室部分有些法兰未紧好，造成高温气外漏而引起壁温超。

（3）壁温超时采取的措施

① 现场操作工每小时至少用测温仪全方位对壁温检测一次，并现场用对讲机汇报给中控。

② 当中控发现筒体和拱顶的炉壁温度上升过快或报警时，立刻通知现场人员用测温仪检测相应位置的温度，用工厂空气或氮气吹高温处以降温。

③ 中控发现渣口压差偏大，要加强监控壁温，并缓慢提高炉温，降低渣口压差。

④ 当炉壁温度高于 320 ℃ 时，现场要加强巡检和吹出降温，并做好停车准备。

⑤ 现场要加强巡检，发现燃烧室部分外漏，马上联系维保处理漏点。

⑥ 分析灰渣中的 Cr 含量，停车进炉测量耐火砖磨损情况，结合运行时间，计算砖厚度，剥落大则停车更换。

10. 工艺气出口温度高

① 激冷水流量低。

② 气化炉激冷室液位低。

11. 烧嘴冷却水回水温度高

① 烧嘴冷却水流量低。

② 烧嘴冷却水换热器效率下降。

③ 烧嘴损坏。

12. 烧嘴压差高

① 烧嘴堵塞。

② O_2 流量太大：调整 O_2 流量使其降低。

③ 煤浆流量增大：降低煤浆泵转速、调整 O_2 流量。

项目五

气流床气化生产工艺流程组织
——SCGP 粉煤气化工艺

教学目标：

(1) 知识目标
① 了解 SCGP 的发展历史。
② 掌握关于粉煤气化生产过程中的工艺流程。
③ 掌握 SCGP 生产操作因素分析。
(2) 能力目标
能流利地讲述 Shell 气化生产工艺流程及能分析 Shell 气化操作的各种情况。

一、概述

Shell 煤气化工艺（Shell Coal Gasification Process）简称 SCGP，是由荷兰壳牌石油公司开发的，以干煤粉为原料、纯氧作为气化剂，液态排渣，加压气流床粉煤气化技术。

原煤先行破碎研磨成煤粉并经干燥处理，再用氮气送入储罐，储罐内的煤粉与氧气和蒸汽一起，送进气化炉的燃烧室。喷入的煤粉、氧气和蒸汽的混合体在高于气化压力 0.5 MPa 下通过对列式烧嘴进入炉膛，在气化炉内 3.5~4.0 MPa 压力下，1 400 ℃~1 700 ℃ 的温度范围内发生化学反应。高温气化确保煤中所含的灰分熔渣沿气化炉膜壁自由流下至气化炉底部，变成一种玻璃状不可沥滤的炉渣而排出。这个温度防止形成不需要的有毒热解副产物，例如苯酚和多环芳香烃。同时高温还可获得高的碳转化率（≥99%），确保了粗合成气中基本上没有比甲烷重的有机组分。

二、SCGP 的主要工艺特点

1. 工艺特点

① 煤种适应性强：适合所有种类的煤；效率高：降低煤和氧气的消耗量。
② 可靠性高：使用寿命至少 25 年。
③ 良好的环保性能：不含焦油苯酚等杂质，最终产品为高纯度的合成气，

④ 负荷改变能力：可以根据关闭一组或多组烧嘴很容易调整合成气的输出量。

此技术在氮肥生产、碳一化工、发电、制氢等方面有广泛的应用。

2. 气化炉的特点

Shell 气化炉（如图 2-5-1 所示）采用类似锅炉的水冷壁技术，液态排渣。利用熔渣在水冷壁上冷却硬化形成一层渣层保护炉壁不受高温磨损，气化壁利用水管产生蒸汽以调节温度，是锅炉概念和煤气化炉概念的结合，丰富了气化炉高温防护和磨损防护的体系，优于传统的"耐火砖"防护概念。

(1) 膜式水冷壁

根据实际操作经验，耐火砖承受在高温、高热负荷和熔渣不断侵蚀的环境下，很难保证高强度和长寿命运行。所以采用在气化炉的高压壳体中，安装用沸水冷却的膜式水冷壁，使气化过程在膜式壁围成的空腔里发生。气化压力由外部的高压壳体承受，内件只承受压差，所以属低压设备。选择这种设计一方面提高了 SCGP 的效率，另一方面不需要外加蒸汽，并可副产中、高压蒸汽。

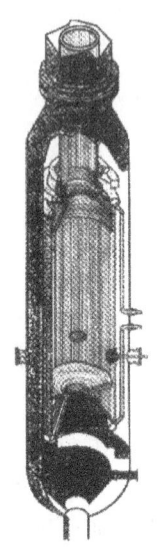

图 2-5-1　Shell 气化炉

(2) 环形空间

环形空间位于压力容器和膜式壁之间，设计环形空间是为了容纳水汽的输出或输入管，另外，有环形空间可便于检查和维修。环形空间的尺寸为 800 mm，膜式壁作为悬挂系统放置在气化炉内，很好地解决了热补偿问题。

(3) 烧嘴

又称煤粉喷枪，对列式布置在气化炉下部，数量一般为 4~6 个。烧嘴要满足空气动力学设计和所得的热流量数据的要求。烧嘴的可靠性和寿命不低于连续一年以上运转。

Shell 气化炉除了有正常运行时的烧嘴外，还有在开车时使用的点火烧嘴和开工烧嘴。点火烧嘴使用石油液化气作为燃料，空气为助燃剂，有自动点火装置，点燃开工烧嘴的作用。开工烧嘴利用柴油作燃料，纯氧为助燃剂，起对气化炉升温和升压的作用，为煤烧嘴的投用做准备，煤烧嘴的结构为三通道结构，中心管走煤粉，中环为氧和水蒸气，外环用冷却水通过夹套冷却。

(4) 破渣机

如果气化过程原料煤灰熔融点温度低或气化温度过高引起炉内结渣，又不能及时地排渣，随着气化的进行渣越积越多，导致气化过程无法进行，被迫停炉检修。即使有部分渣能排出气化炉，也会造成锁斗阀堵塞，因此气化炉底部设有破渣机。

（5）锁渣罐

锁渣罐的作用是间断自动排渣，然后由捞渣机及输送带运至中间渣场。

三、工艺流程

1. 煤预干燥系统

如图 2-5-2 所示，原料煤由原料储运系统通过胶带输送机分别送入原煤仓，经称重给煤机送往细碎机将煤粉碎到 6 mm 以下后进入管式干燥机中由动力送来的低压过热蒸汽干燥，使煤表面吸附水分受热蒸发与进入的其他惰性气体通过袋式过滤器过滤后排入大气，被干燥后的煤由干燥机的底部排出后通过多个埋刮板输送机送往气化装置的碎煤仓。

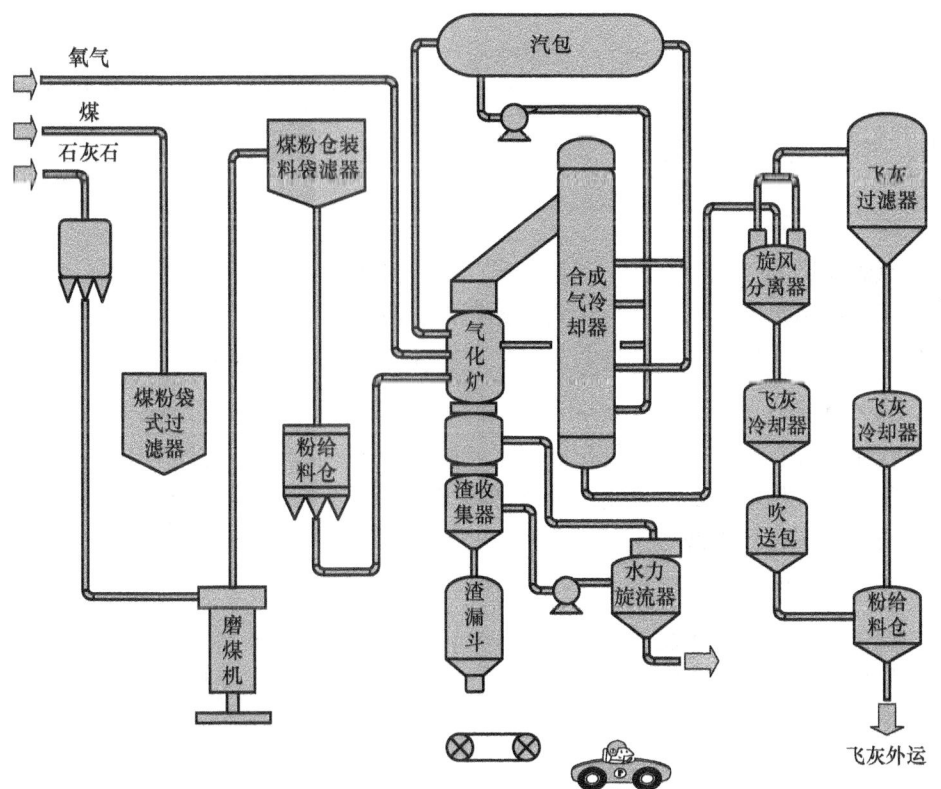

图 2-5-2 Shell 气化工艺流程简图

如果原料煤含水量较高，还需要对煤进行预干燥。预干燥在煤储运车间完成，以 0.5 MPa 饱和蒸汽为热源，通过管壳式换热器间接供热，使原料煤水含量由 29.5% 降至 12%。进一步在中速磨中将煤磨成粉同时进行干燥。

2. 煤气化系统

该系统是将粉煤通过 Shell 干煤粉加压气化炉,部分氧化转化为富含 H_2 和 CO 的粗煤气。

煤粉贮存仓的煤粉通过密相输送,以高压 CO_2 为载体,经粉煤烧嘴喷射入气化炉,在 4.0 MPa、1 500 ℃ 左右条件下,与来自空分装置的氧气发生部分氧化反应,生成以 CO 和 H_2 为主要产物的煤气。

高温煤气通过合成气冷却器回收煤气显热后,经旋风除尘器除尘、文丘里洗涤器及洗涤塔洗涤冷却后送净化分厂变换工序。

出煤气化工序的典型气体成分见表 2-5-1。

表 2-5-1 出煤气化工序的典型气体成分

煤气组成	体积分数/%	煤气组成	体积分数/%
CO	65.67	$CH_4 + N_2 + Ar$	1.93
H_2	22.17	$H_2S + COS$	4 050 mg/Nm^3
CO_2	10.23		

四、主要工艺指标

1. 氧煤比

氧煤比影响气化炉温度、碳转化率、煤气组成。随着氧煤比的增加,燃烧反应增多,放出更多的热量,气化温度提高,会使煤气中的二氧化碳含量上升,一氧化碳的含量降低,所以合适的氧煤比应保证 $n(O)/n(C)$ 在 1.1 左右。

2. 汽氧比

气化过程中,水蒸气是气化剂,也能调节气化炉的温度。汽氧比提高,可降低气化温度;相反降低汽氧比,可以提高气化炉炉温。汽氧比的值要根据原料煤的性质在生产过程中调整。

3. 气化温度

气化温度高,气化反应速率快,碳的转化率高,灰渣残炭降低,烃类产物减少,但是也增加了炉内结渣的可能,所以实际温度要根据气化煤质量、氧煤比和汽氧比来确定。

4. 气化压力

提高气化压力,可以提高气化炉的生产能力,减小设备的尺寸,为后续的输送提供能量,考虑到干粉煤加料,所以目前气化的压力一般为 3.0~5.0 MPa。

5. 原料煤

Shell 煤气化工艺的高反应温度,拓宽了其对煤种的适用范围,能够以较差的当地煤种为原料，碳转化率超过99%。该工艺过程对煤的特性，例如煤的粒度、黏结性、含水量、含硫量、含氧量及灰分含量均不敏感，但对于灰熔点较高的煤，如灰熔点大于1 400 ℃时必须加入助熔剂石灰石，降低灰熔融点温度。在荷兰Demkolec工厂工业化装置上已使用过包括：澳大利亚煤、哥伦比亚煤、印尼煤、南非煤、美国煤、波兰煤等14个煤种进行气化，均能正常生产。只要有煤质分析数据，不需进行试烧、认定，即可根据用户提供的煤种进行装置设计。

项目六

气流床气化生产工艺流程组织
——GSP 粉煤气化工艺

教学目标：

(1) 知识目标
① 了解 GSP 的发展历史。
② 掌握关于粉煤气化生产过程中的工艺流程。
③ 掌握 GSP 生产操作因素分析。
(2) 能力目标
能流利地讲述 GSP 气化生产工艺流程及能分析 GSP 气化操作的各种情况。

一、GSP 煤气化技术

GSP（德文 Gaskombiant Schwarze Pumpe）气化技术是德国西门子燃料气化股份公司开发的气化技术。该公司在 Freiberg 建有 3 MW（投煤量为 7.2 t/d）和 5 MW（投煤量 12 t/d，内径为 0.6 m）的中试气化装置，5 MW 装置至今设备完好。1984 年在德国黑水泵建成了 130 MW 气化装置（投褐煤量为 720~750 t/d），设计压力为 3.0 MPa，工作压力为 2.5 MPa，产气量为 50 000 Nm^3/h。气化试验在反应器压力 4.2 MPa 条件下进行，使用纯氧作为气化剂。此项工艺属于干煤粉加压气化工艺。单台气化炉满负荷为 83 t/h（干煤粉，>75 ℃、≤2%(m/m)）。

二、GSP 煤气化技术特点

① 煤种适应性强：该技术采用干煤粉作气化原料，不受成浆性的影响；由于气化温度高，可以气化高灰熔点的煤，故对煤种的适应性更为广泛。从较差的褐煤、次烟煤、烟煤、无烟煤到石油焦均可使用，也可以两种煤掺混使用。即使是高水分、高灰分、高硫含量和高灰熔点的煤种基本都能进行气化。

② 技术指标优越：气化温度高，一般在 1 450 ℃~1 650 ℃。碳转化率可达 99%，煤气中甲烷含量极少（$\varphi(CH_4) < 0.1\%$），不含重烃，合成气中 $\varphi(CO + H_2)$ 高达 90% 以上，冷煤气效率高达 80% 以上（依煤种及操作条件的不同有所差异）。

③ 氧耗低。可降低配套空分装置的投资和运行费用。

④ 设备寿命长，维护量小，连续运行周期长，在线率高。气化炉采用水冷壁结构，无耐火砖，预计水冷壁使用寿命25年；只有一个组合式烧嘴（点火烧嘴与生产烧嘴合二为一），组合烧嘴2年更换一次。

⑤ 开、停车操作方便，且时间短（从冷态达到满负荷仅需2 h左右）。

⑥ 操作弹性大：单炉操作负荷为70%～110%。

三、粗合成气组成

在温度为219 ℃，压力为3.81 MPa反应条件下，以煤A和煤B为原料，GSP气化粗煤气的组成如表2-6-1所示。

表2-6-1 GSP气化粗煤气组成

序号	名称	煤A	煤B	序号	名称	煤A	煤B
1	$\varphi(H_2)/\%$	10.507	8.582	7	$\varphi(NH_3)/\%$	0.029	0.026
2	$\varphi(CO)/\%$	34.168	1.714	8	$\varphi(HCN)/\%$	0.001	0.000
3	$\varphi(CO_2)/\%$	1.641	1.547	9	$\varphi(H_2S)/\%$	0.103	0.121
4	$\varphi(CH_4)/\%$	0.006	0.001	10	$\varphi(COS)/\%$	0.015	0.019
5	$\varphi(N_2)/\%$	0.243	0.245	11	$\varphi(HCl)/\%$	<0.001	<0.001
6	$\varphi(NO)/\%$	0.000	0.000	12	$\varphi(H_2O)/\%$	53.145	57.739

四、GSP气化工艺流程

以煤为原料的烯烃项目，先后经过干煤粉气化、粗合成气变换、合成气净化、甲醇合成、甲醇制丙烯、丙烯聚合等工序，最终产品为聚丙烯，同时副产汽油、液化气和高品质硫黄。

气化装置采用德国西门子GSP干煤粉气化技术，以干煤粉为原料，生产粗合成气，装置共有5台日投煤量2 000 t的气化炉。工艺流程如图2-6-1所示。

工艺流程描述：包括备煤单元、高压煤粉输送单元、气化单元、熔渣单元、合成气洗涤单元、闪蒸冷却单元、黑水处理单元。简易流程框图如图2-6-2所示。

（一）备煤单元的生产过程

备煤单元包括：8台中速辊式磨煤机，分为两列，每列4台；4个原煤筒仓和4个传送系统，与5台气化炉对应。每列研磨机系统的运行方式为：三开一备。

原煤通过煤称重给料机被送进辊式磨煤机中。原料煤在磨机中被研磨成煤粉，同时，经过热风炉加热后的热惰性气体，通入磨煤机中，使煤粉干燥。热风炉正常运行使用的燃烧气为净化装置产出的合成气，开车初期使用LPG。磨机中产出的煤粉通过旋转分离器，合格的煤粉在热惰性气体的带动下一起进入煤粉收集器中。煤粉通过低压气力输送的方式被送至每个气化炉的低压粉煤仓（输送气体为N_2）。

为防止煤粉在生产过程中氧化、自燃或爆炸，保证整个系统的安全可靠性，备煤装置的生产系统控制与煤粉接触气体中的氧含量要低于8%。为节省干燥能量的消耗，煤粉收集器分离后的大部分热气体循环使用，排放热气体量根据干燥煤中的水含量比例排放。

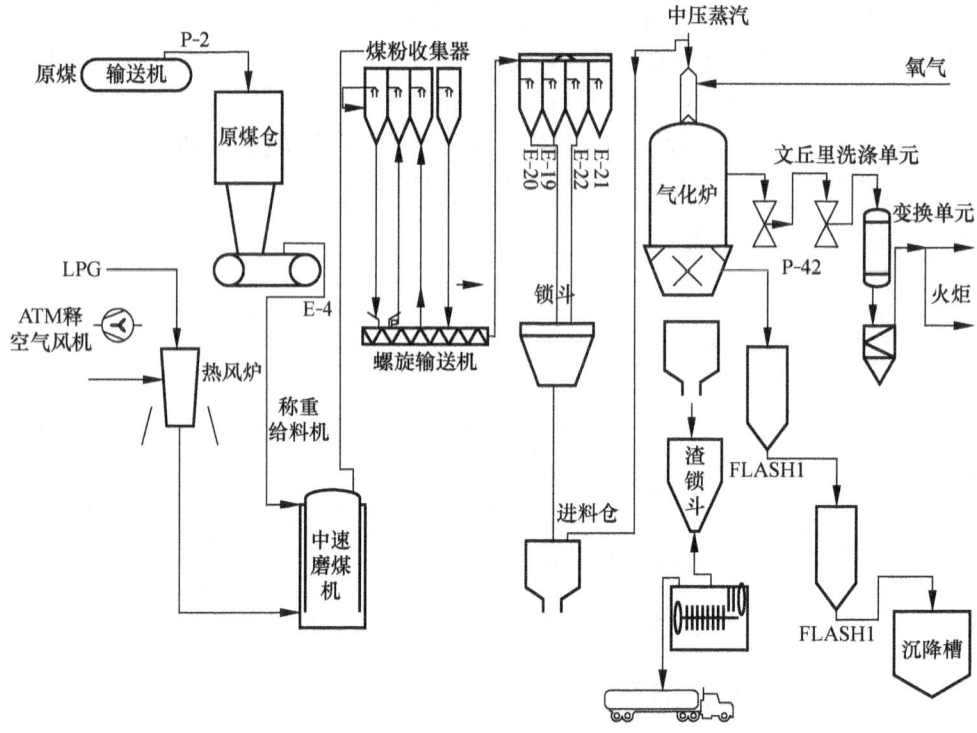

图 2-6-1　GSP 粉煤气化工艺流程简图

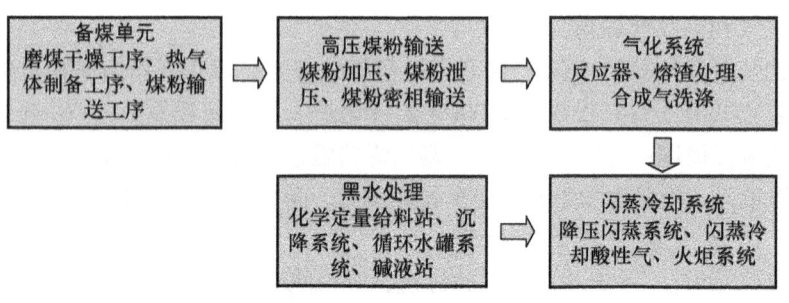

图 2-6-2　简易流程框图

（二）高压煤粉输送系统

从煤仓 4 个隔室出口下来的煤粉，分别进入相应的锁斗后，将进行加压，目的是把煤仓下来的、常压的煤粉升压到给料容器生产所要求的操作压力（约 4.35 MPa，随气化炉负荷大小而相应升降）。这一个过程，将通过每一条气化生产线 4 个锁斗的顺控循环来进行，以实现给料容器向气化炉连续输送煤粉。

（三）反应器系统

1. 气化炉

如图 2-6-3 所示，采用水冷壁式反应器，水冷壁结构是为了满足高灰分的原料而进行的特殊工艺设计。气化反应室、激冷室和水冷壁的材质主要是耐热碳钢。气化反应压力为4.10 MPa，反应温度依据炉渣熔化温度的特性和原料中的有效成分和灰分来确定，为1 450 ℃ ~ 1 650 ℃，如果反应温度达不到要求可以通过控制进料的氧煤比来实现。激冷室被设计成可靠的激冷形式。反应器从外到内分别设计成承压外壁和水冷壁结构，通过加压冷却水冷却使承压外壁免受化学和热力学冲击。这种结构设计对反应室内衬的冲击比较小，能够延长使用寿命，降低维修成本。

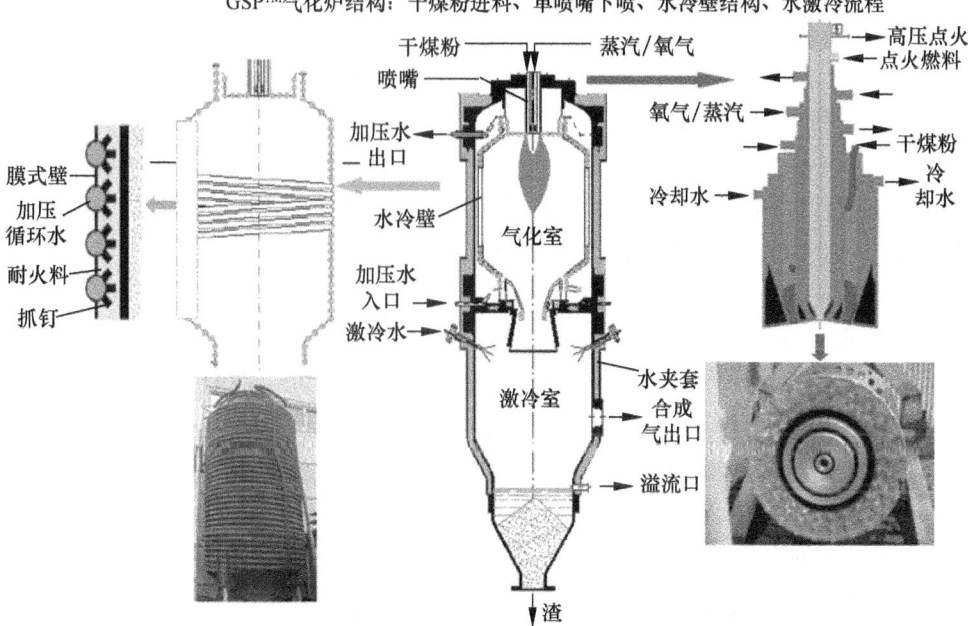

图 2 - 6 - 3　GSP 气化炉的结构

2. 气化炉任务

采用 GSP 干粉煤加压气化工艺在反应器中将煤粉和氧气转化成富含 H_2 和 CO 的粗合成气，并将所获得的粗合成气在激冷室中进行冷却和洗涤。主要进行下列内容。

① 通过燃烧反应将固态煤转换成气态可燃性气体。
② 通过激冷水喷枪分配器注入激冷水将粗合成器冷却。
③ 反应室由水冷壁构成，保护压力外壳上部不会受到温度超高的影响。
④ 用氮气/燃料气对内部进行吹扫以防止腐蚀。
⑤ 炉渣的连续排放。

3. 气化炉的附件

（1）水冷壁

水冷壁被一层特殊的捣打料所覆盖，这是为了防止高温合成气对水冷壁盘管的热冲击。反应生成的熔渣将会在抓钉的作用下形成一层固态渣，满足对水冷壁的保护，即"以渣抗渣"。

水冷壁结构在反应室的底部被固定，在顶部的烧嘴支撑和底部下渣口处都有一定的空隙，这样的设计可以消除热应力的影响。

水冷壁盘管中冷却水的压力略高于反应室内的压力，这样可以避免因水冷壁损坏而造成粗煤气反串入水系统。反应器外侧承压壁的温度一般小于60 ℃。水冷壁与承压壁之间的间隙充满了干燥的合成气或高压氮气，这里的温度一般小于200 ℃。

(2) 组合烧嘴

组合烧嘴是由奥氏体不锈钢制成，烧嘴上安装有火焰探测系统和点火器，煤粉、氧气和中压蒸汽分别通过管道被同时平行送入气化反应器顶部的烧嘴中，并且在这里进行混合。烧嘴连接有一套冷却系统，主要包括：冷却水罐、冷却器、烧嘴冷却水泵、冷却水过滤器和冷却水环道。反应器从"冷状态"到满负荷运行仅仅需要1~2 h。

(3) 点火烧嘴

点火烧嘴的主要作用是对主烧嘴进行点火，气化炉开车期间，对气化炉进行升温升压，到达3.8 MPa。点火烧嘴采用LPG制备单元过来的液化石油气作为燃气，正常生产时，切换为甲醇装置过来的高压燃气，燃气在点火烧嘴出口，跟纯氧强化混合后进行燃烧。

正常生产期间，防止主烧嘴火焰熄灭，主烧嘴停车期间，继续保持运行，对气化炉进行保压，确保气化炉重新开启时对主烧嘴进行点火。

(4) 主烧嘴

主烧嘴的作用是在气化炉正常生产压力4.1 MPa时，把煤粉和氧气输入气化炉燃烧室进行气化反应，以生成以氢气和一氧化碳为主的原料气。在组合烧嘴里，主烧嘴位于点火烧嘴的外面，整个点火烧嘴套在主烧嘴里面。主烧嘴的内表面跟点火烧嘴的外表面形成的环状空间，构成了主烧嘴输氧的通道，输氧通道与其外面的环状输煤通道之间，是一个带有冷却水夹套的管壁。在输煤管道的外面，同样也是一个带有冷却水夹套的管壁。主烧嘴带有两个冷却水夹套的目的是防止气化炉燃烧室内的高温对主烧嘴外表面的高温辐射。

三根煤粉输送管线在主烧嘴煤粉通道里的出口，均切线进入环状的煤粉通道，以确保煤粉的均匀分布。在主烧嘴的出口，氧气呈旋转的方向离开主烧嘴出口，跟外面的煤粉充分接触进行气化反应。

4. 烧嘴冷却水系统

烧嘴冷却水系统是对受强烈热辐射的组合烧嘴、气化炉支撑板和燃烧室高温原料气出口处的导管进行冷却。

5. 水冷壁冷却水系统

水冷壁冷却水系统是对内表面跟高温原料气直接接触的水冷壁、烧嘴支撑和排渣口进行冷却，同时利用废热锅炉回收热量，产生低压蒸汽。

冷却水泵出来的循环冷却水分成 6 路，分别送往燃烧室的 4 个冷却盘管、烧嘴支撑、排渣口等需要被冷却的设备。离开被冷却设备后，温度介于 170 ℃ 至 240 ℃ 之间的回水汇集到一根回水总管，送回冷却水罐。

6. 夹套冷却水系统

夹套冷却水系统是对气化炉上部承压外壳进行冷却，以避免过热。冷却水泵把低压锅炉水送至气化炉外壳的夹套进行冷却，换热后的热水回流至冷却水罐，再经换热器冷却后，送回冷却水泵进行循环冷却。整个系统在运行时处于常压状态。

7. 熔渣处理

（1）熔渣单元的目的

熔渣单元的目的是通过渣锁斗的顺控循环，把气化炉激冷室洗涤下来的颗粒煤渣，从高压系统排放到常压的外界环境，并在捞渣机进行固液分离。

（2）特点

① 基于煤种最大含灰量设计，同时考虑非正常操作高渣量工况。

② 炉渣采用破渣机破碎至合格粒度，刮板捞渣机将渣捞出至运渣汽车。

③ 气化炉高温排出的熔渣经激冷后成颗粒状，性质稳定，对环境几乎没有影响。

（3）熔渣处理工作原理

熔渣从激冷室下部集渣罐中向下直接排入到充满水的渣锁斗中。熔渣置换出锁斗中的水后，锁斗上部收渣阀关闭，此时锁斗进行泄压，当压力泄至常压后，打开锁斗下部排渣阀，熔渣和所有的水被排至下方的捞渣机渣池中。捞渣机渣池中的大部分熔渣通过捞渣刮板进行处理。黑水从捞渣机渣池中溢流出来，通过渣池泵送到黑水处理单元。

8. 合成气洗涤

气体洗涤单元是将来自气化炉被激冷水充分饱和的粗合成气在本单元进一步用水洗涤除尘、除卤，洗涤后的合成气作为产品送往变换装置。

（四）闪蒸单元

1. 目的与特点

黑水闪蒸单元是处理煤气化装置的黑水，包括来自气化炉与洗涤单元的黑水，将黑水中细灰进一步浓缩并回收热量后送入下游黑水处理单元。本工序的技术特点：黑水经过低压和真空两级闪蒸，将溶解于黑水中的 H_2S、NH_3、HCN 等有害气体闪蒸出来并送往烟囱排放，黑水中固体得到进一步的浓缩。经闪蒸的气体冷却后的气体冷凝液送往循环水罐回收利用，减少了系统外补充水量。

2. 工艺过程

激冷室过来的黑水,压力约为 4.2 MPa,温度约为 158 ℃。在闪蒸系统里,通过两级闪蒸罐的减压和蒸发,把黑水温度降到约 70 ℃,并释放出溶解在黑水里的大部分气体。之后,黑水送往澄清池进行除灰和再循环利用。闪蒸释放出来的气体成为酸性气,经冷却后送往焚烧炉。

(五) 黑水处理单元

1. 目的

处理来自黑水闪蒸单元和除渣单元的黑水,将灰浆进行进一步处理。

2. 主要设备

(1) 澄清池

澄清池是一个密闭的设备,由筒体和刮泥机两部分组成。澄清池的上部气相空间由氮气进行连续吹扫作为氮封。黑水在澄清池中挥发出来的酸性气体,跟吹扫氮气一起,由黑水风机送往酸性气处理系统进行高空排放。黑水加入絮凝剂在澄清池中经过长时间的静置后,慢慢沉降到澄清池的底部成为污泥,达到固体颗粒从黑水中分离的目的。清水从澄清池的顶部溢流,送往废水罐。澄清池底部的污泥经过泥浆泵,送往污泥处理系统的泥浆罐,进行污泥的过滤处理。

② 真空带式过滤机

如图 2-6-4 所示,真空带式过滤机以滤布为过滤介质,采用整体的环形橡

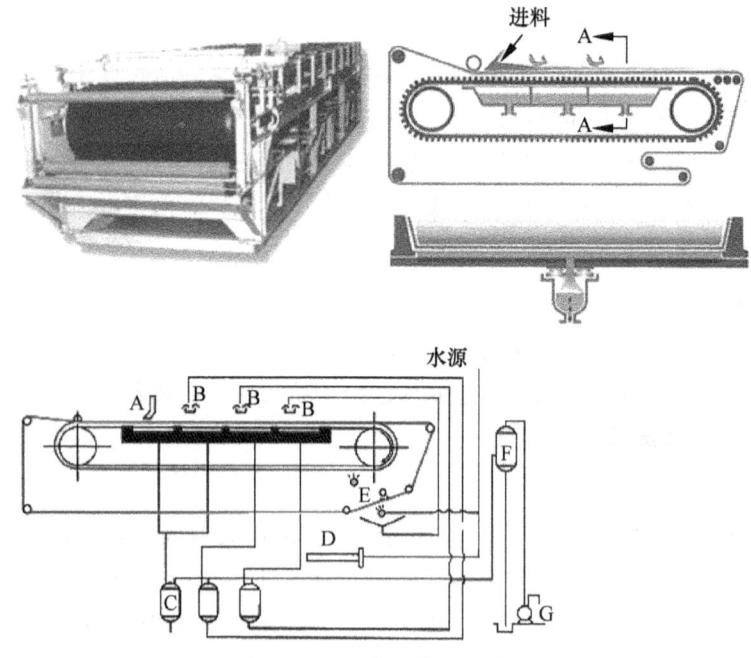

图 2-6-4 真空带式过滤机

A—进料装置;B—洗涤装置;C—排液分离器;D—密封水装置;E—滤布洗涤装置;F—冷凝器;G—真空泵

胶带作为真空室。环形胶带由电机拖动连续运行,滤布铺敷在胶带上与之同步运行,料浆由布料器均匀地布在滤布上。当真空室接通真空系统时,在胶带上形成真空抽滤区,滤液穿过滤布经胶带上的横沟槽汇总并由小孔进入真空室,固体颗粒被截留在滤布上形成滤饼。

项目七

学习拓展

气化车间内三废治理及环境保护措施

加压鲁奇炉的生产过程,由于是加压气化固态排渣,则必然会产生一些排出物,这些排出物经适当处理后排至厂外。

气化炉开车初期所产生的含氧废气,经开车火矩焚烧后排入大气。

粗煤气在洗涤冷却过程中产生一定量的煤气水,该水中含有较多杂质,需在后续工号进行必要处理,除掉其中大部分杂质后,再进生化处理系统进行最后处理,达到规定的排放标准,排出厂外。

本装置内有较大量的灰渣产生,采用水力冲灰,将渣排至渣池。

练习与实训

1. 练习

(1) 简述气化过程的分类。
(2) 简述气化原理及影响气化的因素。
(3) 简述鲁奇加压气化的特点。
(4) 简述鲁奇加压气化炉内料层分布情况及发生的主要化学反应。
(5) 简述气化温度、气化剂温度、汽氧比、氧煤比对气化过程的影响。
(6) 简述液态排渣和固态排渣鲁奇加压气化炉的优缺点。
(7) 简述加压鲁奇炉结构特点及各组成部分的作用。
(8) 简述鲁奇加压气化工艺开车、停车与事故处理。
(9) 简述德士古水煤浆气化的流程。
(10) 简述德士古气化炉的结构及各部分的作用。
(11) 德士古气化炉烧嘴损坏的原因?如何保护。
(12) 简述德士古气化系统正常开车、停车的步骤。
(13) 简述德士古气化系统常见事故及处理措施。
(14) 简述 Shell 煤气化技术特点。
(15) 简述氧煤比、汽氧比、温度、压力对气化过程的影响。
(16) 简述 Shell 气化炉的结构及作用。

（17）气化炉出口温度的控制有哪些措施？怎样控制？
（18）简述德士古水煤浆气化技术的特点。
（19）简述影响煤浆性质的因素。
（20）简述 GSP 气化炉的结构及各部分的作用。
（21）简述 GSP 气化工艺。

2. 实训

（1）德士古水煤浆加压气化工艺仿真开车、停车及事故处理。
（2）液化精馏空气分离工艺仿真开车、停车及事故处理。
（3）年产 30 万吨甲醇煤化工教学工厂实习。
（4）年产 30 万吨氨、52 万吨尿素、30 万吨甲醇生产企业生产实习。

模块三

煤气净化过程

无论用哪种方法生产出来的煤气都含有各种杂质，如矿尘、硫化氢、有机硫化物、煤中的挥发分以及砷、镉、汞、铅、酚类和氰化物等有害物质。这些杂质的存在，将给煤气的使用带来危害。例如当煤气用作燃料时，H_2S 及其燃烧产物 SO_2 均有毒，会严重污染环境，为了符合用户的需要和管线输送的要求，粗煤气都要通过净化处理，脱除其中有害杂质，才能满足各用户的需求，同时充分回收利用煤气中的化工产品。典型的合成气净化及合成框图如图 3-0-1 所示。

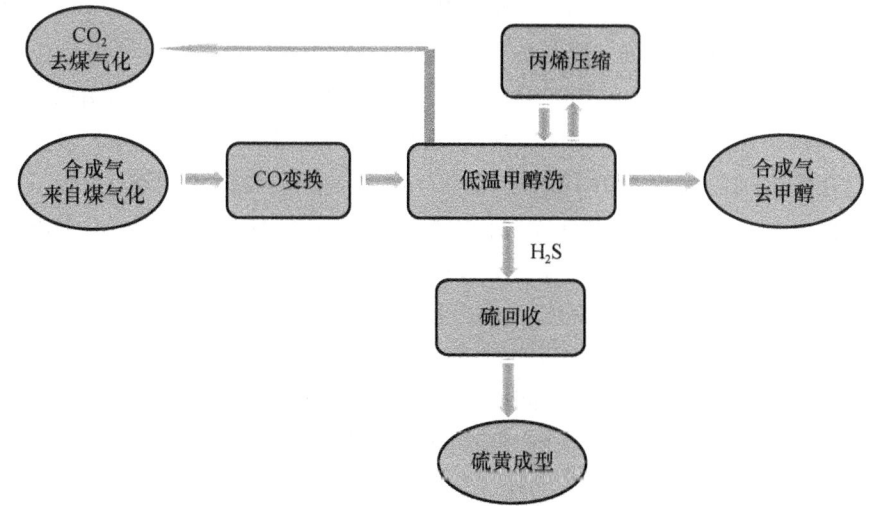

图 3-0-1　典型的合成气净化及合成框图

净化分厂简易流程如图 3-0-2 所示。

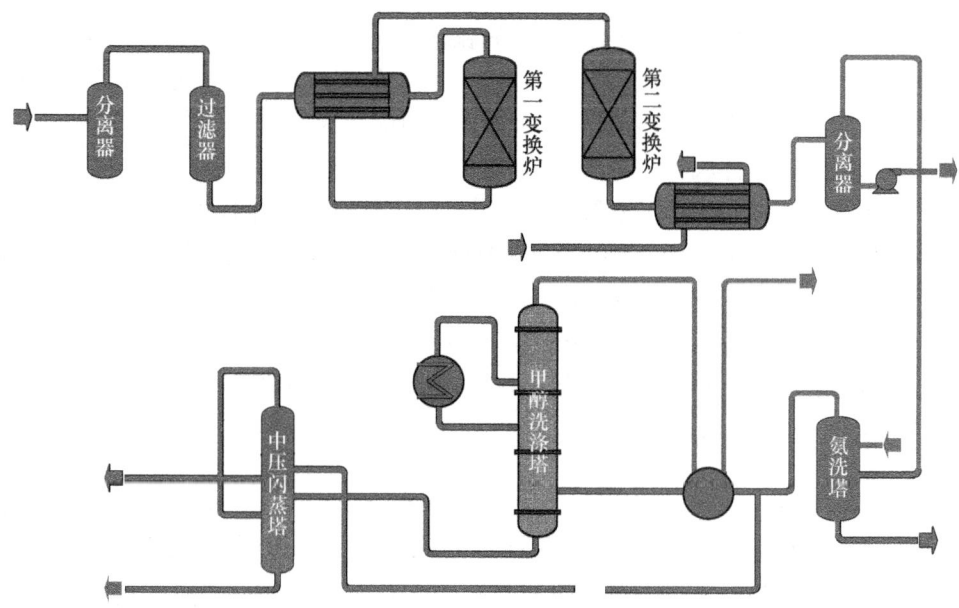

图 3-0-2　净化分厂简易流程图

本模块分几个任务分别介绍固体杂质的清除、CO 的变换、硫化物和碳氧化物及其他杂质清除的原理及方法。

一、煤气中的杂质及其危害

煤气杂质成分和杂质含量因生产方法的区别而有所不同，但主要是矿尘、各种硫的化合物、煤焦油的蒸气等。它们的含量随气化方法、煤种的不同而不同。气流床气化法（如 K-T 法、德士古水煤浆气化法、Shell 气化法等）由于采用高温操作条件，不产生焦油、油和酚；固定床气化法中，由于粗煤气出口温度低，而进料煤升温较慢，煤中的挥发分可能以焦油、油、石脑油、酚、甲酚等形式被蒸馏而贮存在粗煤气中；流化床气化法生产的煤气组成则介于气流床气化法与固定床气化法之间。在煤气的利用过程中，硫大部分转变成了 H_2S，约占总量的 95%，但也有极少量 COS、SO_2 以及各种硫醇（C_2H_5SH）和噻吩（C_4H_4S）。煤气中的含硫量与气化原料中的硫含量以及气化方法有关。以含硫较高的焦炭或无烟煤为原料制得的煤气中，硫化氢可达 $4\sim6\ g/m^3$，有机硫为 $0.5\sim0.8\ g/m^3$；以低硫煤或焦油为原料时，硫化氢一般为 $1\sim2\ g/m^3$，有机硫为 $0.05\sim0.2\ g/m^3$。天然气中硫化氢含量因煤产地不同而有很大差异，在 $0.5\sim15\ g/m^3$ 范围内变动。重油、轻油中的硫含量亦因石油产地不同而有很大差异。煤中的氮以 NH_3、HCN 和各种硫氰酸盐（酯）的形式出现在气体中。各种卤素转化成它们相应的酸或盐。特别是某些煤矿中含氟较高，因而煤气中含氟也高。固体杂质会堵塞管道、设备等，从而造成系统阻力增大，甚至使整个生产无法进行。因此，无论生产什么用途的煤气，首先都必须把固体杂质清除干净。硫化氢及其燃烧产物（SO_2）会造成人体中毒，在空气中含有 0.1% 的硫化氢就能致人死命。硫化物的存在还会腐蚀管道和设备，而且给后续工序的生产带来危害，如造成催化剂中毒、使产品成分不纯或色泽较差等。我国城市煤气中的硫化氢含量要求低于 $20\ mg/m^3$；用于合成氨及甲醇合成时，要求合成气中含硫量控制在 $0.1\sim0.2\ mg/m^3$ 以下。另一方面，硫是一种重要的化工原料，通过对煤气中硫的净化可以回收硫资源。卤化氢及其他卤化物的危害也很大，如腐蚀设备、管道，造成催化剂中毒，若作城市煤气，燃烧时则污染环境，影响人类健康等。对于煤焦油、酚等，一方面可能在后面冷却时凝结而造成设备堵塞，以及影响煤气作为化工原料时的纯度等；另一方面，煤焦油、酚等还是重要的化工原料，有很高的回收价值。

二、煤气中杂质的脱除方法

煤气是多组分混合物，同时在生产时会漂浮着一些固体粉尘，因此煤气的净化实际上包含两部分：一部分是对固体粉尘的净化处理；另外一部分是对煤气中一些化学组分（如氨等）进行处理排除。一般分为预净化和净化两个阶段。

大多数煤气的预净化方法，包括带有热回收的冷却以及用水进行洗涤或急冷。合理的流程安排取决于粗煤气的温度以及可冷凝副产物在气体中的含量。对于气流床气化等高温气化方法，粗煤气中不含煤焦油等，经废热锅炉等回收热量后，从气化操作中夹带出来的固体颗粒（如煤灰或未燃烧煤尘），可经水洗急冷操作而被脱除。同时，水洗急冷还可有效地减少或清除气体中的某些化学杂质，如卤化物、氮化物、一些金属氧化物等，并可将它们从洗水中回收。而采用固定床和流化床气化时，由于煤气出口温度较低，煤气中含有煤焦油、油、芳香化合物等各种煤化学物质和有机硫化物，这样就使净化方法变得复杂起来。一般是先经废热锅炉回收热量后，再经间接冷却，重的煤焦油与固体颗粒一起返回气化炉，轻组分则送去煤焦油精炼。

经水洗急冷净化后的煤气，固体颗粒及金属化合物等已基本被清除干净，但大部分气体杂质尚留在煤气中。这些气体杂质的清除往往需要在较低的温度下进行。清除方法可分为物理法和化学法两大类。物理法又分为物理吸附法和物理溶剂法，而物理溶剂法很适合于从高压气流中脱除酸性气体。该法的优点是：溶液再生时耗热极少或不耗热，富液经过减压即可再生，同时溶解的酸性气体闪蒸而出。物理吸附法中的变压吸附法由于工艺上的重大突破而在节能上得到了重要成功。化学法有醇胺法、热钾碱法等。

对于粗煤气中的二氧化碳，应根据其用途决定是否必须脱除。对于低热值工业燃气，尤其是用于联合循环发电的燃气，不必脱除二氧化碳；对于中热值的城市煤气，必须脱除二氧化碳，其热值才能达到城市煤气标准；如果作为化工原料气，则必须将其脱除干净。

项目一

固体颗粒的净化处理（除尘）

教学目标：

（1）能力目标
① 能够分析煤气除尘的原理和意义。
② 能够进行煤气除尘生产方法的选择。
③ 能够根据除尘原理进行工艺条件的确定。
④ 能够认真执行工艺规程和岗位操作方法，完成装置正常操作。
（2）知识目标
① 了解煤气除尘的意义。
② 掌握煤气除尘的基本原理和工艺流程。
③ 理解煤气除尘设备的工作原理和工作过程。

从气化炉出来的粗煤气温度很高，带有大量的热能，同时还带有大量的固体杂质。煤气的生产方法不同，粗煤气的温度和固体颗粒杂质的含量也不同。由于同一物系中的分散相（煤气中的粉尘）和连续相（煤气中的气相）具有不同的物理性质（密度不同），采用分散相（固体颗粒）相对于连续相的运动过程称为沉降分离。在重力场中进行沉降分离称为重力沉降；在离心力场中进行沉降分离称为离心沉降；在电场中进行沉降分离称为电除尘。煤气中矿尘清除的主要设备，按清除原理可分为：以重力沉降为主的沉降室，如煤气柜和废热锅炉就相当于重力沉降室；依靠离心力进行分离的旋风除尘器；依靠高压静电场进行除尘的电除尘器；袋式除尘器；以及用水进行洗涤除尘的文氏洗涤器、水膜除尘器和洗涤塔等。

一、除尘分类

煤气除尘分为湿法除尘和干法除尘。

（一）湿法除尘

湿法除尘技术，也叫洗涤式除尘技术，是一种利用水（或其他液体）与含尘气体相互接触，伴随有热、质的传递，经过洗涤使尘粒与气体分离的技术。它既能净化废气中的固体颗粒污染物，也能脱除气态污染物，同时还能起到气体的降温作用。

湿法除尘与干式除尘相比：设备投资少，构造比较简单；净化效率较高，能够除掉 0.1 μm 以上的尘粒；设备本身一般没有可动部件，如制造材料质量好，不易发生故障。更突出的优点是，在除尘过程中还有降温冷却、增加湿度和净化有害有毒气体等作用，非常适合于高温、高湿烟气及非纤维性粉尘的处理，还可净化易燃、易爆及有害气体。

缺点是：要消耗一定量的水（或液体）；粉尘的回收困难；受酸碱性气体腐蚀，应考虑防腐；黏性的粉尘易发生堵塞及挂灰现象；冬季需考虑防冻问题；除尘过程会造成水的二次污染。因此，湿法除尘适用于处理与水不发生化学反应、不发生黏结现象的各类粉尘。遇有疏水性粉尘，单纯用清水会降低除尘效率，往水中加净化剂可大大改善除尘效果。湿法净化系统流程图如图 3-1-1 所示。

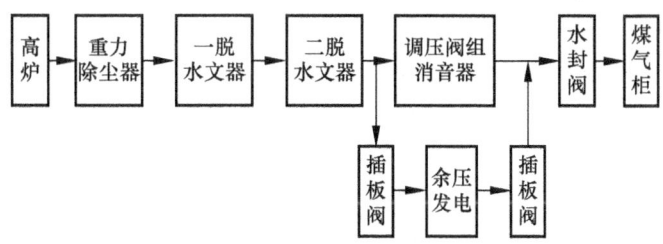

图 3-1-1 湿法净化系统流程图

（二）干法除尘

所谓的干法除尘是相对于湿法除尘而言，转炉一次除尘系统一直以来以湿法除尘为主，该方法存在的最大缺点是能耗高、耗水量大、污水处理复杂、运行成本高。而干法除尘方法最大的优点是能耗低、耗水量小，环保效果明显，但是该方法一次投资大、结构复杂、耗材多，并且设备机构比较复杂、技术难度大。干法净化系统流程图如图 3-1-2 所示。

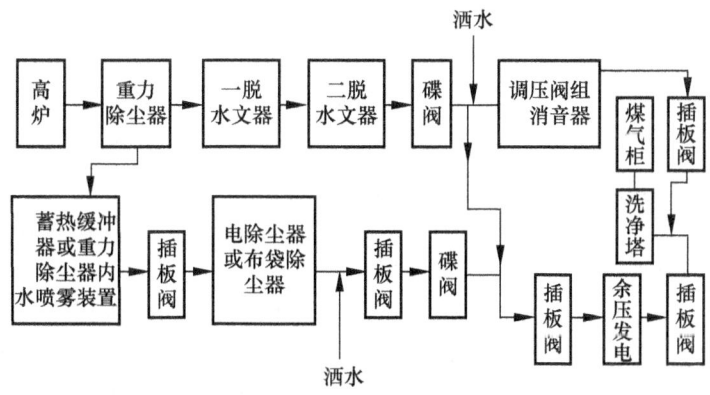

图 3-1-2 干法净化系统流程图

干法除尘有两种，一种是用耐热尼龙布袋除尘器，另一种是干式电除尘器。

二、除尘设备

(一) 粗除尘设备

粗除尘设备包括重力除尘器、旋风除尘器。

1. 重力除尘器

重力除尘器是借助于粉尘的重力沉降,将粉尘从气体中分离出来的设备。重力除尘器的除尘原理是突然降低气流流速和改变流向,较大颗粒的灰尘在重力和惯性力作用下,与气分离,沉降到除尘器锥底部分。它属于粗除尘。

重力除尘器如图3-1-3所示,上部设遮断阀,电动卷扬开启,重力除尘器下部设排灰装置。粉尘靠重力沉降的过程是烟气从水平方向进入重力沉降设备,在重力的作用下,粉尘粒子逐渐沉降下来,而气体沿水平方向继续前进,从而达到除尘的目的。

在重力除尘设备中,气体流动的速度越低,越有利于沉降细小的粉尘,越有利于提高除尘效率。因此,一般控制气体的流动速度为 1~2 m/s,除尘效率为 40%~60%。倘若速度太低,则设备相对庞大,投资费用增高,也是不可取的。在气体流速基本固定的情况下,重力除尘器设计得越长,越有利于提高除尘效率,但通常不宜超过 10 m 长。

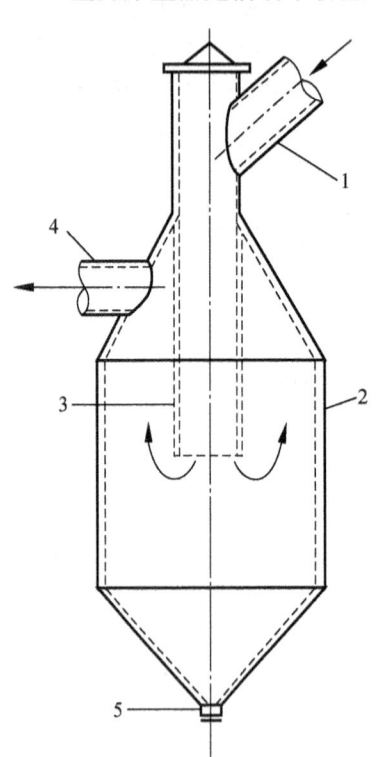

图 3-1-3 重力除尘器
1—煤气下降管;2—除尘器;3—中心导入管;4—煤气出口;5—清灰口

2. 旋风除尘器

旋风除尘器是使含尘气流做旋转运动,借助于离心力将尘粒从气流中分离并捕集于器壁,再借助重力作用使尘粒落入灰斗。旋风除尘器工作原理如图 3-1-4 所示。

旋风除尘器是工业中应用最为广泛的一种除尘设备,尤其在高温、高压、高含尘浓度以及强腐蚀性环境等苛刻的场合。它具有结构紧凑、简单、造价低、维护方便、除尘效率较高、对进口气流负荷和粉尘浓度适应性强以及运行操作与管理简便等优点。但旋风除尘器的压力降一般较高,对小于 5 μm 的微细尘粒捕集效率不高。旋风除尘器的除尘原理主要是依靠利用含尘气流做旋转运动时所产生的对尘粒的离心力将尘粒从气流中分离出来。由于作用在旋转气流中颗粒上的离心力是颗粒自身重力的几百、几千倍,故旋风除尘器捕集微细尘粒的能力要比重

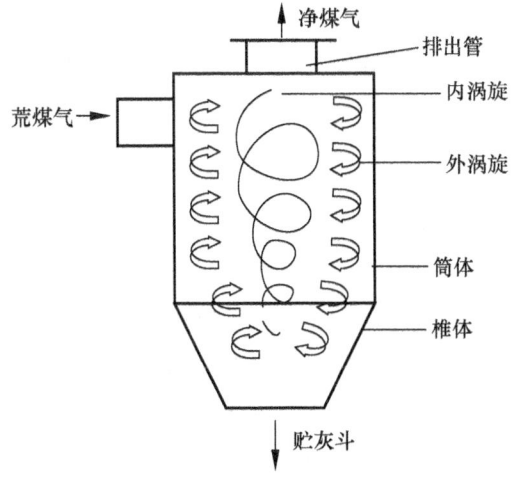

图 3-1-4　旋风除尘器工作原理

力沉降、惯性除尘等其他机械力除尘器强许多。

按照产生旋转气流方式的不同，旋风除尘器有许多不同的型式，工业上最常用为切流返转排气式；而由于入口结构与排尘结构的不同，又可分为螺旋顶型、旁室型、异形入口型、扩散锥体型以及通用型等。

下面将介绍影响除尘效率的因素，主要有以下几方面。

（1）进气口

旋风除尘器的进气口是形成旋转气流的关键部件，是影响除尘效率和压力损失的主要因素。切向进气的进口面积对除尘器有很大的影响，进气口面积相对于筒体断面小时，进入除尘器的气流切线速度大，有利于粉尘的分离。

（2）圆筒体直径和高度

圆筒体直径是构成旋风除尘器的最基本尺寸。旋转气流的切向速度对粉尘产生的离心力与圆筒体直径成反比，在相同的切线速度下，筒体直径 D 越小，气流的旋转半径越小，粒子受到的离心力越大，尘粒越容易被捕集。因此，应适当选择较小的圆筒体直径，但若筒体直径选择过小，器壁与排气管太近，粒子又容易逃逸；筒体直径太小还容易引起堵塞，尤其是对于黏性物料。当处理风量较大时，因筒体直径小处理含尘风量有限，可采用几台旋风除尘器并联运行的方法解决。并联运行处理的风量为各除尘器处理风量之和，阻力仅为单个除尘器在处理它所承担的那部分风量的阻力。但并联使用制造比较复杂，所需材料也较多，气体易在进口处被阻挡而增大阻力，因此，并联使用时台数不宜过多。筒体总高度是指除尘器圆筒体和锥筒体两部分高度之和。增加筒体总高度，可增加气流在除尘器内的旋转圈数，使含尘气流中的粉尘与气流分离的机会增多，但筒体总高度增加，外旋流中向心力的径向速度使部分细小粉尘进入内旋流的机会也随之增加，从而又降低除尘效率。筒体总高度一般以 4 倍的圆筒体直径为宜，锥筒体部分,由于其半径不断减小,气流的切向速度不断增加,粉尘到达外壁的距离也不断减小,除尘效果比圆筒体部分好。因此,在筒体总高度一定的情况下,适当增加锥筒体部分的高度,有利于提高除尘效率。一般圆筒体部分的高度为其直径的 1.5 倍,锥筒体高度为圆筒体直径的 2.5 倍时,可获得较为理想的除尘效率。

（3）排气管直径和深度

排风管的直径和插入深度对旋风除尘器除尘效率影响较大。排风管直径必须选择一个合适的值,排风管直径减小,可减小内旋流的旋转范围,粉尘不易从排风管排出,有利于提高除尘效率,但同时出风口速度增加,阻力损失增大;若增大排风管直径,虽阻力损失可明显减小,但由于排风管与圆筒体管壁太近,易形成内、外旋流"短路"现象,使外旋流中部分未被清除的粉尘直接混入排风管中排出,从而降低除尘效率。一般认为排风管直径为圆筒体直径的 0.5~0.6 倍为宜。排风管插入过浅,易造成进风口含尘气流直接进入排风管,影响除尘效率;排风管插入深,易增加气流与管壁的摩擦面,使其阻力损失增大,同时,使排风管与锥筒体底部距离缩短,增加灰尘二次返混排出的机会。排风管插入深度一般以略低于进风口底部的位置为宜。由于旋风除尘器单位耗钢量比较大,因此在设计方案上比较好的方法是从筒身上部向下的材料由厚逐渐变薄。

（二）半精细除尘设备

半精细除尘设备包括洗涤塔、溢流文氏管。

1. 洗涤塔

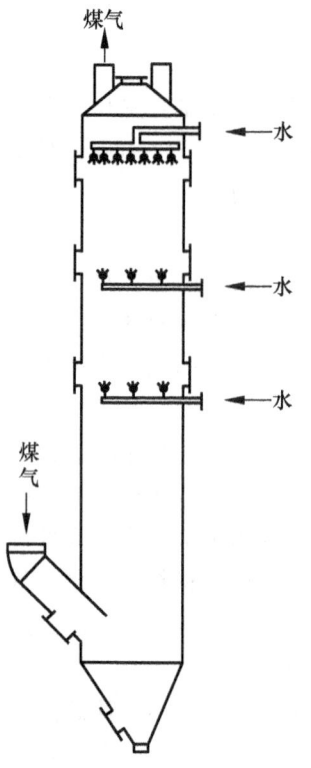

图 3-1-5 洗涤塔

洗涤塔是一种新型的气体净化处理设备,如图 3-1-5 所示。它是在可浮动填料层气体净化器的基础上改进而产生的,广泛应用于工业废气净化、除尘等方面的前处理,净化效果很好。对煤气化工艺来说,无论什么煤气化技术都用到这一单元操作。由于其工作原理类似洗涤过程,故名洗涤塔。洗涤塔与精馏塔类似,由塔体、塔板、再沸器、冷凝器组成。由于洗涤塔是进行粗分离的设备,所以塔板数量一般较少,通常不会超过十级。洗涤塔适用于含有少量粉尘的混合气体分离,各组分不会发生反应,且产物应容易液化,粉尘等杂质（也可以称之为高沸物）不易液化或凝固。当混合气从洗涤塔中部通入洗涤塔,由于塔板间存在产物组分液体,产物组分气体液化的同时蒸发一部分,而杂质由于不能被液化或凝固,当通过有液体存在的塔板时将会被产物组分液体固定下来,产生洗涤作用,洗涤塔就是根据这一原理设计和制造的。

在使用过程中再沸器一般用蒸汽加热,冷凝器用循环水导热。在使用前应建立平衡,即通入较纯的产物组分用蒸汽和冷凝水调节其蒸发量和回流量,使其能在塔板上积累一定厚度液体,当混合气体组分通入时就能迅速起到洗涤作用。在使用过程中要控制好一个液位、两个温度和两个压差等几个要点,即洗涤塔液位、气体进口温度、塔顶温度、塔间压差(洗涤塔进口压力与塔顶压力之差)、冷凝器压差(塔顶与冷凝器出口压力之差)。一般来说,气体进口温度越高越好,可以防止杂质凝固或液化不能进入洗涤塔,但是也不能太高,以防系统因温度过高而不易控制。控制温度的同时还需保证气体流速,即进口的压力不能太小,以便粉尘能进入洗涤塔。混合气体通入洗涤塔后,部分气体会冷凝成液体而留在塔釜,调节再沸器的温度使液体向上蒸发,再调节冷凝器使液体回流至塔板,形成一个平衡。由于塔板上有一定厚度液体,所以洗涤塔塔间会有一定压差,调节再沸器和冷凝器时应尽量使压差保持恒定才能形成一个平衡。调节塔顶温度时应防止温度过高而使杂质气化或升华为气体而不能起洗涤作用,但冷凝温度也不宜过低,防止产物液体在冷凝器积液而影响使用。在注意以上要点的同时还需注意用再沸器调节洗涤塔的液位,为防止塔釜液中杂质浓度过高产生沉淀,应使其缓慢上涨。

2. 溢流文氏管

溢流文氏管是由文氏管发展而来的。它在低喉口流速和低压头损失的情况下不仅可以部分地除去煤气的灰尘,而且可以有效地冷却的一种管道装置。在众多高炉上已经采用溢流文氏管代替洗涤塔作为半精细除尘设备,效果很好。

它是由煤气入口管、溢流水箱、收缩管、喉口和扩张管等几部分组成。溢流水箱是避免灰尘在干湿交接面集聚,防止喉口堵塞的必备措施。

溢流水箱的水不断沿溢流口流入收缩段,以保证收缩段至喉口不断地有一层水膜,防止灰尘堵塞。

当煤气以高速通过喉时,与净化煤气的用水发生剧烈的冲击,使水雾化而与煤气充分接触,两者进行热交换后,煤气温度降低;同时,细颗粒的水使煤气中所带灰尘湿润而彼此凝聚沉降后,随水排除,以达到净化煤气的效果。

(三) 精细除尘设备

精细除尘设备包括文氏管、布袋除尘器、电除尘器。

1. 文氏管

文氏管作为高炉煤气精细除尘设备广泛被采用。只要是有足够的压力,文氏管完全可以把煤气含尘净化到 20 mg/m(标准状态)以下。它由收缩管、喉口和扩张管等部分组成。一般在收缩管前设有两层喷水管,在收缩管中心设有一个喷嘴。如图 3-1-6 所示。

2. 布袋除尘器

布袋除尘器是一种高效干式除尘装置,也称过滤式除尘器(袋式除尘器),

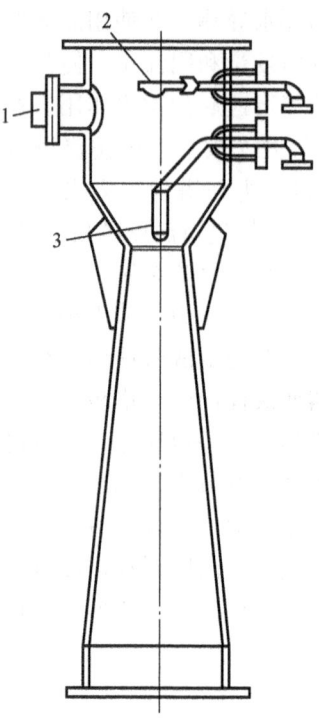

图 3-1-6 文氏管
1—人孔；2—螺旋形喷水嘴；
3—弹头式喷水嘴

它是依靠纤维滤料做成的滤袋，它是使含尘气体通过以纤维滤料制成的滤袋，依靠布袋黏附炉尘进行过滤，把含尘煤气中尘粒分离出来的除尘设备。

几乎对于一般工业中的所有粉尘，其除尘效率均可能达到99%以上。如果所用滤料性能好，设计、制造和运行得当，则其除尘效率甚至可以达到99.9%。通常滤袋多做成圆柱形，其直径为120~300 mm，长度可达10 m。为了使结构紧凑，滤袋也有做成扁袋的，其厚度及间距可以只有25~50 mm。特别是近40年来，由于新的合成纤维滤料的出现，清灰方法的不断改进以及自动控制和检测装置的使用，使袋式除尘器得到迅速发展，已成为各类高效除尘设备中最富竞争力的一种除尘设备。这种除尘器的显著优点是净化效率较高、工作比较稳定、结构比较简单、技术要求不复杂、操作方便、便于粉尘物料的回收利用等。用于高炉煤气净化的滤料布袋必须能耐高温、高压，并且使用寿命长和效率高。现在作为过滤高炉煤气的滤布为玻璃纤维织成并经有机硅油、石墨等处理过的玻璃纤维滤袋，它只能在250 ℃以下使用。目前正在研究与开发的有碳素纤维、不锈钢丝纤维、聚四氟乙烯纤维及表面经处理过的其他材料的不织毡滤料等，但这些滤料的价格太高。

其作用原理是尘粉在通过滤布纤维时因惯性作用与纤维接触而被拦截，滤袋上收集的粉尘定期通过清灰装置清除并落入灰斗，再通过出灰系统排出。

如图3-1-7所示，布袋除尘器主要由上部箱体、中部箱体、下部箱体（灰斗）、清灰系统和排灰机构等部分组成。

布袋除尘器除尘效果的优劣与多种因素有关，但主要取决于滤料。布袋除尘器的滤料就是合成纤维、天然纤维或玻璃纤维织成的布或毡。根据需要再把布或毡缝成圆筒或扁平形滤

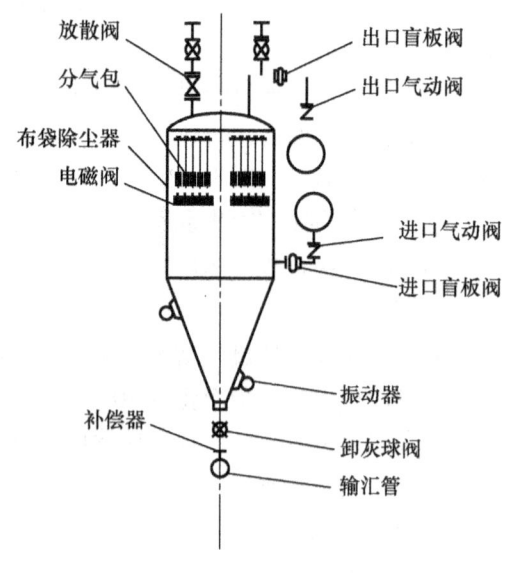

图 3-1-7 布袋除尘器的结构

袋。根据烟气性质，选择出适合于应用条件的滤料。通常，在烟气温度低于120 ℃，要求滤料具有耐酸性和耐久性的情况下，常选用涤纶绒布和涤纶针刺毡；在处理高温烟气（<250 ℃）时，主要选用石墨化玻璃丝布；在某些特殊情况下，选用碳素纤维滤料等。在需要煤铁石工况下还需要防爆防静电处理，那除尘布袋就要选择防静电丝的滤料。

（1）布袋除尘器滤袋的日常维护

① 正常运行过程中，建议每小时记录一次除尘室压差及除尘室入口温度。如有异常情况发生，应立即采取措施，加以解决。

② 定期检查除尘器各电气元件是否运转正常；定期检查气动元件用压缩空气质量，确保压缩空气干燥清洁。

③ 每个工作班必须检查一次除尘器灰斗排灰情况，确保灰斗积灰不超过灰斗的1/3高度。

④ 应随时监视排放情况，如发现烟囱冒灰，说明烟气短路，有掉袋或破袋现象出现，应及时查明并做出处理。

⑤ 经常检查脉冲用压缩空气的压力；确保除尘器清灰压力在标准范围内。

⑥ 定期对脉冲喷吹管的位置进行检查及必要的维护，避免由于脉冲喷吹管松动、走位、连接脱落而造成脉冲喷嘴中心与滤袋孔中心相偏差，导致滤袋损坏。

⑦ 经常检查除尘器各分室管道是否有粉尘堵塞现象，以及烟气挡板是否运行完好。

⑧ 经常检查除尘器分隔室门的密封情况，确保所有密封条件良好，不会有泄漏存在。

⑨ 一旦发现有滤袋破损，必须及时更换滤袋或封塞处理并记录该位置。

（2）布袋除尘器的分类

① 按滤袋的形状分为：扁形袋（梯形及平板形）和圆形袋（圆筒形）。

② 按进出风方式分为：下进风上出风及上进风下出风和直流式（只限于板状扁袋）。

③ 按袋的过滤方式分为：外滤式及内滤式。

（3）影响布袋除尘器的主要寿命

① 布袋除尘器的品种使用不当。

② 除尘器布袋的品质。

③ 过滤气速。

④ 粉尘负载、粉尘成分、粉尘特性。

⑤ 清洗方法，清洗频率，系统开机、停机次数，以及相关的维护工作。

（4）除尘布袋的堵塞

布袋发生堵塞时，使阻力增高，可由压差计的读数增大表现出来。布袋堵是引起布袋磨损、穿孔、脱落等现象的主要原因。

除尘布袋堵塞时一般采取下列措施。

① 暂时地加强清灰,以消除布袋的堵塞。

② 部分或全部更换布袋。

③ 调整安装和运行条件。

3. 电除尘器

电除尘器是利用强电场使气体电离,即产生电晕放电,进而使粉尘荷电,并在电场力的作用下,将粉尘从气体中分离出来的除尘装置。用电除尘的方法分离气体中的悬浮尘粒主要包括以下几个复杂而又相互有关的物理过程:施加高电压,产生强电场,使气体电离及产生电晕放电;悬浮尘粒的荷电;荷电尘粒在电场力作用下向电极运动;荷电尘粒在电场中被捕集;振打清灰。

干式静电除尘器如图3-1-8所示。

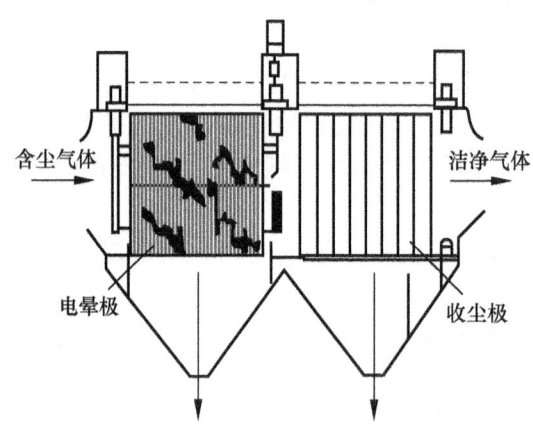

图3-1-8 干式静电除尘器

电除尘器是一种除尘效率高的精除尘设备,一般均在95%~99%,最高可达99.9%,可使矿尘含量除至0.2 g/m³以下,能除去粒度为0.01~100 μm的矿尘;设备生产能力范围较大,适应性较强;流体阻力小,一般在6 666 Pa以下。电除尘器有干式和湿式之分,湿式电除尘器操作连续、稳定,不会出现像干式电除尘器的矿尘返搅现象。但只能在较低温度下使用,因而被广泛用于煤气除尘中。电除尘器需要的设备材料较多,投资较大,对操作和维护的技术要求较高。

三、评价煤气除尘设备的主要指标

(一) 生产能力

指单位时间处理的煤气量,一般用每小时所通过的标准状态的煤气体积流量来表示。

（二）除尘效率

指标准状态下单位体积的煤气通过除尘设备后所捕集下来的灰尘质量占除尘前所含灰尘质量的百分数。即：

$$\eta = \frac{m_1 - m_2}{m_1} \times 100\% \qquad (3-1-1)$$

式中　η——除尘效率，%；

　　　m_1，m_2——分别为入口和出口煤气标态含尘量，g/m^3。

（三）压力降

压力降是指煤气压力能在除尘设备内的损失，以入口和出口的压力差表示。

（四）水的消耗和电能消耗

水、电消耗一般以每处理 1 000 m^3 标态煤气所消耗的水量和电量表示。

对煤气除尘的要求是生产能力大、除尘效率高、压力损失小、耗水量和耗电量低、密封性好等。

四、典型气化工艺除尘流程

（一）K-T法粉煤气化工艺流程

气流床气化的粗煤气温度高，固体颗粒含量也高。图3-1-9为K-T法粉煤气化工艺流程。

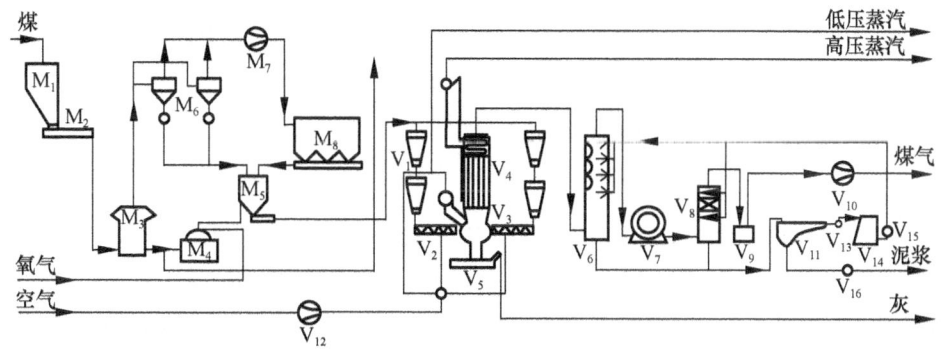

图3-1-9　K-T法粉煤气化工艺流程

M_1—原料煤料仓；M_2—原煤给料机；M_3—球磨机；M_4—热气体发生器；M_5—旋风分离器；M_6—粉煤料仓；M_7—风机；M_8—电除尘器；V_1—粉煤料斗系统；V_2—螺旋给料机；V_3—气化炉；V_4—废热锅炉；V_5—出灰机；V_6—冷却洗涤塔；V_7—泰生洗涤机；V_8—最终冷却器；V_9—气封槽；V_{10}—煤气鼓风机；V_{11}—洗涤水沉降槽；V_{12}—空气鼓风机；V_{13}—洗涤泵；V_{14}—洗涤水冷却塔；V_{15}—洗涤水泵；V_{16}—泥浆泵

粉煤经螺旋给料机送入气化炉氧化区，产生高达 2 000 ℃ 的火焰区，煤的气化又使温度下降，火焰末端即气化炉中部的温度为 1 500 ℃ ~ 1 600 ℃，煤中大部分灰分在火焰区被熔化，以熔渣形式沿炉壁下流，进入熔渣水淬池成粒状，由出灰机移走。对于大多数煤,有50%以上的灰渣成为熔渣进入熔渣水淬池。煤气向上经废热锅炉回收热量产生高压蒸汽,同时降低煤气自身温度到300 ℃左右。气体再经喷射进入冷却洗涤塔,以除去90%的灰尘,同时温度降至35 ℃。通过泰生洗涤机和最终冷却器,使煤气含尘量小于10 mg/m³,有时还需静电除尘达到2 mg/m³。也有采用二级文丘里洗涤器除尘的。

(二) 直接急冷式的德士古气化流程

图3-1-10为直接急冷式的德士古气化流程,该流程中,固体颗粒的清除是在急冷室5和质点洗涤器10中完成的。

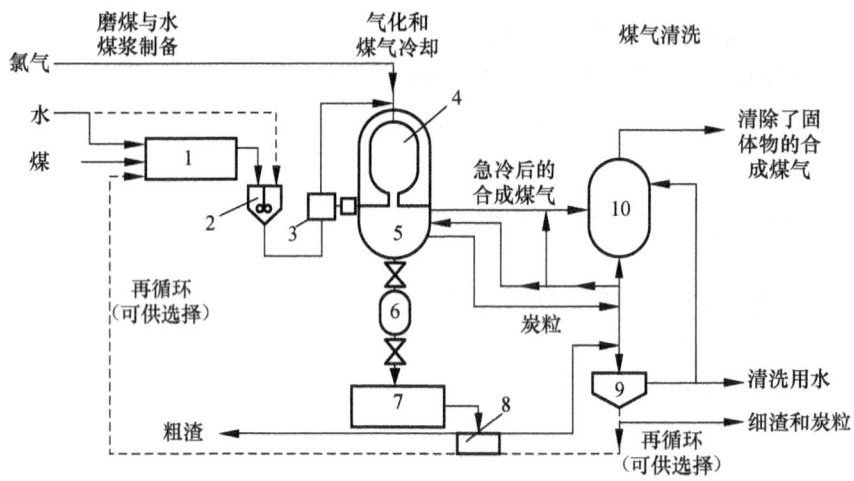

图3-1-10 直接急冷式的Texaco气化流程
1—湿式磨煤机;2—水煤浆储箱;3—水煤浆泵;4—气化炉;5—急冷室;6—锁气式排渣斗;7—炉渣贮槽;8—炉渣分离器;9—沉降分离器;10—质点洗涤器

许多加压移动床气化工艺中,出气化炉的煤气往往也是先经过水洗急冷后,再经废热锅炉回收煤气中的余热,然后再进一步洗涤除尘。而流化床工艺(如高温温克勒气化工艺、灰熔聚流化床气化工艺)中,出气化炉煤气经旋风分离器进行初级除尘后,先经废热锅炉回收余热后,再经水洗急冷以除去粉尘。

(三) 鲁奇 (Lurgi) 气化法

移动床气化有连续法和间歇法之分。连续法中最有代表性的是鲁奇(Lurgi)气化法。间歇法在我国中小型氮肥厂和中小型城市煤气厂生产中还在广泛使用。

鲁奇气化过程为加压操作,气体中含有焦油和油,粗煤气的预净化比较复杂。从气化炉出来的粗煤气温度为427 ℃~437 ℃,气体首先通过急冷冷却器,而后通过废热锅炉,离开时温度约为154 ℃。焦油、油和冷凝液在此处收集予以分离。重质焦油(大部分颗粒物质积聚在此焦油内)返回到气化炉。接着进行两级气体间接冷却,在第一级即中间收集余下的焦油、油和水。在第二级,气体被冷却到 30 ℃ ~ 38 ℃,此处只收集油和水。最后,为了脱除轻质油,用洗油对气体进行逆流洗涤。制取高热值煤气时,在废热锅炉后的工序中加入变换炉。这种配置方式可使气体的冷却和再加热都简化到最低程度。

典型的鲁奇净化流程如图 3 - 1 - 11 所示。

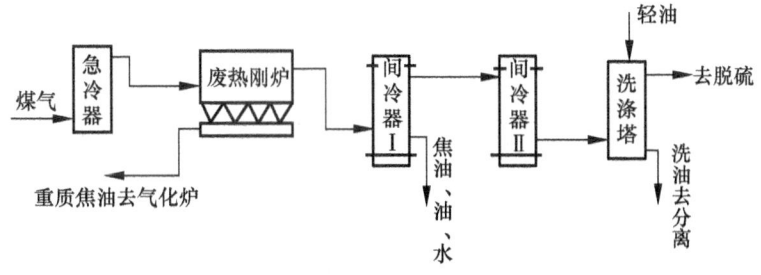

图 3 - 1 - 11 典型鲁奇净化流程

该流程同时生产 6 种不同的副产物,即焦油、油、石脑油、粗酚、氨和硫。氨可从水中回收,而硫可从酸性气体脱除过程中回收。其他副产物需要进行提浓,将这些物料提浓才可成为销售产品。这些副产物中,苯和酚宜于销售,而其他产品销售则成问题。所以许多厂家将不需要的副产物返回气化炉转化成气体。

前面介绍的固体颗粒脱除方法,都是在脱除粗煤气中固体颗粒的同时,将气体冷却降温。然而在有些应用场合,趁热清除气体内的微粒杂质,并在高温下脱除各种有害的硫化物,可能是有利的,这样就不必使气体冷却然后在燃烧时重新加热。例如燃气透平,但现代技术的燃气透平还不能使用高温燃料。

五、生产操作

(一) 静电除尘开车

1. 常规检查

① 设备检修完毕,检修用接地线拆除,现场杂物及工具等清理完毕,检修人员全部撤出,现场照明充足。

② 检查阴、阳极板,槽板,均气孔板各部位应无尖角毛刺。

③ 检修阴、阳极板及槽板,均气板各部位(包括振打系统)螺栓、螺母应拧紧或焊好,链轮完好,地脚螺栓、安全防护罩牢固完整。

④ 检查各槽板、均气板悬吊位置正确无偏斜,板与板之间间隔应均匀;检查阴、阳板无积灰搭桥和电晕线肥大现象。

⑤ 检查各振打电机及减速器是否转动灵活,各润滑部位加入充足的润滑油(脂),并将现场控制柜内开关置于"远传控制"位置。

⑥ 检查各部位焊缝正常,牢固可靠,气密性应良好。

⑦ 检查灰斗加热、大梁加热及阴极瓷轴加热装置完好,保温层敷设完整牢

固，阀门位置正确，开关灵活。

⑧ 检查箱式冲灰器应完整，无积灰和堵灰，开启各冲灰水门时，水量应充足，水封应良好；卸灰插板应灵活，启闭自如。

⑨ 检查高、低压电源设备接线是否准确无误，各保险装置是否完整可靠并在断开位置。

⑩ 除尘器外壳及高压整流变压器正、负极电缆连线应完整并牢固。

⑪ 高压隔离开关操纵机构灵活，并置于"接地"位置。

⑫ 电除尘本体接地电阻小于 2 Ω；高压网络的绝缘电阻应大于 1 000 MΩ；各振打电机及其电缆电阻应大于 0.5 Ω。

⑬ 电除尘控制面板上表计、开关操作把手齐全、完好，位置正确；电场控制系统及各调节器完好，电源电压正常；声光报警正常完好。

2. 验收检查

验收检查项目除上述常规检查项目外，还有如下几项。

① 检修同极、异极中心距应符合如下要求：同极中心距（400 ± 10）mm；异极中心距（200 ± 10）mm；阳、阴极轴与槽板均气板之间的最小距离亦应大于 150 mm。

② 检查各瓷柱支撑点接触平稳，受力均匀。

③ 检查阳极振打装置的锤头与承击砧接触位置是否符合要求。水平方向：锤头应在承击砧中心，误差为 ±2 mm；竖直方向：锤头应在承击砧中心线下 10 mm，误差为 ±5 mm，锤头处于铅垂状态时，与其承击砧的间隙为 0 ~ 10 mm。

④ 检查阴极振打装置、锤头与承击砧的接触位置应符合要求，误差小于 ±5 mm。

⑤ 检查阴极线无断骨及沾污长肥现象，极板无严重锈蚀，异极之间无杂物搭桥现象。

⑥ 灰斗内应无湿灰、堵灰和棚灰现象，灰位自动检测装置完好。

⑦ 各振打电机等转动机械试运合格；各加热（电加热、蒸汽加热）装置试投合格，温升正常，加热温度及温度控制系统符合要求；电场控制回路（二次回路）试验（高压硅整流变压器不送电即电场不送电）合格；气密性试验合格（漏风率≤3%）；气流分布正常；振打力、振打周期符合要求。

3. 除尘器电气部分试运行

电除尘器经过大、中修或重大设备改进后，需按下列要求进行分部试运行。

① 阴阳极振打机构的试运行。

● 脱开联轴器，送上电源，启动振打电机，检查转向是否正确，声音是否正常，空运转 60 ~ 90 min，再检查是否发热，自动、手动控制两种运行方式是否运行正常；空转结束后，停止振打电机并停电。

● 装上联轴器，送上电源，启动振打电动机，使之带动振打轴、锤运转 60 min，检查电机及减速机是否发热，核定振打周期是否准确。

● 检查各锤头之间的错位角度应符合设计要求，转动灵活、无卡锤、掉锤、空锤现象，振打轴无晃动、卡涩现象；链轮及减速机等无咬齿、卡齿、撞击或严重磨损现象。

② 电加热器的加热试验。

● 开启阴极瓷轴保温箱及大梁（阴极悬吊绝缘子室）的电加热器，检查温升情况，并检查未通入热烟气时，其最高、最低温度自控调整系统是否灵敏可靠，即低温送电加热，高温停止加热，并对照控制温度与实测温度应一致。

● 调整最高温度为 110 ℃，最低温度为 100 ℃。

③ 有关电除尘气流分布试验、漏风率测试、振打力测试、冷态和热态伏安特性试验，应按有关试验要求进行。

4. 除尘设备的投入

（1）静电除尘器的启动

除尘器检修完毕，本体各部分接地线拆除，人孔门封闭并上锁，工作票签消后，方可进行电气除尘器的各项启动操作。操作前，先通知电气人员做好送电工作，并将除尘器顶部各高压隔离开关置于"电场"位置。

（2）加热装置的投入

① 锅炉点火前 4 h，投入阴极瓷轴电加热和大梁加热装置，其温升速度及温度控制范围应正常。

② 接到司炉"准备点火"通知，开启灰斗下部箱式冲灰器冲灰水门，其放灰管水封应正常，手动放灰门应关闭。

③ 各振打装置的投运。锅炉点火的同时，分别启动阴、阳极振打装置；将操作开关置于"手动（连续）"振打位置，检查转动及声音是否正常，后拨自"自动（周期）"振打状态；各振打装置的旋转方向是：从往 2#炉方向看，1#炉 3 个电场阳极振打为逆时针方向，3 个电场阴极振打为顺时针方向，在试运时不得出错。

④ 电除尘电场供电设备的投入。锅炉正常运行，接司炉令"油枪已停"，当排烟温度达到 100 ℃ 以上时，可进行电气除尘器电场投入操作。投入电场时，依次投入第一、二、三电场。电场投入程序如下。

● 将安全联锁开关置于接通状态。

● 合上控制柜内的控制电源保险，将控制柜门上的门锁开关处于接通状态。

● 按下控制器面板上的"复位"键，控制器右边八位数码管应显示 H。

● 将主回路空气开关扳到闭合位置。

● 按下控制面板上的"运行/停机"键。

● 检查各振打电机操作开关是否置于"自动（周期）"位置。

- 上述操作必须是前一项操作完毕,方可进行后一项操作,绝对不允许跨项或颠倒顺序进行操作;操作完毕,应立即向司炉汇报,并检查一、二次电压、电流闪络等情况是否正常。

⑤ 除灰设备的投入。当电除尘器运行正常后,即投入除灰设备。除灰设备分气力输灰系统和水力除灰系统两部分。正常情况下,一般投入气力输灰系统。而在气力输灰系统故障时,投入水力除灰。其步骤如下。

- 开启冲灰水。
- 开启水灰侧的手动闸阀(1#炉电动三通置于"水力除灰"位置,全开手动放灰闸阀)。
- 启动电动锁气器运行,调节水量,使箱式冲灰器运行正常。

(二) 静电除尘器停车

① 在锅炉停炉、风机停运后,应停止电除尘电场运行。

② 当锅炉投入油枪时,不允许电除尘电场投入运行。

③ 停止电场供电设备的操作程序如下。

- 按下控制面板上的"运行/停机"键(或"复位"键)。
- 将主回路开关扳到断开位置。
- 停止电场供电时,应先停第一电场,然后再停第二电场、第三电场。
- 上述操作必须是前一项操作完毕,方可进行其下项操作,绝对不允许跨项或颠倒顺序进行操作;操作完毕,应向司炉汇报。

④ 锅炉停炉熄火后,电除尘振打装置置于"手动(连续)"方式下,连续振打 8 h,方可进行各振打装置的停运操作;操作时,先停第一电场振打,再停第二电场振打、第三电场振打。

⑤ 各振打装置停运后,箱式冲灰器冲灰水恢复为清水时,关闭卸灰手动闸板,停运电动锁气器,关闭箱式冲灰器冲灰水门,并将电动三通置于水力除灰侧。电除尘设备需检修时,通知仪表工关闭灰斗料位计电源。

⑥ 灰斗内积灰排尽(冲灰器流清水)后,停止阴极瓷轴及绝缘子室加热。

⑦ 电除尘器各电气设备停运后,根据电除尘设备检修要求,可进行电气设备的停电操作。

- 将各振打、加热控制箱刀熔开关拉至"断开 OFF"位置。
- 低压控制框背面空气开关打至"断开"位置。
- 断开控制器电源开关或保险。
- 将各控制盘锁上。
- 将安全联锁开关打至"断开"位置,并抽出钥匙,高压控制柜柜门上的门锁开关置于"断开"位置。
- 通知电气人员进行停电操作。
- 将高压隔离开关拨至"接地"位置。

- 上述操作应有人监护，不允许跨项、颠倒顺序或几项同时操作；操作完毕，应向司炉汇报。

⑧ 锅炉压火，静电除尘不涉及检修时，可按相关操作进行，振打加热装置均可不停运，输灰系统根据灰斗积灰状况决定是否停运。

项目二

脱　　硫

教学目标：

（1）能力目标
① 能够分析煤气脱硫的原理和意义。
② 能够进行煤气脱硫生产方法的选择。
③ 能够根据脱硫原理进行工艺条件的确定。
④ 能够认真执行工艺规程和岗位操作方法，完成装置正常操作。

（2）知识目标
① 了解煤气脱硫的意义。
② 掌握煤气脱硫的基本原理和工艺流程。
③ 理解煤气脱硫设备的工作原理和工作过程。

以煤、天然气、石脑油、重油等化石燃料为原料进行气化所产生的粗煤气，都含有酸性成分杂质硫化物，硫化物以无机硫化物（H_2S）或有机硫化物（COS）的形式转化到气相中。有机硫化物在较高的温度下又几乎可以全部转化成硫化氢。因此，在通常情况下，粗煤气中绝大部分的硫以硫化氢的形式存在。硫化氢在常温下是一种带刺鼻臭味的无色气体，其密度为 1.539 kg/m^3。硫化氢及其燃烧产物二氧化硫会对空气造成污染，对人体有毒害性，空气中含有 1% 硫化氢时就会危及人的生命。另外，硫化氢及其燃烧产物的危害性还在于对煤气管道、煤气相关设备有严重的腐蚀作用。煤气的脱硫工艺不仅可以提高煤气的质量，达到工艺的使用标准，而且，对加强人类的环境保护也具有积极的意义。所以粗煤气在使用前必须进行脱硫，脱硫工艺主要围绕硫化氢的脱除问题进行。

一、煤气脱硫方法的分类

煤气的脱硫方法按脱硫剂的状态可分成干法脱硫工艺和湿法脱硫工艺。

（一）干法脱硫

干法脱硫按脱硫剂的性质可分为 3 种类型。
① 加氢转化催化剂型。如铁钼、钴钼、镍钴钼等。
② 吸收型或转化吸收型。如氧化锌、氧化铁、氧化锰等。
③ 吸附型。如活性炭、分子筛等。

按净化后含 H_2S 浓度不同又可分为粗净化（1×10^{-3} kg/m³）、中等净化（2×10^{-5} kg/m³）和精细净化（1×10^{-6} kg/m³）。在含有机硫化合物时，首先要将有机硫化合物转化成无机硫化合物，以便进一步除去。

煤气的干法脱硫最初用固态消石灰作为脱硫剂，后改用天然沼铁矿及用铁矾土生产氧化铝时产生的铁泥等制备的脱硫剂（含有氢氧化铁）。干法脱硫工艺简单、技术成熟可靠，具有脱硫效率高、操作简便、设备简单、维修方便、可较完全地除去煤气中的硫化氢和大部分氰化氢等优点。除采用氢氧化铁法外，干法脱硫均能同时脱除硫化氢和部分有机硫化物。但干法脱硫反应速率缓慢、设备体积庞大、操作不连续、劳动强度大、使用前后期脱硫效率和阻力变化较大、较难回收硫黄、脱硫剂再生困难、不宜于含硫较高的煤气等缺点。在气体中含硫量高而净化要求又较高的情况下，不能单独使用，一般与湿法脱硫相配合，作为二级脱硫使用。我国许多焦化厂采用氢氧化铁法进行焦炉煤气的干法脱硫，而在合成氨厂则主要应用于脱除有机硫化物和气体中微量硫。

（二）湿法脱硫

湿法脱硫可分为化学吸收法、物理吸收法和物理 - 化学吸收法，如图 3 - 2 - 1

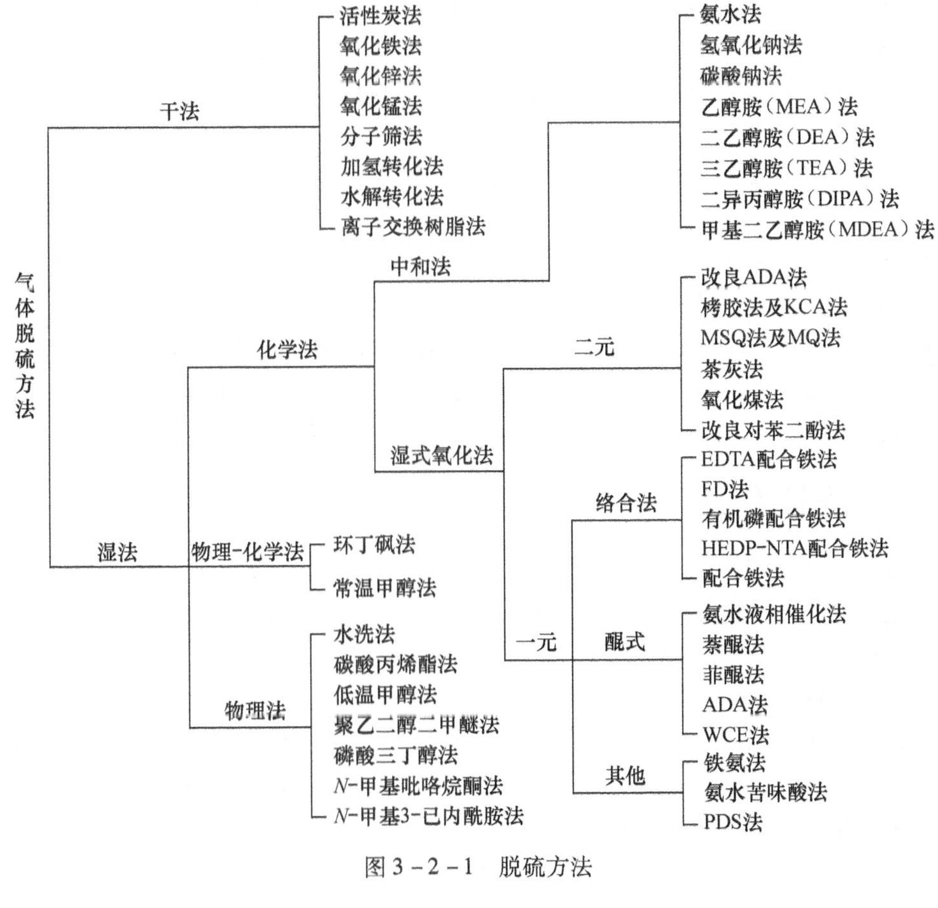

图 3 - 2 - 1 脱硫方法

所示。化学吸收法又分为中和法和湿式氧化法。

① 化学吸收法是以弱碱性溶液为吸收剂,与 H_2S 进行反应而形成有机化合物,当吸收富液温度升高,压力降低时,该化合物即分解放出 H_2S。这类方法主要有烷基醇胺法、改良热钾碱法、碳酸钠法、氨水中和法等。

② 物理吸收法是利用有机溶剂为吸收剂进行脱硫,完全是物理过程。吸收硫化氢后的溶液,当压力降低时,即放出硫化氢而吸收剂复原。如低温甲醇法、NHD 法等。此外,也可以用固体作吸收剂,如分子筛、活性炭和氧化铁箱来脱除气体中的硫。

③ 物理-化学吸收法其吸收液由物理溶剂和化学溶剂组成,因而其兼有物理吸收和化学反应两种性质。例如环丁砜法用环丁砜和烷基醇胺的混合物作吸收剂,烷基醇胺对硫化氢进行化学吸收,而环丁砜对硫化氢进行的是物理吸收。此处还有常温甲醇法等。

湿式氧化法是利用含有催化剂的碱溶液吸收硫化氢,再生时利用催化剂使空气中的氧将硫化氢氧化成单质硫,吸收剂被还原。湿式氧化法主要有改良 ADA 法、萘醌法、氨水催化法、EDTA 法、栲胶法、PDS 法等。

选择脱硫方法的原则是,在满足生产需要的前提下,价格尽量便宜。根据不同原料气中硫化物的形态,将不同的脱硫方法进行排列组合,构成不同的脱硫工艺,以达到脱硫效果最佳,运行费用最低。例如煤气和半水煤气中硫的形态主要为 H_2S 和 COS,传统的方法是采用高温钴钼加氢转化,再用 ZnO 精脱。该工艺的缺点是需要高温热源,能耗高,费用高,目前可采用的流程是:湿法脱硫→COS 水解→常温精脱工艺。其优点是能耗低、硫容高,与常温 ZnO 脱硫相比价格便宜得多。再如焦炉气中硫成分复杂,可采用湿法脱硫→钴钼加氢转化→锰矿→中温精脱工艺。天然气中若只含有少量的 H_2S 及 RSH,可以单独使用 ZnO 脱硫剂。若含有 RSR、C_4H_4S 等复杂的有机硫化物,则应采用钴钼加氢转化后加 ZnO 精脱,如果总硫含量较高,应先用湿法脱硫工艺脱除大部分 H_2S,然后用钴钼加氢转化,再用锰矿脱去大部分的 RSH,最后用 ZnO 精脱。

二、干法脱硫

煤气干法脱硫技术应用较早,最早应用于煤气的干法脱硫技术是以沼铁矿为脱硫剂的氧化铁脱硫技术。之后,随着煤气脱硫活性炭的研究成功及其生产成本的相对降低,活性炭脱硫技术也开始被广泛应用。

干法脱硫多用于精脱硫,对无机硫和有机硫都有较高的净化度。不同的干法脱硫剂,在不同的温区工作,由此可划分为低温(常温和低于 100 ℃)脱硫剂、中温(100 ℃~400 ℃)脱硫剂和高温(>400 ℃)脱硫剂。我国有关院所开发成功多种型号的低温、中温脱硫剂,西北化工研究院开发成功高温脱硫剂。

干法脱硫由于设备简单、操作平稳、脱硫精度高,已被各种原料气的大中小型氮肥厂、甲醇厂、城市煤气厂、石油化工厂等广泛采用，对天然气、半水煤气、变换气、炭化气、各种燃料气进行脱硫，都有良好的效果。特别是在常、低温条件下使用的，易再生的脱硫剂将会有非常广泛的应用前景。但干法脱硫的缺点是反应较慢、设备庞大，且需多个设备进行切换操作；干法脱硫剂的硫容量有限，对含高浓度硫的气体不适应，需要先用湿法粗脱硫后，再用干法精脱把关。

（一）氧化铁法

氧化铁法是一种古老的干式脱硫法，早先用于城市煤气净化，经过不断改进，该法的应用范围不断扩大，目前氧化铁法脱硫已从常温扩大到中温和高温领域。最早使用的氧化铁脱硫剂为沼铁矿和人工氧化铁，为增加其孔隙率，脱硫剂以木屑为填充料，再喷洒适量的水和少量熟石灰，反复翻晒制成，其pH值一般为8~9，该种脱硫剂脱硫效率较低，必须塔外再生，再生困难，不久便被其他脱硫剂所取代。现在TF型脱硫剂应用较广，该种脱硫剂脱硫效率较高，并可以进行塔内再生。

氧化铁脱硫剂是一种以活性氧化铁（Fe_2O_3）的水合物为主要脱硫成分的一种脱硫剂。常温下，氧化铁（Fe_2O_3）分为α-水合物和γ-水合物，两种水合物都具有脱硫作用。非水合物的氧化铁常温下不具有脱硫作用。因操作温度的不同，脱硫剂的热力学状态、脱硫反应的机理、脱硫性能都不一样。为使用方便，将氧化铁脱硫过程按温度不同划分为3种温区，表3-2-1给出了各种方法的特点。

表3-2-1 各种氧化铁脱硫法的特点

方法	脱硫剂组分	使用温度/℃	脱除对象	生成物
常温脱硫	$FeOOH \cdot H_2O$	25~35	H_2S、RSH	$Fe_2S_3 \cdot H_2O$
中温脱硫	Fe_2O_3	350~400	H_2S、RSH、COS、CS_2	FeS、FeS_2
中温铁碱	$Fe_2O_3 \cdot Na_2CO_2$	150~380	H_2S、RSH、COS、CS_2	Na_2SO_4
高温脱硫	$ZnFe_2O_3$ 等	>500	H_2S	FeS、ZnS

1. 基本原理

在常温时的情况如下。

（1）脱硫过程

脱硫剂呈碱性：$2FeOOH \cdot H_2O + 3H_2S \longrightarrow Fe_2S_3 \cdot H_2O + 5H_2O$ （3-2-1）

脱硫剂呈酸性或中性：$Fe_2O_3 \cdot H_2O + 3H_2S \longrightarrow 2FeS + 4H_2O + S$ （3-2-2）

（2）再生过程

脱硫后生成的硫化铁，在氧气存在下氧化析出硫黄，脱硫剂再生。

$$Fe_2S_3 \cdot H_2O + 2H_2O + 1.5O_2 \longrightarrow 2FeOOH \cdot H_2O + 3S \quad (3-2-3)$$

$$2FeS + H_2O + 1.5O_2 \longrightarrow Fe_2O_3 \cdot H_2O + 2S \quad (3-2-4)$$

按式（3-2-3）进行的再生反应速率很快，再生也较彻底；而按式（3-2-4）进行的再生反应在常温下很难进行，不仅反应速率慢，而且再生也不完全。所以在生产中应尽量使脱硫反应在碱性条件下进行，以避免式（3-2-4）反应的发生。

在中温时的情况如下。

（1）脱硫过程

$$3Fe_2O_3 + H_2 \longrightarrow 2Fe_3O_4 + H_2O \qquad (3-2-5)$$

吸收
$$Fe_3O_4 + H_2 + 3H_2S \longrightarrow 3FeS + 4H_2O \qquad (3-2-6)$$

$$FeS + H_2S \longrightarrow FeS_2 + H_2 \qquad (3-2-7)$$

（2）再生过程

$$3FeS + 4H_2O \longrightarrow Fe_3O_4 + 3H_2S + H_2 \qquad (3-2-8)$$

$$2Fe_3O_4 + 0.5O_2 \longrightarrow 3Fe_2O_3 \qquad (3-2-9)$$

$$2FeS + 3.5O_2 \longrightarrow Fe_2O_3 + 2SO_2 \qquad (3-2-10)$$

用于 150 ℃~180 ℃ 下的 $Fe_2O_3 \cdot Na_2CO_3$（中温铁碱脱硫剂）在原料气中含有 COS、CS_2 时，被水解为 H_2S，再被氧化为 SO_2、SO_3，最终被 Na_2CO_3 吸收成不可再生的 Na_2SO_4。

高温下，用铁酸锌脱硫时，发生以下反应：

$$ZnFe_2O_3 + 3H_2S \longrightarrow ZnS + 2FeS + 3H_2O \qquad (3-2-11)$$

氧化铁脱硫剂再生是一个放热过程，如果再生过快，放热剧烈，脱硫剂容易起火燃烧，这种火灾现象曾在多个企业发生。干法脱硫是在圆柱状脱硫塔内装填一定高度的脱硫剂，煤气自下而上通过脱硫剂，H_2S 被去除，实现脱硫过程，常用的脱硫剂为氧化铁，其粒状为圆柱状，氧化铁脱硫的原理如下：

$$Fe_2O_3 \cdot H_2O + 3H_2S \Longleftrightarrow Fe_2S_3 \cdot H_2O + 3H_2O \qquad (3-2-12)$$

由上面的反应方程式可以看出，Fe_2O_3 吸收 H_2S 变成 Fe_2S_3，随着煤气的不断产生，氧化铁吸收 H_2S，当吸收 H_2S 达到一定的量时，H_2S 的去除率将大大降低，直至失效。Fe_2S_3 是可以还原再生的，与 O_2 和 H_2O 发生化学反应可还原为 Fe_2O_3，原理如下：

$$2Fe_2S_3 \cdot H_2O + 3O_2 \Longleftrightarrow 2Fe_2O_3 \cdot H_2O + 6S$$

综合以上两反应式，煤气脱硫反应式如下：

$$H_2S + \frac{1}{2}O_2 \longrightarrow H_2O + S\downarrow \text{（反应条件是 } Fe_2O_3 \cdot H_2O\text{）}$$

$$(3-2-13)$$

由以上化学反应方程式可以看出，Fe_2O_3 吸收 H_2S 变成 Fe_2S_3，Fe_2S_3 要还原成 Fe_2O_3，需要 O_2 和 H_2O，通过空压机在脱硫塔之前向煤气中投加空气即可满足脱硫剂还原对 O_2 的要求。

2. 分类

(1) 根据原料不同分类

① 采用纯的水合氧化铁加上成型剂及造孔剂而成的脱硫剂。此种氧化铁脱硫剂所采用的是纯的水合氧化铁，而纯的水合氧化铁的生产工艺极其复杂和烦琐，因此，此法生产的脱硫剂水合氧化铁含量高，成本也较高，目前全国使用此方法生产脱硫剂的厂家并不多。如湖北化学研究所的 T703、翔豫化工的 XYF-2 型、宇新活性炭厂的宇新 2 号就是采用此法生产的。

② 采用硫酸亚铁与碱性物质加上成型剂及造孔剂而制成的脱硫剂。此种方法生产的脱硫剂由于原材料价格低廉，目前运用此法生产脱硫剂的厂家较多，但是水合氧化铁的含量较低。

③ 采用天然铁矿为原料而制成的脱硫剂。此种方法生产的脱硫剂，由于受原材料产地限制，目前在山西的厂家以此法生产的较多。

(2) 根据形状不同分类

根据形状不同可分为：粉状和圆柱状。

3. 影响脱硫的因素

(1) 温度

氧化铁脱硫剂的脱硫反应速率与温度有关，温度升高，活性增加；温度降低，活性减小。当温度低于 5 ℃ ~ 10 ℃ 时，脱硫的活性锐降。常温型氧化铁脱硫剂的使用温度以 20 ℃ ~ 40 ℃ 为宜，在此温度范围内，活性较大，硫容量大且较稳定。

(2) 压力

氧化铁脱硫是不可逆反应，故不受压力的影响。但提高压力可提高硫化氢的浓度，提高脱硫剂的硫容量；同时还可提高设备的空间利用率，减少设备投资。

(3) 脱硫剂的粒度

脱硫剂粒度越小，扩散阻力越小，反应速率越快；反之，则脱硫速率就慢。目前国内常低温型氧化铁脱硫剂为圆柱形，直径范围为 3 ~ 6 mm。

(4) 脱硫剂的碱度

为使脱硫反应按式（3-2-12）进行，必须控制脱硫剂为碱性，生成极易再生的 Fe_2S_3，使脱硫剂易于再生。

(5) 脱硫剂的水分含量

不同的脱硫剂，最适宜的水分含量也不一样。不论哪种常温氧化铁脱硫剂都要求一定的含水量，干燥的无碱脱硫剂几乎没有脱硫活性。若含水量太大，会使孔发生水封现象，使 H_2S 向孔内部的扩散发生困难，从而降低活性。TG 型脱硫剂的最适宜含水量在 5% ~ 15%。

(6) 气体中氧含量

当气体中有氧存在时，脱硫与再生可同时进行，从而可提高脱硫剂的硫容量，脱硫与再生过程的连续性就好。

(7) 气体中 CO_2 含量

虽然活性氧化铁与 H_2S 的反应具有很高的选择性，但是由于 CO_2 在脱硫剂表面碱性液膜中的溶解能降低脱硫剂的 pH 值，因而气体中含有 CO_2 能降低脱硫剂的活性。

除上述因素外，还有脱硫剂的比表面积和孔径，气体中的水含量、酸性组分、焦油含量等均对脱硫过程有影响。

4. 常用的氧化铁脱硫剂

工业常用氧化铁脱硫剂的性能见表 3-2-2。

表 3-2-2 常用氧化铁脱硫剂的使用条件

项目	型号										
	T501	TG-3	TG-4	TG-F	SN-2	NCT	HT	PM	SW	LA1-1	EF-2
外观	褐色条	红褐色	红褐色	褐黑片	褐红条	黄绿条	红褐条	红褐条	红褐色球	红褐片	
粒度/mm	$\phi 5\times(5\sim3)$	$\phi 5\times(5\sim15)$	$\phi 5\times(5\sim15)$	叶片 0.3~0.5	$\phi 4\times(4\sim10)$	$\phi 5\times(5\sim15)$	$\phi 5\times(5\sim15)$	$\phi 5\times(5\sim15)$	$\phi(2\sim10)$	$\phi 5\times(7\sim9)$	$\phi 3.5\times(5\sim15)$
堆积密度/(kg·L^{-1})	0.8~0.85	0.8~0.9	0.65~0.75		0.7~0.8	0.75~0.85	0.8~0.9	0.7~0.9	0.7~0.9	1.4~1.5	0.7~0.8
抗压碎力/(N·cm^{-1})	35	45	40		40	35	35	200	0.1	≥110	>50
使用压力/MPa	0.1~2.0	0.1~3.0	0.1~2.0	0.1~2.0	0.1~4.0	0.1~3.0	0.1~2.0	20~30	20~30	0.1~4.0	0.1~12
使用温度/℃	5~40	80~140	5~50	10~40	200~350	5~50	10~45	40~100	200	250~300	5~90
空速/h^{-1}	100~1000 <200	300~1000	300~1500	50~150	1000~2000 COS1~30 COS3	300~1500 200 1	100~1000 7~150	1000~2000 <20	500~3000	1000~2000 ≥1000 CCS200	1000~2000
入口 H_2S/($\mu g \cdot g^{-1}$)	1	1			1				≤50		
出口 H_2S/($\mu g \cdot g^{-1}$)	20	累计30	累计60	累计	20				累计60	≥20	>15
容量/%	<80			30~60							
再生温度/℃	不再生	<80		20~60	450~550	20	20	25		450~550	30~60

氧化铁脱硫剂因其硫容大、价格低、可在常温下空气再生等特点在近几年迅速推广，更主要的原因是可以在无氧条件下脱硫气源中的 H_2S（活性炭无氧条件下不脱硫），经过近几年的改进，使氧化铁的耐水强度、脱硫精度得到了很大的

提高，适应了大多数工业的脱硫工程。

氧化铁脱硫剂主要应用在高硫化氢的气源环境下、无氧或氧含量低的环境中。如沼气、煤气、水煤气、焦化气的硫化氢脱除。

（二）氧化锌法

1. 现状

国内"氧化锌烟灰脱硫及脱硫副产物综合利用"课题，在20世纪80年代初由水口山矿务局和中南矿冶学院等单位合作进行过研究，并建立了8 000 Nm^3/h 烟气量的工业性试验装置，但因若干关键技术问题未解决而未能工业应用。2000年以来，中国云南铜业集团公司和广西来宾冶炼厂等一些大型铅锌冶炼企业，都相继建立了氧化锌脱硫工业装置，均因为关键技术问题未解决而没有成功。

国外，日本、韩国、德国、美国虽有工业应用，但有的国外企业对ZnO烟灰的品位和杂质要求较高。国内某厂曾与美国孟山都公司（世界最大的化工公司之一）联系，希望从该公司引进氧化锌脱硫技术，但费用却相当高昂，不得不让这家上市公司望而却步。

2002年，湘潭大学童志权教授主持成功研发了低品位ZnO烟灰脱硫及硫、锌资源回收技术。该技术于2004—2006年在广州华立公司先后有3套烟气脱硫系统成功投入运行。

2009年，童志权教授与四川清源环境工程有限公司合作，将这一处于世界领先、国内独有的氧化锌脱硫技术付诸实施。先后在云南金鼎锌业有限公司及西部矿业股份有限公司锌业分公司的烟气脱硫工程中获得了非常成功的应用（这也是目前国内唯一的两个氧化锌脱硫技术的成功应用案例）。至今，项目运行正常，无结垢、堵塞等现象。铅锌冶炼企业若利用氧化新脱硫技术进行脱硫治理，不仅可以高效地达到或超过国家相关排放标准，而且还能在以废治废的同时，为企业创造一定的经济效益。这不得不说氧化锌脱硫是一项利国利民、以废治废、节能减排的高科技脱硫技术。

2. 基本原理

氧化锌脱硫以其脱硫精度高、使用便捷、稳妥可靠、硫容量高等特点，广泛地应用于合成氨、制氢、煤化工、石油精制、饮料生产等行业，以脱除天然气、石油馏分、油田气、炼厂气、合成气（$CO + H_2$）、二氧化碳等原料中的硫化氢及某些有机硫化物。氧化锌脱硫可将原料气中的硫含量脱除至 0.5×10^{-6}，甚至 0.05×10^{-6} 以下。

脱硫过程的化学反应为：

$$ZnO + H_2S \longrightarrow ZnS + H_2O \qquad (3-2-14)$$

$$ZnO + C_2H_5SH \longrightarrow ZnS + C_2H_5OH \qquad (3-2-15)$$

$$ZnO + C_2H_5SH \longrightarrow ZnS + C_2H_4 + H_2O \qquad (3-2-16)$$

当气体中有氢存在时，羰基硫化物、二硫化碳、硫醇、硫醚等会在反应温度下发生转化反应，反应生成的硫化氢被氧化锌吸收。有机硫化物的转化率与反应温度有一定比例关系。噻吩类硫化物及其衍生物在氧化锌上与氢发生转化反应的能力很低。因此，单独用氧化锌不能脱除噻吩类硫化物，需借助于钴钼催化剂加氢转化成硫化氢后，才能被氧化锌脱硫剂脱除。

3. 主要影响因素及控制条件

影响氧化锌脱硫的因素较多，主要有下列几个方面。

（1）有害杂质

对氧化锌脱硫剂有毒害的杂质主要是氯和砷。氯与脱硫剂中锌在其表面形成氯化锌薄层，覆盖在氧化锌表面，阻止硫化氢进入脱硫剂内部，从而大大降低脱硫剂的性能；砷对脱硫剂有毒害，其含量一般应控制在0.001%以下。

（2）反应温度

一般情况下，氧化锌脱除硫化氢在较低温度（200 ℃）即很快进行。而要脱除有机硫化物，则要求在较高温度（350 ℃~400 ℃）下进行。操作温度的选择不仅要考虑反应速率、需要脱除的硫化物种类、原料气中水蒸气含量，还要考虑氧化锌脱硫剂的硫容量与温度的关系，提高操作温度可提高硫容量，特别是在200 ℃~400 ℃增加较明显。但不要超过400 ℃，以防止烃类的热解而造成结炭。

（3）空速与线速

脱硫反应需要一定的接触时间，如果空速太大，反应物在脱硫剂床层的停留时间过短，会使穿透硫容量下降。因此操作压力较低时，空速应选低一些。氧化锌吸收硫化氢的反应平衡常数很大，如果空速过小，则会导致气体线速度太小，从而使反应变成扩散控制。因此必须保证一定的线速度，也就是要选择合适的脱硫槽直径，一般要求脱硫槽的高径比大于3。

（4）操作压力

提高操作压力对脱硫有利，可大大提高线速度，有利于提高反应速率。因此操作压力高时，空速可相应加大。

（5）水蒸气含量

水蒸气的存在对氧化锌脱硫影响不大，但当水蒸气含量较高而温度也高时，会使硫化氢的平衡浓度大大超过对脱硫净化度指标的要求。而且水蒸气含量高时，还会与金属氧化物反应生成碱。氧化锌最不易发生水合反应，当催化剂中非氧化锌成分较高时，会不同程度地降低催化剂的抗水合能力。

另外，原料气中含硫化物的类型与浓度、二氧化碳含量、氢含量、氧含量等均对脱硫过程有影响。

4. 工艺流程

工业上为了能提高和充分利用硫容，采用了双床串联倒换法。如图3-2-2

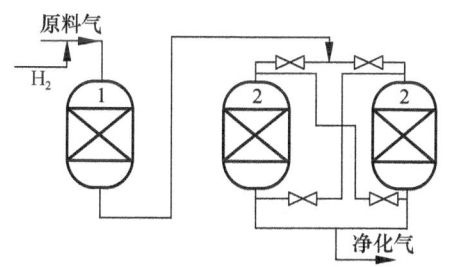

图 3-2-2 加氢转换串联氧化锌流程
1—加氢反应器；2—氯化锌脱硫槽

所示，一般单床操作质量硫容仅为13%~18%。而采用双床操作第一床质量硫容可达25%或更高。当第一床更换新ZnO脱硫剂后，则应将原第二床改为第一床操作。

氧化锌脱硫剂由于其脱硫净化度极高、稳定可靠，常放在最后把关。根据气液原料含硫化物的品种和数量不同，氧化锌脱硫剂常在下列6种情况下使用。

① 单用氧化锌。适用于含硫量低、要求精度高的场合。

② 和钴钼加氢转化催化剂或铁钼加氢转化催化剂串联使用。适用于含复杂有机硫化物净化气（如噻吩）的天然气、油田气、石油加工气、轻油等脱硫。

③ 酸性气洗涤后加钴钼和氢转化再加氧化锌。适用于油田伴生气之类总含硫量较高的气态烃脱硫。

④ 钴钼加氢转化后及被酸性气洗涤后再加氧化锌。适用于含有较高有机硫化物的液化石油气等气态烃脱硫。

⑤ 两个（或一个）钴钼和氢转化，其间设气提塔，后设氧化锌。适用于石脑油，含硫量小于$50×10^{-6}$时，可只用一个钴钼加氢转化槽。

⑥ 间接串联在湿法脱硫装置后，单独在低变炉前设置氧化锌脱硫槽，或在低变炉最上层铺一层氧化锌脱硫剂，以脱除变换气中残留的硫化物，保护低变催化剂。

此外，还有"加氢、湿法脱硫串氧化锌脱硫""湿法、加氢、氧化锰串氧化锌脱硫"等组合流程。

常用的氧化锌脱硫剂类型、氧化锌脱硫剂的主要型号、技术指标和使用条件如表3-2-3所示。

表 3-2-3 氧化锌脱硫剂主要型号、技术指标和操作条件

项目	型号										
	T302Q	T305	T306	T309	KT310	C7-2	HTZ-3	ICI32-4	TC-22	ICI75-1	R5-10
外观	深灰色球	浅黄色条	浅褐色条	灰白色条	白色条	浅黄色条	白色条	球	条	球	条
粒度/mm	$\phi(3.5$~$4.5)$	$\phi(3.5$~$4.5)$	$\phi4×(4$~$10)$	$\phi5×(5$~$10)$	$\phi5×(5$~$15)$	$\phi4×(4$~$8)$	$\phi4×(4$~$6)$	$\phi(3$~$4.8)$	$\phi4×(4$~$15)$	$\phi(3.2$~$5.1)$	$\phi4$
堆积密度/(kg·L^{-1})	0.8~1	1.1~1.3	1.8~1.2	1.1~1.2	0.9~1.0	1.15~1.25	1.4	1.1	0.9~1.1	0.84	1.4
径向抗压碎力/(N·cm^{-1})	>20	>40	≥50	≥50	≥50	≥40	20		≥40		20~30
磨耗/%	<6	<5									

续表

项目		型号										
		T302Q	T305	T306	T309	KT310	C7-2	HTZ-3	ICI32-4	TC-22	ICI75-1	R5-10
操作条件	温度/℃	200~350	200~400	180~400	常温	室温~40	200~425	350~400	350~450	20~50	150	200~400
	压力/MPa	2.8	0.1~4.0	4.0	2.0~3.0	不限	0.1~5.0	0.1~5.0	0.1~5.0	常压~3.0		0.1~5.0
	空速/h^{-1}		1 000~3 000	≤3 000		≤1 000	1 000~5 000			500~1 000		200~400
	穿透硫容量/%	>20	>22	>25	相对90%（室温）	≥10	18	25	18~25	≥10	20	25
	出口硫浓度/×10^{-6}	<1	<0.1	0.1	<0.1	<0.3	<0.2	0.1	<1	0.1		
	用途	保护低变催化剂	用于氨、甲醇厂脱硫	用于丁辛醇合成气脱硫	丁辛醇、丙烯脱硫	用于合成甲醇等常温脱硫	用于液态烃脱硫	用于烃油为原料脱硫	大型氨厂脱硫		用于丙烯等常温脱硫	
	产地	中国	中国	中国	中国	中国	美国	丹麦	英国	中国	英国	德国

6. 氧化锌脱硫的优点

（1）投资少

脱硫产物（亚硫酸锌等）的处理可与铅锌冶炼厂的生产工艺结合起来，即工厂原有的一些生产设备（如锌精矿沸腾焙烧炉、SO_2 制酸系统、硫酸锌溶液的净化、电解系统等）可作为脱硫副产品的回收设备。所以，与其他脱硫方法比较，本方法的投资是较少的，体现了因条件制宜的特点。

（2）运行费用低

使用铅锌冶炼过程的中间产物——ZnO 烟灰作脱硫剂脱除 SO_2 后，脱硫剂中的锌和烟气中的硫均转化为副产品，实现了硫、锌资源的综合利用。与其他脱硫方法相比，本方法省去了脱硫剂费用支出（在其他脱硫法中，脱硫剂费用占总运行费用的60%以上），只需动力、维修、工资等费用。因此，ZnO 脱硫的运行费用较低。

（3）不产生二次污染

由于锌和 SO_2 都回收利用，本方法不存在二次污染问题，而其他许多脱硫方法常存在这个问题，如用 NaOH 或 Na_2CO_3 脱硫，若直接排放脱硫产物 Na_2SO_3，则不仅消耗了碱，同时也未能回收烟气中的硫，且由于所排 Na_2SO_3 具有还原性，会增加环境水体的 COD，造成二次污染；若将含 Na_2SO_3 的脱硫液作为废水处理后排放，将大大增加处理成本。

（三）高温脱硫

煤气作为燃气轮机的燃料时，为了提高煤的热效率，从煤气化炉出来的煤气将不降低温度而直接进入燃气轮机。但煤气化时产生的 H_2S、COS、CS_2 及 HCl、HCN、NO_x 等组分高温进入燃气轮机时，会腐蚀叶片，降低燃气轮机的使用寿命，排放的气体也会污染环境。因而燃气轮机等工业中要求煤气中的硫含量低于 20×10^{-6}。在能源十分紧缺的今天，这就使得煤气的高温脱硫显得非常重要而迫切。

高温脱硫目前国外研究比较多，较有代表性的有氧化锡法、氧化铈法和熔融碳酸盐法。下面对这3种方法进行简要阐述。

1. 氧化锡及氧化铈脱硫

（1）氧化锡脱硫

TDA 研究中心受美国能源部委托，研究出了两段法脱硫工艺，即先用 SO_2 脱硫剂脱除90%（或50%）的 H_2S，然后用铁酸锌脱除剩余的 H_2S，使出口气中 H_2S 含量降低到 20×10^{-6}。主要的化学反应如下：

吸收：
$$SnO_2 + H_2 + H_2S \longrightarrow SnS + 2H_2O \quad (3-2-17)$$
$$ZnO + H_2S \longrightarrow ZnS + H_2O \quad (3-2-18)$$

再生：
$$ZnS + 1.5O_2 \longrightarrow ZnO + SO_2 \quad (3-2-19)$$
$$SnS + SO_2 \longrightarrow SnO_2 + S_2 \quad (3-2-20)$$

该法采用固定床反应装置，脱硫时反应器温度为570 ℃，温度低时，SnO_2 吸收的硫化氢较少；反应温度高时，吸附的硫化氢较多。再生温度为700 ℃时，无论水蒸气含量为多少，再生都比较完全。再生后可得副产物硫黄。

（2）氧化铈脱硫

美国路易斯安那州立大学化工系研究的用氧化铈作脱硫剂，在脱硫过程中的脱硫效果虽然不如氧化锌脱硫剂，但硫化后的产物 Ce_2O_2S 将与 SO_2 反应直接生成单质硫，在500 ℃～700 ℃的温度范围内能迅速有效地完成再生过程；并且只有单质硫产生，单质硫（认为主要是 S_2）在产物中的浓度可达20%（摩尔分数）。

硫化：$2CeO_2(s) + H_2(g) + H_2S(g) \longrightarrow Ce_2O_2S(s) + 2H_2O(g) \quad (3-2-21)$

再生：$Ce_2O_2S(s) + SO_2 \longrightarrow 2CeO_2(s) + S_2(g) \quad (3-2-22)$

2. 其他高温脱硫简介

（1）熔融碳酸盐脱硫

日本东京工业大学的 Yoshidal 利用熔融的碳酸盐作为脱硫剂，这种过程主要的优点是在600 ℃～800 ℃既可脱硫又可脱除氯。其熔融碳酸盐的组成是：$Li_2CO_3 : K_2CO_3 = 62 : 38$。合成气中 CO_2 和 H_2O 的存在对脱硫过程有不利影响。

（2）我国高温脱硫研究情况

我国是以煤为主要能源的国家，将煤转化为电能等清洁能源，是我国能源的发展趋势。高温脱硫是提高煤炭热利用率的重要步骤，对此我国对高温脱硫也进行了大量的研究，并且取得了一些成果，但仍然处于起步阶段。例如以氧化锌及氧化锌-氧化锰为主要成分的两种脱硫剂,可以在200 ℃~450 ℃下进行工作;以钢厂赤泥为原料的高温煤气脱硫剂研制及脱硫与再生研究,都取得了相应的进展。

3. 高温煤气脱硫存在的问题

国内外开发的高温煤气脱硫剂中,主要是金属氧化物及复合金属氧化物,其适应温区为300 ℃~900 ℃。虽然国外发达国家对高温煤气净化脱硫研究已有二十多年的历史,但至今未能实现工业化。目前大型以煤为原料的电厂均采用常温湿法脱硫工艺。主要原因有几个方面,如脱硫剂的粉化和高温煤气脱硫过程中的副反应等,高温脱硫工艺中的设备材质也是一大难题。

三、湿法脱硫

将气体中的硫化氢吸收至溶液中,以催化剂作为载氧体,使其氧化成单质硫,从而达到脱硫的目的。其化学反应可用下式表示:

$$H_2S + \frac{1}{2}O_2 \longrightarrow H_2O + S\downarrow \quad (3-2-23)$$

硫化氢为酸性气体,可用碱性物质作吸收剂,一般常用碳酸钠、氨水等。根据所选载氧体的不同,常见的湿式氧化法有改良ADA法、萘醌法、氨水催化法、改良砷碱法、络合铁法、栲胶法、MSQ法、MQ法等。湿法脱硫,最大的优点是能脱除气体中绝大部分的硫化物。湿法脱硫是一种比较适用和经济的方法,但存在脱有机硫能力差、脱硫精度不高的问题,一般用于含硫高、处理量大的气体脱硫。

(一)改良ADA法(亦称蒽醌二磺酸钠法)

1. 基本原理

ADA法是以蒽醌二磺酸钠(ADA)为催化剂,以稀碳酸钠溶液为吸收剂的脱硫、脱氰方法。但该方法反应时间较长,所需反应设备大,硫容量低,副反应大,应用范围受到很大限制。后来,在溶液中添加0.12%~0.28%的偏钒酸钠($NaVO_3$)作催化剂及适量的酒石酸钾钠($NaKC_4H_4O_8$)作络合剂,使溶液吸收和再生反应的速率大大增加,同时也提高了溶液的硫容量,该法已得到广泛应用,称为改良ADA法。这种方法的反应原理比较复杂,可分为以下4个阶段。

(1)第一阶段

在脱硫塔内用pH=8.5~9.2的稀碱液吸收硫化氢生成硫氢化物。

$$Na_2CO_3 + H_2S \Longleftrightarrow NaHS + NaHCO_3 \quad (3-2-24)$$

(2)第二阶段

在液相中,硫氢化物被偏钒酸钠和ADA迅速氧化成硫,而偏钒酸钠被还原成焦钒酸钠，ADA 变为还原态。

$$\text{[anthraquinone-2,6-disulfonate (oxidized ADA)]} + 2H_2O + 2HS^- \longrightarrow \text{[reduced ADA with OH groups]}$$

$$+ 2S\downarrow + 2OH^- \qquad (3-2-25)$$

$$2HS^- + 4HVO_4^{2-} \Longrightarrow HV_2O_5^- + 3OH^- + 2S\downarrow \qquad (3-2-26)$$

(3) 第三阶段

还原态 ADA 被空气中的氧气氧化成氧化态的 ADA，同时生成双氧水。

$$\text{[reduced ADA]} + 2O_2 \longrightarrow \text{[oxidized ADA]} + 2H_2O_2$$

$$(3-2-27)$$

双氧水氧化 V^{4+} 成 V^{5+}：

$$HV_2O_5^- + OH^- + H_2O_2 \Longrightarrow 2H^+ + 2HVO_4^{2-} \qquad (3-2-28)$$

$$H_2O_2 + HS^- \longrightarrow H_2O + S + OH^- \qquad (3-2-29)$$

(4) 第四阶段

反应式 (3-2-24) 中消耗的碳酸钠由反应式 (3-2-30) 生成的氢氧化钠得到了补偿。

$$NaOH + NaHCO_3 \longrightarrow Na_2CO_3 + H_2O \qquad (3-2-30)$$

恢复活性后的溶液循环使用。

当气体中含有二氧化碳、氧、氰化氢时，还有下列副反应发生：

$$Na_2CO_3 + CO_2 + H_2O \longrightarrow 2NaHCO_3 \qquad (3-2-31)$$

$$2NaHS + 2O_2 \longrightarrow Na_2S_2O_3 + H_2O \qquad (3-2-32)$$

$$Na_2CO_3 + HCN + S \longrightarrow NaCNS + NaHCO_3 \qquad (3-2-33)$$

$$2NaCNS + 5O_2 \longrightarrow Na_2SO_4 + 2CO_2 + SO_2 + N_2 \qquad (3-2-34)$$

气体中含有这些杂质是不可避免的。可见，总有一些碳酸钠消耗在副反应上，因而在进行物料衡算时，应把这些反应计入。

2. 影响溶液对硫化氢吸收速率的因素

影响溶液对硫化氢吸收速率的因素主要有溶液的组成、温度、压力等。

(1) 溶液的组成

溶液的组成包括总碱度、碳酸钠浓度、溶液的 pH 值及其他组分。

① 溶液的总碱度和碳酸钠浓度。溶液的总碱度和碳酸钠浓度是影响溶液对硫化氢吸收速率的主要因素。气体的净化度、溶液的硫容量及气相总传质系数，

都随碳酸钠浓度的增加而增大。但浓度太高，超过了反应的需要，将更多地按式(3-2-33)的反应生成碳酸氢钠。碳酸氢钠的溶解度较小，易析出结晶，影响生产；同时浓度太高，生成硫代硫酸钠的反应亦加剧。因此，碳酸钠的浓度应根据气体中硫化氢的含量来决定。在满足净化要求的情况下，碳酸钠的浓度应尽量取低些。目前国内在净化低硫原料气时，多采用总碱度为 0.4 mol/L、碳酸钠浓度为 0.1 mol/L 的稀溶液。随原料气中硫化氢含量的增加，可相应提高溶液浓度，直到采用总碱度为 1.0 mol/L、碳酸钠浓度为 0.4 mol/L 的浓溶液。

② 溶液的 pH 值。对硫化氢与 ADA/偏钒酸钠溶液的反应，溶液的 pH 值高对反应有利。而氧同还原态 ADA/焦钒酸钠反应，溶液 pH 值低对反应有利。在实际生产中应综合考虑。

③ 溶液中其他组分的影响。偏钒酸钠与硫化氢反应相当快。但当出现硫化氢局部过浓时，会形成"钒-氧-硫"黑色沉淀。添加少量酒石酸钠钾可防止生成"钒-氧-硫"沉淀。酒石酸钠钾的用量应与钒浓度有一定比例，即酒石酸钠钾的浓度一般是偏钒酸盐的一半左右。溶液中的杂质对脱硫有很大影响，例如硫代硫酸钠、硫氰化钠以及原料气中夹带的焦油、苯、萘等对脱硫都有危害。

(2) 温度

吸收和再生过程对温度均无严格要求。温度在 15 ℃ ~ 60 ℃ 均可正常操作。但温度太低，一方面会引起碳酸钠、ADA、偏钒酸钠等沉淀；另一方面，温度低，吸收速率慢，溶液再生不好。温度太高时，会使生成硫代硫酸钠的副反应加速。通常溶液温度需维持在 40 ℃ ~ 45 ℃，这时生成的硫黄粒度也较大。

(3) 压力

脱硫过程对压力无特殊要求，由常压至 68.65 MPa（表压）范围内，吸收过程均能正常进行。吸收压力取决于原料气的压力。加压操作对二氧化碳含量高的原料气有更好的适应性。

3. 工艺流程

煤气的生产方法不同、原料气的组成不同，设备选型、操作压力、生产流程都有所不同。但都少不了硫化氢的吸收、溶液的再生和硫黄的回收 3 个部分。此处仅介绍较有代表性的常压改良 ADA 法脱硫及加压 ADA 法脱硫生产工艺流程。

图 3-2-3 是脱除合成氨原料气中 H_2S 的工艺流程。煤气进吸收塔后与从塔顶喷淋下来的 ADA 脱硫液逆流接触，脱硫后的净化气由塔顶引出，经气液分离器后送往下道工序。

吸收 H_2S 后的富液从塔底引出，经液封进入溶液循环槽，进一步进行反应后，由富液泵经溶液加热器送入再生塔，与来自塔底的空气自下而上并流氧化再生。再生塔上部引出贫液经液位调节器，返回吸收塔循环使用。再生过程中生成的硫黄被吹入的空气浮选至塔顶扩大部分，并溢流至硫黄泡沫槽，再经过加热搅拌、静置、分层后，硫黄泡沫至真空过滤器过滤，滤液返回循环槽。

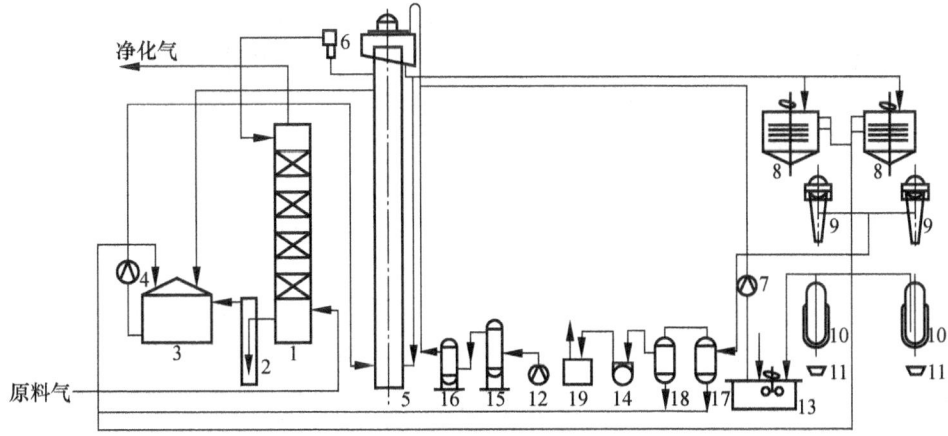

图 3-2-3 塔式再生改良 ADA 法脱硫工艺流程

1—吸收塔；2—液封；3—熔液循环槽；4—富液槽；5—再生塔；6—液位调节器；7—泵；8—硫黄泡沫槽；9—真空过滤器；10—熔硫斧；11—硫黄铸模；12—空气压缩机；13—溶液加热器；14—真空泵；15—缓冲罐；16—空气过滤器；17—滤液收集器；18—分离器；19—水封

图 3-2-4 为加压 ADA 法脱硫工艺流程。

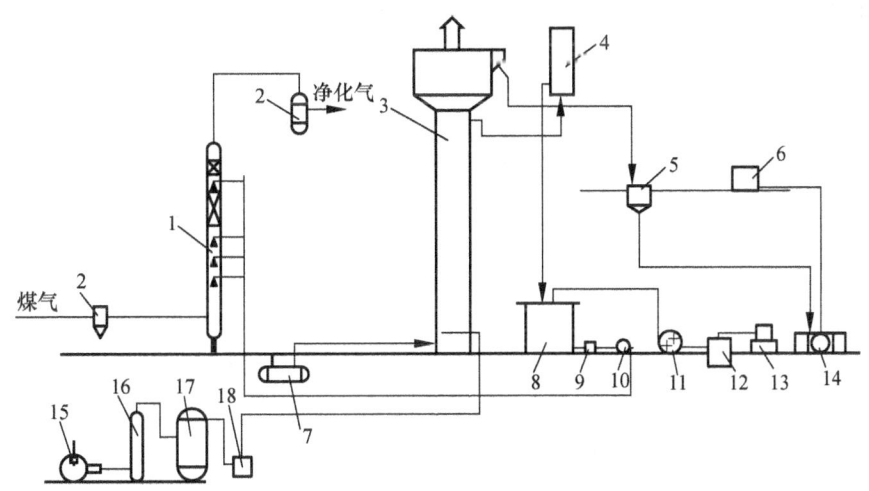

图 3-2-4 加压 ADA 法脱硫工艺流程

1—吸收器；2—分液罐；3—再生塔；4—液位调节器；5—硫黄泡沫槽；6—湿水槽；7—反应槽；8—循环槽；9—溶液过滤器；10—循环泵；11—泵；12—地下槽；13—溶碱槽；14—过滤机；15—空气压缩机；16—空气冷却器；17—空气缓冲罐；18—空气过滤器

该流程的操作压力为 17.65 MPa。煤气进入下部为空塔上部有一段填料的吸收器（脱硫塔）1，净化后的气体经分液罐 2 分离液滴后送至后续工序。吸收塔出来的溶液进入反应槽 7。在此，NaHS 与 $NaVO_3$ 的反应全部完成，并且还原态的钒酸钠开始被蒽醌二磺酸钠氧化。溶液出反应槽后，减压流入再生塔 3。空气通入再生塔内,将还原态的蒽醌二磺酸钠氧化,并使单体硫黄浮集在塔顶,溢流到硫黄泡沫槽5,经过滤机14分离而得副产品硫黄。溶液由塔上部经液位调节器4,进入溶液循环槽8,再用泵11升压送回吸收塔。

(二) 萘醌法脱硫

该法是一种高效湿式氧化脱硫法,由湿法脱硫及脱硫废液处理两部分组成。因其采用氨水作碱性吸收剂,在焦炉煤气生产中,可通过回收焦炉煤气中的氨来实现,因而在焦化厂得到应用。

该法采用氨水作碱性吸收剂,添加少量1,4-萘醌-2-磺酸铵(NQ)作催化剂。由鼓风机送来的焦炉煤气经电捕焦油器捕除焦油雾后即进入本装置的吸收塔。在吸收塔中,当焦炉煤气与吸收液接触时,煤气中的氨首先溶解生成氨水。

$$NH_3 + H_2O \longrightarrow NH_3 \cdot H_2O \quad (3-2-35)$$

然后氨水吸收煤气中的硫化氢和氰化氢,生成硫氢化铵和氰化铵。

$$NH_3 \cdot H_2O + H_2S \longrightarrow NH_4HS + H_2O \quad (3-2-36)$$

$$NH_3 \cdot H_2O + HCN \longrightarrow NH_4CN + H_2O \quad (3-2-37)$$

将含有硫氢化铵和氰化铵的吸收液送入再生塔底部,同时吹入空气,此时,在催化剂的作用下硫氢化铵与氧在NQ的作用下生成$NH_3 \cdot H_2O$,并析出硫;氰化铵与硫反应生成硫氰酸铵。

$$\text{[1,4-萘醌-2-磺酸铵]} + 2NH_4HS + 2H_2O \longrightarrow$$

$$\text{[还原态]} + 2NH_3 \cdot H_2O + 2S \downarrow \quad (3-2-38)$$

$$NH_4HS + \frac{1}{2}O_2 \xrightarrow{NQ} NH_3 \cdot H_2O + S \downarrow \quad (3-2-39)$$

$$NH_4CN + S \longrightarrow NH_4SCN \quad (3-2-40)$$

NQ也进行再生反应,从还原态再生为氧化态。

$$\text{[还原态NQ]} + O_2 \longrightarrow \text{[氧化态NQ]} + 2H_2O$$

$$(3-2-41)$$

再生时,还发生生成硫代硫酸铵及硫酸铵的副反应。

$$2NH_4HS + 2O_2 \xrightarrow{NQ} (NH_4)_2S_2O_3 + H_2O \quad (3-2-42)$$

$$2NH_4HS + 2O_2 + NH_3 \cdot H_2O \xrightarrow{NQ} (NH_4)_2SO_4 + H_2O \quad (3-2-43)$$

此法的脱硫效率除与设备构造、吸收液的循环量、吸收塔内煤气的停留时间等有关外，主要与煤气中的氨含量有关。根据实际生产资料，入塔煤气中 NH_3/H_2S（质量比）小于 0.5 时，脱硫效率有下降趋势，为使脱硫效率保持在 90% 以上，此比值需保持在 0.7 以上。再生反应速率（HS^-离子的减少速率）同催化剂浓度的平方根值及再生气体中氧的浓度成正比关系，与温度成反比关系。若采用填料再生塔以增加空气和吸收液的接触程度，将有助于再生反应速率的提高。

再生后的吸收液回吸收塔循环使用。在循环过程中，吸收液里逐渐积累了上述反应生成的硫黄、硫氰酸铵、硫代硫酸铵和硫酸铵等物质。为使这些化合物在吸收液中的浓度保持一定，必须提取部分吸收液作为脱硫废液送往废液处理装置予以处理。该法不仅以焦炉煤气中的氨作为碱源，降低了成本，而且在脱硫操作中，可把再生塔内硫黄的生成量限制在硫氰酸铵生成反应所需要的量范围内，过剩的硫则氧化成硫代硫酸铵和硫酸铵。这样，由于再生吸收液中不含固体硫，不仅改善了再生设备的操作，而且防止了吸收液起泡，减少了脱硫塔内的压力损失，避免了气阻现象的发生。

(三) 栲胶法

栲胶法脱硫是以栲胶的碱性氧化降解物为中间载氧体，并作为钒的络合剂与碱钒配成水溶液，将气态 H_2S 吸收并转化为单质硫的湿式氧化脱硫法。用栲胶碱性水溶液从气体中脱除 H_2S 的工艺称为栲胶法脱硫，是一种化学方法。改良 ADA 脱硫方法在操作中易发生堵塞，而且 ADA 价格十分昂贵。用栲胶取代 ADA 的栲胶法脱硫，则克服了这两项缺点，而且气体净化度、溶液硫容量、硫回收率等均可与改良 ADA 法媲美。该法是国内使用比较多的脱硫方法之一。栲胶是由许多相似的酚类衍生物组成的复杂混合物，商品栲胶中主要含有单宁、非单宁及水不溶物等。由于栲胶含有较多、较活泼的基团，所以有较强的吸氧能力，在脱硫过程中起着载氧作用。将栲胶配成碱性溶液并加空气处理后，单宁发生降解，同时胶体大部分被破坏。在脱硫过程中，上述酚类物质经空气再生氧化而成醌态，因其具有较高的电位，能将低价钒氧化为高价钒，进而将吸收在溶液中的硫氧根氧化，析出单质硫。

1. 栲胶及其水溶液的性质

① 栲胶来自于含单宁的树皮（如栲树、落叶松）、根、茎（如坚木、栗木）、叶（如漆树）和果壳（如橡树果壳就可浸取制成栲胶）。栲胶的主要成分为单宁，约占 66%。栲胶可以无限制地溶于水中，直到最后成为糊状。温度升高，溶解度增大。

② 栲胶水溶液在空气中易被氧化。单宁中较活泼的羟基易被空气中的氧氧化，生成醌态结构物。单宁的吸氧能力因溶液的 pH 值和温度的升高而大大加强，pH 大于 9 时单宁的氧化反应特别显著。铁盐和铜盐能提高单宁的吸氧能力，而草酸盐能使单宁的吸氧能力下降。因单宁具有与 ADA 类似的氧化还原性质，

故栲胶法原理与改良 ADA 法相似，可以把改良 ADA 脱硫工艺改成栲胶法。

③ 单宁能与多种金属离子（如钒、铬、铝等）形成水溶性络合物。

④ 在碱性溶液中，单宁能与铜、铁反应并在材料表面上形成单宁酸盐的薄膜，从而具有防腐作用。

⑤ 栲胶水溶液，特别是高浓度栲胶水溶液是典型的胶体溶液。

⑥ 栲胶组分中含有相当数量的表面活性物质，导致溶液表面张力下降，发泡性增强。

⑦ 栲胶水溶液中有 $NaVO_3$、$NaHCO_3$ 等弱酸盐时易生成沉淀。

2. 栲胶法脱硫的反应原理

① 碱性水溶液吸收 H_2S。

$$Na_2CO_3 + H_2S \longrightarrow NaHCO_3 + NaHS \quad (3-2-44)$$

② 五价钒络离子氧化 HS^- 析出硫黄，本身被还原成四价钒络离子。

$$2[V]^{5+} + HS^- \rightleftharpoons 2[V]^{4+} + S\downarrow + H^+ \quad (3-2-45)$$

同时醌态栲胶氧化 HS^- 析出硫黄，醌态栲胶被还原成酚态栲胶。

③ 醌态栲胶氧化四价钒配合离子，使钒配合离子获得再生。

$$TQ + [V]^{4+} + H_2O \longrightarrow [V]^{5+} + THQ + OH^- \quad (3-2-46)$$

式中　TQ——醌态栲胶；

　　　THQ——酚态栲胶。

④ 空气中的氧气氧化酚态栲胶，使栲胶获得再生，同时生成 H_2O_2。

$$2THQ + O_2 \longrightarrow 2TQ + H_2O_2 \quad (3-2-47)$$

⑤ H_2O_2 氧化四价钒配合离子和 HS^-。

$$2[V]^{4+} + H_2O_2 \longrightarrow 2[V]^{5+} + 2OH^- \quad (3-2-48)$$

$$HS^- + H_2O_2 \longrightarrow H_2O + S + OH^- \quad (3-2-49)$$

⑥ 气体中含有 CO_2、HCN、O_2 以及因 H_2O_2 引起的副反应与改良 ADA 法相同。

3. 栲胶法脱硫的优点

（1）无毒

脱硫所用的栲胶是将橡树粉碎、加热、萃取及干燥后得到的粉状物，主要化学成分是单宁，无毒性。

（2）脱硫效率

脱硫效率在 98.5% 以上，所析出的硫黄容易浮选和分离。

（3）不堵塔、硫回收率高

由于栲胶法再生浮选出的泡沫硫颗粒大，容易过滤，不易在脱硫塔内积存。

所以脱硫塔不易发生堵塔,也便于硫黄回收,硫回收效率在 80% 以上,部分企业可达到 85% 以上。

(4) 应用范围广

对工艺气体无严格要求,脱硫可以用填料塔、湍球塔;塔填料可以用木格子,也可用聚丙烯鲍尔环;再生工艺可选用自吸空气喷射再生槽,也可用高塔;可以和其他一些湿式氧化法进行复合脱硫,也可与 ADA 法复合脱硫,还可以在改良砷碱法中加入栲胶降低砷耗;可用氨代替纯碱。

4. 栲胶法工艺的特点

① 栲胶法几乎具有改良 ADA 法的所有优点。

② 栲胶既是氧化剂又是钒的络合剂;脱硫剂组成比改良 ADA 法简单。

③ 我国栲胶资源丰富、价廉易得,因而脱硫装置运行费用比改良 ADA 法低。

④ 栲胶法脱硫没有硫黄堵塔问题。

⑤ 栲胶需要一个繁复的预处理过程才能添加到系统中去,否则会造成溶液严重发泡而使生产无法正常进行。但近年来研制出的新产品 P 型和 V 型栲胶,可以直接加入系统。

5. 主要影响因素及控制条件

(1) 溶液组成

① 总碱度。溶液的总碱度与其硫容量成正比。因此提高总碱度是提高溶液硫容量的有效手段。当处理低硫原料气时可采用 0.4 mol/L 的总碱度,处理高硫原料气时可采用 0.8~1.0 mol/L 的总碱度。

② $NaVO_3$ 含量。$NaVO_3$ 含量决定于脱硫液的操作硫容量,即富液中 HS^- 的浓度,符合化学计量关系,其理论浓度与液相的物质的量浓度相等。配制溶液时常常过量,过量系数为 1.3~1.5。

③ 栲胶浓度。栲胶浓度可以从 3 个方面考虑:一是作为载氧体,栲胶浓度与溶液中钒含量存在着化学反应量的关系;二是从配合作用考虑,要求栲胶浓度与钒浓度之间保持一定比例;三是考虑栲胶对碳钢的缓蚀作用。

(2) 原料气中 CO_2 的含量

栲胶脱硫液具有相当好的选择性。在适宜条件下,能从含 CO_2 为 99% 的气流中把含量为 200 mg/m³ 的 H_2S 脱到 45 mg/m³ 以下。但由于吸收 CO_2 后会使溶液 pH 值下降,脱硫效率有所降低。

(3) 温度

常温范围内,H_2S、CO_2 的脱除率,$Na_2S_2O_3$ 的生成率对温度不敏感。再生温度在 45 ℃ 以内时,$Na_2S_2O_3$ 的生成率很低,一超过 45 ℃ 便急剧上升。因此,通常吸收与再生在同一温度下进行,中间不设冷却和加热装置。

6. 栲胶法脱硫的工艺流程

如图 3-2-5 所示，半水煤气由气柜进入静电除焦塔，经过电离除去大量焦油及其他杂质后送罗茨鼓风机，经过加压后送冷却塔底部，与上部循环水逆流接触冷却后送脱硫塔底部，半水煤气从脱硫塔底部向上与脱硫塔顶部加入的碱性脱硫液逆流接触进行脱硫。经过脱硫的半水煤气进入清洗塔底部，与清洗塔上部加入的循环水逆流接触，清洗半水煤气中夹带的杂质与脱硫液，从清洗塔上部出来后送后工段使用。

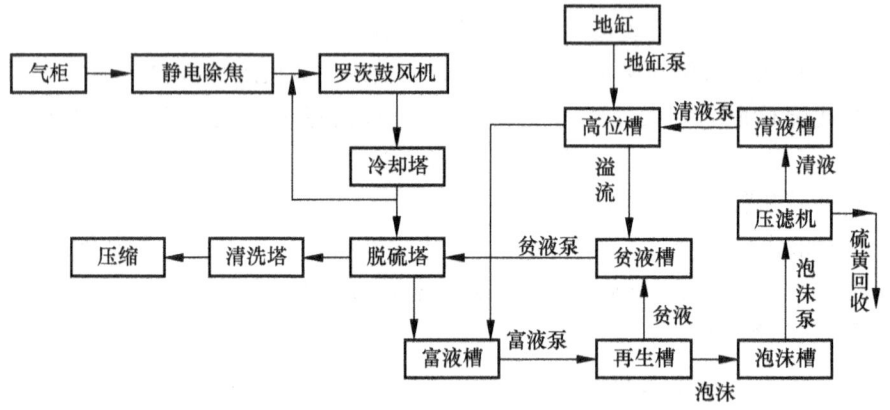

图 3-2-5　栲胶法脱硫的工艺流程

脱硫液自贫液槽被脱硫贫液泵打入脱硫塔顶部与半水煤气逆流接触后，自底部经液封流入富液槽，通过脱硫富液泵打入再生槽再生，脱硫再生液通过再生槽液位调节器后进入贫液槽。

部分脱硫再生液随再生槽内硫泡沫溢流至泡沫槽，经过泡沫泵后打入压滤机，通过压滤将其中的脱硫渣回收（或打入熔硫釜，经过蒸汽加热回收硫黄），清液送清液槽，通过清液泵打入高位槽后，溢流回富液槽。

在地缸处制得合格脱硫液后，通过地缸泵打入高位槽，与清液槽来的清液混合，溢流至富液槽。

（四）湿法脱硫的主要设备

1. 吸收塔

可用于湿法吸收脱硫的塔型很多，常用的是喷射塔、旋流板塔、填料塔和喷旋塔。

（1）喷射塔

喷射塔具有结构简单、生产强度大、不易堵塔等优点。由于可以承受很大的液体负荷，单级脱硫效率不高（70%），因而常用来粗脱硫化氢。喷射塔主要由喷射段、喷杯、吸收段和分离段组成，其结构如图 3-2-6 所示。

(2) 旋流板塔

旋流板塔由吸收段、除雾段、塔板、分离段组成，其结构如图 3-2-7 所示。旋流板塔的空塔气速为一般填料塔的 2~4 倍，一般板式塔的 1.5~2 倍，与湍动塔相近，但达到同样效果时旋流板塔的高度比湍动塔低；从有效体积看，三者之中旋流板塔最小；且旋流板塔的压降小，工业上旋流板塔的单板压降一般在 98~392 Pa；操作范围较大；不易堵塞。

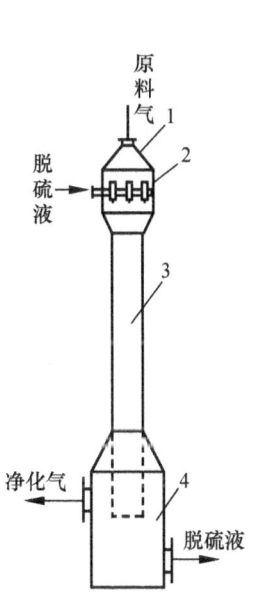 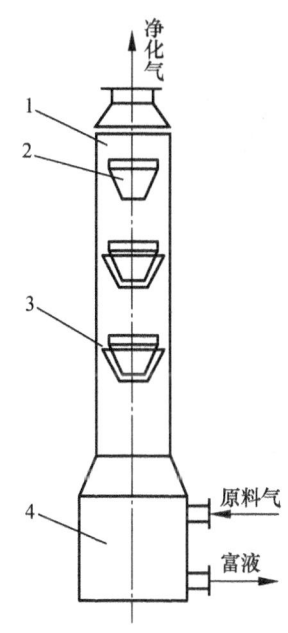

图 3-2-6　喷射塔　　　　　　　　图 3-2-7　旋流板塔
1—喷射段；2—喷杯；3—吸收段；4—分离段　　1—吸收段；2—除雾段；3—塔板；4—分离段

(3) 喷旋塔

喷旋塔是喷射塔与旋流板塔相结合的复合式脱硫塔，它集并、逆流吸收，粗、精脱为一体，因而对工艺过程有更强的适应性。

2. 喷射再生槽

喷射再生槽由喷射器和再生槽组成。

(1) 喷射器

喷射器的结构如图 3-2-8 所示。

(2) 再生槽

再生槽的结构如图 3-2-9 所示。

(3) 双级喷射器

双级喷射器由单级喷射器和再生槽组成，再生槽与单级喷射再生槽相同。而双级喷射器由喷嘴、一级喉管、二级喉管、扩散管和尾管组成，其结构如图 3-2-10

所示。

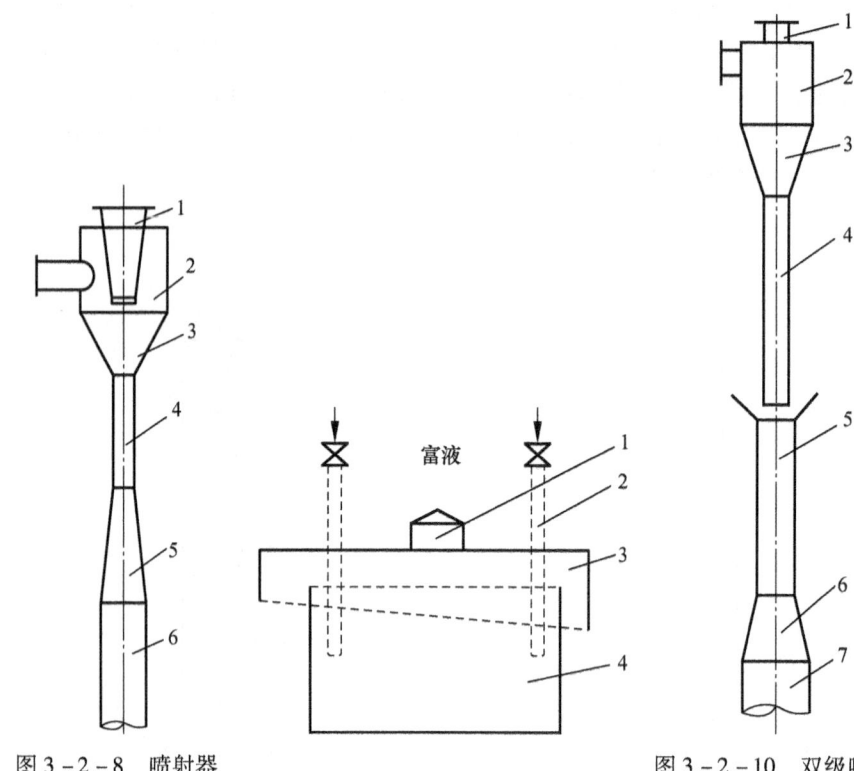

图3-2-8 喷射器
1—喷嘴；2—吸气室；3—收缩管；4—混合管；5—扩散管；6—尾管

图3-2-9 再生槽
1—真空管；2—吸气室；3—扩大部分；4—槽体

图3-2-10 双级喷射器
1—喷嘴；2—吸气室；3—收缩管；4—一级喉管；5—二级喉管；6—扩散管；7—尾管

双级喷射器的特点是一级喉管较小，截面比（喷嘴截面与一级喉管截面之比）较大，因而气液基本是同速的，形成的混合流体中液体是连续相，气体是分散相，能量交换比较完全。具有一定速度的混合流体从一级喉管喷出进入二级喉管，同时再次自动吸入空气，二级喉管比一级喉管大，气液比也较大，因而气体是连续相，液体是分散相，并以高速液滴的形式冲击并带动气体，同时进行富液的再生。混合流体由二级喉管流出进入扩散管，将动能转化为静压能，气体压力升高，最后通过尾管排出。尾管也能回收部分能量并进一步再生富液。

与单级喷射器相比，双级喷射器有以下特点。

① 富液与空气混合好，气液接触表面多次更新，强化了再生过程，提高了再生效率。

② 因二次吸入空气（总空气吸入量比单级喷射器增加一倍），富液射流的能量得到更充分的利用。自吸抽气能力更高，溶液不易反喷。

③ 由于强化了气液接触传质过程，空气量显著减少，因而减轻了再生槽排

气对环境的污染，减小了再生槽的有效容积。

④ 由于一级喉管的滑动系数（S_0）接近于1，气液接近同速，因而喉管不易堵塞。

⑤ 单级喷射器改为双级喷射器投资少，效益显著。

（五）生产操作

1. 脱硫单系统大修置换

① 待造气制出合格的吹风气或惰性气体后，主操排气柜出口水封，静压置换。主操及副操打开罗茨鼓风机进出口阀、进路阀、放空阀，对各罗茨鼓风机逐台手动盘车数转，取样分析 $\varphi(O_2) \leqslant 0.8\%$，$\varphi(CO+H_2) \leqslant 10\%$ 为合格。

② 用 CO_2 置换。主操将清洗塔至冷却塔 U 形管大阀关死，打开脱硫塔出口管放空阀，并开清洗塔上水阀加水，待放空阀有水溢出时，关小上水阀。副操打开各除焦进口放空阀，关死脱硫塔根部大阀。

联系维修工拆 CO_2 管线上盲板，联系调度送 CO_2 置换，在除焦放空阀处取样分析，$\varphi(CO_2) \geqslant 90\%$ 时，联系调度停送 CO_2。

主操打开脱硫塔进口管放空阀，开贫液总管上水阀向脱硫塔加水，待放空阀有水流出时，联系调度送 CO_2 置换，在压缩一入取样分析 $\varphi(CO_2) \geqslant 90\%$ 为合格，联系调度停止送气。

③ 封气柜出口水封，拆除焦人孔一个，用罗茨鼓风机抽气置换，在压缩一入取样分析 $\varphi(O_2) \geqslant 19\%$ 为合格。

主操及副操关死脱硫塔根部大阀及清洗塔至冷却塔 U 形管大阀，打开脱硫塔进出口水封和放空阀，开清洗塔上水阀及贫液总管上水阀，待两放空阀有水溢流时，关小两上水阀，联系调度送 CO_2 置换。在脱硫塔上段取样分析 $\varphi(CO_2) > 90\%$ 时，联系调度停止送气，关死 CO_2 置换阀并插好盲板。

2. 脱硫单系统大修开车

① 小组长、主操一起检查各工艺管道、法兰和焊缝有无泄漏，电器、仪表是否正常。

② 副操联系维修工一起检查罗茨鼓风机油质、油位，并盘车正常。联系电工检查电机并送电，单体试车合格。

③ 主操检查系统各阀门开关位置是否正常，并且开关到位，排系统各水封的积水。

④ 待造气制出合格的惰性气体或半水煤气，气柜达到一定的高度时，联系调度排气柜出口水封，打开各罗茨鼓风机进路阀、出口阀、放空阀，各测压、取样、排污阀。

⑤ 副操对各罗茨鼓风机手动盘车数转。关闭各罗茨鼓风机放空阀，各测压、取样、排污阀。

⑥ 在压缩一入取样分析 $\varphi(O_2) \leqslant 0.8\%$ 为合格时，启动罗茨鼓风机、控制系统出口压力在 2 500 mmH$_2$O① 以上。

⑦ 主操打开贫、富液泵进口阀，并启贫、富液泵各一台，打开出口阀，调整好贫、富液槽液位及再生槽液位。

⑧ 副操打开清洗冷却塔上水阀、静电除焦瓷瓶蒸汽阀，控制好瓷瓶温度，等生产稳定正常后启用静电除焦，控制好输出电压、电流。

⑨ 视硫泡沫情况，开压滤机进行回收（或熔硫进行回收）。

⑩ 待精炼生产正常，再生气分析合格后，副操工联系维修工拆再生气管线上盲板，关放空阀，开回收阀，排污，再生气回收。

3. 脱硫单系统大修停车

① 熔硫工在停车 2 h 前将硫泡沫回收干净，熔硫釜中硫黄渣放净后，关死蒸汽，卸压排清液阀全开，关泡沫泵出口阀，停泡沫泵，关进口阀。

② 主操将再生气回收改到另一生产中的系统。

③ 接到压缩减量信号后，根据系统出口压力及进路开启度，主副操逐台停下罗茨鼓风机。

④ 压缩机停完后本岗位停最后一台罗茨鼓风机之前，将压力控制在 3 000 mmH$_2$O 以上。

⑤ 主操停下贫富液泵，将贫富液槽连通阀打开，副操关死清洗冷却塔上水阀，停静电除焦。

⑥ 主操封除焦后连通水封，并根据要求封气柜出口水封。

4. 紧急停车方案

若因全厂性停电或发生重大设备事故，气柜高度<20% 而大减量仍下降较快时，须紧急停车。步骤如下：

① 立即与造气、压缩工段联系，按停车铃。

② 该系统罗茨鼓风机在操作室紧停。

③ 主操迅速停贫、富液泵，开贫、富液槽连通阀（3#系统贫富液槽连通阀不能开）。

④ 副操迅速关清洗塔上水阀。

⑤ 主操停静电除焦。

⑥ 主操与副操一起开系统大进路及各罗茨鼓风机进路阀，关出口阀。

⑦ 根据情况主操封气柜出口水封及气柜出口连通水封。

⑧ 主操副操将各罗茨鼓风机盘车正常备用。

---

① 1 mmH$_2$O = 9.8 Pa。

5. 应急预案（应急准备和响应）

（1）脱硫岗位断电停车的应急预案

① 主操：立即上房顶关冷清塔上水阀。

② 副操：开贫、富液槽联通阀；3#系统贫、富液槽联通阀不能开。

③ 小组长：关罗茨鼓风机出口阀，全开进路阀。

④ 小组长、主操、副操：盘车，排污正常备用。

⑤ 熔硫工：关熔硫釜进口阀、开大出口阀，关蒸汽泄压。

（2）罗茨鼓风机跳闸的应急预案

① 副操：发现罗茨机跳闸，出口压力猛降，应先通知压缩减量，通知造气注意气柜高度，并向班长、调度汇报，控制出口压力稳定。

② 小组长负责，主操协助：迅速到现场关罗茨鼓风机出口阀，全开进路阀。

③ 小组长：向领导及调度汇报，并联系维修工、电工检查。

④ 主操：检查备机情况，及时启用备机。

（3）气柜迅速下降的应急预案

① 副操：发现气柜迅速下降时，应先通知压缩减量，通知造气注意气柜高度，并向班长、调度汇报。

② 小组长负责，主操协助：根据实际情况及调度通知，迅速到现场关相应系统罗茨鼓风机出口阀，全开进路阀，停罗茨鼓风机。

③ 小组长：根据实际情况紧停相应系统，封气柜水封及系统出口水封。

（4）后工段大减量应急预案

① 副操：后工段出现大减量时，及时开启系统大进路并电话联系相关岗位。

② 主操：视情况开启罗茨机回路阀并停罗茨机。

③ 副操：控制系统出口压力及气柜高度。

（5）氧高应急预案

① 副操：当氧表显示数值超过 0.8% 时，应立即向小组长、班长、调度汇报。

② 小组长：立即紧停所有静电除焦，关闭静电除焦电源，联系造气、调度处理。

（6）煤气大量泄漏应急预案

① 副操：发现煤气大量泄漏，应迅速降低双系统水柱，通知主操进行检查。

② 副操：向班长、调度汇报，并注意气柜高度，防止气柜抽瘪。

③ 小组长：戴好防护用品，检查泄漏部位和大小，若是水封冲穿就进行加水。若发现非水封处泄漏，应立即进行单系统停车处理。

④ 主操：检查泄漏周围检修及动火人员，对其进行疏散，并通知相邻岗位做好个人防护。

（7）罗茨鼓风机转子打破应急预案

罗茨鼓风机转子打破时会发生较大的响声，同时罗茨鼓风机振动变大，当发现罗茨鼓风机转子打破且机体无破裂时。

① 副操：确认事故罗茨鼓风机后，立即按该罗茨鼓风机紧停按钮。

② 小组长：立即联系造气、压缩、班长、调度，同时减系统水柱。

③ 主操：迅速关该罗茨鼓风机出口阀，开放空阀，封进口水封。

④ 主操：检查备机情况，及时启用备机。

（8）煤气中毒应急预案

① 副操：发现有 CO 中毒者，应将中毒者移至空气新鲜处，控制其行动，并向小组长、班长及调度汇报。

② 小组长：穿戴好防护用品迅速赶到现场，检查煤气泄漏情况，根据泄漏情况进行紧急处理。

③ 副操：根据中毒者中毒的症状，及时进行急救，如呼吸困难，则进行输氧，如呼吸心跳停止时，立即进行人工呼吸和心脏按压术。

④ 班长：及时赶到现场，组织人员对中毒者进行救治，并根据中毒人数和中毒症状及时向事业部、生产部、安环部汇报，组成临时抢救小组。

（9）五氧化二钒中毒应急预案

① 副操：发现有五氧化二钒中毒者，应将中毒者移至空气新鲜处，控制其行动，并向小组长、班长及调度汇报。

② 小组长：根据中毒者中毒的症状，及时进行急救，如呼吸困难，则进行输氧，如呼吸心跳停止时，立即进行人工呼吸和心脏按压术。

③ 班长：及时赶到现场，组织人员对中毒者进行救治，并根据中毒人数和中毒症状及时向事业部、生产部、安环部汇报，组成临时抢救小组。

（10）硫黄烫伤应急预案

① 副操：发现有硫黄烫伤者，应及时将烫伤者移至干净水源处，用大量清水冲洗烫伤部位，并及时清除烫伤部位衣物，同时向小组长、班长及调度汇报。

② 小组长：根据烫伤者烫伤情况，及时向班长及调度汇报。

③ 班长：及时赶到现场，组织人员对烫伤者进行救治，并及时向事业部、生产部、安环部汇报，组成临时抢救小组。

项目三

一氧化碳的变换

教学目标：

（1）能力目标
① 能够分析煤气变换的原理和意义。
② 能够进行煤气变换生产方法的选择。
③ 能够根据变换原理进行工艺条件的确定。
④ 能够认真执行工艺规程和岗位操作方法，完成装置正常操作。

（2）知识目标
① 了解煤气变换的意义。
② 掌握煤气变换的基本原理和工艺流程。
③ 理解煤气变换设备的工作原理和工作过程。

无论用何种煤炭气化方法，煤气中都含有一定量的CO，而根据煤气的用途不同，往往需要将煤气中的CO去除或部分去除。这个过程在1913年就用于合成氨工业，以后用于制氢工业。在合成甲醇和合成油生产中，也用此反应来调整一氧化碳与氢的比例，以满足工艺的要求。近年来为了降低城市煤气中一氧化碳的含量，也采用变换装置。根据不同的催化剂和工艺条件，煤气中的一氧化碳含量可以降低至2%~4%或0.2%~0.4%。

一、一氧化碳变换的原理

一氧化碳变换是在催化剂的作用下，且在一定的温度（高于催化剂的起始活性温度）条件下，CO和水蒸气发生反应，将CO转化为H_2和CO_2。其化学反应式为：

$$H_2O + CO \Longrightarrow CO_2 + H_2 + 41.19 \text{ kJ} \qquad (3-3-1)$$

这是一个可逆、放热、反应前后体积不变的化学反应。压力对反应平衡没有影响，降低温度和增大水/气比（水/气比是指进口气体水蒸气的分子数与总干气分子数之比）会有利于反应平衡向右移动。

其他副反应如下。

（一）甲烷化反应

在一氧化碳与水蒸气共存的系统中，是含有C、H、O三个元素的系统。从热力学角度，不但可能进行式（3-3-1）的变化反应，而且还可进行其他反应，如：

$$CO + H_2 \Longleftrightarrow C + H_2O \qquad (3-3-2)$$

$$CO + 3H_2 \Longleftrightarrow CH_4 + H_2O \qquad (3-3-3)$$

$$2CO + 2H_2 \Longleftrightarrow CH_4 + CO_2 \qquad (3-3-4)$$

$$CO_2 + 4H_2 \Longleftrightarrow CH_4 + 2H_2O \qquad (3-3-5)$$

这一点与甲烷蒸气转化、煤气化等系统中所出现的反应式有相似之处。但是，由于所用催化剂对反应式（3-3-1）具有良好的选择性，从而抑制了其他反应的发生。在计算反应系统平衡组成时，采用反应式（3-3-1）的平衡关系，其结果基本符合实际情况。从以上反应式看，降低温度和增加压力有利于生成甲烷的反应。但在实际生成中采用的工艺条件下，这一副反应是不会发生的。降低床层的热点温度、增加水/气、提高空速都可以抑制甲烷化副反应的影响。

（二）一氧化碳的分解

一氧化碳在某种条件下会发生分解反应而生成游离碳和二氧化碳。

$$2CO \Longleftrightarrow C + CO_2 \qquad (3-3-6)$$

生成的游离碳极易附着在催化剂表面上，使催化剂活性降低，严重时将使催化剂不能使用，而且消耗了一部分一氧化碳，所以这一副反应非常有害。

一氧化碳的分解是放热和体积缩小的反应，所以在降低温度和增加压力的条件下，会使反应向生成碳的方向进行；金属铁和碳化铁的存在也会加速此反应的进行。另一方面，一氧化碳的分解与变换催化剂的组成和反应时气体中的水蒸气含量有关。相关文献表明：在200℃~500℃时，一氧化碳的分解反应速度很慢，在较高的蒸汽比下，实际上不产生析碳反应，但在低蒸汽比及高温下有利于析碳反应。但在蒸汽：CO = 4∶1、空间速度为100 h^{-1} 及400 h^{-1}、200℃~450℃下，在Fe系及ZnO系催化剂上变换时，没有产生炭黑。

一氧化碳变换率和平衡变换率：

① 一氧化碳变换程度通常用变换率表示。一氧化碳变换反应是等体积反应，反应前后体积相等。在工业生产中，为了简便起见，采用分析蒸汽冷凝的干气组分来计算变换率。对于干气体积来说，反应后的气体体积有所增加，因为一个 CO 分子反应后生成 CO_2 和 H_2 分子各一个，都在干气中，其变化率 x 的计算为：

$$x = (1 - Y_2/Y_1)/(Y_1 + Y_2) \qquad (3-3-7)$$

式中 Y_1，Y_2——变换前、后气体中CO的干基浓度。

② 平衡变换率是变换反应达到化学平衡时，有多少CO（干）进行了变换反应。平衡只是一种理想状态，所以，平衡变换率可用来衡量CO变换的最大程度。

合成氨生产中，原料气有效成分为 H_2、N_2，通常根据系统净化工艺的不同，要求最终CO的变换率不同。过高的变换率需要消耗大量的蒸汽，液氮洗净化工艺要求变换出口的CO含量在1.5%以下时比较节能。

二、一氧化碳变换反应的化学平衡

(一) 变换反应的热效应

变换反应的标准反应热 ΔH_{298} (101 325 Pa,25 ℃),可以用有关气体的标准生成热数据进行计算:

$$\Delta H_{298} = (\Delta H_{298,CO_2} + \Delta H_{298,H_2}) - (\Delta H_{298,CO} + \Delta H_{298,H_2O})$$
$$= (-393.52 + 0) - (-110.53 - 241.83) \quad (3-3-8)$$
$$= 41.16 \text{ (kJ/mol)}$$

反应放出的热量,随着温度升高而降低。不同温度下反应热可以用下式计算:

$$\Delta H = 9\,512 + 1.619T - 3.11 \times 10^{-3}T^2 + 1.22 \times 10^{-6}T^3 \quad (3-3-9)$$

不同的文献发表的反应热计算或反应热数据略有差异,主要是由于所取的恒压热容数据不同所致,但差别很小,对于工业计算没有显著的影响。表3-3-1列出了一氧化碳变换反应热效应。

表 3-3-1 一氧化碳变换反应热效应

温度/K	298	400	500	600	700	800	900
$\Delta H/(\text{kJ} \cdot \text{mol}^{-1})$	41.16	40.66	39.87	38.92	37.91	36.87	35.83

还可进行其他反应:

$$CO(g) + H_2(g) \rightleftharpoons C + H_2O \quad (3-3-10)$$
$$CO(g) + 3H_2(g) \rightleftharpoons CH_4(g) + H_2O \quad (3-3-11)$$

由于所用的催化剂对变换反应有良好的选择性,可抑制其他反应的发生,因此副反应发生的概率很小。

(二) 变换反应的平衡常数

一氧化碳变换反应通常是在常压或压力不太高的条件下进行,故平衡常数计算时各组分用分压表示已足够精确。因此平衡常数 K_p 可用下式计算:

$$K_p = \frac{p_{CO_2} p_{H_2}}{p_{CO} p_{H_2O}} = \frac{y_{CO_2} y_{H_2}}{y_{CO} y_{H_2O}} \quad (3-3-12)$$

式中 p_{CO}, p_{H_2O}, p_{CO_2}, p_{H_2} ——分别为 CO、H_2O、CO_2 和 H_2 各组分的分压;

y_{CO}, y_{H_2O}, y_{CO_2}, y_{H_2} ——分别为 CO、H_2O、CO_2 和 H_2 的摩尔分数。

平衡常数是温度的函数,可通过范特荷莆方程式计算:

$$d\ln K_p = \frac{\Delta H}{RT^2} dT \quad (3-3-13)$$

不同温度下一氧化碳变换反应的平衡常数见表3-3-2。

表 3-3-2 一氧化碳变换反应的平衡常数

温度/℃	25	200	250	300	350	400
K_p	1.03×10^3	227.9	96.5	39.2	24.5	11.7

(三) 平衡含量的计算

以 1 mol 湿原料气为基准，y_a、y_b、y_c、y_d 分别为初始组成中 CO、H_2O、CO_2 和 H_2 的体积分数，x_p 为 CO 的平衡转化率（或变换率），则各组分的平衡含量分别为：$y_a - x_p y_a$、$y_b - x_p y_a$、$y_c + x_p y_a$、$y_d + x_p y_a$。

所以：

$$K_p = \frac{p_{CO_2} p_{H_2}}{p_{CO} p_{H_2O}} = \frac{(y_c + x_p y_a)(y_d + x_p y_a)}{(y_a - x_p y_a)(y_b - x_p y_a)} \quad (3-3-14)$$

实际生产中则可测定原料气及变换气中一氧化碳的含量（干基），而由下式计算一氧化碳的实际转化率 x。

$$x = \frac{y_a - y_a'}{y_a(1 + y_a')} \times 100\% \quad (3-3-15)$$

式中　y_a，y_a'——分别为原料气和变换气中一氧化碳的摩尔分数（干基）。

(四) 影响变换反应化学平衡的因素

1. 温度的影响

根据化学平衡移动原理，升高温度可促进反应平衡向左方移动，降低温度反应便向右方移动。因此，反应温度愈低，愈有利于变换反应的进行。但降低反应温度必须与反应速度和催化剂的性能一并考虑。对于一氧化碳含量较高的半水煤气，开始反应时，为了加快反应速度，一般在较高的温度下进行，而在反应的后一阶段，为了要使反应比较完全，就必须使反应温度降低一些。工业上一般采用两段中低温变换就是根据这一概念确定的。对于一氧化碳含量为 2%～4% 的中温变换后的气体，就只需要在 230 ℃ 左右，用低温变换催化剂进行一段变换。反应温度与催化剂的活性温度有很大的关系，一般工业用的变换催化剂低于某一温度反应便不能正常进行，但高于某一温度也会损坏催化剂。因此，一氧化碳变换反应必须在催化剂适用温度范围内选择优惠的工艺条件。

温度对反应平衡的计算可以通过范特荷莆方程式计算。所以，根据气体的组分及各温度的平衡常数，可以计算出经过一氧化碳变换后气体的平衡组成。

2. 压力的影响

一氧化碳变换反应是等分子反应。反应前后气体分子数相同，气体总体积不变。若为理想气体，压力对反应的平衡没有影响。目前的工业操作条件下：压力在 4 MPa 以下，温度为 200 ℃～500 ℃ 时，压力对变换反应没有显著的影响。

3. 蒸汽添加量的影响

一氧化碳变换为一可逆反应，增加蒸汽添加量可使反应向生成氢和二氧化碳的方向进行。因此，工业上一般均采用加入过量的水蒸气的方法，以提高一氧化碳变换率。

因此，变换温度愈低愈有利于反应的进行，并可节省蒸汽用量。同一温度下，蒸汽用量增大，平衡变换率随之增大，但增加的趋势是先快后慢。因此，要达到很高变换率，蒸汽用量将大幅度增加。这不仅经济上不合理，同时还会使催化剂层温度难以维持。

4. 二氧化碳的影响

从一氧化碳的反应方程式来看，在变换反应过程中，如果能将生成的二氧化碳除去，就可以使变换反应向右移动，提高了一氧化碳转换率。除去二氧化碳的方法是将一氧化碳转换到一定程度后，送往脱碳工序除去气体中的二氧化碳。但一般由于脱除二氧化碳的流程比较复杂，工业上一般较少采用。

5. 副反应的影响

一氧化碳变换中，可能发生析碳和甲烷化副反应等。其反应式如下：

$$2CO = C + CO_2 + Q \tag{3-3-16}$$

$$CO + 3H_2 = CH_4 + H_2O + Q \tag{3-3-17}$$

$$2CO + 2H_2 = CH_4 + CO_2 + Q \tag{3-3-18}$$

$$CO_2 + 4H_2 = CH_4 + 2H_2O + Q \tag{3-3-19}$$

副反应不仅消耗了原料气中的有效成分——氢气和一氧化碳，增加了无用成分甲烷的含量，且析碳反应中析出的游离碳极易附着在催化剂表面降低活性。以上这些副反应均为体积减小的放热反应。因此，降低温度，提高压力有利于副反应的进行。但在实际生产中，现有的生产工艺条件下，这些副反应一般是不容易发生的。

综上所述，影响变换反应的因素有以下几种。

1. 压力

如前所述，压力对变换反应的平衡几乎无影响，但加压变换有以下优点。

① 可加快反应速度和提高催化剂的生产能力，从而可采用较大空速提高生产强度。

② 设备体积小，布置紧凑，投资较少。

③ 湿变换气中水蒸气冷凝温度高，有利于热能的回收利用。

但提高压力会使系统冷凝液酸度增大，使析炭和生成甲烷等副反应易于进行。目前大型煤气化装置都采用加压变换。

2. 温度

CO 变换为放热反应，随着 CO 变换反应的进行，温度不断升高，反应速率增加，继续升高温度，反应速率随温度的增值为零，再提高温度时，反应速率随温度升高而下降。对一定类型的催化剂和一定的气体组成而言，必将出现最大的反应速率值，与其对应的温度称为最佳温度或最适宜温度。反应温度按最佳温度进行可使催化剂用量最少，但要控制反应温度严格按照最佳温度曲线进行在目前是不现实和难于达到的。目前在工业上是通过特催化剂床层分段来达到使反应温度靠近最佳温度进行。但对于低温变换过程,由于温升很小,催化剂不必分段。

3. 汽气比

CO 变换的汽气比一般是指 H_2O/CO 比值或水蒸气/干原料气的比值(摩尔比)。从变换反应可知,增加水蒸气用量,可提高 CO 平衡变换率,加快反应速度,防止副反应发生,且能保证催化剂中 Fe_3O_4 的稳定而不被还原,同时过量水蒸气还起到载热体的作用。因此改变水蒸气的用量是调节床层温度的有效手段。

但水蒸气用量是变换过程中最主要的消耗指标,尽量减少其消耗对过程的经济性具有重要意义。同时水蒸气比例过高,还将造成催化剂床层阻力增加,CO 停留时间缩短,余热回收设备负荷加重等。中(高)温变换操作时,适宜的汽气比一般为 H_2O/CO(摩尔比)= 3~5;反应后,中(高)变气中 H_2O/CO(摩尔比)可达 15 以上,不必再添加水蒸气即可满足低变要求。汽气比降低虽然可节约成本,但过低的汽气比将会导致铁铬系中变催化剂中铁的氧化物过度还原,从而降低活性。因此要降低变换过程的汽气比,必须确定合适的 CO 最终变换率或残余 CO 含量,中(高)变气中一般含 CO 为 3%~4%,低变气中 CO 含量为 0.3%~0.5%。催化剂段数也要合适,段间冷却要良好。同时注意余热的回收可降低水蒸气消耗。

三、变换催化剂

一氧化碳变换反应必须在催化剂的帮助下方能进行。催化剂能够加速反应,但不能改变反应的化学平衡,催化剂本身虽参加反应,但反应后仍保持原量,而其化学组成与化学性质均不变。

工业上对催化剂的要求如下。

① 催化剂的活性好,能在较低或中等温度下以较快的速度进行反应。

② 催化的寿命要长,要求经久耐用。

③ 催化剂要有一定的抗毒能力,也就是能耐气体中含有的少量有毒气体。

④ 催化剂的机械性能要好,以免在使用中破碎或粉碎,增加变换阻力。

⑤ 催化剂有一定的热稳定性,在一定温度范围内,不致因反应后温度升高而损坏催化剂。

⑥ 催化剂要防止发生副反应,主要是一氧化碳分解析碳和生成甲烷的反应。

⑦ 催化剂的原料容易获得,制造成本低廉。

一氧化碳变换催化剂发展过程如下。

① 20 世纪 60 年代以前,主要应用以 Fe_2O_3 为主的 Fe-Cr 系催化剂,使用

范围为 350 ℃～550 ℃，由于操作温度的限制，气体经变换仍有 3% 左右的一氧化碳。(1912 年德国人 W. Wied 利用 FeO – Al_2O_3 作为一氧化碳变换催化剂，A. Mitasch 等研制成功了 Fe – Cr 系催化剂，并于 1913 年在德国的 BASF 公司合成氨工厂首先得到应用，该系列催化剂称为高温变换催化剂）。

② 20 世纪 60 年代以来，随着制氨路线的改变和脱硫技术的进展，气体中总硫含量可以降低到 0.1 ppm 以下，有可能在更低温度下使用活性高而抗毒性差以 CuO 为主的 Cu – Zn 系催化剂，操作温度为 200 ℃～280 ℃，残余一氧化碳可降到 0.3% 左右（1963 年美国 Giraler 公司开发了 Cu – Zn 系列催化剂）。

为了区别上述两种温度范围的变换过程，国外和我国大型氨厂习惯上将前者称为高温变换，国内中小型氨厂则称为中温变换；而后者称为低温变换。

③ 对于渣油和煤制氨工艺，因气化过程回收高位能热量方式不同而分激冷流程和废锅流程。若在激冷流程中仍采用传统的先脱硫、后变换工艺，由于脱硫都是在较低温下进行，这样就会造成粗原料气冷却过程将回收大量的蒸汽冷凝。于是将变换直接串联在油（煤）气化之后，然后用一步法同时脱硫脱碳，促使人们开发了 Co – Mo 系的耐硫变换催化剂。但对废锅流程，可用先脱硫，再进行一氧化碳变换。近年来我国开发了 Co – Mo 系宽温变换催化剂（活性温度为 160 ℃～500 ℃），使变换气中 CO 含量从 3% 降至 1%。

工业上一氧化碳变换反应都是在催化剂存在的条件下进行的，变换催化剂目前主要有 Fe – Cr 系中（高）温变换催化剂、Cu – Zn 系低温变换催化剂和 Co – Mo 系耐硫宽温变换催化剂三大类。

（一）Fe – Cr 系中（高）温变换催化剂

传统的中（高）温变换催化剂是以氧化铁为主体的一类变换催化剂，目前广泛采用的是以 Fe_2O_3 为活性主体，以 Cr_2O_3 为主要添加物的多成分 Fe – Cr 系催化剂，一般含 Fe_2O_3 70%～90%，含 Cr_2O_3 7%～14%。此外，还有少量氧化镁、氧化钾、氧化钙等物质。Cr_2O_3 能抑制 Fe_3O_4 再结晶，使催化剂形成的微孔结构，提高催化剂的耐热性和机械强度，延长催化剂的使用寿命；氧化镁能提高催化剂的耐热和耐硫性能；氧化钾和氧化钙均可提高催化剂的活性。Fe – Cr 系催化剂是一种褐色的圆柱体或片状固体颗粒，活性温度为 350 ℃～550 ℃，在空气中易受潮，使活性下降。经还原后的 Fe – Cr 系催化剂若暴露在空气中则迅速燃烧，立即失去活性。硫、氯、磷、砷的化合物及油类物质，均会使其中毒。

这类催化剂具有活性温域宽、热稳定性好、寿命长和机械强度高等优点。但使用中水碳比高、转化率较低，还可能发生 F – T 副反应。为此，近年来开发了含少量铜的铁基和铜基高温变换催化剂。另外由于铬的氧化物对人体有害，随着人们环保意识的日益增强，近年来我国已开发出低铬和无铬的 CO 高变催化剂并在工业中应用。国内外几种高变催化剂如表 3 – 3 – 3 所示。

表3-3-3　国内外几种高(中)变催化剂

国别	中国						英国(ICI)	德国(BASF)	美国(UCI)
型号	B109	B110-2	B111	B113	B117	B121	115-4	X6-10	C12-1
化学 $w(Fe_2O_3)/\%$	≥75	≥79	67~69	78±2	65~35	Fe_2O_3 主要添加物有 K_2O、Al_2O_3			89±2
$w(Cr_2O_3)/\%$	≥9	≥8	7.6~9	9±2	3~6		0.1	0.1	9±2
$w(K_2O)/\%$			0.3~0.4	1~200 cm^3/m^3					
$w(SO_4^{2-})/\%$	≤0.7	S含量<0.06			<1				S含量<0.05
$w(MoO_3)/\%$			5						
$w(Al_2O_3)/\%$									<1
物理性质 外观	棕褐片剂	棕褐片剂	棕褐片剂	棕褐片剂	棕褐片剂	棕褐片剂			
尺寸/mm	$\phi(9~9.5)\times(5~7)$	$\phi(9~9.5)\times(5~7)$	$\phi9\times(5~7)$	$\phi9\times5$	$\phi(9~9.5)\times(7~9)$	$\phi9\times(5~7)$	$\phi8.5\times10.5$	$\phi6\times6$	$\phi9.5\times6$
堆积密度/($kg·L^{-1}$)	1.3~1.5	1.4~1.6	1.5~1.6	1.3~1.4		1.35~1.55	1.1	1.0~1.5	1.13
比表面积/($m^2·g^{-1}$)	36	35	50	74					
空隙率/%	40			45					
备注	低温活性好、尾气消耗低	还原后,强度好,放硫快,活性高,适用于凯洛格型氨厂	耐硫性能好,适用于重油制氨流程	广泛应用于大中小型氨厂	低铬	无铬	在无硫条件下高变串低变流程中使用	高变串低变流程中使用	还原态强度好

变换催化剂的生产主要采取沉淀法,此法又可分为混合法、共沉淀法和混合沉淀法3种。该铁系中(高)变催化剂中,铁的氧化物是高变和中变催化剂的主要成分即活性组分,它因制备方法的不同,可得不同组成、不同晶相的铁的氧化物,例如有 γ-Fe_2O_3,α、β-Fe_2O_3,γ-$Fe_2O_3·H_2O$,甚至还有 $FeCO_3$。其中,以 γ-Fe_2O_3 活性和机械强度最高。虽然 Fe_3O_4 是高变催化剂的活性组分,但是纯 Fe_3O_4 的活性温度范围很窄,耐热性差,且在低汽气比条件下有可能发生过度还原而变为 FeO 甚至 Fe,从而引起 CO 的甲烷化和歧化反应。添加 Cr_2O_3 可防止铁氧化物的过度还原,即铬的氧化物是作为稳定剂存在的,其含量一般为3.0%~15.0%。氧化钾在催化剂中用作助催化剂,加入少量氧化钾对于催化剂的活性、耐热性和强度都是有利的。但超过一定量时,就会使催化剂容易结皮、阻塞孔道等。国产高变催化剂一般含0.2%~0.4%的 K_2O。

高变催化剂的活性除与其组成和生产方法、还原过程有关外,还受操作温度和毒物的影响。操作中随着使用时间的延长,催化剂的活性会逐渐下降,这时可以通过升高温度来弥补。

但温度升高是有限的，一般只有 50 ℃，而且要慎重地分几年逐步升温。原料气中的某些杂质可使高变催化剂活性显著下降，有些杂质甚至会造成催化剂的永久中毒，例如磷、砷的化合物。最常见的毒物是 H_2S，它能使铁变成 FeS 而造成催化剂活性下降。但 H_2S 不是永久性毒物，中毒后如使用纯净的原料气，催化剂的活性可以较快地恢复。一般认为，当气体中 H_2S 含量低于 200 cm^3/m^3 时，催化剂活性不受影响。但反复的中毒和恢复也会使催化活性下降。

高变催化剂产品中的铁都是以 Fe_2O_3 形式存在，使用前必须还原成 Fe_3O_4 才具有活性。工业生产中常用含有 CO、H_2、CO_2 的工艺气体或 H_2 作为还原性气体，还原时还必须同时加入足够量的水蒸气，以防催化剂被过度还原为单质铁。特别是水碳比较低时，还有可能被还原成 Fe_5C_2。过度还原的碳化铁在适当条件下可催化 F-T 反应的进行，生成烷烃、烯烃、羧酸类、醛类、酮类和醇类。还原过程中的主要反应为：

$$3Fe_2O_3 + H_2 \longrightarrow 2Fe_3O_4 + H_2O \qquad \Delta H_{298}^{\ominus} = -9.261 \text{ kJ/mol}$$

(3-3-20)

$$3Fe_2O_3 + CO \longrightarrow 2Fe_3O_4 + CO_2 \qquad \Delta H_{298}^{\ominus} = 50.811 \text{ kJ/mol}$$

(3-3-21)

这两个还原反应均为放热反应，催化剂中的 Cr_2O_3 不被还原。当用含 H_2 或 CO 的气体配入适量水蒸气（水蒸气/干气 = 1）对催化剂进行还原时，每消耗 1% H_2 的温升约为 1.5 ℃，而消耗 1% CO 的温升约为 7 ℃，所以还原时气体中的 CO、H_2 的含量不宜过高，以免超温而降低催化剂的活性。此外，高变催化剂通常都含有少量硫酸盐，在新催化剂首次使用时，它们会被还原以 H_2S 形式放出，这一过程称为"放硫"。对于高变串低变流程，高变炉出口气中的硫含量应符合低变炉进口气要求，即"放硫"必须彻底。

为克服传统的高变催化剂的缺点，工业上已研发出了适应低汽气比下操作的改进型高变催化剂，一种是加铜的 Fe-Cr 系改进型变换催化剂，国内的产品如西北化工研究院成功研发的具有较高的活性、选择性和耐热稳定性的 FB122 型节能高温变换催化剂；另一种是以添加适量铜为代表的改进型 FB123 催化剂。国外研发出的适用于低汽气比变换工艺的高温变换催化剂；一类是铜（锰）促进的铁基改进型高温变换催化剂；另一类是不含铁、铬的铜基高温变换催化剂。近年来，国内外研究者纷纷采用过渡金属元素及稀土元素取代铬的氧化物，研制具有高活性的低铬或无铬铁系催化剂，从而降低或避免铬组分引起的环境污染和对生产者及使用者的危害。此外，锰系和贵金属系高变催化剂也在研究中，并取得了一定进展。

（二）Cu-Zn 系低温变换催化剂

目前工业上应用的低变催化剂有铜锌铝系和铜锌铬系两种，均以氧化铜为主体，但还原后具有活性的组分是细小的铜结晶——铜微晶。铜对 CO 的活化能力

比 Fe_3O_4 强，故能在较低温度下催化一氧化碳变换反应。低变催化剂中铜微晶通常为 $(50\sim150)\times10^{-10}$ m，铜微晶越小，其比表面积越大，活性也越高。单纯的铜微晶由于表面能量高，在使用温度下会迅速向表面能量低的大晶粒转变，导致比表面积锐减，活性降低。为了提高微晶的热稳定性，需要加入适宜的添加物，氧化锌、氧化铝或氧化铬对铜微晶都是有效的稳定剂，因为它们的熔点都显著高于铜（见表3-3-4）。

表3-3-4　铜、氧化锌、氧化铝和氧化铬的熔点

物质	Cu	ZnO	Al_2O_3	Cr_2O_3
熔点/℃	1 083	1 975	2 045	2 435

铜离子与锌离子的半径相近，电荷相同，因而容易制得比较稳定的铜锌化合物的复晶或固熔体。催化剂还原后，氧化锌晶粒均匀散布在铜微晶之间，将微晶有效地分隔开来，防止温度升高时微晶烧结，保证细小的、具有大比表面积的铜微晶的稳定性。氧化铬与氧化锌作用相似，氧化铝由于熔点高，可提高催化剂的物理强度，且其无毒，是添加物的合适组分。

我国 CO 低温变换催化剂的研究始于20世纪60年代，南化集团研究院研制成功了国内第一种 CO 低温变换催化剂 B201 型（Cu-Zn-Cr 系），1966年研发了降铜去铬的 Cu-Zn 系 B202 型催化剂，继而又开发了 Cu-Zn-Al 系 B204 型催化剂，20世纪80年代研发的 B206 型催化剂成功替代了进口催化剂。

目前，我国用于工业生产的 CO 低温变换催化剂主要有低铜含量的 B202、B205，高铜含量的 B204、B206、C13-2、CB-5、B205-1，Cu-Zn-Al 系有 B203。国内几种低温变换催化剂的性能见表3-3-5。我国低温变换催化剂已全部国产化。

表3-3-5　我国几种低温变换催化剂的性能

	型号	B203	B204	B205	B205-1	B206
化学组成	$w(CuO)/\%$	17~19	35~40	28~29	>39	34~41
	$w(ZnO)/\%$	28~31	36~41	47~51	>39	34~41
	$w(Al_2O_3)/\%$	Cr_2O_3 44~48	8~10	8~10	>8	6.5~10.5
物理性能	片剂尺寸/mm	$\phi6\times4$	$\phi5\times5$	$\phi6\times4$	$\phi6\times5$	$\phi6\times5$
	堆积密度/(kg·L^{-1})	<1.4	1.4~1.6	<1.4	1.1~1.2	1.4~1.6
	比表面积/(m^2·g^{-1})	50~70	70~75	60~80		65~85
	侧压强度/(N·cm^{-1})	>200	157	>200	>250	>250
	磨耗率/%	<8		<6		<6
	使用压力/MPa	1.0~5.0	<4.0	1.0~5.0	1.0~5.0	<4.0
	温度/℃	180~240	200~240	200~250	170~250	180~260
	空速/(10^3·h^{-1})	<8	1~2.5	1~4	<4.3	2~4
	汽气比	>0.45		>0.4	0.2~0.5	
	制备工艺		硝酸法	络合法	络合法	络合法

低变催化剂产品供应时通常是氧化态，装填后使用前必须还原。由于还原反应为放热反应，操作不慎会烧坏催化剂，缩短使用寿命等，因此一定要严格控制还原温度。低变催化剂用 H_2 或 CO 还原时的反应如下：

$$CuO + H_2 \Longrightarrow Cu + H_2O \qquad \Delta H^{\ominus}_{298} = -86.71 \text{ kJ/mol} \qquad (3-3-22)$$

$$CuO + CO \Longrightarrow Cu + CO_2 \qquad \Delta H^{\ominus}_{298} = -127.7 \text{ kJ/mol} \qquad (3-3-23)$$

在还原过程中，催化剂中的添加物一般不被还原，但当温度高于 250 ℃ 时可发生下列反应：

$$y\text{Cu} + \text{ZnO} + H_2 \Longrightarrow \alpha - Cu_y \cdot Zn + H_2O \qquad (3-3-24)$$

即部分 ZnO 被还原成 Zn，并与 Cu 生成 Zn-Cu 合金，从而导致催化剂活性降低。催化剂还原时，可用氮气、天然气或过热水蒸气作为载气，配入适量还原性气体。由于还原过程中，H_2 比 CO 放热量较少，故多用 H_2 进行还原。

与高变催化剂相比，低变催化剂对毒物十分敏感。引起低变催化剂中毒或活性降低的主要物质有冷凝水、硫化物和氯化物。

冷凝水除对催化剂的物理性能有直接损害外，还由于烃类蒸气转化及高温过程中，可生成每立方米多达几百立方米的氨，此氨溶于冷凝水成为氨水，它能溶解催化剂的活性组分铜，生成铜氨络合物，导致催化剂活性下降。

硫化物使低变催化剂永久中毒，气体中的硫化物可全部被催化剂吸收，使铜微晶转变成硫化亚铜而失去活性。

氯化物是对低变催化剂危害最大的毒物，其毒性比硫化物大 5~10 倍，也是永久性中毒。实测证明，氯使低变催化剂一部分铜变成氯化铜，并导致铜和氧化锌的晶粒成倍增长，使活性表面锐减而造成催化剂严重失活。为保护催化剂，蒸汽中氯含量越低越好，一般要求低于 0.03 mL/m^3，有时甚至要求低于 0.003 mL/m^3。

（三）Co-Mo 系耐硫宽温变换催化剂

为了满足重油、煤气化制氨流程中可以将含硫气体直接进行一氧化碳变换，再脱硫、脱碳的需要，20 世纪 50 年代末期开发了既耐硫、活性温度范围又较宽的变换催化剂。目前发表的耐硫变换催化剂的组成有多种配方，一般含有氧化钴和氧化钼，载体以 Al_2O_3 和 MgO 为最好，MgO 载体的优点还在于 H_2S 浓度波动对催化剂的活性影响较小。有的催化剂还加入碱金属氧化物来降低变换反应温度。Co-Mo 系催化剂的特点如下。

① 耐很高的硫化氢，而且强度好。故特别适用于重油部分氧化法和以煤为原料的流程。原料气中的硫化氢和变换气中的二氧化碳脱出过程中可以一并考虑，以节约蒸汽和简化流程。

② 有很好的低温活性。使用温度比 Fe-Cr 系低 130 ℃ 以上，而且有较宽的活性温度范围（180 ℃~500 ℃），因而被称为宽温变换催化剂。

③ 在使用过程中，若催化剂上含碳化合物沉积时，可以用空气与蒸汽或氧的混合物进行燃烧再生，重新硫化后可继续使用（实际使用中，一般不这样做）。

④ 强度高。尤以选用 $\gamma-Al_2O_3$ 作载体时，强度更好，遇水不粉化，催化剂硫化后的强度还可提高 50% 以上（Fe-Cr 系催化剂还原态的强度通常比氧化态要低些），而使用寿命一般为 5 年左右，也有使用 10 年仍在继续使用的。

这种耐硫、活性高而又能再生的 Co-Mo 系变换催化剂，尽管成本较高，但在重油和煤气化的工厂中受用广泛。Co-Mo 系耐硫变换催化剂出厂时成品是以氧化物状态存在的，活性很低，使用时需通过"硫化"，使其转化为硫化物方能显示其活性。硫化过程是将催化剂装入变换炉后，用含硫的工艺气体进行硫化，硫化时的化学反应和硫化方法与钴钼加氢脱硫原理一样。

催化剂中的活性组分在使用中都是以硫化物形式存在的，在 CO 变换过程中，气体中有大量水蒸气，催化剂中的活性组分 MoS_2 与水蒸气有水解反应平衡关系，化学反应为：

$$MoS_2 + 2H_2O \rightleftharpoons MoO_2 + 2H_2S \qquad (3-3-25)$$

这一过程被称为"反硫化"。在 CO 变换过程中，如果气体中 H_2S 含量高，催化剂中的钼以硫化物形式存在，催化剂维持高活性；如果气体中 H_2S 含量过低，MoS_2 将转化为 MoO_2，即发生"反硫化"。所以在一定工况下，要求变换气体中有最低 H_2S 含量，以维持催化剂中的钼处于硫化态。H_2S 最低含量受反应温度及汽气比的影响，温度及汽气比越低，H_2S 最低含量越低，催化剂越不易发生反硫化。

四、一氧化碳变换的工艺流程和主要设备

CO 变换的工艺流程主要是由原料气组成来决定的，同时还与所用催化剂、变换反应器的结构，以及气体的净化要求等有关。原料气组成中首先要考虑的是 CO 含量，CO 含量高则应采用中（高）温变换，因为中（高）变催化剂操作温度范围较宽，且价廉易得，寿命长。对 CO 含量超过 15% 时，一般应考虑将反应器分为两段或三段。其次应考虑进入系统的原料气温度及吸湿含量，若原料气温度吸湿含量较低，则应考虑预热与增湿，合理利用余热。最后是将 CO 变换与脱除残余 CO 的方法结合考虑。

（一）一氧化碳中温变换工艺流程——针对（Fe-Cr）催化剂流程

一氧化碳中温变换工艺流程，一般分为常压变换和加压变换两大类。

① 半水煤气在进行变换之前，必须先进行除尘、脱硫等预处理，以免鼓风机结垢，管道、设备等产生堵塞、腐蚀等一系列问题，影响催化剂的正常维护与

操作。

② 装有催化剂的变化器是变换反应的中心环节。根据原料气的组分，催化剂的性能，确定反应的段数及最适宜的温度，根据反应平衡的条件确定过量水蒸气的数量。

③ 为了保持变换最适宜的温度条件，必须在第一段变换之后将气体冷却。为了保证开始变换反应所需要的温度，将原料气进行预热，一般均在热交换器中进行。

④ 为了回收反应后多余的蒸汽及气体的热量，设置了热水塔——饱和塔系统进行回收，以降低蒸汽的消耗量。

⑤ 为了适应下一步气体压缩的要求，设置气体的冷凝塔以冷却变换气。

⑥ 为了输送气体及热水，设置相应的鼓风机及泵。

⑦ 根据开停工的要求，设置升温的有关设备。

1. 中温常压变换流程图

一氧化碳的变换，最初均在常压下进行，最常用的生产流程如图 3-3-1 所示。

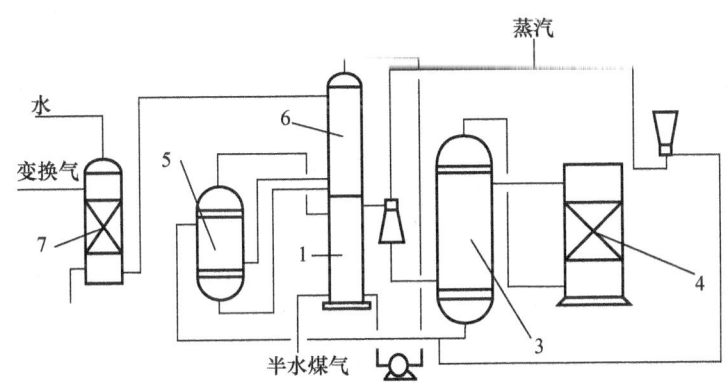

图 3-3-1　一氧化碳中温常压变换图
1—饱和塔；2—蒸汽喷射器；3—热交换器；4—变换器；5—水加热器；6—热水塔；7—冷凝塔

① 变换器两段的催化剂及两段之间冷气气体的蒸发器均合并在一个设备内。

② 采用了蒸发器，可获得部分蒸汽，有利于一氧化碳变换的平衡。要求严格控制喷洒用的冷凝液的质量，如含有氯化物较多，可能积聚在第二阶段催化剂上，不但增加阻力，还会降低催化剂活性。

③ 在饱和水塔-热水塔系统中增设了一个水加热器，以充分回收变换气的显热。由于采用水加热器后，提高了热水的温度，可以通过饱和塔多回收蒸汽。

④ 流程简单，操作控制方便。但对半水煤气净化要求要高，并采用低温活性较好的催化剂。

2. 中温加压变换流程图

一氧化碳中温加压变换流程图如图 3-3-2 所示。

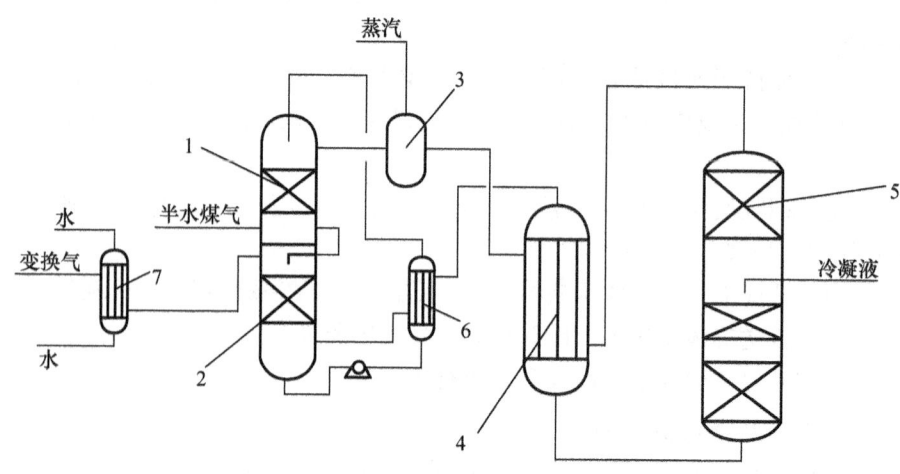

图 3-3-2　一氧化碳中温加压变换图

1—饱和塔；2—热水塔；3—混合器；4—热交换器；5—变换器；6—水加热器；7—冷凝塔

加压变换系统有下列优点。

① 加压下变换可以提高反应速度，变换催化剂的空间速度比常压下大一倍以上。

② 由于气体体积大为缩小，设备要比常压变换小，布置紧凑。

③ 压缩煤气动力可节省 15% 左右。

（二）一氧化碳低温变换工艺流程——针对（Cu-Zn）催化剂流程

一氧化碳低温变换工艺流程如图 3-3-3 所示。

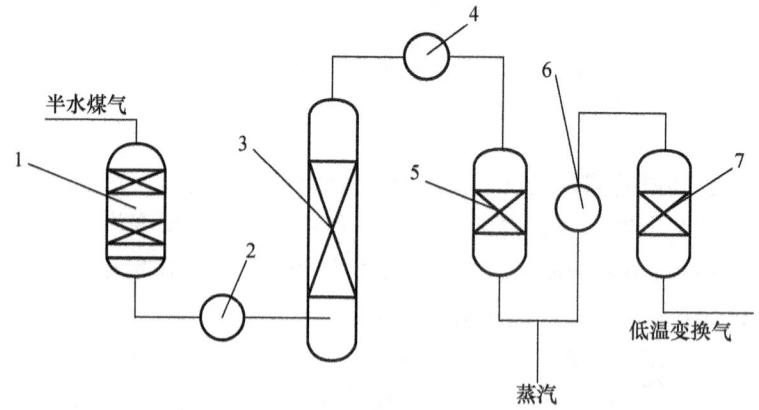

图 3-3-3　一氧化碳低温变换工艺流程

1—中温变换器；2，4，6—热交换器；3—CO_2 吸收塔；5—脱硫塔；7—低温变换器

① 温度愈低,反应的平衡愈有利于向生成产品氢和二氧化碳的方向进行。

② 经过一氧化碳中温变换后,煤气中残余的一氧化碳一般在3%~4%,采用低温变换后,煤气中的一氧化碳可以降低0.2%~0.4%,从而提高了氢的产率。

③ 在以前的工业生产中,为了除去煤气中3%~4%的一氧化碳,一般在脱出二氧化碳后,气体需经过铜氨洗涤、液氮洗涤、甲烷化使一氧化碳及二氧化碳降低至 10 ppm 以下。

(三) 宽温耐硫变换催化剂流程

使用宽温变换催化剂有以下几种情况。

1. 高变串低变流程

应用高变串低变催化剂,这里的低变催化剂是指宽温变换催化剂用在变换的低温部分。即在原料的 Fe-Cr 系高变催化剂之后串接宽温变换催化剂,有炉内和炉外两种形式串联。

使高变出口的 CO 含量提高到约5%或更高些,经宽温变换催化剂深度变换后,将出口 CO 含量降至约1%,使用后能耗降低,变换率提高,可增加产氨2.5%,并且扩大了铜洗的生产能力。

图3-3-4为炉内中变串低变流程,图3-3-5为炉外中变串低变流程。

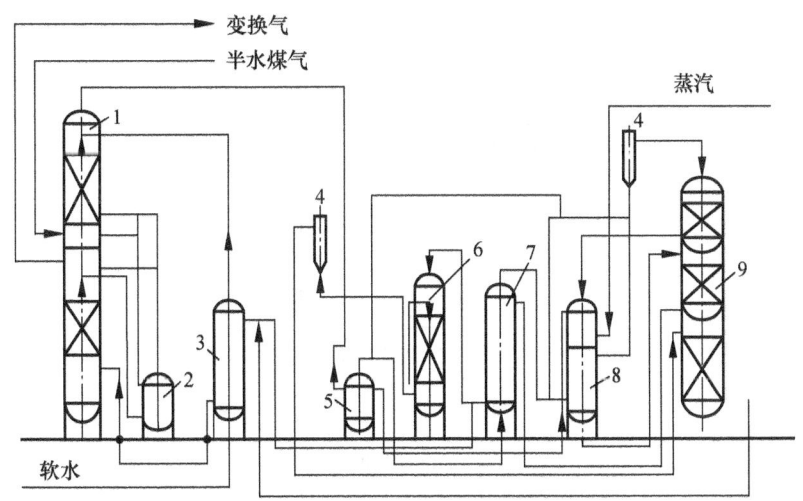

图3-3-4 炉内中变串低变
1—饱和热水塔;2—水封;3—水加热器;4—电炉;5—水分离器;6—增湿器;
7—热交换器;8—中间换热器;9—变换炉

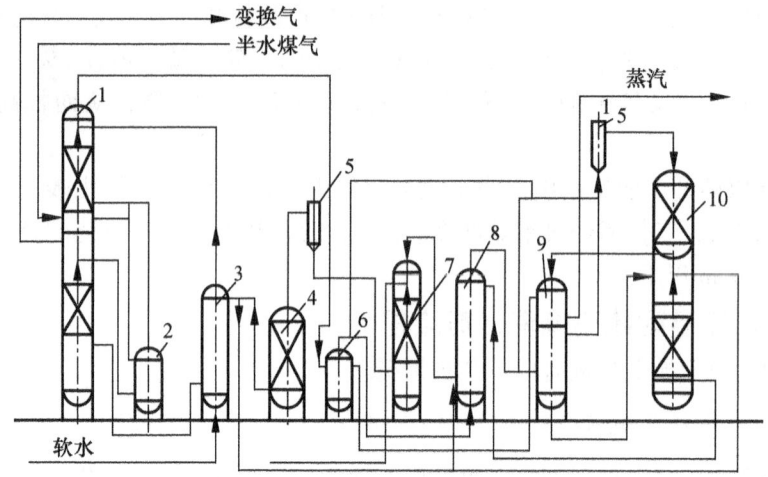

图 3-3-5 炉外中变串低变

1—饱和水塔；2—水封；3—水加热器；4—低变炉；5—电炉；6—水分离器；
7—增湿器；8—热交换器；9—中间加热器；10—中变炉

2. 双低变流程

双低变流程如图 3-3-6 所示。

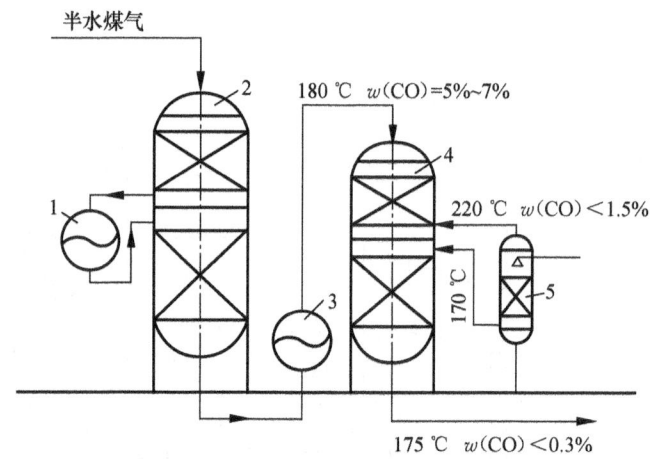

图 3-3-6 双低变流程

1，3—热交换器；2—中变炉；4—低变炉；5—增湿器

利用宽温变换催化剂耐硫和低温活性的特性，用来取代 Cu-Zn-Al 系低温变换催化剂，在高变后直接串联两段宽温变换催化剂，两段中间进行一次冷却降温，进一步发挥宽边低温活性优势，使二段出口 CO 进一步降低。在某些热法脱碳氨厂可省去二次脱碳，简化了流程，降低了能耗。这样，由于出口 CO 较低，可以用甲烷化来取代铜洗工段。

3. 全低变流程

该特点的流程是不用高变催化剂，全部用宽温变换催化剂，全低变流程如图 3-3-7 所示。该流程由中国湖北省化学研究所研发，始于 20 世纪 80 年代末，是在中变串低变基础上发展起来的，1990 年 3 月第一次成功用于生产装置。随后在 70 多个中小型厂中使用，取得了良好的经济效应。该工艺流程有以下优点。

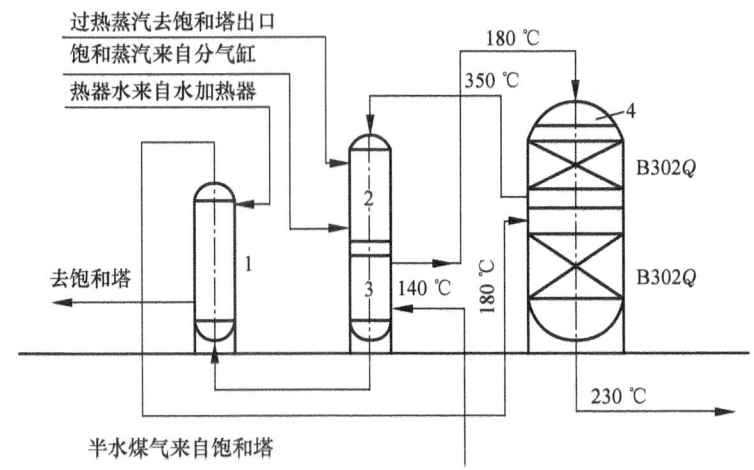

图 3-3-7　全低变流程
1—调温水加热器；2—蒸汽过热器；3—热交换器；4—变换炉

① 催化剂用量比原来减少，床层温度下降 100 ℃~200 ℃。床层阻力下降，从根本上解决了中变催化剂粉化问题，大大改善了操作条件，催化剂寿命得以延长。

② 由于在低汽气比下不发生乙炔反应，减少后管道工序的损耗，从而防止"带液"现象，进一步降低蒸汽消耗。汽气比低，设备管道能力富裕，可以提高生产能力。

③ 提高有机硫的转化能力，转化率高达 98% 以上。

④ 操作启动快，可增加有效的生产时间。

⑤ 改善变换系统生产条件，降低设备材质要求，延长设备寿命。

五、生产操作

(一) 大修停车置换

① 接减量信号之后，关闭或关小热水塔补水，将饱和热水塔液位逐渐降至低限控制。

② 接停车信号后，关闭系统进出口阀，开 F6 出口放空阀泄压。关闭各泵出

口阀，停热水泵，关闭水封阀，保证饱和热水塔有液位，所有管道不排水进入置换。

③ 联系调度协调压缩二出、三入、大小变压吸附进口总管泄压（即本系统进出口总管泄压）。

④ 联系调度送蒸汽，开蒸汽阀，顺流程置换本系统，在系统出口放空阀处放空。放空管口有气出 5 min 后，全开系统所有的排污阀（管道及设备排污）。全开低变主线阀门，煤气副线阀，变换气旁路阀，低变进路阀，开启 1~2 圈或开启约 5%。

⑤ 低变置换 15 min 后，关闭低变进出口阀，全开低变进路阀，继续置换。

⑥ 在冷却塔之后系统出口取样，充满样气的球胆用冷水冷却后无余气，则置换合格。

⑦ 接近置换合格时，联系调度协调压缩、大小变压吸附开本系统进口阀、出口阀，分别置换系统进口总管、出口总管，在压缩机和大小变压吸附进口放空，此时应关闭本系统放空阀及所有排污阀。

⑧ 接调度通知本系统进出口总管置换合格，则停蒸汽，关闭蒸汽阀，放空阀无气排放后关闭，所有排污阀就地排放后关闭。

⑨ 置换合格后将饱和热水塔、热水泵出口管中热水排出。

（二）大修后的置换开车

1. 置换

① 检修完，通知调度，准备置换。

② 全开系统排污阀（管道及设备排污），低变主线阀、系统出口放空阀。所有煤气副线阀、变换气旁路阀开启 1~2 圈或开启约 5%，关闭低变进路阀及系统进出口阀，然后开蒸汽阀通蒸汽顺流程置换，在系统出口放空，放空有气出 10 min 后，开低变进路阀，关低变进出口阀，继续置换。

③ 冷却塔之后系统出口取样，充满样气的球胆用水冷却无余气表示置换合格。

④ 本系统置换合格后，联系调度协调压缩、大小变压吸附，开系统进出口阀，关小放空阀、排污阀，置换系统进出口总管。调度通知合格则关蒸汽阀，关系统进出口阀，关放空阀，关排污阀，转入开车。

⑤ 开始向饱和热水塔、循环水池补液，为开车做准备。

2. 开车

① 按正常开车要求，检查和验收系统内检修的设备、管道、阀门、分析仪取样点及电器、仪表等，必须达到正常完好。

② 联系调度送蒸汽，压缩缓慢送煤气，由冷却塔后放空。

③ 触媒通电升温，控制升温速率为 20 ℃/h~25 ℃/h，此时可开热水泵循环

回收热量和蒸汽，当触媒层温度达到250 ℃时，触媒已有活性，要严防触媒温度猛涨，应根据进口温度，触媒层温度的变化情况，适当添加蒸汽，停电炉，开启副线，使变换炉一段热点为（435±10）℃，二段热点为（460±10）℃，并逐步开启循环水泵，使出口温度≤40 ℃。分析出口 CO 合格后，联系后工段转入轻负荷生产。

项目四

二氧化碳的脱除

教学目标：

（1）能力目标
① 能够分析煤气脱碳的原理和意义。
② 能够进行煤气脱碳生产方法的选择。
③ 能够根据脱碳原理进行工艺条件的确定。
④ 能够认真执行工艺规程和岗位操作方法，完成装置正常操作。

（2）知识目标
① 了解煤气脱碳的意义。
② 掌握煤气脱碳的基本原理和工艺流程。
③ 理解煤气脱碳设备的工作原理和工作过程。

一、概述

粗煤气经一氧化碳变换后，变换气中除氢和氮外，还有二氧化碳、一氧化碳和甲烷等组分，其中以二氧化碳含量最多。二氧化碳既是后续变换气应用的化工过程中各种催化剂的毒物，又是重要的化工原料，如用作生产尿素、碳酸氢铵等氮肥的原料，以及食品饮料工业的原料等。因此二氧化碳的脱除必须兼顾这两方面的要求。

脱除二氧化碳的方法很多，传统上一般采用湿法，即溶液吸收法较多，但近年来干法脱碳得到了很大发展。按照脱除过程是否有化学反应发生，可以分为物理吸收法和化学吸收法两大类。

物理吸收法是利用二氧化碳能溶解于水或有机溶剂的特性来实现的。吸收后的溶液可以有效地用减压闪蒸使大部分二氧化碳解吸。化学吸收法是利用二氧化碳具有酸性可与碱性化合物进行反应而脱除的。化学吸收后的溶液光靠减压闪蒸解吸二氧化碳有限，通常都需要热法再生。

还有一类介于物理吸收法和化学吸收法之间的物理-化学吸收法，它兼有物理吸收法和化学吸收法两者的特点。

物理吸收法中，吸收剂的吸收容量随酸性组分分压的提高而增加。因此，溶液的循环量基本上与气体中酸性组分的含量无关，而与原料气量及操作条件有关。操作压力提高，温度降低，则溶液循环量减少；而在化学吸收中，吸收剂的吸收容量与吸收剂中活性组分的含量有关。因此，溶液的循环量与待脱除的酸性组分的含量成正比，即与气体中酸性组分的含量关系很大，但基本上与压力无关。

不同溶剂的吸收容量与气体中二氧化碳分压间的关系，即气液平衡曲线如图 3-4-1 所示。

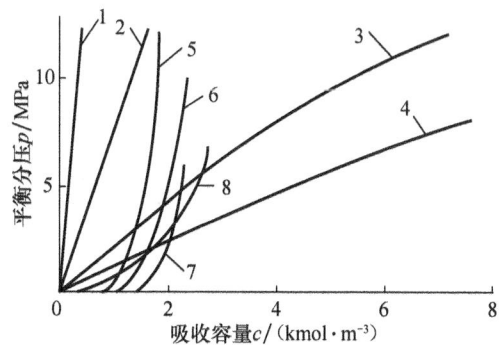

图 3-4-1　不同溶剂中 CO_2 的平衡曲线

1—H_2O（30 ℃）；2—N-甲基吡咯烷酮（110 ℃）；3—甲醇（-15 ℃）；4—甲醇（-30 ℃）；5—热碳酸钾溶液（110 ℃）；6—环丁砜（50 ℃）；7—2.5 mol/L DEA（50 ℃）；8—3 mol/L Amisol DETA

化学吸收时，由于进行的是化学反应，吸收的热效应比较大，温度对化学吸收时的溶解度影响也比较大，吸收热随吸收容量的增大而减小，也比物理吸收显著。反映在溶液再生时，化学吸收中往往都需要用再沸器进行热再生，而对物理吸收来说，富液再生时则可以充分利用二氧化碳在溶液中含量与其平衡分压的线性关系，采用简单的减压闪蒸即可使所吸收的二氧化碳大部分解吸出来，特别是当吸收时二氧化碳分压较高，减压闪蒸时分压较低的情况。干法（吸附法）是通过吸附体在一定的条件下对 CO_2 进行选择性吸附，然后通过恢复条件将 CO_2 解吸，从而达到分离 CO_2 的目的。吸附法主要依靠范德华力吸附在吸附体的表面。吸附能力主要取决于吸附体的表面积以及操作的压（温）差，一般其效率较低，需要大量的吸附体，使此种技术成本非常高。按照改变的条件，主要有变温吸附法（TSA）和变压吸附法（PSA）。由于温度的调节控制速度很慢，在工业中较少采用变温吸附法。变压吸附法已经在工业上取得了巨大的成功，我国已有多家合成氨厂采用此法脱除 CO_2。现在 CCP（二氧化碳捕捉）项目正在研究另一种新的吸附法——变电吸附（ESA）法，通过活性炭纤维对 CO_2 进行吸附，通过电流的改变进行解吸分离出 CO_2。

另外，膜法分离 CO_2 技术也被认为是最有发展潜力的脱碳方法，它主要是在一定条件下，通过膜对气体渗透的选择性把 CO_2 和其他气体分离开。按照膜材料的不同，主要有聚合体膜、无机膜以及正在发展的混合膜和其他过滤膜。聚合体膜又分为玻璃质膜和橡胶质膜，因为前者具有更好的气体选择性和机械性能，现在几乎所有的工业选择性渗透分离膜均采用玻璃质膜。聚合体膜容易装配，单位体积具有较大的过滤面积，能大大减少过滤设备的体积，从而使其投资较低。但其不能在较高的温度（>150 ℃）和腐蚀环境中工作。研究发现，在其成本相对较低的情况下，许多膜技术还有很大的投资和运行能耗降低的空间，对于电厂燃烧前脱碳工艺中先进的膜过滤技术，投资成本就可能降低50%，运行能耗降低到75%。另外，膜分离法在高压环境工作，更有利于后续的利用。因此，膜分离技术将是未来CCS（CO_2分离与封存）最重要的选择。工业上主要的脱除二氧化碳的方法见表3-4-1。

表3-4-1　工业上主要的脱除二氧化碳的方法

方法		溶剂成吸附体
物理吸收法	加压水洗法	水
	低温甲醇洗法	甲醇
	Selexol（我国称 NAD）法	聚乙二醇二甲醚（DMPEG）
	Flour（PC）法	碳酸丙烯酯
	Purisol 法	N-甲基吡咯烷酮（NMP）
	Sepasolv 法	N-低聚亚乙基二醇（N-oligoethylene glycol）与甲基异丙基醚（Methyl isopropyl ether, MPE）
化学吸收法	添加不同活化剂的热钾碱法	
	本-菲尔（Ben-field）法	碳酸钾溶液添加二乙醇胺（DEA）
	复合双活化热钾碱法	碳酸钾溶液加二乙醇胺、氨基乙酸与硼酸
	空间位阻胺热钾碱法	碳酸钾溶液加空间位阻胺
	氨基乙酸无毒 G-V 法	碳酸钾溶液加氨基乙酸
	卡特卡博（Catacarb）法	碳酸钾溶液加烷基醇胺的硼酸盐
	活化 MDEA（α-MDEA）法	N-甲基二乙醇胺（MDEA）加哌嗪（piperazine）
	MEA 法	一乙醇胺
	DEA 法	二乙醇胺
	DGA 法（Econamine）法	二甘醇胺
	DIPA 法	二异丙醇胺
物理-化学吸收法	环丁砜（Soalfanxl）法	环丁砜、DIPA 或 MDEA 与水
	常温甲醇洗（Amiol）法	MEA、DEA、二乙基三胺（DETA）、二异丙基胺（DIPAM）与甲醇
干法（吸附法）	变压吸附（PSA）法	固体吸附剂
	变压吸收（TSA）法	固体吸附剂
	变电吸附（ESA）法	活性炭纤维
分离法		选择性透过膜材料

二、化学吸收法

化学吸收法即利用 CO_2 是酸性气体的特点，采用含有化学活性物质的溶液对合成气进行洗涤，CO_2 与之反应生成介稳化合物或者加合物，然后在减压条件下通过加热使生成物分解并释放 CO_2，解吸后的溶液循环使用。

（一）热碳酸钾法

热碳酸钾法又称热钾碱法，热钾碱法是采用碳酸钾水溶液作吸收剂，在基本相同的温度下进行二氧化碳的吸收和溶液再生。该法是 20 世纪 50 年代由美国的本森和菲尔特开发的，因此又称本-菲尔法。碳酸钾溶液吸收二氧化碳速度较慢，成本较高，目前工业上已经被催化热钾碱法替代。催化热钾碱法工艺是在热碳酸钾溶液中添加一定量的活化剂加快碳酸钾与 CO_2 的反应速度，并降低 CO_2 平衡分压，从而提高 CO_2 的吸收速度和气体净化度。突出的是低热或低能耗本-菲尔工艺，其特点在于再生过程中使溶液在较低的压力下进行闪蒸，而闪蒸出来的蒸汽用蒸汽喷射泵或压缩机压缩，再送回再生塔作为再生热源的一部分，这就节省了外供蒸汽，减少了再沸器的传热面积，而且贫液的冷却负荷减轻，总体上取得了显著的节能效果。特别是近年来采用的 ACT-1，其催化速率比原来的 DEA 快，还可改善溶液的气液平衡性能。据介绍，使用 ACT-1 的工艺溶液循环量可降低 5%~25%，再生能耗可降低 5%~15%，通气能力可提高 5%~25%。ACT-1 活化剂比较稳定，不降解，生产中消耗很少。该工艺主要用于脱碳，同时能脱除硫化氢、有机硫化物。

1. 基本原理

碳酸钾水溶液吸收 CO_2 的过程为：气相中 CO_2 扩散到溶液界面；CO_2 溶解于界面的溶液中；溶解的 CO_2 在界面液层中与碳酸钾溶液发生化学反应；反应产物向液相主体扩散。据研究，在碳酸钾水溶液吸收 CO_2 的过程中，化学反应速率最慢，起到了控制作用。碳酸钾水溶液与二氧化碳的反应如下：

$$CO_2(g) \Longleftrightarrow CO_2(l) + K_2CO_3 + H_2O \Longleftrightarrow 2KHCO_3 \quad (3-4-1)$$

此反应是可逆反应，碳酸钾溶液吸收 CO_2 愈多，转变为碳酸氢钾的碳酸钾量愈多。图 3-4-2 是本-菲尔法 30% 碳酸钾溶液平衡数据的测定结果。转化率越高，溶液中吸收的 CO_2 越多。

从图 3-4-2 可以看出，温度降低，CO_2 的分压增加，对提高平衡转化率有利，但反应速率比较慢。添加活化剂 DEA，可以提高反应速率，而且还会改变 CO_2 的平衡分压。

碳酸钾溶液对气体中其他组分的吸收。在以煤、渣油为原料制取的变换气或城市煤气中除含有 CO_2 外，往

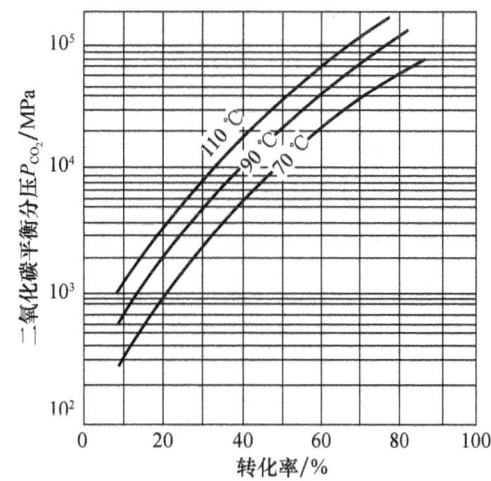

图 3-4-2　30% 碳酸钾溶液的 CO_2 平衡分压与转化率的关系

往还含有一定量的 H_2S、COS、CS_2、RSH、HCN 以及少数的不饱和烃类等。含有 DEA 的碳酸钾溶液在吸收 CO_2 的同时，也能全部或部分地将这些组分吸收。

① 吸收硫化氢。

硫化氢是酸性气体，与碳酸钾进行下列反应：

$$K_2CO_3 + H_2S = KHCO_3 + KHS \qquad (3-4-2)$$

溶液吸收硫化氢的速率比吸收 CO_2 的速率快 30~50 倍。因此在一般情况下，即使气体中含有较多的 H_2S，经溶液吸收后，净化气中 H_2S 的含量仍可达到相当低的值。

② 吸收 COS 和 CS_2 溶液。

第一步是硫化物在热的碳酸钾水溶液中水解生成 H_2S。

$$COS + H_2O = CO_2 + H_2S \qquad (3-4-3)$$

$$CS_2 + 2H_2O = CO_2 + 2H_2S \qquad (3-4-4)$$

第二步是水解生成的 H_2S 与碳酸钾反应：

$$H_2S + K_2CO_3 = KHS + KHCO_3 \qquad (3-4-5)$$

COS 在纯水中很难进行上述反应，但在碳酸钾水溶液中，该反应却可以进行很完全。其反应速率随溶液温度的提高而加快，温度每提高 28 ℃，反应速率约增加一倍。在生产条件下其吸收率可达 75%~99%。CS_2 则需经两步水解才能全部被吸收，因此其吸收率比单独吸收 COS 时低。

③ 吸收 RSH 和 HCN。

HCN 是强酸性气体。硫醇也略带酸性，因此可与碳酸钾很快进行反应。

$$K_2CO_3 + RSH = KHCO_3 + RSK \qquad (3-4-6)$$

$$K_2CO_3 + HCN = KCN + KHCO_3 \qquad (3-4-7)$$

④ 对烃类的吸收。

通常情况下，烃类不与碳酸钾溶液进行反应，但某些烃类可使溶液中的有机胺类降解，而有些低级烃类会被溶液吸收，进入液相后将引起溶液起泡。

⑤ 对有机酸（主要为乙酸）的吸收。

在以煤，特别是劣质煤为原料制得的变换气中，有时会含有酸，这是由原料气中少量的甲醇在变换反应中产生的，进入本 - 菲尔脱碳系统后，会使溶液变黑，降低脱除 CO_2 的能力。

2. 溶液的再生

碳酸钾溶液吸收 CO_2 后，碳酸钾为碳酸氢钾，溶液 pH 值减小，活性下降，故需要将溶液再生，逐出 CO_2，使溶液恢复吸收能力，循环使用，再生反应为：

$$2KHCO_3 = CO_2\uparrow + K_2CO_3 + H_2O \qquad (3-4-8)$$

压力愈低，温度愈高，愈有利于碳酸氢钾的分解。因此工业上常用这两种方法使溶液再生。为使 CO_2 能完全地从溶液中解析出来，可向溶液中加入惰性气体进行气提，使溶液湍动并降低解析出来的 CO_2 在气相中的分压。在生产中一般是再生塔下设置再沸器,采用间接加热的方法将溶液加热到沸点,使大量的水蒸气从溶液中蒸发出来。水蒸气再沿塔向上流动,与溶液逆流接触,这样不仅降低了气相中的 CO_2 分压,增加了解析的推动力,同时增加了液相中湍动程度和解吸面积,从而使溶液得到更好的再生。溶液的再生程度用再生度 f_c 表示,其定义为:

$$f_c = \frac{单位溶液中二氧化碳(碳酸和重碳盐)总物质的量}{单位溶液中 K_2O 总物质的量} \quad (3-4-9)$$

3. 工艺流程

图 3-4-3 为以天然气为原料、蒸汽转化制气的本-菲尔脱碳工艺流程。

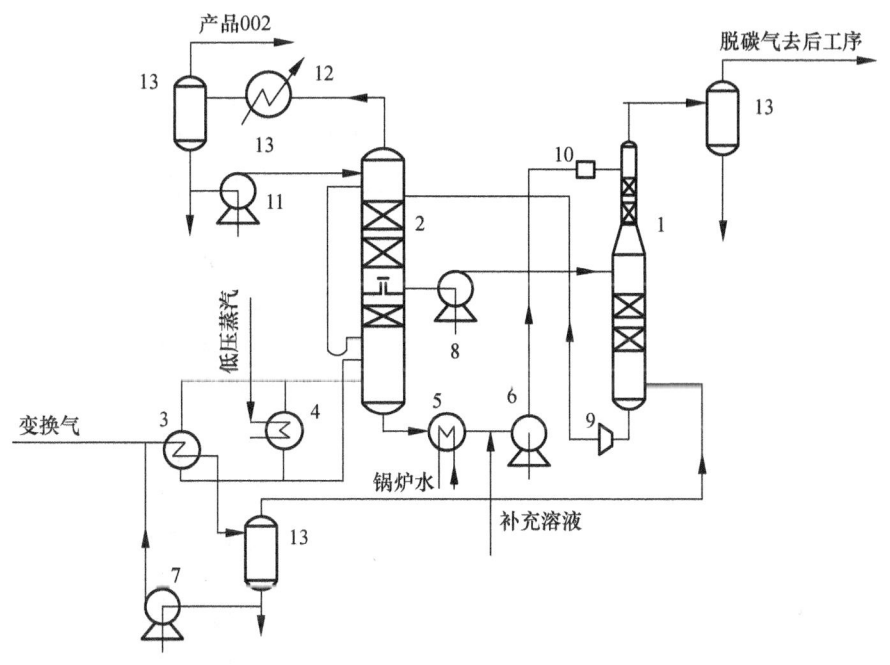

图 3-4-3 本-菲尔脱碳工艺流程
1—吸收塔;2—再生塔;3—变换气再沸器;4—蒸汽再沸器;5—锅炉给水预热器;6—贫液泵;7—淬冷水泵;8—半贫液泵;9—水力透平;10—机械过滤器;11—冷凝液泵;12—二氧化碳冷却器;13—分离器

含二氧化碳18%左右的变换气于2.7 MPa、127 ℃下从吸收塔1底部进入。在塔内分别用110 ℃的半贫液和70 ℃左右的贫液进行洗涤。出塔净化气的温度约70 ℃,经分离器13分离掉气体夹带的液滴后进入后工段。

富液由吸收塔底引出。为了回收能量,富液进入再生塔2前先经过水力透平9减压膨胀,然后借助自身的残余压力流到再生塔顶部。在再生塔顶部,溶液闪蒸出部分水蒸气和二氧化碳后沿塔流下,与由低变气再沸器3加热产生的蒸汽逆流接触,被蒸汽加热到沸点并放出二氧化碳。由塔中部引出的半贫液,温度约为112 ℃,经半贫液泵8加压进入吸收塔中部,再生塔底部贫液约为120 ℃,经锅炉给水预热器5冷却到70 ℃左右由贫液泵6加压进入吸收塔顶部。

再沸器3所需要的热量主要来自变换气。变换炉出口气体的温度为250 ℃ ~ 260 ℃。为防止高温气体损坏再沸器和引起溶液中添加剂降解，变换气首先经过淬冷器（图中未画出），喷入冷凝水使其达到饱和温度（约175 ℃），然后进入变换气再沸器。在再沸器中和再生溶液换热并冷却到127 ℃左右，经分离器分离冷凝水后进入吸收塔。由变换气回收的热能基本可满足溶液再生所需的热能。若热能不足而影响再生时，可使用与之并联的蒸汽再沸器4，以保证贫液达到要求的转化度。

再生塔顶排出的温度为100 ℃ ~ 105 ℃，蒸汽与二氧化碳摩尔比为1.8 ~ 2.0的再生气经二氧化碳冷却器12冷却至40 ℃左右，分离冷凝水后，几乎纯净的二氧化碳气作为产品。

4. 吸收塔和再生塔

吸收塔和再生塔的型式主要有填料塔和筛板塔。填料塔生产强度低、填料体积大，但操作稳定可靠，因此大多数工厂的吸收塔和再生塔都采用填料塔。图3 - 4 - 4与图3 - 4 - 5为典型的Mccabe - Thiele流程所用吸收塔和再生塔。

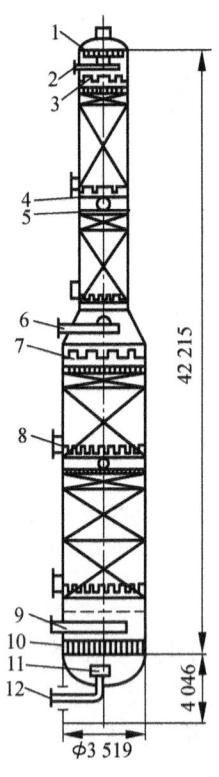

图3 - 4 - 4　吸收塔
1—除沫器；2,6—液体分布管；3,7—液体分布器；
4—填料支撑板；5—压紧箅子板；8—填料卸出口
（4个）；9—气体分布管；10—消泡器；11—防
涡流挡板；12—富液出口

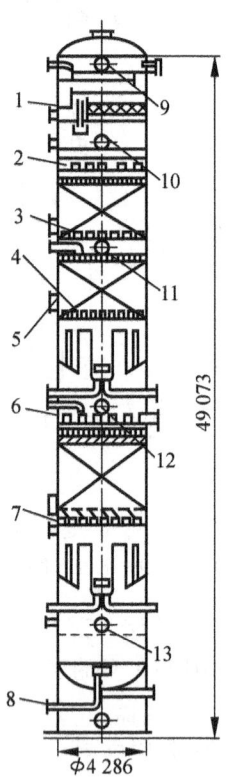

图3 - 4 - 5　再生塔
1—除沫器；2—液体分布器；3,4,7—液体再分布器；5—填料卸出口（3个）；6—液体分配器；
8—贫液出口；9 ~ 13—人孔

(1) 吸收塔

吸收塔是加压设备,进入上塔的溶液量仅为全部溶液量的 1/5~1/4。气体中大部分二氧化碳是在塔下部吸收,因此塔分上下两段,上塔塔径较小而下塔较大。整个塔内装有填料,为使溶液能均匀润湿填料裹面,除在填料层上部装有液体分布器外,上下塔的填料又都分两层,两层中间设液体再分布器。

每层填料都置于支撑板上,支撑板为气体喷射式,呈波纹状,上面有圆形开孔,其自由截面积可与塔的截面积相当。气体由波形板上面和侧面的小孔进入填料,而液体由波形板下部的小孔流出。这样,气液分布均匀,不易液泛,而且刚性较好,承重量大。在下塔底部存有消泡器,可消除液体流出时形成的泡沫。为防止溶液产生旋涡而将气体带到再生塔内,在吸收塔下部富液出口管上装有破旋涡装置。

(2) 再生塔

再生塔也分为上下两段,上下塔的直径可以不同。因其为常压设备,为制作和安装方便,上下塔也可制成同一直径。塔的上下两段都装有填料,上塔填料分两层,中间设有液体分布器,下塔填料装成一层。溶液经上塔填料层再生后,大部分由上塔底部作为半贫液引出,小部分在下塔继续再生。因此,在上塔底部装有导液盘,下塔来的水蒸气和二氧化碳经盘上的气囱进入上塔,而上塔溶液大部分则由导液盘下部的引出管送至半贫液泵,小部分经降液管流入下塔。导液盘上应保持一定的液面,防止半贫液泵抽空,而降液管的高度和开孔又应保持下流的液体量均匀稳定。在填料层上部设有不锈钢丝网除沫器,以分离气体所夹带的液滴,除沫器上设有洗涤段,用分离器分离下来的水洗涤再生气,进一步洗涤所夹带的液滴并部分回收其热量,洗水作为再生塔的补充水加到塔下部。再生塔为常压设备,壳体和底部端盖用碳钢或普通低合金钢制作。塔顶气相空间腐蚀较严重,用不锈钢或复合钢板制作,而内件多由不锈钢制作。

吸收塔和再生塔所用填料可以是陶瓷的,也可以用碳钢、不锈钢或聚丙烯塑料制成。热碳酸钾溶液对普通的陶瓷有腐蚀性,而某些塑料环则可能造成溶液的起泡或当溶液局部过热时发生软化、变形,因此对用于热碳酸钾系统的陶瓷或塑料均有特殊要求。

(二) 活化 MDEA 法

MDEA 法脱碳技术是利用活化 MDEA 水溶液在高压常温下将天然气或合成气中的二氧化碳 (CO_2) 吸收,并在降压和升温的情况下,二氧化碳 (CO_2) 又从溶液中解吸出来,同时溶液得到再生。

MDEA 即 N-甲基乙醇胺 ($R^1R^2R^3N$),无色或微黄色黏性液体,沸点 247 ℃,易溶于水和醇,微溶于醚,是一种性能优良的选择性脱硫、脱碳新型溶剂,具有选择性高、溶剂消耗少、节能效果显著、不易降解等优点。

其结构式为:

$$\text{HOCH}_2\text{CH}_2 \diagdown \text{N}-\text{CH}_3$$
$$\text{HOCH}_2\text{CH}_2 \diagup$$

活化 MDEA 法为德国 BASF 公司研发的一种脱碳方法，1971 年开始用于工业生产，我国也已成功地应用于大型合成氨装置。所用的吸收剂为 35%～50% 的 MDEA 水溶液，添加少量活化剂如哌嗪以加速化学反应速率，其含量约 3%。

MDEA 工艺被证实具有对 H_2S 优良的选择脱除能力和抗降解性强、反应热较低、腐蚀倾向小、蒸气压较低等优点。但 MDEA 工艺对有机硫的脱除效率低，对 CO_2 含量很高的原料气（如注入 CO_2 后采出的油田气）的净化，其选吸性能还不能满足要求。

活化 MDEA 法兼具化学吸收和物理吸收的优点。活化剂添加量的变化可以起到调节吸收性能的作用，使溶液更趋向于化学吸收或物理吸收。图 3-4-6 即为不同活化 MDEA 吸收剂的吸收性能。

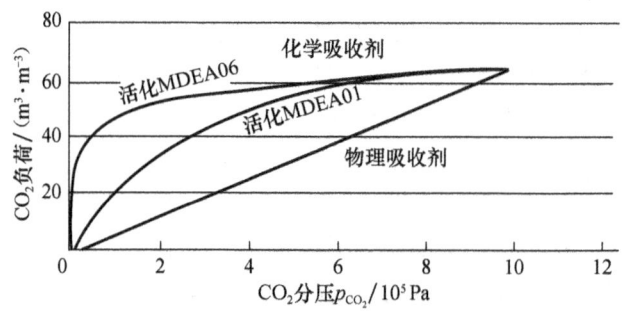

图 3-4-6　不同活化 MDEA 吸收剂的吸收性能

活化 MDEA 吸收剂的性质稳定，对碳钢不腐蚀，溶液不降解。由于它的弱碱性，被吸收的二氧化碳大部分可采用减压闪蒸的办法解吸，再生能耗较小。

表 3-4-2 为在相同生产能力下，活化 MDEA 法与低热本-菲尔脱碳工艺的比较。装置的建设费用二者相当，但活化 MDEA 法操作简单、操作弹性大、对设备不腐蚀，而且净化气质量高。采用活化 MDEA 法时，吸收塔的温度比较低，溶液的密度也比较小（热碳酸钾溶液大约比活化 MDEA 溶液大 25%）。因此，如果由热碳酸钾法改造成活化 MDEA 法时，冷却能力与泵的能力往往不够，但能耗可降低，而且可不加缓蚀剂，也不必纯化。

表 3-4-2　活化 MDEA 法与低热本-菲尔脱碳工艺的比较

项　目	活化 MDEA 法	低热本-菲尔工艺
溶液组成/%	MDEA 34～40，哌嗪 3	K_2CO_3 30，DEA 3，V_2O_5 0.7～1.0
再生热量/(kJ·m^{-3})	2 280	2 680
CO_2 回收率/%	99～100	99～100

续表

项 目	活化 MDEA 法	低热本-菲尔工艺
CO_2 纯度/%	99.70	99.01
净化气中 CO_2 含量/$(mg \cdot L^{-1})$	1.57	1.57
H_2 损失/$(t \cdot h^{-1})$	71.3	208.8
N_2 损失/$(m^3 \cdot h^{-1})$	11.4	70.5
溶液毒性	无	无
冷凝液排放/$(t \cdot h^{-1})$	系统自身平衡	4.1
溶液吸收能力/$(m^3 \cdot t^{-1})$	21.4	24.1
溶液循环量/$(t \cdot h^{-1})$	1 335	1 160
吸收温度/℃	上塔 53.5 下塔 66.5	上塔 70 下塔 109
低变气入塔温度/℃	75	104
设备腐蚀	无腐蚀	钒化后腐蚀率小

南化集团研究的采用多胺代替单一 MDEA 的改良 MDEA 流程,克服了 BASF 工艺中存在的下列问题。

① 单一活化剂浓度高、蒸汽分压高,净化气及再生 CO_2 需用水洗涤来回收活化剂。

② BASF 的活化剂浓度超高时会使碳钢腐蚀,而改良 MDEA 的双活化剂采用双低浓度,远离腐蚀区。加入第二活化剂,不仅可提高吸收速率,同时还可降低溶液液相表面 CO_2 分压,从而有利于 CO_2 的吸收。

1. 基本原理

MDEA 是一种叔胺,其氮原子为三耦合,在水溶液中它与 CO_2 生成不稳定的碳酸氢盐,总的反应可表示为:

$$CO_2 + H_2O + R^1R^2CH_3N \Longleftrightarrow R^1R^2CH_3NH^+ \cdot HCO_3^- \Longleftrightarrow R^1R^2CH_3NH^+ + HCO_3^- \quad (3-4-10)$$

具体反应可描述为:

$$CO_2 + H_2O \Longleftrightarrow H^+ + HCO_3^- \quad (3-4-11)$$

$$H^+ + R^1R^2CH_3N \Longleftrightarrow R^1R^2CH_3NH^+ \quad (3-4-12)$$

加入活化剂哌嗪时,哌嗪与 CO_2 在液膜中形成产物。

$$2CO_2 + R'(NH)_2 \longrightarrow R'(NHCO_2)_2 \quad (3-4-13)$$

此反应为快速反应,与吸收反应(5-68)平行,$R'(NHCO_2)_2$ 也在溶液中进行可逆水解反应。

$$2H_2O + R'(NHCO_2) \longrightarrow R'(NH_3^+)_2 + 2HCO_3^- \quad (3-4-14)$$

活化 MDEA 法中,添加剂哌嗪的作用,一是加大吸收速率;二是调节吸收剂的性能,使之趋近于物理吸收或化学吸收。

活化剂哌嗪在 MDEA 溶液中,主要通过中间产物 $R'(NHCO_2)_2$ 起到向 MDEA

快速传递 CO_2 的作用。

$$2R^1R^2CH_3N + R'(NHCO_2)_2 \longrightarrow R'(NH)_2 + 2R^1R^2CHNCO_2$$
(3-4-15)

$R'(NHCO_2)_2$ 可通过上述反应的平衡关系转化为哌嗪 $R'(NH)_2$。溶液中游离 MDEA 和游离哌嗪的浓度是由其转化度及其初始浓度决定的。哌嗪在溶液中是与 MDEA 一起进行相互转化、相互联系的并行吸收过程，即称之为均匀活化机理。

2. 工艺流程

图 3-4-7 为活化 MDEA 法脱碳的工艺流程。

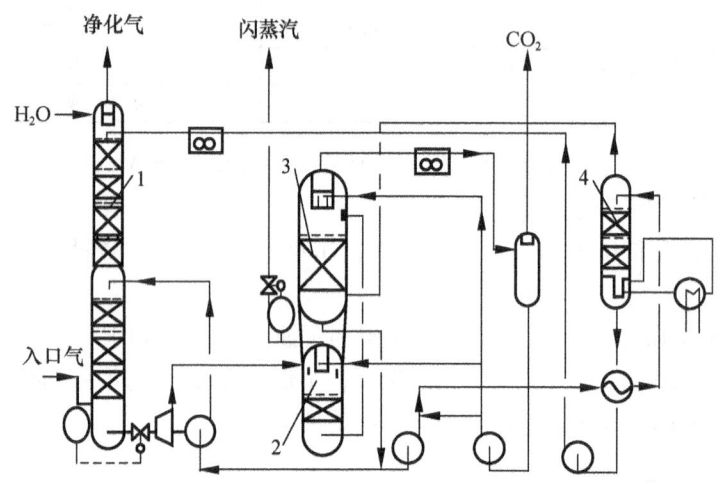

图 3-4-7　活化 MDEA 法脱碳工艺流程
1—吸收塔；2—高压闪蒸槽；3—低压闪蒸槽；4—再生塔

变换气在 2.8 MPa 下进入两段溶液洗涤吸收塔，下段用减压闪蒸后的溶液进行吸收，上段用经过热再生后的贫液进行洗涤以提高气体的净化度。从吸收塔出来的富液相继通过两个闪蒸槽进行减压闪蒸。第一次减压时用透平回收能量，所回收的能量用于驱动半贫液循环泵。富液在高压闪蒸时放出的闪蒸气含有较多的氢和氮，可以回收。高压闪蒸槽出口的溶液减压后，在低压闪蒸槽中解吸出绝大部分 CO_2，闪蒸后的半贫液大部分用泵送入吸收塔的下段，小部分送热再生塔再生。再生后的贫液经冷却后送吸收塔上段作吸收剂，净化气中的 CO_2 含量可达 100 m^3/m^3 以下。

图 3-4-8 为多胺改良 MDEA 法脱碳工艺流程。该流程变换气压力高（$p \geqslant$ 3.0 MPa），采用一段吸收、常压解吸再生工艺流程。如大型甲醇装置，变换气压力为 6~8 MPa。净化气中 CO_2 含量小于或等于 3%，CO_2 分压大于或等于 0.18 MPa。此时吸收的溶液可以全部用常压解吸出来。其工艺流程的特点是：流程更简单，蒸汽消耗更低，仅为 0.2~0.3 t/t（甲醇），此蒸汽主要补充再生气 CO_2 带走的热量。

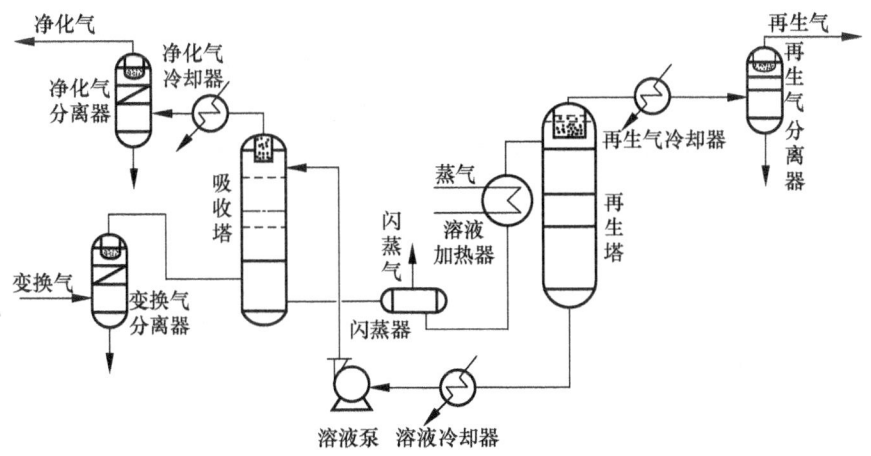

图 3-4-8 多胺改良 MDEA 法脱碳工艺流程

三、物理吸收法

物理吸收法是 CO_2 被溶剂吸收时不发生化学反应，溶剂减压后释放 CO_2（不必加热），解吸后的溶液循环使用。相对化学吸收法，物理洗涤法的最大优点是能耗低，CO_2 不与溶剂形成化合物，减压后绝大部分 CO_2 被闪蒸出来，然后采用气提或负压实现溶剂的完全再生。这就使得工艺投资省、能耗低、工艺流程简单。

（一）低温甲醇洗涤法（简称甲醇洗）

低温甲醇洗是指甲醇在一定压力和低温下，把变换气中所含的酸性气体如 CO_2、H_2S、COS 和硫醇等脱除的工艺过程。由于甲醇吸收酸性气体的过程没有化学反应发生，因此属物理吸收。

低温甲醇洗是 20 世纪 50 年代初德国鲁奇（Lurgi）公司和林德（Linde）联合研发的一种气体净化工艺。该工艺以冷甲醇为吸收溶剂，利用甲醇在低温下对酸性气体溶解度极大的优良特性，脱除原料气中的酸性气体。该工艺气体净化度高，选择性好，气体的脱硫和脱碳可在同一个塔内分段、选择性地进行。低温甲醇洗工艺技术成熟，在工业上有着很好的应用业绩，被广泛应用于国内外合成氨、合成甲醇和其他羰基合成、城市煤气、工业制氢和天然气脱硫等气体净化装置中。

1. 低温甲醇洗的特点

低温甲醇洗的优点如下。

① 低温甲醇洗涤法可以脱除气体中的多种组分。在 -30 ℃ ~ -70 ℃ 的低温下，甲醇可以同时脱除气体中的 H_2S、COS、RSH、C_4H_4S、CO_2、NH_3、NO 以及石蜡烃、芳香烃、粗汽油等组分，并可同时使气体脱水。所吸收的有用组分可以

在甲醇再生过程中回收。

② 气体的净化度很高。原料气经过低温甲醇洗涤后，CO_2 可净化到 20 ppm 以内，总硫可脱至 0.1 ppm 以内，可适用于对硫含量严格要求的任何工艺。

③ 可选择性地脱除原料气中的 H_2S 和 CO_2，并分别加以回收。由于低温时 H_2S、COS 和 CO_2 在甲醇中的溶解度都很大，所以吸收剂的循环量很小，动力消耗较低，特别是当原料气的压力和待脱除的气体组分含量比较高时更为明显。另一方面，在低温下 H_2 和 CH_4 等在甲醇中的溶解度较低，甲醇的蒸气压也很小，这就使有用气体和溶剂的损失保持在较低水平。

④ 甲醇的热稳定性和化学稳定性好。甲醇不会被有机硫化物、氰化物等组分所降解，在生产操作中甲醇不起泡；纯甲醇对设备和管道也不腐蚀，因此，设备与管道大部分可以用碳钢或耐低温合金钢。甲醇的黏度与常温水的黏度相当，因此，在低温下对传递过程有利。此外，甲醇还比较便宜，容易获得。

⑤ 当低温甲醇洗涤法脱除 H_2S 与 CO_2 与液氮洗涤法脱除 CO、CH_4 联合使用时，就更加合理。液氮洗涤法需要在 -190 ℃ 左右的低温下进行，并要求进液氮洗涤装置的气体彻底干燥，而低温甲醇洗涤法净化后的气体则同时具有干燥和 -50 ℃ ~ -70 ℃ 低温的特点，这就节省了投资。

但甲醇溶剂也有如下的缺点。

① 因其工艺是在低温下操作，因此设备的材质要求高。

② 为降低能耗，回收冷量，换热设备特多而使流程变长。

③ 甲醇有毒，会影响人的健康。

2. 各种气体在甲醇中的溶解度

低温甲醇洗涤法中，H_2S、COS 和 CO_2 等酸性气体的吸收，吸收后溶液的再生以及 H_2、CO 等溶解度低的有用气体的解吸回收，其理论基础是亨利定律，表达式为：

$$p = KX \qquad (3-4-16)$$

式中　p——操作压力；

　　　K——亨利系数；

　　　X——溶质的分子分数。

从式（3-4-16）中看出，p 愈高则 X 愈大，表示溶解在溶剂中的溶质愈多；K 值的大小亦是随溶质、溶剂的不同而异。溶剂甲醇分子是极性分子，因此对同样是极性分子的溶质 CO_2、H_2S 等的吸收量就远大于非极性分子的 H_2、N_2、CO、Ar 等的吸收量。也就是说溶剂甲醇对溶质 CO_2、H_2S 和溶剂甲醇对溶质 H_2、N_2、CO、Ar 等的 K 值是不同的。

图 3-4-9 为不同温度时，单位质量甲醇中各种气体所溶解的体积（标准状况下）。

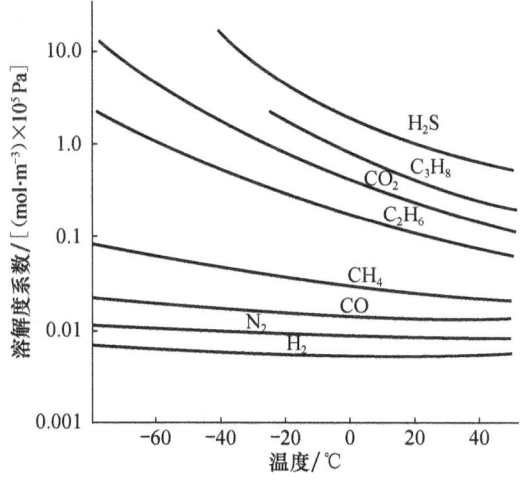

图 3-4-9　各种气体在甲醇中的溶解度

由图 3-4-9 可知，低温对气体的吸收是很有利的。当温度从 20 ℃ 降到 -40 ℃ 时，CO_2 的溶解度约增加 6 倍，吸收剂的用量大约也可减少 6 倍。另一方面，H_2、CO、CH_4 等有用气体的溶解度在温度降低时都变化很小。从图中还可看出，低温下，如 -40 ℃ ~ -50 ℃ 时，H_2S 的溶解度差不多比 CO_2 大 6 倍，这样就有可能选择性地从原料气中先脱除 H_2S，而在溶液再生时先回收 CO_2。此外，低温下 H_2S、COS 和 CO_2 在甲醇中的溶解度与 H_2、CO 相比，至少要大 100 倍，与 CH_4 相比，约大 50 倍。因此，如果低温甲醇洗涤装置是按脱除 CO_2 的要求设计的，则所得溶解度和 CO_2 相当或溶解度比 CO_2 大的气体，例如 CH_4、COS、H_2S、NH_3 等以及其他硫化物都将一起脱除，而 H_2 等有用气体则损失很少。通常情况下，低温甲醇洗涤法的操作温度为 -30 ℃ ~ -70 ℃。

在溶剂进行吸收时，根据亨利定律压力愈高、温度愈低，单位溶剂量吸收的溶质量亦愈多，因此，高压、低温有利于吸收。由于在高压、低温下，气体已是真实气体，故不完全遵循亨利定律，即必须对亨利定律进行修正。但溶剂对溶质的吸收仍有以下的趋势。

① 对于大多数气体而言，压力愈高、温度愈低，则在溶剂中的溶解量愈大，在露点时则溶质在溶剂中的溶解量为无穷大（即溶剂和溶质可以共混）。由于要考虑吸收热能否移出，故不能把吸收温度定得太低。根据经验，吸收温度则通常要比进料气体的露点温度高出 10 ℃ 为宜。

② 在真实气体的条件下，混合气体中的各分子间存在着引力，即范德华力，它将使其在溶剂中的溶解量减少，亦使混合气体的露点比单一气体有所下降。

③ 对于混合气体而言，当一种易溶组分溶解在溶剂中时，这一易溶解的组分会像溶剂一样吸收另一组分。

在吸收了溶质的溶剂进行解吸时：根据亨利定律，压力愈低、温度愈高，则愈利于溶质的解吸，在温度等于溶剂的沸点时，溶质在溶剂中的溶解量为零。因此，选择溶剂解吸的方法有以下几种。

① 减压解吸法，即吸收了溶质的溶剂，通过节流和降低系统的总压（甚至到负压），实现溶质的解吸。

② 气提解吸法，即导入惰性气，降低溶质分压，实现溶质的解吸。

③ 加热解吸法，即用外来的热量把溶剂加热到沸腾，使溶质在溶剂中的溶解量为零。

基于以上的论述，低温甲醇洗工序的流程组成为：甲醇吸收变换气中的酸性气体，采用加压吸收；为降低吸收温度，把吸收了酸性气体的富甲醇，采用先预冷再减压解吸，以得到更低的系统温度，并通过热量交换使净甲醇的吸收温度降低；为回收变换气中的 CO_2，设置了单独的产品 CO_2 塔，以在富甲醇解吸时，CO_2 在此塔中释出；为使吸收了酸性气体的富甲醇中的 H_2S、COS 等得到浓缩，则利用 H_2S、COS 等在溶剂中溶解度更高的条件，采用了氮气气提解吸，达到 H_2S、COS 等得到浓缩目的；为保证吸收后所得净化气体的净化度到 20 ppm（对于 CO_2），最终采用了把甲醇加热到沸点解吸，解吸后的甲醇，不再溶解有任何酸性气体，将此净甲醇经与低温的富甲醇换冷后，送到吸收塔进行吸收，确保净化气体的净化度到 20 ppm（对于 CO_2）。

3. 基本原理

（1）H_2S 在甲醇中的溶解度

硫化氢和甲醇都是极性物质，两种物质的极性越接近，相互溶解度越大；反之，两种物质的极性相差越远，则相互溶解度就越小，甚至完全不互溶。对 H_2S 来说，甲醇是良好的溶剂。不同温度和 H_2S 分压下，H_2S 在甲醇中的溶解度如表 3 - 4 - 3 所示。溶解度单位以单位质量甲醇所溶解的气体体积（标准状况下）表示。

表 3 - 4 - 3　不同温度下和 H_2S 分压下，H_2S 在甲醇中的溶解度　　m^3/t

H_2S 平衡分压/kPa	0.0 ℃	-25.6 ℃	-50.0 ℃	-78.50 ℃
6.67	2.4	5.7	16.8	76.4
13.33	4.8	11.2	32.8	155.0
20.00	7.2	16.5	48.0	249.2
26.66	9.7	21.8	65.6	—
40.00	14.8	33.0	99.6	—
53.33	20.0	45.8	135.2	—

（2）CO_2 在甲醇中的溶解度

不同温度下，CO_2 在甲醇中的溶解度与其平衡分压间的关系如表 3 - 4 - 4 所示。当气体中有 H_2 存在时，CO_2 在甲醇中的溶解度就会降低；若甲醇中含有水分时,CO_2 的溶解度也会降低,当甲醇中的水分含量为 5% 时,其中 CO_2 的溶解度与无水甲醇相比约降低 12%。

表 3-4-4　不同温度下,CO_2 在甲醇中的溶解度与其平衡分压间的关系

CO_2 平衡分压/MPa	-26 ℃		-36 ℃		-45 ℃		-60 ℃	
	x_{CO_2}①/10^2	S②	x_{CO_2}/10^2	S	x_{CO_2}/10^2	S	x_{CO_2}/10^2	S
0.101	2.46	17.6	3.50	23.7	4.80	35.9	8.91	68.0
0.203	4.98	36.2	7.00	49.8	9.45	72.6	18.60	159.0
0.304	7.30	55.0	10.00	77.4	14.40	117.0	31.20	321.4
0.405	9.95	77.0	14.00	113.0	20.00	174.0	50.00③	960.7
0.507	12.60	106.0	17.80	150.0	26.40	250.0	—	—
0.608	15.40	127.0	22.40	201.0	34.20	362.0	—	—
0.709	18.20	155.0	27.40	262.0	45.00	570.0	—	—
0.831	21.60	192.0	33.80	355.0	100.00	—	—	—
0.912	24.30	223.0	39.00	444.0	—	—	—	—
1.013	27.80	268.0	46.70	610.0	—	—	—	—
1.165	33.0	343.0	100.00	—	—	—	—	—
1.216	35.60	385.0	—	—	—	—	—	—
1.317	40.20	468.0	—	—	—	—	—	—
1.413	47.00	617.0	—	—	—	—	—	—
1.520	62.20	1 142.0	—	—	—	—	—	—
1.621	100.00	—	—	—	—	—	—	—

① CO_2 在溶液中的摩尔分数;② CO_2 的溶解度,m^3/t;③ CO_2 的平衡分压为 0.42 MPa。

(3) 各种气体在甲醇中的溶解热

根据各种气体在甲醇中的溶解度数据或亨利定律与温度的关系可求得溶解热,如表 3-4-5 所示。

表 3-4-5　各种气体在甲醇中的溶解热

气体	H_2S	CO_2	COS	CO	H_2	N_2	CH_4
溶解热/($kJ \cdot mol^{-1}$)	19.228	17.029	17.364	4.412	3.821	0.359	3.347

4. 低温甲醇洗生产工艺流程

甲醇洗工艺流程主要应考虑以下问题。

① 保证净化气的净化指标。为此,精洗段贫液要充分再生,要有必要的冷源使贫液冷却至所要求的低温,要有足够的溶液循环量以及必要的塔板数。吸收过程放出的热要及时移出。

② 保证脱硫段的脱硫指标。充分利用甲醇对 H_2S 和 CO_2 吸收选择性的差别,先用一部分饱和有 CO_2 的甲醇富液将 H_2S 脱除干净,洗涤溶液量分配合理。

③ 保证吸收后的甲醇富液充分再生。溶液的再生主要有 3 种方法,如图 3-4-10 所示。3 种方法分述如下。

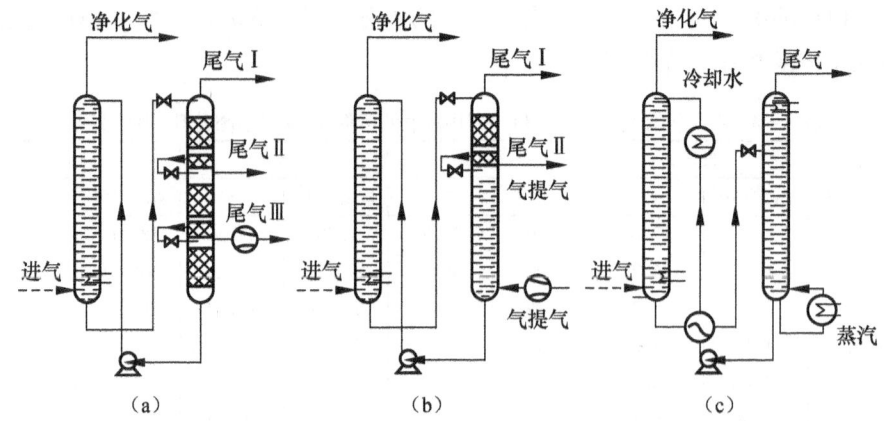

图 3-4-10 甲醇富液再生的 3 种方法
(a) 闪蒸；(b) 气提；(c) 热再生

- 减压闪蒸解吸。这是最经济的方法。减压过程中温度降低，气体解吸的量及其组成与压力、温度、溶液的组成有关，由气液平衡决定。减压闪蒸受压力限制，不能很彻底。

- 气提再生。用惰性气体进行气提，但气提后尾气中的 CO_2 被气提气所稀释，进一步利用受到限制。气提的效果与尾气的组成受气提气量、温度和压力的影响。

- 热再生。溶液在热再生塔的再沸器中用蒸汽加热至沸腾，用甲醇的蒸气气提，这种方法再生彻底，但耗用蒸汽。

3 种再生方法应合理配合，注意 H_2 等有用气体的回收，减少甲醇的损失并节省能耗。

① 要保证所回收的 CO_2 产品纯度。CO_2 产品的纯度应高于 98.5%，以满足尿素生产或下游工序对 CO_2 的要求。硫化物的含量应低于 1.4 cm^3/m^3，H_2 与甲醇的含量也不应超过规定指标。为此，CO_2 解吸塔的操作条件要控制合理。

② 溶液热再生时放出的 H_2S 气体要满足下游工序的要求，H_2S 含量符合规定指标。

③ 实现能量的合理利用。吸收时溶液要求低温、加压，吸收中由于吸收温度会升高，而解吸中由于解吸热温度又会降低，注意冷量的合理利用，保证必要的冷源实现低温吸收的要求。换热网络匹配合理，总体上应达到投资费用与操作费用最少。

④ 保持系统中水分含量低于规定指标。甲醇-水蒸馏塔的分离能力以及吸收塔前分离器的气液分离能力足够，以防止甲醇中水分含量增大而影响吸收效果。

⑤ 排放物要符合规定指标。尾气中的硫化物含量与排放水中的甲醇含量不能超过排放标准。

工艺流程分两步法，即低温甲醇洗流程和同时脱除 H_2S 和 CO_2 的一步法甲醇洗流程。

① 两步法低温甲醇洗流程。两步法吸收 H_2S 和 CO_2 的流程如图 3-4-11 所示。

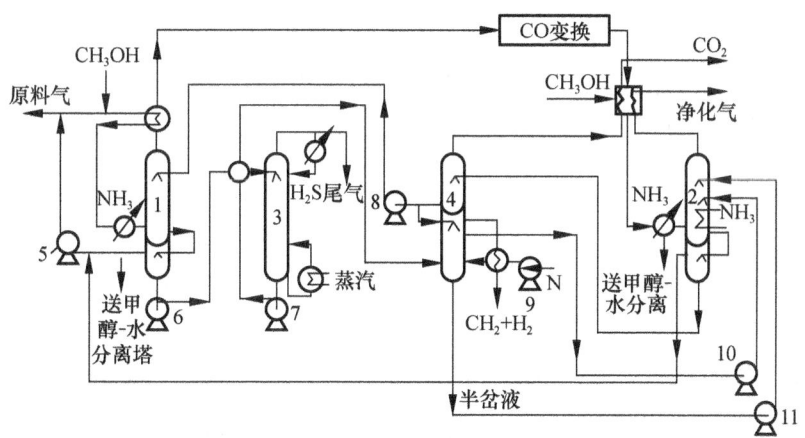

图 3-4-11　两步法吸收 H_2S 和 CO_2 的流程
1—第一吸收塔；2—第二吸收塔；3—H_2S 热再生塔；
4—气提再生塔；5，9—压缩机；6，7，8，10，11—泵

原料气经预冷器、氨冷器冷却至吸收温度后送往第一吸收塔 1，用含有 CO_2 的甲醇半贫液进行脱硫。原料气预冷时，为防止水分在冷却时冻结和分离气体中的水分，往气体中喷入少量甲醇，而冷凝分离出来的含水甲醇可通过蒸馏回收。第一吸收塔顶出来已脱硫至（H_2S + COS）小于 $0.1~cm^3/m^3$ 的气体经回收冷量最后送入 CO 变换装置。变换气再经冷却后进入第二吸收塔 2 脱除 CO_2。第一吸收塔出来的甲醇经闪蒸并加热后进入 H_2S 热再生塔 3，用蒸汽加热至沸腾，利用甲醇蒸气气提使溶剂完全再生。再生后的贫液经冷却至要求温度后进入第二吸收塔的顶部精洗段，以保证净化气的指标。此外，经气提再生塔 4 后的半贫液送往第二吸收塔的主洗段，用于脱除大部分的 CO_2。第二吸收塔出来的甲醇富液经闪蒸罐减压闪蒸回收 H_2 后，进入气提再生塔 4 的 CO_2 解吸段闪蒸回收 CO_2，随后进入气提再生塔 4 的气提段，用氮气气提再生。再生后的半贫液大部分进入第二吸收塔主洗段，构成一个循环；小部分送入第一吸收塔脱硫。第一吸收塔出来的富液经闪蒸罐减压闪蒸回收 H_2 和 CO_2 后送 4 的气提塔，用氮气气提以提高溶液中 H_2S 的相对浓度。气提后的气体用半贫液洗涤以控制其中的硫含量，尾气回收冷量后放空。气提后的溶液则送往热再生塔 3，热再生后的贫液经泵加压并冷却后进入第二吸收塔 2 的精洗段，形成溶液的另一循环。热再生塔顶部出去的 H_2S 馏分送硫回收装置。减压闪蒸时回收的 H_2 与 CO_2 用压缩机 5 送回原料气管线。原料气带入的水分在甲醇-水蒸馏塔中除去。系统中的各种换热器组成换热网络，

用以回收冷量并保证必要的操作条件,氨冷器用于补充冷量。

该流程的典型操作指标如下。

- 原料气压力为 4.7 MPa。
- 原料气流量为 1.18×10^5 m³/h(5 268 kmol/h)。
- 脱硫部分。各气体组分的含量见表 3-4-6。

表 3-4-6 脱硫部分各气体组分的含量

气体组分	原料气	净化气	H₂S 馏分
$\varphi(CO_2)/\%$	5.3	5.3	57.3
$\varphi(H_2S+COS)/\%$	0.7	<0.1 cm³/m³	40.1
$\varphi(H_2)/\%$	44.6	45.0	—
$\varphi(CO)/\%$	48.4	48.7	—
$\varphi(N_2+Ar)/\%$	2.0	1.0	1.6

- 脱碳部分。各气体组分的含量见表 3-4-7。

表 3-4-7 脱碳部分各气体组成的含量

气体组分	变换气	净化气	气体组分	变换气	净化气
$\varphi(CO_2)/\%$	36.1	<0.1(可达 1 cm³/m³)	$\varphi(CO)/\%$	0.5	0.8
$\varphi(H_2S+COS)/\%$	—	—	$\varphi(N_2+Ar)/\%$	0.6	0.9
$\varphi(H_2)/\%$	62.8	98.2			

- 公用工程部分。轴功率(无动力回收):2 500 kW;蒸汽(0.5 MPa,饱和):5.2 t;冷却水(24 ℃,$\Delta t = 10$ ℃):2 060 m³/h;甲醇:80 kg/h。

(2) 同时脱除 H_2S 和 CO_2 的一步法甲醇洗流程。图 3-4-12 为一步法同时脱除 H_2S 和 CO_2 的低温甲醇洗流程。

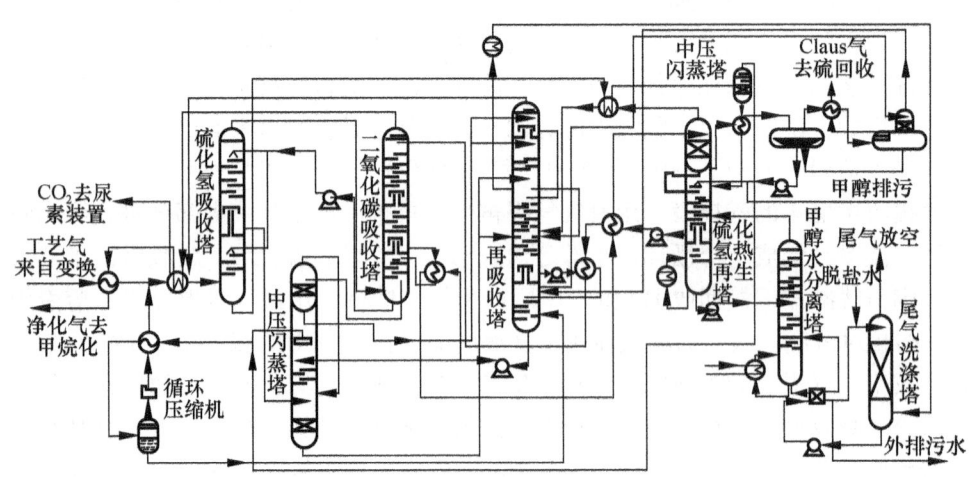

图 3-4-12 一步法低温甲醇洗工艺流程

来自耐硫变换 40 ℃、3.0 MPa、229 640 m³/h 的工艺气经冷却后，分离其中的甲醇水溶液进入硫化氢吸收塔和二氧化碳吸收塔，依次脱除其中的 HCN、NH_3、H_2S、COS、CO_2，出二氧化碳吸收塔的工艺气换热后被加热至 32 ℃送入下游甲烷化工序。

二氧化碳吸收塔底部的含 CO_2 的甲醇引出后分两路，一路进硫化氢吸收塔吸收 H_2S，一路去中压闪蒸塔上塔闪蒸出 H_2、CO_2，闪蒸后的甲醇再送入再吸收塔上部闪蒸，再生出的 CO_2 经回收冷量后送入尿素装置。

硫化氢吸收塔上塔出来的含 H_2S、CO_2 的甲醇到中压闪蒸塔下塔闪蒸出 H_2、H_2S、CO_2 等气体，中压闪蒸塔上下塔闪蒸出的气体一起经循环压缩机压缩后再送入系统。闪蒸后的甲醇进入二氧化碳闪蒸塔底部，闪蒸出 CO_2 和 H_2S，H_2S 气体被上部流下来的甲醇重新吸收，吸收后的甲醇则进入再吸收塔下部的气提段进行气提。

富含 H_2S、CO_2 的甲醇在再吸收塔经减压闪蒸和氮气气提后送入硫化氢热再生塔，浓缩塔顶部出来的气体经回收冷量后送入尾气洗涤塔经脱盐水洗涤后放空。

在硫化氢热再生塔内，甲醇被变换气再沸器提供的热量彻底再生后，大部分溶液经冷却后送入二氧化碳吸收塔的顶部用来吸收工艺气中的 CO_2、H_2S，塔顶出来含 H_2S 的气体，在浓度没有达到进硫黄回收装置要求的浓度前，继续回到硫化氢吸收塔浓缩，浓度达到进硫黄回收装置的要求后引出。

硫化氢热再生塔底部的小部分甲醇送入甲醇－水分离塔进行精馏，以保持循环甲醇中较低的含水量。塔底部有少量含甲醇的废水外排，送往污水处理装置进行处理。主要物料参数见表 3－4－8。

表 3－4－8　一步法低温甲醇洗单元的主要参数

物流组分	进甲醇洗变换气	出甲醇洗合成气	Claus 尾气	CO_2 产品气	放空尾气
$\varphi(H_2)/\%$	54.195	92.909	0.004	0.298	0.001
$\varphi(CO)/\%$	0.399	0.681	0	0.016	0
$\varphi(CO_2)/\%$	41.316	0.001	72.737	99.635	77.356
$\varphi(N_2)/\%$	3.640	6.267	0.075	0.022	21.199
$\varphi(Ar)/\%$	0.072	0.122	0	0.001	0
$\varphi(H_2S)/\%$	0.085	0	26.883	0	0
$\varphi(CH_4)/\%$	0.008	0.013	0	0.002	0
$\varphi(COS)/\%$	0.001	0	0.185	0	0.001
$\varphi(H_2O)/\%$	0.285	0	—	0	1.441
$\varphi(CH_3OH)/\%$	0	0.008	0.116	0.026	0.002
φ(工艺气总量)/(m³·h⁻¹)	230 308.0	134 220.6	734.9	37 629.7	73 834
压力/MPa	2.999	2.764	0.099	0.079	0.009
温度/℃	40.0	32.0	24.8	2.0	10.5

该低温甲醇洗工艺是鲁奇公司吸收其他装置运行经验,并结合某厂流程吸收压力低、CO_2 处理量大、进口工艺气中含硫量低的特点而专门设计的。整个甲醇洗装置的处理能力和操作弹性都较大,H_2 回收率较高,Claus 尾气中 H_2S 浓度提高,CO_2 产品产量高。采用新型高效塔盘,提高塔板效率,采用绕管换热器,新增尾气洗涤塔回收甲醇。

该流程虽有优点,但同时也存在一些明显的不足。一是系统冷量消耗大;二是系统操作压力低,溶液循环量大;三是甲醇消耗偏高。

与两步法流程相比,一步法流程的操作条件更加苛刻。这主要是由于原料气中 $\varphi(H_2S+COS)/\varphi(CO_2)$ 的比值显著降低。$\varphi(H_2S+COS)/\varphi(CO_2)$ 的比值由两步法流程的 1∶7.5 左右变为一步法的 1∶139。该流程中气体只冷却一次且压力较高,有利于物理吸收,但基本建设投资及操作费用与两步法流程相比较相差不大。主要原因有二:一是脱硫段处理的气体量增大;二是所有的甲醇都要进行热再生,耗能较多。不过当与液氮洗联合时,经济性可以得到改善,氨冷负荷比两步法流程小。

5. 低温甲醇洗工艺条件确定的主要依据

(1) 吸收压力

吸收压力主要由原料气所采用的技术路线决定,其吸收部分的压力实际上接近原料气制备的压力。

(2) 吸收温度

吸收温度对酸性气体在甲醇中的溶解度影响很大。温度降低,不仅酸性气体在甲醇中的溶解度增加,而且溶解度随温度的变化率也增大。压力与溶液的流量及其组成确定后,净化气的最终净化指标取决于吸收温度。吸收温度由气液平衡决定,但甲醇贫液的温度又与系统内部所能提供的冷源温度有关,即与气提再生后溶液所能达到的温度有关。例如,一步法流程中,气提后溶液的最低温度为 $-62\ ℃$,甲醇贫液的温度即维持在约 $-57\ ℃$,留有一定的传热温差。

脱硫段溶液的温度,对一步法即为上塔底部出口的甲醇富液的温度。进口溶液的温度太低,由于吸收 CO_2 放出的溶解热会使溶液温度急剧升高,反而对硫化物的吸收不利。

(3) 溶液的最小循环量和吸收塔的液气比

溶液的最小循环量 L_{min} 是指平衡时能将气体中待脱除的组分完全吸收时的吸收剂最小用量。设气体总压为 p,待脱除的组分含量为 y(摩尔分数),其在吸收液中的溶解度系数为 λ,液体与气体的流量分别为 L 与 G,则:

$$Gy = L_{min} \frac{M}{1\ 000} \lambda P y \qquad (3-4-17)$$

即

$$L_{min} = \frac{1\ 000 G}{MP\lambda} \qquad (3-4-18)$$

式中 M——吸收剂的相对分子质量。

最小循环量主要取决于原料气量、吸收的压力与温度，即溶解度系数 λ 值的大小，而与原料气中待脱除气体的含量无关。原料气中待脱除气体的含量越大，用于单位待脱除气体的能耗就越小，此即为物理吸收的优点。实际吸收过程中，吸收液出口处一般不易达到真正的平衡，设 η 为接近平衡的程度，则实际循环量 L 为：

$$L = \frac{1\,000G}{MP\lambda\eta} \tag{3-4-19}$$

即实际吸收过程的液气比还与接近平衡程度有关。实际生产中，吸收热会影响溶液的温度分布。为使吸收有效地进行，即尽量使溶解度维持在较大值，及时将吸收热移出。液气比应在满足净化气指标的前提下，尽量维持在较低值。液气比太大，吸收负荷下移，会导致塔内温度分布失常，影响到有关换热器的热负荷分配，而且会使溶液中待脱除组分的含量降低，进而影响 CO_2 的解吸过程。

（4）净化气中有害组分的含量与再生条件

净化气中有害组分的最小含量 y_f 决定于溶液的再生程度或再生条件，以及吸收塔顶部的压力与温度。

（5）气体中有用组分的损失

从吸收塔引出的饱和溶液中，同时含有溶解度较小的气体组分，如 H_2 等，当平衡时，其损失量 G_{H_2} 为：

$$G_{H_2} = Lx_{H_2} = \frac{1000G}{MP\lambda\eta} \times \frac{p_{H_2}}{H_{H_2}} \tag{3-4-20}$$

式中　x_{H_2}——溶液中溶解度较小的组分 H_2 的含量，（摩尔分数）；

　　　H_{H_2}——H_2 的亨利常数，$\times 10^5$ Pa/摩尔分数。

溶液循环量增大，H_2 的损失量加大。

（6）再生解吸的工艺条件

中间解吸压力与温度选择的准则是：在 CO、H_2S 等待脱除组分的解吸量最小的情况下，使 H_2 等有用组分尽可能完全地解吸出来；同时，解吸后溶液的温度条件要符合系统中冷量利用的要求，即必要时，闪蒸前溶液要冷却到使解吸或气提后溶液的温度能满足甲醇贫液冷却的要求。

CO_2 解吸压力低，对多回收 CO_2 是有利的。但考虑到下游工序如尿素生产等对 CO_2 气体产品压力的要求，CO_2 解吸压力一般为 0.18~0.3 MPa。CO_2 解吸的温度条件还与甲醇的损失有关。

热再生时的能耗为解吸组分的解吸热与溶液加热及其蒸发所需热量的总和。在加热条件下，甲醇中溶解的 H_2S、CO_2、N_2 等会同时解吸，这就会影响到热再生时的能耗与再生后 H_2S 的含量；而热再生入口的溶液组成主要又取决于氮气气提的条件。

6. 影响能耗的主要因素及降低能耗的主要途径

低温甲醇洗系统的能耗可应用热力学第一定律按下式计算：

$$\sum H_o - \sum H_i = \sum Q_i - \sum W \qquad (3-4-21)$$

式中 $\sum H_o$——所有离开系统的物流焓的总和，kJ/h；

$\sum H_i$——所有进入系统的物流焓的总和，kJ/h；

$\sum Q_i$——进入系统的热量总和，kJ/h；

$\sum W$——系统所做功的总和，kJ/h。

式中包括泵、压缩机及透平所做各项功，如有透平回收动力对系统外做功，则透平所做的功取正号，由系统外提供的供输送甲醇循环液及有用气体再压缩的动力消耗取负号；从系统移出热量时取负号，如水冷器和氨冷器；而向系统内输入热量时取正号，如蒸汽再沸器。计算系统能耗时，热再生与甲醇精馏塔再沸器中耗用的蒸汽、移出的吸收热或降低溶液温度所需的氨冷器冷量、泵与压缩的功耗均属能耗。

甲醇洗系统的能耗主要包括以下几项。

① 热再生与甲醇-水蒸馏塔再沸器的蒸汽消耗。

② 低温下将 CO_2 等酸性气体的吸收热取出或保证溶液及原料气所需的低温而消耗的氨冷器冷量。

③ 输送甲醇溶液与压缩回收气体以及必要时建立真空所需要的动力消耗。

④ 补充损失于周围环境的冷量，一般约占总能耗的10%以下。

进一步降低能耗的途径如下。

① 流程结构的优化、换热网络的合理匹配、换热器的传热温差，特别是出系统的低温物流与原料气间的冷端传热温差以及热再生进出物流间的热端传热温差的合理设定。

② 操作条件的优化。

③ 改善原料气进入系统时气液分离器的分离效果，减少进入系统的水分含量。

④ 回收甲醇富液减压再生时的动力。

⑤ 减少散失于周围环境的冷损失。

7. 关于低温甲醇洗系统中的防腐问题

低温甲醇洗系统中出现腐蚀的部位，往往是在气体通路中换热器处。腐蚀现象的出现，主要是由于生成羰基铁，特别是 $Fe(CO)_5$ 和含硫的羰基铁，后者是生成 $Fe(CO)_5$ 过程的中间产物。H_2S 的存在会明显促进 CO 与 Fe 的反应。羰基铁的生成对生产是不利的，这不仅是因为羰基铁的生成直接引起设备部件的腐蚀，而且也由于含硫羰基铁的分解产物会形成单质硫、硫化铁等沉淀，在甲醇系统的管线及设备中引起堵塞。

为防止碳钢设备的腐蚀，可以加入碱性溶液。已经发现，加入碱性物质以后，腐蚀程度可得到完全抑制或可大大减轻。林德公司提出为实现防腐要求，碱性物质的浓度可维持在 0.005~0.2 mol/L。

（二）聚乙二醇二甲醚法

聚乙二醇二甲醚（又称 Selexol 法）法气体净化技术是一种高效节能的物理吸收脱硫、脱碳方法，具有吸收能力大、选择性好、操作弹性大、溶剂损耗少、工艺流程简单、经济效益和节能效果好等优点。中国南化公司研究院筛造出的 NHD 是聚乙二醇二甲醚的较佳溶剂成分，命名为 NHD 溶剂。聚乙二醇二甲醚系同系物，分子式为 $CH_3-O(C_2H_4O)_n-CH_3$，式中 $n=2~9$，其主要物理性质见表 3-4-9。我国 1993 年后已将其成功应用于中小型化肥厂，现已较广泛应用于大中型煤化工企业。

表 3-4-9 NHD 的主要物理性质

名称	描述	名称	描述
平均相对分子质量	260~280	凝固点/℃	-22~29
密度(25 ℃)/(kg·m^{-3})	1 027	热导率(25 ℃)/[W·(m·K)$^{-1}$]	0.15
蒸气压(25 ℃)/Pa	0.093	闪点/℃	151
比热容(25 ℃)/[kJ·(kg·K)$^{-1}$]	2.11	燃点/℃	157
表面张力(25 ℃)/(N·m^{-1})	0.034	外观	浅黄色液体
黏度(25 ℃)/(Pa·s)	0.004	毒性	无

1. 主要特点

NHD 法气体净化工艺有如下主要特点。

① 净化度高。正常操作工况下，在 1 台吸收塔内可将 H_2S 和 COS 含量脱除至 1×10^{-6}，CO_2 含量脱除至 0.1% 以下。

② 吸收 H_2S、有机硫化物、CO_2 等气体的能力强（见表 3-4-10）。

表 3-4-10 各种气体在 Selexol 和 NHD 溶剂中的相对溶解度

组分	H_2	N_2	CO	CH_4	CO_2	COS	H_2S	CS_2	H_2O
Selexol	1.0	1.5	2.2	5	76	175	670	—	55 000
NHD	1.0	—	2.2	5	77	179	687	1 846	73 300

③ 能选择性吸收 H_2S 和有机硫化物，而有用气体损失很少。

④ 溶剂无腐蚀性。实践经验表明，即使溶剂含水量达 10%、累积含硫量达 300 mg/L，也未发现设备有明显腐蚀。工艺装置基本采用碳钢材料，投资少，维护和维修费用低。

⑤ 溶剂蒸气压低，挥发损失少。流程中不设置洗涤回收溶液的装置，企业实际吨氨溶剂消耗一般为 0.2 kg。

⑥ 化学稳定性、热稳定性好。NHD 溶剂不氧化、不降解。根据对使用厂家

的跟踪测定,多年来,溶液组成和平均分子量无明显变化,各项理化性质正常。

⑦ 操作时不起泡,无须消泡剂。

⑧ 溶剂无毒、无味,对环境无污染。

⑨ 流程短,操作方便、稳定。

⑩ 能耗低。NHD 脱碳的吸收和再生过程不消耗蒸汽和冷却水,高闪气的回收和低闪气 CO_2 的输送无须外加动力。尽管采用冰机制冷,但因低温吸收使溶液循环量少,故总能耗较低。以脱碳为例,2.7 MPa 下脱碳吨氨电耗为 100 kW·h,1.7 MPa 下脱碳吨氨电耗也能达到 120 kW·h。因此总运行费用低,综合效益较好。

2. 基本原理

CO_2 在聚乙二醇二甲醚溶剂中的溶解度与其分压的关系以及与其他溶剂的比较如图 3-4-13 所示。

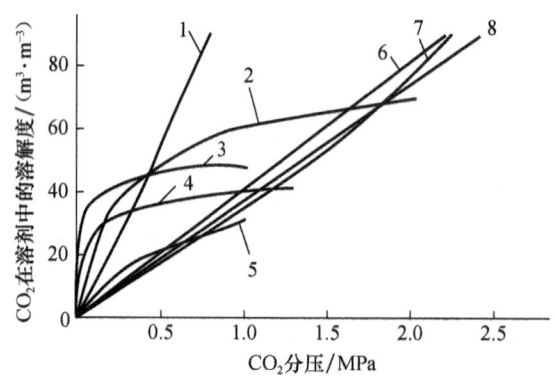

图 3-4-13 不同溶剂中 CO_2 的吸收平衡

1—甲醇,15 ℃;2.—MDEA,75 ℃;3—MEA,75 ℃;4—热碳酸钾,110 ℃;5—TEA,75 ℃,2.5 mol/L;6—NMP,20 ℃;7—碳酸丙烯酯,25 ℃;8—Selexol

从图 3-4-13 上可以看出,压力升高、温度降低,气体的溶解度增加,呈线性关系。在 20 ℃、大气压力为 1.013×10^5 Pa 下,H_2 与 CO_2 在 NHD 溶液中以及其他溶剂中的溶解度如表 3-4-11 所示。

表 3-4-11　20 ℃、1.013×10^5 Pa 压力下的溶解度　　　m^3/m^3

名称	水	N-甲基吡咯烷酮	碳酸丙烯酯[①]	NHD
H_2S	2.58	48.80	12.0	30.5
CO_2	0.85	3.95	2.6	3.4
H_2S/CO_2	3.03	12.35	4.62	8.97

① 25 ℃、1.013×10^5 Pa 时的数据。

从表 3-4-11 中可以看出，H_2S 在 NHD 中的溶解度约比 CO_2 大 8 倍，说明当 H_2S 与 CO_2 共同存在时可以先脱硫后脱碳，溶剂选择性吸收的性能较好，避免含 CO_2 的气体在进 CO_2 洗涤塔之前就被大量吸收掉。

3. 工艺流程

① Selexol 脱除 CO_2 工艺流程。其流程如图 3-4-14 所示。

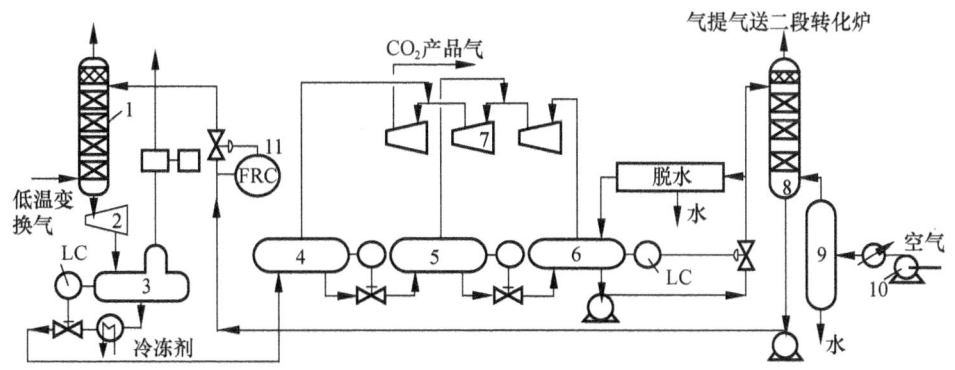

图 3-4-14　Selexol 法脱碳（100% CO_2 回收）流程

1—CO_2 吸收塔；2—水力透平；3—循环气闪蒸罐；4—中压闪蒸罐；5，6—低压闪蒸罐；7—CO_2 压缩机；8—气提塔；9—分离罐；10—鼓风机；11—FRC 流量控制器

从低温变换来的变换气在 CO_2 吸收塔中，用从上部加入的 Selexol 溶剂吸收 CO_2。吸收 CO_2 后的富液从塔底出来，经水力透平回收能量后进入循环气闪蒸罐 3，在水力透平中减压所回收的机械能可使溶液主循环泵的能耗节省约 50%。在循环气闪蒸罐 3 中，基本上可将脱碳中同时吸收的 H_2 和 N_2 解吸出来。闪蒸气经分离、压缩返回吸收塔或原料气管线。循环气闪蒸罐 3 的压力与所要求的 CO_2 产品气的纯度有关，提高 CO_2 产品气的纯度，必须降低循环气闪蒸罐的压力。

从循环气闪蒸罐出来的溶液进一步在低压闪蒸罐 5 中减压闪蒸，将大部分（65%~75%）CO_2 解吸出来。另一个可供选择的方案是在循环气闪蒸罐和低压闪蒸罐之间设置中压闪蒸罐 4，其操作压力为 0.34~0.48 MPa，使 CO_2 在较高的压力下回收。这一措施可以降低 CO_2 压缩机 7 的投资费用与操作费用，所增加的闪蒸罐费用一般两年内可得到回收。要使 CO_2 的回收率进一步提高到 97%，低压闪蒸罐 6 出来的溶液还可进一步在真空下闪蒸（图 3-4-14 上未标示），其操作压力与所要求的 CO_2 回收率有关，即闪蒸的压力越低，CO_2 的回收率越高。真空闪蒸的级数，完全由经济效益决定。CO_2 解吸后的溶剂在气提塔用空气气提再生。采用空气作气提介质是这一方法能在合成氨厂成功应用的一个重要原因。气提塔为填料塔，如果 CO_2 不要求全部回收，气提后的气体可以放空。

② NHD 法脱硫、脱碳工艺流程。其流程如图 3-4-15 所示。

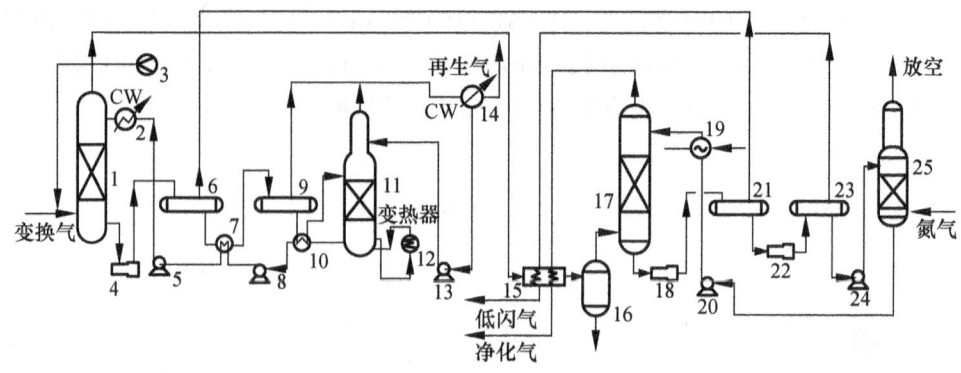

图 3-4-15　NHD 脱硫、脱碳流程

1—脱硫塔；2，14—水冷器；3—闪蒸气压缩机；4，18，22—透平机；5，8，13，20，24—泵；6—脱硫高压闪蒸槽；7，10，12，15—换热器；9—脱硫低压闪蒸槽；11—脱硫再生塔；16—分离器；17—脱碳塔；19—氨冷器；21—脱碳高压闪蒸槽；23—脱碳低压闪蒸槽；25—脱碳气提塔

变换气先进入脱硫塔用 NHD 溶液脱硫，经换热器用低闪气和净化气预冷，然后进入脱碳塔脱除 CO_2 得到净化气。脱硫富液经透平机 4 做功后去高压闪蒸槽闪蒸出有效气体返回到脱硫塔前与变换气一起进入脱硫塔；含硫富液经换热器 7 加热后，去低压闪蒸槽 9 闪蒸出硫化氢与再生塔出来的硫化氢一起送去硫化氢回收处理工序，溶液进入脱硫再生塔 11 彻底再生。脱碳富液从脱碳塔底出来经透平膨胀做功后去高压闪蒸槽 21 闪蒸出有效气体返回与变换气一起进入脱硫塔，溶液再次经透平做功减压后去低压闪蒸槽 23 解吸出 CO_2，溶液经泵 24 打入气提塔 25 用氮气进行气提再生，溶液彻底被再生，含有部分 CO_2 的再生气放空。

4. 基本建设费用和操作费用

原料气的净化常用的栲胶脱硫加本-菲尔脱碳、NHD 法、低温甲醇洗 3 种工艺技术中，栲胶脱硫加本-菲尔脱碳在国内已使用多年，应用较为广泛，工艺成熟、经验丰富、溶剂来源广、生产操作可靠，但其能耗最大。NHD 法的基建投资和栲胶脱硫加本-菲尔脱碳工艺相近，比低温甲醇洗低，且目前国内已掌握了该技术，拥有自主的知识产权。而低温甲醇洗能耗最低，但对设备要求严格，适合于大型装置采用。对合成氨厂 3 种净化工艺的吨氨能耗比较见表 3-4-12。

表 3-4-12　合成氨装置 3 种净化工艺的吨氨能耗比较

项　目	栲胶脱硫加本-菲尔法脱碳	NHD 法	低温甲醇洗
循环水/t	136	18	85
电/(kW·h)	105	74	25
蒸汽/t	1.77	0.32	0.31
冷冻量/GJ	—	0.23	0.29
总能耗/GJ	8.11	2.32	1.75

由于 NHD 法和低温甲醇洗工艺具有比传统栲胶脱硫加本－菲尔脱碳能耗低得多的优点，因此近年来新建企业基本上都采用这两种工艺。而这两种工艺又各有所长，两种工艺的技术经济比较见表 3－4－13。

表 3－4－13　国内对低温甲醇洗与 NHD 法的比较

项 目		低温甲醇洗	NHD 配 Claus 制硫	NHD 配 WAS 制硫酸
原材料消耗	水煤气/($m^3 \cdot h^{-1}$)	40 919	41 090	41 090
	燃料气/($m^3 \cdot h^{-1}$)	200	200	—
	氨气/($m^3 \cdot h^{-1}$)	2 864	14 560	13 440
	甲醇/($kg \cdot h^{-1}$)	46.55	—	—
	NHD/($kg \cdot h^{-1}$)	—	3.281	3.281
	COS 水解催化剂/($kg \cdot h^{-1}$)	—	0.084	0.084
	硫酸催化剂/($kg \cdot h^{-1}$)	—	—	0.083 1
动力消耗	循环水/($t \cdot h^{-1}$)	434.34	905.78	726.8
	新鲜水/($t \cdot h^{-1}$)	21.72	45.289	36.34
	脱氧水/($t \cdot h^{-1}$)	2.36	2.36	2.63
	电/[($kW \cdot h) \cdot h^{-1}$]	—	2 253.92	1 698.88
	0.35 MPa 蒸汽/($t \cdot h^{-1}$)	6	—	—
	0.8 MPa 蒸汽/($t \cdot h^{-1}$)	1	11.57	6.027
	－15 ℃级冷冻量/($GJ \cdot h^{-1}$)	—	1.068	1.071
	－45 ℃级冷冻量/($GJ \cdot h^{-1}$)	1.2	—	—
副产物	硫黄/($t \cdot a^{-1}$)	1 987	1 987	—
	硫酸/($t \cdot a^{-1}$)	—	—	6 582
	蒸汽/($t \cdot a^{-1}$)	—	—	2.493
能耗合计(不包括原料气)/($GJ \cdot h^{-1}$)		48.816	72.741	44.817
基建投资估算/万元		5 381.83	2 980.36	3 596.3
车间成本/(万元·年$^{-1}$)		9 122.758 6	9 143.356 6	8 963.660 7

从表 3－4－13 可见，低温甲醇洗的基建投资是 NHD 法的 1.8 倍，但低温甲醇洗的能耗比 NHD 法要低，最后这两种方法的车间成本基本相同。

低温甲醇洗工艺，由于是在低温下运行，即使只脱硫也需在 －20 ℃ 以下操作，对气体中 H_2O 和 NH_3 等组分以及溶剂中水含量提出较高要求，当气体及溶剂进入低温甲醇吸收塔之前必须彻底脱除。此外，为了有效地回收和维持系统内的冷量，其换热及制冷设备数量较多，换热设备结构又较为复杂，使得工艺流程长而复杂，又因低温操作，对设备材质要求也较高，诸如低温钢材以及绕管式换热器等均需引进。改良 NHD 法在仅需脱硫的场合时，操作温度为常温（20 ℃ ～ 40 ℃），设备材质一般用普通碳钢即可。只有脱硫塔、再生塔、闪蒸槽、高压闪蒸分离器等少数设备需耐高压或需耐腐蚀的要求，采用 16MnR 低合金钢。原化工部第一设计院还对 450 kt/a 含成氨装置采用两种净化方法的吨氨单耗及综合技术经济指标进行对比，如表 3－4－14 所示。

表 3-4-14　450 kt/a 合成氨装置中两种净化方法吨氨单耗的比较

项　目	低温甲醇洗	NHD	项　目	低温甲醇洗	NHD
中压蒸汽/t	0.064	—	年操作费/(万元·年$^{-1}$)	2 228.69	2 184.88
循环水/m^3	19.72	46	溶剂装填费/(万元·年$^{-1}$)	100	630
电/(kW·h)	43.63	65	工艺总投资费/(万元·年$^{-1}$)	12 673.73	6 805.20
溶剂损失　m(甲醇)/kg	1.5	—	装置投资费/(万元·年$^{-1}$)	10 787.44	6 760.20
m(NHD)/kg	—	0.4	专利使用费/(万元·年$^{-1}$)	124.12(欧元)	45（人民币）
消耗费用/(万元·年$^{-1}$)	1 078.64	1 457.55	装置总投资	124.12(欧元)	6 805.20
折旧费/(万元·年$^{-1}$)	719.16	453.68	工艺软件包费/欧元	140	—
大修费/(万元·年$^{-1}$)	323.02	205.60			
管理费/(万元·年$^{-1}$)	107.87	68.05			

对比表明，工艺总投资低温甲醇洗比 NHD 法高 86.2%，其中装置投资高出 59.6%，引进专利使用费高出 26.6 倍，另加工艺软件包费用。虽然 NHD 法的消耗费用比低温甲醇洗高 35.1%，由于折旧费用低，因而操作费用两者相差仅为 2%，NHD 法还略低些。吨氨成本相近，低温甲醇洗法还略高出 2%，这是由于投资高而摊派的折旧、大修及管理费用较高所致。这一结论与 100 kt/a 甲醇装置情况相似。

（三）变压吸收脱碳 (PSA) 法

变压吸附的基本原理是利用吸附剂对气体在不同分压下有不同的吸附容量和不同选择性的特性，加压吸附脱除原料气中的杂质组分，减压脱附这些杂质，从而使吸附剂获得再生。如此循环往复，就可以达到连续分离提纯气体混合物的目的。合成氨变换气主要含有水、硫化物、二氧化碳、一氧化碳、氮气、甲烷、氢气。在一定的温度和压力下，变压吸附脱碳所选择的吸附剂对上述气体的吸附能力从前到后依次减弱。当变换气通过吸附剂时，在前的组分优先被吸附。若吸附剂吸附了排列在后的组分，排列在前的组分也会把它置换出来，如图 3-4-16 所示。

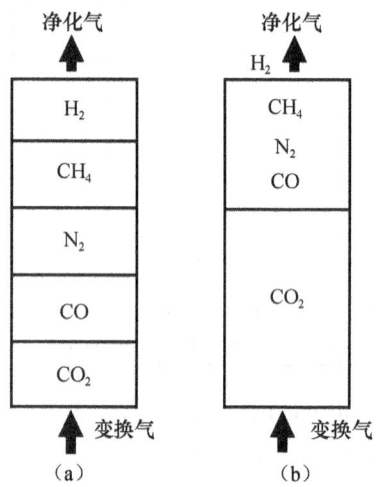

图 3-4-16　变压吸附原理
(a) 吸附开始；(b) 吸附终止

对一定的组分而言，压力高，吸附能力强；压力低，吸附能力较弱。并且，不同的吸附剂对同一气体组分的吸附能力也不同。

1. 主要特点

与溶剂吸收法脱碳相比，干法脱碳中的变压吸附脱碳技术具有运行费用低、装置可靠性高、维修量少、操作简单等优点。变压吸附脱碳不用昂贵的溶剂，没有溶剂损失且不对环境造成污染；吸附剂使用寿命长（一般在 10 年以上）；不需蒸汽，不需提供冷冻量，综合能耗低；运行费用低，运行平稳；变压吸附工艺适应的压力范围较广，工艺流程简单，可实现多种气体的分离；装置由计算机控制，自动化程度高，操作方便，可以实现全自动操作；对有压力的气源可以省去再次加压的能耗。特别是近年发展起来的两段法变压吸附脱碳工艺，在合成氨生产工艺中，具有氮气和氢气损失小、吨氨电耗低等优势。变压吸附脱碳工艺与几种常见的脱碳方法之间的技术指标比较如表3-4-15所示，表3-4-16为吨氨综合运行费用比较。

表3-4-15 几种常见脱碳方法的技术指标比较

项目	两段变压吸附法	NHD法	碳丙法（PC法）	改良MDEA法	改良热钾碱法
操作压力/MPa	1.7~1.8	1.7~1.8	2.7~2.8	1.7~1.8	1.7~1.8
操作温度/℃	≤40	-5~0	≤40	40~60	55~85
H_2回收率/%	≥99.5	98.0	98.0	99.5	99.5
N_2回收率/%	≥97	≥96	≥96	≥98	≥99
CO回收率/%	≥96	≥94	≥94	≥98	≥98
净化气中$\varphi(CO_2)$/%	≤0.2	≤0.2	≤0.2	≤0.2	≤0.2
产品中CO_2纯度/%	≥98.5	≥98.5	≥98.5	≥98.5	≥98.5
产品CO_2回收率%	≥70	≥70	≥70	≥70	≥70

注：上述工艺指标是依法脱碳装置高压闪蒸气不返回压缩机的情况。

表3-4-16 几种常见脱碳方法的吨氨综合运行费用比较

项目	两段变压吸附法	NHD法	碳丙法（PC法）	改良MDEA法	改良热钾碱法
吸收剂费用/元	0.17×7=1.2	0.3×16=4.8	0.8×7=5.6	0.2×16=3.2	6.5
循环水消耗费用/元	4×0.15=0.6	50×0.15=7.5	30×0.15=4.5	40×0.15=6	50×0.15=7.5
耗电费用/元	38×0.32=12.16	1.36×0.32=43.52	110×0.32=35.20	96×0.32=30.72	80×0.32=25.00
压缩机耗电/元			40×0.32=12.8		
蒸汽消耗/元		0.03/50=1.5		1.3×50=65	1.8×50=90
维修费用/(元·年$^{-1}$)	2	5.5	6.0	6.0	7.0
有效气体损失产生的费用/元	9.0	29.0	29.0	7.5	7.0
合计/元	24.96	91.82	93.10	118.42	143.60

注：1. 吨氨消耗吸附剂0.17 kg，吸附剂单价为7元/kg；吨氨消耗碳丙0.8 kg，碳丙单价为7元/kg；吨氨消耗NHD溶剂0.3 kg，NHD溶剂单价为16元/kg；吨氨消耗MDEA溶剂0.2 kg，MDEA溶剂单价为16元/kg。
2. 循环水单价按0.15元/t计。
3. 电费按0.32元/(kW·h)计。
4. 因氨气损失，吨氨产生的效益按1 450元/t计算。

两段法变压吸附脱碳技术，其主要特点是脱碳过程分两段进行。第一段脱除大部分二氧化碳，将出口气中二氧化碳的含量控制在8%~12%，吸附结束后，通过多次均压步骤回收吸附塔中的氢气和氮气。多次均压结束后，吸附塔解吸气中的二氧化碳含量平均大于93%，其余为氢气、氮气、一氧化碳及甲烷。由于第一段出口气中二氧化碳的含量控制在8%~12%，与单段法变压吸附脱碳技术出口气中二氧化碳的含量控制在0.2%相比较，吸附塔内有效气体少、二氧化碳分压高、自然降压解吸推动力大、解吸出的二氧化碳较多，有相当一部分二氧化碳无须依靠真空泵抽出，因此吨氨电耗较低。第二段将第一段吸附塔出口气中的二氧化碳含量脱至0.2%以下，吸附结束后，通过多次均压步骤回收吸附塔中的氢气和氮气。多次均压结束后，吸附塔内的气体通过降压进入中间缓冲罐，再返回到第一段吸附塔内加以回收。因此，两段法变压吸附脱碳专利技术具有氢气和氮气损失小、吨氨电耗低的优势。随着变压吸附脱碳技术的不断完善和提高，该法将在工业脱碳装置中得到越来越广泛的应用。

2. 工作过程

变压吸附脱碳的工作过程分为气体净化和吸附剂再生两个阶段。由于气体净化是加压吸附，而吸附剂再生是减压再生，就有一个加压气体的循环利用问题，这里是把净化后需减压放空的气体用作另一个吸附塔加压时所需的气体，为了尽可能多地利用这些气体，采用了多次梯级利用。这些过程叫作均压，分为均升和均降，在一个吸附塔的工作过程中有多次均升和均降，如图3-4-17所示。

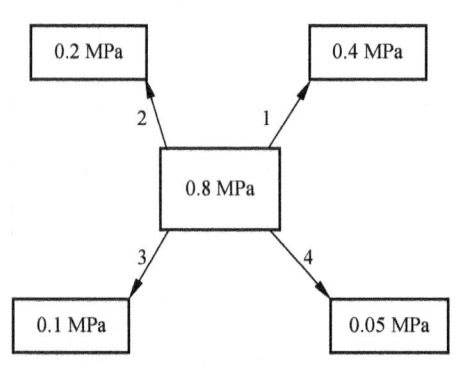

图3-4-17 气体多次梯级利用

为使吸附剂再生完全，要把净化塔中最后的残余气体放空并对净化塔抽真空。这样，从吸附开始，每台吸附塔都经历相同的多个步骤，即吸附、一均降、二均降、……、放空、抽真空、……、二均升、一均升、终冲。为使系统连续稳定运行，系统中采用多个吸附塔，循环地变动所组合的各吸附塔的运行步骤，依次排列组合实现运行，就可以达到连续分离气体混合物的目的。

3. 工艺流程

目前变压吸附脱碳一般采用两段脱碳工艺，其装置工艺流程框图如图3-4-18所示。

(1) PSA-I 工序

原料气首先进入气液分离器分离游离水，进入PSA-I工序。原料气由下而上同时通过处于吸附步骤的3个吸附床层，其中吸附能力较弱的组分，如H_2、N_2、CO等绝大部分穿过吸附床层；相对吸附能力较强的组分如CH_4、CO_2、H_2O等大部分被吸附剂吸附，停留在床层中，只有少部分穿过床层进入下一工序。穿

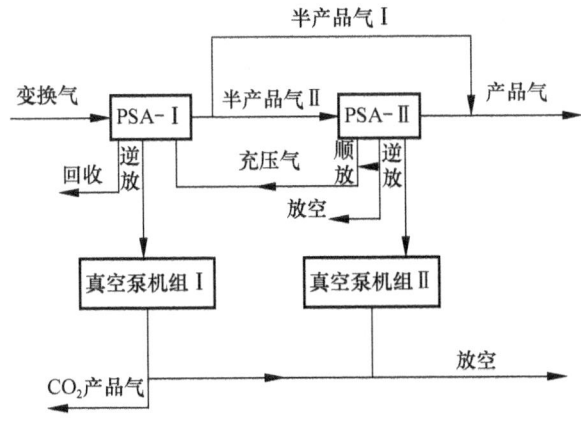

图 3-4-18 两段法变压吸附脱碳工艺框图

过吸附床层的气体称为半产品气，当半产品气中 CO_2 指标达到 6%~8% 时，停止吸附操作。接着随降压、抽真空等再生过程从吸附剂上解吸出来，纯度合格的 CO_2 可输出界区回收利用，其余放空。半成品气进入 PSA-Ⅱ 工序前分成两部分。PSA-Ⅰ 工序送出的半成品气约 1/3 直接送入产品气缓冲罐；另外 2/3 则送入 PSA-Ⅱ 工序进行第二次脱碳，出口气为半成品气Ⅱ。

(2) PSA-Ⅱ 工序

半成品气Ⅱ经中间产品缓冲罐送入 PSA-Ⅱ 工序，将半成品气中的 CO_2 含量由 6%~8% 脱至 3%~5%。经 PSA-Ⅱ 工序脱碳后的净化气进入产品气缓冲罐与半成品气Ⅰ混合均匀，此时产品气混合均匀后 CO_2 含量达到 3%~5% 时，作为产品气输出界区。

四、生产操作

(一) 脱碳系统开车方案（正常状态）

1. 检查

① 系统各阀门开关情况。
② 各仪表是否处于完好状态。
③ 将大槽碳丙酯倒入系统。
④ 开启系统进、出口阀。

2. 开车

① 启动一台加压泵直接打碳丙液入脱碳塔，到刚有液位显示时，关脱碳泵出口阀，加压泵改打循环。

② 联系调度向系统充压，先压至 0.5 MPa，此时开脱碳塔液位旁路阀向闪蒸槽充液至 15%，关旁路阀。

③ 开启闪蒸槽充压阀，向闪蒸槽充压至 0.25 MPa。

④ 当系统压力充至 1.0 MPa 时，启动一台脱碳泵建立液位循环。

⑤ 建立循环后，逐步将脱碳塔、闪蒸槽液位投入自调状态。

⑥ 随着闪蒸气的产生，关闪蒸槽充压阀，将闪蒸气投入自调后放空，待正常后送后工段。

⑦ 开启气提风机。

⑧ 开稀液泵建立洗涤循环。

⑨ 视常解塔压力，启动罗茨机放空，分析常解气 CO_2 浓度合格后送后工段。

⑩ 根据变换气量的加大，逐步开启另一台碳丙加压泵、脱碳泵、罗茨机。

⑪ 主、副操密切加强配合，将各塔压力、液位以及各项工艺指标控制在指标内。

⑫ 向各级领导汇报生产情况。

2. 脱碳系统正常停车方案

① 接停车通知后，随着气量的减小，组长迅速减小碳丙循环量，控制好脱碳塔、闪蒸槽液位，关氨冷器加氨阀。略关闪蒸气出口阀，控制压力至正常值。

② 组长在减碳丙循环量的同时，主操视闪蒸、脱碳塔现场液位，合理地关两液位自调旁路阀。

③ 当气量减少为十四机时，可停一台罗茨风机。当气量减少为十二机时，停一台碳丙加压泵、脱碳泵。

④ 随着气量的减少，逐步停运两台脱碳泵，全开罗茨风机大进路阀，停罗茨风机。

⑤ 在停运脱碳泵同时，组长迅速关闭脱碳塔旁路阀，自调前后截止阀，开中间槽大近路阀，关闭闪蒸槽旁路阀以及自调前后截止阀。

⑥ 关气提风机出口阀，关闭蒸汽出口阀，关稀液泵出口阀，停泵。

⑦ 根据需要看是否转碳丙酯，若不转液，停另一台加压泵，关泵进、出口阀。注意各漏点，加强回收；视情况看是否需关系统进出口阀，一般不关气体阀；向各级领导汇报。

3. 脱碳大修置换方案

① 关系统气体出口阀，开放空泄尽系统压力，关放空阀，排尽系统内压。

② 系统气体出口、脱硫槽进出口阀插盲板。

③ 开进口水分、洗气塔排污阀。

④ 关脱硫槽进出口阀，开气体进路阀。

⑤ 联系维修工将洗尘塔进口止回阀阀芯拿掉。

⑥ 联系调度送 CO_2 气，倒流程，系统气体出口管—碳酸丙烯酯分离器—脱碳塔—进口水分排污。

⑦ 分析洗尘塔排污 $\varphi(CO_2) \geqslant 90\%$ 为合格；两处分析合格后，关排污阀。

⑧ 关脱硫槽气体大进路阀，脱碳塔憋压。

⑨ 开闪蒸气放气阀，开脱碳塔液出口旁路阀，开始向闪蒸槽置换，置换气通过放空阀放空，分析出口 $\varphi(CO_2) \geq 90\%$ 为合格。

⑩ 联系调度停送 CO_2 气。

⑪ 常解塔可通过罗茨风机单独置换。

4. 脱碳塔液位过高的危害、原因及处理方法

（1）危害

不仅使吸收塔阻力增大易发生带液事故，造成碳丙损失，由于液位过高，发生淹塔传质效果下降，因此对净化度的控制极为不利。

吸收塔阻力增大易发生带液事故，甚至发生液击高压机事故。

（2）原因

① 系统压力猛降。

② 脱碳泵出口调节阀故障。

③ 人为调节幅度影响。

（3）处理方法

① 加强与相关岗位联系，及时调节，保持压力稳定。

② 保持脱碳泵出口压力和电流稳定。

③ 当气量发生变化，碳内流量的增减应与液体排出保持平衡，保持液位稳定。

④ 注意系统压差变化。

⑤ 阀门开关幅度缓慢平稳。

项目五

典型焦炉煤气净化工艺流程

教学目标：

（1）能力目标
① 能够分析焦炉煤气净化的原理和意义。
② 能够进行焦炉煤气净化生产方法的选择。
③ 能够根据焦炉煤气净化原理进行工艺条件的确定。
④ 能够认真执行工艺规程和岗位操作方法，完成装置正常操作。
（2）知识目标
① 了解焦炉煤气净化的意义。
② 掌握焦炉煤气净化的基本原理和工艺流程。
③ 理解焦炉煤气净化的工作原理和工作过程。

焦煤煤气的净化工艺通常根据不同的洗氨与回收方法，采用下列两种不同的流程。

① 洗氨采用硫酸铵生产流程时，由于工艺要求煤气入饱和器的温度较高，因此采用焦炉煤气净化工艺流程之一，如图3-5-1所示。

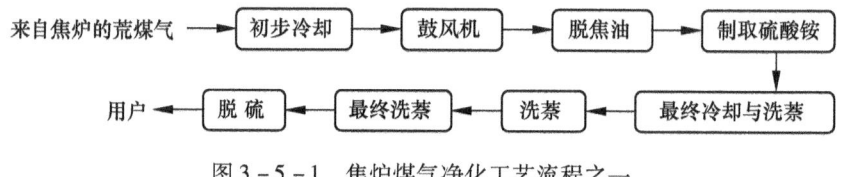

图3-5-1　焦炉煤气净化工艺流程之一

② 当洗氨采用浓氨水生产流程时，由于工艺要求煤气入洗氨塔温度低，因此采用焦炉煤气的净化工艺流程之二，如图3-5-2所示。

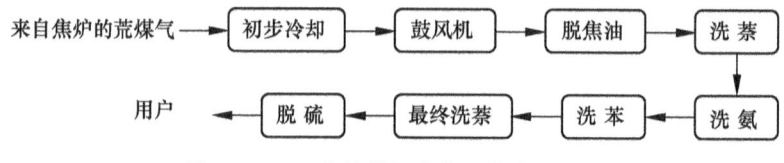

图3-5-2　焦炉煤气净化工艺流程之二

为能清楚说明煤气净化过程，现将工艺流程图分为图3-5-3和图3-5-4

两部分。

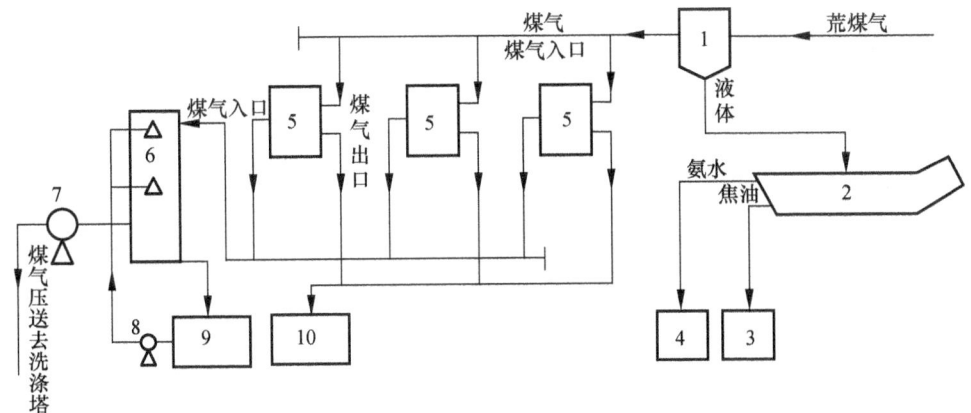

图 3-5-3 鼓风机前冷凝系统流程图

1—气液分离器；2—机械化澄清槽；3—焦油中间罐；4—氨水循环槽；5—立管初冷器；
6—横管初冷器；7—鼓风机；8—混合液泵；9—混合液循环槽；10—地下放空槽

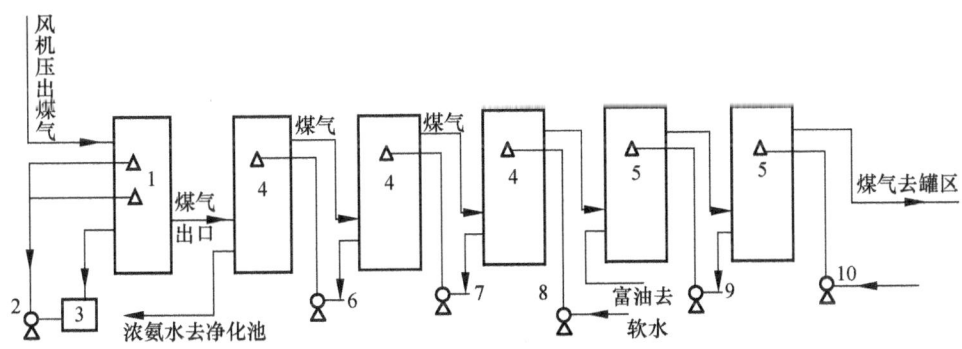

图 3-5-4 鼓风机后煤气洗涤系统流程图

1—洗萘塔；2—混合液泵；3—混合液槽；4—洗氨塔；5—洗苯塔；6,7—洗氨泵；
8—软水泵；9—半富油泵；10—贫油泵

煤在焦炉炭化室内隔绝空气和高温条件下进行干馏时，产生的气体产物为荒煤气（荒煤气的组成见表 3-5-1），荒煤气在集气管内受到循环氨水喷洒温度由 650 ℃～700 ℃降至 80 ℃～85 ℃，然后经煤气主管道进入回收系统的气液分离器。在此煤气与液体进行分离，液体部分进入机械化澄清槽，液体部分的焦油沉在槽底，氨水部分在上层，自流到氨水循环槽内，再用氨水泵输送到焦炉集气管内喷洒；焦油由泵抽出送到焦油贮槽内脱水后外销。（煤气）气体部分将进入 3 台并联的主管初冷器，在此冷却到 30 ℃～35 ℃，然后再进入横管冷却器，进行二次冷却，同时喷淋液对煤气进行洗涤。煤气从横管出来后由鼓风机压送到后续工序，在机后，煤气相继经过洗萘塔、3 个洗氨塔、两个洗苯塔，煤气得到净化后送入罐区。

表 3-5-1 荒煤气的组成　　　　　　　　　　　　　　　g/m³

水蒸气	250~450	硫化氢	6~30
焦油气	80~120	氰化物	1.0~2.5
粗苯	30~45	萘	10
氨	8~16		

此外，还含有少量轻吡啶盐基（0.4~0.6 g/Nm³）、二硫化碳、噻吩等，其含量为 2~2.5 g/Nm³ 和其他化合物。

项目六

知 识 拓 展

一、天然气脱硫工艺选择原则

通常情况下,规模较大的天然气脱硫装置应首先考虑采用胺法的可能性。

① 在原料气碳硫比较高时（CO_2/H_2S 大于6），为获得适于克劳斯装置加工的酸气而需要选择性脱除 H_2S 时，以及其他可以选择脱除 H_2S 的工况，应采用 MDEA 选吸工艺；在脱除 H_2S 同时亦需脱除相当数量 CO_2 时，可采用 MDEA 和其他醇胺（如 DEA）组合的混合胺法；天然气压力较低，净化气 H_2S 指标要求严格且需要同时脱除 CO_2 时，可采用 MEA 法、DEA 法或混合胺法；在高寒或沙漠缺水地区，可选用 DEA 法。

② 原料天然气需脱除有机硫时通常应采用砜胺法。原料气含一定量有机硫需要脱除，且 CO_2 亦需与 H_2S 同时脱除的工况，应选用砜胺 Ⅱ 型工艺；需要从原料气中选择性脱除 H_2S 和有机硫、可适当保留 CO_2 的工况，应该选择砜胺 Ⅲ 型工艺；H_2S 分压比较高的天然气以砜胺法处理时，其能耗显著低于胺法；当砜胺法仍然无法达到所需要的净化气有机硫含量指标时，可继续以分子筛法脱硫。

③ 原料气 H_2S 含量低的情况。在原料气 H_2S 含量低、潜硫量不大、碳硫比高且不需要脱除 CO_2 时可以考虑如下工艺：潜硫量在 0.5~5 t/d 内，可考虑选用直接转化法，如络合铁法、ADA 法或 PDS 法（酞菁钴磺酸盐液相催化法）等；潜硫量小于 0.1 t/d 时可选用非再生类方法，如固体氧化铁法、氧化铁浆液法。

④ 高压、高酸气浓度的天然气。主要脱除大量 CO_2 的工况，可考虑选用膜分离法、物理溶剂法或活化 MDEA 法；需要同时大量脱除 H_2S 和 CO_2 的工况，可分两步处理，第一步以选择性胺法处理原料气以获得富 H_2S 酸气送克劳斯装置，第二步以混合胺法（Miscellaneous Processes）或常规胺法处理达净化指标。

二、克劳斯硫回收

（一）概述

由于原料煤硫含量较高，在低温甲醇洗工序脱除 CO_2 之后，甲醇溶液热再生释放出的酸性气体约 10 540 Nm^3/h，组分中 CO_2 为 66.6%，H_2S 为 31.7%，COS 为 0.43%，以及少量 H_2、CO 及甲醇蒸气。设置硫回收装置的目的是将煤气化、净化等装置来将酸性气体中 H_2S、COS 组分转化为硫黄予以回收,装置满负荷可副产硫黄 116.5 t/d,年产接近 3.9 万吨,不但经济可行,还可以减少排放污染,保护环境。

克劳斯硫回收是一种重要的酸气净化和回收工艺,广泛应用于油/气田气处理、炼油、石化、化肥和城市煤气等诸多石油化工领域,目前全世界共有 400 多套装置。国内的第一套克劳斯硫回收装置始建于 1965 年,在四川东磨溪天然气田建成投产。到如今国内已建成的克劳斯硫回收装置有 70 余套,其中最大达到了年产 10 万吨(大连西太平洋石化有限公司)的设计规模。

(二) 基本原理

克劳斯硫回收工艺是 1883 年由 Claus 提出的,并在 20 世纪初实现工业化,此法回收硫的基本反应如下:

$$H_2S + \frac{1}{2}O_2 = S + H_2O \qquad (3-6-1)$$

$$H_2S + \frac{3}{2}O_2 = SO_2 + H_2O \qquad (3-6-2)$$

$$2H_2S + SO_2 = 3S + 2H_2O \qquad (3-6-3)$$

以上反应均是放热反应,反应式(3-6-1)、式(3-6-2)在燃烧炉中进行,不同的工艺对温度控制的要求有所不同,在 1 100 ℃ ~ 1 600 ℃ 内,通过严格控制空气量的条件下将硫化氢燃烧成二氧化硫,并生成部分产品硫,同时为克劳斯催化反应提供 $H_2S:SO_2$ 为 2:1 的混合气体。燃烧炉通过控制反应温度和气体在炉中的停留时间(燃烧炉尺寸)使反应接近热平衡。

硫回收流程框图如图 3-6-1 所示。

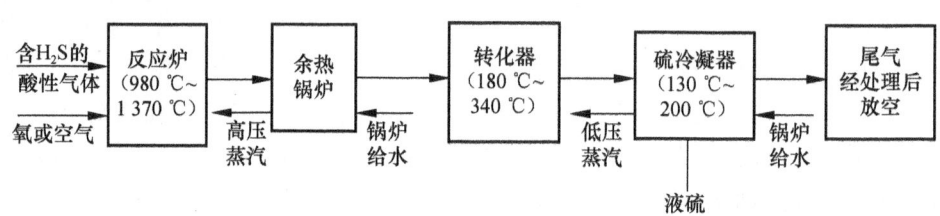

图 3-6-1 硫回收流程框图

(三) 氧克劳斯工艺流程

两级氧克劳斯(OXYCLAUS(r))硫回收为富氧部分燃烧工艺,处理能力可达传统工艺的 200%,硫回收率在 99.6% 以上。工艺流程如图 3-6-2 所示。

来自低温甲醇洗酸性气体经酸气分离器分离出冷凝的酸性冷凝液。硫回收工艺要求酸性气中含水量低于 1% (W)。因为水进入硫黄回收装置会造成危害。酸气送入氧克劳斯燃烧器烧嘴,酸气、空气和氧气按低于化学计量比的配比进行

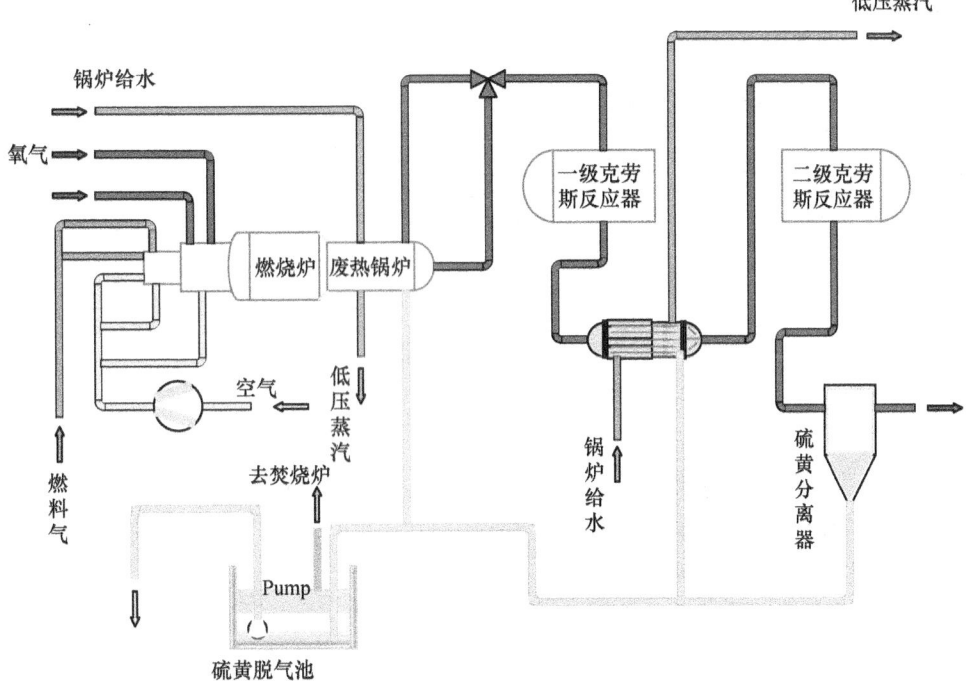

图 3-6-2 氧克劳斯硫回收工艺流程

混合，空气由鼓风机提供，氧气来自空分装置，与酸气混合，并在燃烧炉进行式（3-6-1）和式（3-6-2）的燃烧反应。

利用鲁奇专有的特殊设计燃烧器，氧气和酸气一起在极高温度的火焰芯部燃烧，同时在火焰周围引入空气使其余酸气燃烧。当接近热力学平衡时，高温火焰芯部的 H_2S 裂解为氢和硫，CO_2 被还原为 CO。

燃烧温度在 1 100 ℃～1 500 ℃，通过控制反应温度和气体在炉内的停留时间（燃烧炉尺寸）使反应接近热平衡。炉壁温度应高于 SO_3 的露点温度，以免生成硫酸腐蚀耐火砖。鲁奇提供的炉壁设计温度为 350 ℃，操作中应不低于 150 ℃。

燃烧空气量通过克劳斯反应器出口的酸性组分中 H_2S/SO_2 进行调整，经下游在线比例分析仪检测 $H_2S:SO_2=2:1$ 相应改变，以优化反应的转化率和硫收率。

废热锅炉直接与燃烧炉相连，将燃烧后的过程气冷却到约 240 ℃，此时大约 35% 的 H_2S 已转化为 SO_2 并有近 50% 已转化为气相态的单质硫，通过废热锅炉降温可冷凝出部分硫蒸气，回收的热量用来产生 0.8 MPa 的饱和低压蒸汽。为控制进入克劳斯反应器的温度，部分过程气可以从废热锅炉直接引出，通过中心管到三通控制阀，保证废热锅炉的出口温度符合要求。

出废热锅炉的过程气进入一级克劳斯反应器在氧化铝催化剂作用下发生反应式（3-6-3）。将硫组分转化为单质硫，反应器出口温度约 320 ℃。而后在一级硫冷凝器用锅炉给水降温到175 ℃，热量用来产生低压饱和蒸汽，分离出部分冷凝的单质硫，再经过热器用中压蒸汽再加热到满足二级克劳斯反应器入口的温度205 ℃，在二级克劳斯反应器中进一步转化剩余的硫组分。反应之后的过程气约0.14 MPa、223 ℃，在二级硫冷凝器中再次用锅炉给水降温到130 ℃，余热产生0.4 MPa的低压饱和蒸汽，低压饱和蒸汽用空冷器冷凝后返回二级硫冷凝器循环使用。在此温度下硫的饱和蒸汽压小于0.1 kPa，基本可以将单质硫全部冷凝。

过程气由硫黄分离器分离出液态单质硫后送焚烧炉处理后排放。

练习与实训

1. 练习

（1）粗煤气中有哪些杂质？分别有什么危害？
（2）如何脱除煤气中的杂质？
（3）除尘的设备有哪些？
（4）什么是一氧化碳的变换？
（5）一氧化碳变换工序的主要作用是什么？
（6）催化剂活性下降的原因是什么？
（7）加压变换比常压有哪些优点？
（8）比较物理吸收法和化学吸收法。
（9）变换用哪些催化剂？
（10）煤气脱硫有哪些方法？
（11）比较干法脱硫和湿法脱硫的优缺点。
（12）湿法脱硫的原理是什么？
（13）影响氧化铁法脱硫的因素是什么？
（14）氧化锌法脱硫的基本原理是什么？
（15）脱除二氧化碳的方法有哪些？
（16）低温甲醇洗涤法的主要特点是什么？

2. 实训

（1）脱硫、变换、脱碳、精制操作过程开车、停车和事故处理。
（2）年产30万吨甲醇煤化工教学工厂实习。
（3）年产30万吨氨、52万吨尿素、30万吨甲醇生产企业生产实习。

模块四

化工产品合成过程

项目一

氨 的 生 产

教学目标：

(1) 知识目标
① 了解合成氨在国民经济中的地位和应用。
② 了解合成氨的生产方法。
③ 理解合成氨的反应原理和影响因素。
④ 掌握工艺操作参数确定、控制及常见故障的处理方法。
⑤ 掌握工艺流程图和主要设备图的阅读。
⑥ 掌握生产过程中的安全、卫生防护、设备维护和保养等知识。
(2) 能力目标
通过本部分内容的学习和工作任务的训练，能认真执行工艺规程和岗位操作方法，完成合成氨合成装置正常操作，并能对异常现象和故障进行分析、判断、处理和排除。

任务一 合成氨生产方法的选择

氮是自然界里分布较广的一种元素。人们对农作物需要养分的研究发现，碳、氧、氢、氮、磷、钾 6 种元素是作物生长的主要养分，其中碳、氧、氢可由植物自身的光合作用或通过根部组织所吸收的水分获得，而氮元素则主要从土壤中吸收。因此可以说氮是植物生长的第一需要，从而也就成为动物生存所必需的。由此可见氮元素对生命的重要性。

空气中含氮量约为 79%（体积分数）。但是，空气中的氮是呈游离状态存在的，不能供植物吸收。植物只能吸收化合物固定状态的氮，因而必须把空气中游离的氮转变为氮的化合物。把空气中游离的氮转变为氮的化合物的过程在工业上称为固定氮。

20 世纪初，先后成功研制出 3 种固定氮的方法：电弧法、氰氨法和合成氨法。

(一) 氰化法

$$CaO + 3C \xrightarrow{2\,000\,℃} CaC_2 + CO$$

$$CaC_2 + N_2 \xrightarrow{1\,000\,℃} CaCN_2 + C$$

$$CaCN_2 + 3H_2O \longrightarrow CaCO_3 + 2NH_3$$

$$N_2 + 3H_2 \rightleftharpoons 2NH_3 \quad \Delta H^{\ominus} = -9\,244\ \text{kJ/mol}$$

(二) 合成氨法

以氮和氢为原料合成氨，是目前世界上采用最广泛，也是最经济的一种方法。此法是在高压、高温和有催化剂时，氮气和氢气直接合成为氨的一种生产方法。目前工业上合成氨基本上都用此法。由于采用的压力、温度和催化剂种类的不同，一般可以分为低压法、中压法和高压法 3 种。

1. 低压法

操作压力低于 20 MPa 的称为低压法，操作温度为 450 ℃ ~ 550 ℃。采用活性强的亚铁氰化物作催化剂，但它对毒物很敏感，所以对气体中的杂质（CO、CO_2）要求特别严格。该法的优点是由于操作压力和温度较低，对设备、管道的材质要求低，生产容易管理。但低压法合成率不高，合成塔出口气中含氨 8% ~ 10%，所以催化剂的生产能力比较低；同时由于压力低，必须将循环气冷至 -20 ℃ 的低温才能使气体中的氨液化，分离比较安全，所以需要设备庞大的冷冻设备，使得流程复杂，而且生产成本较高。

2. 高压法

操作压力为 60 MPa 以上的称为高压法，其操作温度为 550 ℃ ~ 650 ℃。高压法的优点：氨合成的效率高，合成塔出口气中含氨达 25% ~ 30%，催化剂的生产能力较大。由于压力高，一般用水冷的方法，气体中的氨就能得到较完全的分离，而不需要氨冷，从而简化了流程。设备和流程比较紧凑，设备规格小，投资少，但由于在高压高温下操作，对设备和管道的材质要求比较高。合成塔需用高镍优质合金钢制造，即使这样，也会产生破裂。高压法管理比较复杂，特别是由于合成率高，催化剂层内的反应热不易排除而使催化剂长期处于高温下操作，容易失去活性。

3. 中压法

操作压力为 20 ~ 35 MPa 的称为中压法，操作温度为 450 ℃ ~ 550 ℃。中压法的优缺点介于高压法与低压法之间，但是从经济效果来看，设备投资费用和生产费用都比较低。

氨合成的上述 3 种方法，各有优缺点，不能简单地比较其优劣。目前，世界上合成氨总的发展趋势都采用中压法，其压力范围为 30 ~ 35 MPa。中国目前新建的中型以上的合成氨厂都采用中压法，操作压力为 32 MPa。综上所述，本项目采用中压法合成氨。

任务二　生产准备

一、氨的性质

1. 物理性质

在常温常压下，氨是一种具有特殊刺激性气味的无色气体，有强烈的毒性。若空气中含有0.5%（体积分数）的氨，就能使人在几分钟内窒息而死。

在0.1 MPa、-33.5 ℃或在常温下加压到0.7~0.8 MPa，就能将氨变成无色的液体，同时放出大量的热量。氨的临界温度为132.9 ℃，临界压力为11.38 MPa。液氨的相对密度为0.667（20 ℃）。若将液氨在0.101 MPa压力下冷至-77.7 ℃，就凝结成略带臭味的无色结晶。液氨容易气化，降低压力可急剧蒸发，并吸收大量的热。

氨的自燃点为630 ℃。氨与空气或氧按一定比例混合后，遇火能爆炸。常温常压下，氨在空气中的爆炸范围为15.5%~28%，在氧气中为13.5%~82%。

氨极易溶于水，可制成含氨15%~30%（质量分数）的商品氨水。氨溶解时放出大量的热。氨的水溶液呈弱碱性，易挥发。

2. 化学性质

氨的化学性质较活泼，能与酸反应生成盐。如与磷酸反应生成磷酸铵；与硝酸反应生成硝酸铵；与二氧化碳反应生成氨基甲酸铵，脱水后成为尿素；与二氧化碳和水反应生成碳酸氢铵等。

在有水的条件下，氨对铜、银、锌等金属有腐蚀作用。

二、氨的用途和生产现状

1. 氨的用途

（1）制造化学肥料的原料

除液氨本身可作为化学肥料外，农业上使用的所有氮肥、含氮混合肥和复合肥，都以氨为原料。

（2）生产其他化工产品的原料

基本化学工业中的硝酸、纯碱、含氮无机盐，有机化学工业中的含氮中间体，制药工业中的磺胺类药物、维生素、氨基酸，化纤和塑料工业中的己内酰胺、己二胺、甲苯二异氰酸酯、人造丝、丙烯腈、酚醛树脂等都需要直接或间接地以氨为原料。

（3）应用于国防工业和尖端技术

作为制造三硝基甲苯、三硝基苯酚、硝化甘油、硝化纤维等多种炸药的原料；作为生产导弹、火箭的推进剂和氧化剂。

(4) 应用于医疗、食品行业

作为医疗食品行业中冷冻、冷藏系统的制冷剂。

2. 中国合成氨工业生产发展概况

中国合成氨工业经过60多年的发展，生产能力和产量已经跃居世界第一位，约占世界总能力及产量的三分之一。已掌握了以焦炭、无烟煤、褐煤、焦炉气、天然气及油田伴生气和液态烃等气、固、液多种原料生产合成氨的技术，形成中国特有的煤、石油、天然气原料并存和大、中、小生产规模并存的合成氨生产格局。

(1) 合成氨工业生产能力现状

中国合成氨生产始于20世纪30年代，新中国成立前只有三个厂，最高年份产量不超过5万吨。新中国成立后，经过60多年的发展，中国合成氨企业经过不断发展、整合、新建和改造，行业集中度明显提高，企业数量从最高峰的1 600多家减少到2010年的463家（按企业数统计），单套装置规模也达到了50万吨/年。2010年中国合成氨产能达到6 543万吨，合成氨产量为4 963.2万吨。

随着中国经济的快速发展和人口的增长，粮食需求在逐渐增多，拉动化肥产量迅速增加。合成氨作为化肥生产的重要中间产品，其产能、产量也保持着较快的增长速度。表4-1-1列出了60多年年来中国合成氨产量变化情况。

表4-1-1　1950—2010年中国合成氨产量

年　份	合成氨产量/万吨	年　份	合成氨产量/万吨
1950	1.1	2005	4 596.3
1960	44.0	2006	4 893.2
1970	244.5	2007	5 094.1
1980	1 348.1	2008	4 995.1
1990	2 129.0	2009	5 135.5
2000	3 379.5	2010	4 963.2
2004	4 222.2		

中国合成氨生产装置主要集中在华东、中南及华北地区，生产的合成氨主要用于当地氮肥的加工。西南地区天然气丰富，价格低廉，集中了多套大型合成氨生产装置。产量居前五位的生产大省为山东、河南、山西、四川和河北，五省产量接近全国总产量的一半。

中国合成氨装置生产能力差别较大，目前最大装置单套能力为50万吨/年，小装置单套能力在8万吨以下。从总体看来，合成氨生产企业规模小、集中度低。中国合成氨生产主要以煤为原料，以气为原料生产的合成氨比例变化不大。2010年中石化镇海炼化和九江石化两套以油为原料的合成氨装置相继宣布转产或停车，这表示从2010年起，以油为原料的合成氨生产告别历史的舞台。

(2) 合成氨工业发展趋势

2009—2013年全球有55套大型合成氨装置投产，新增装置将使全球合成氨产能增加2 400万吨,其中有1 300万吨来自合成氨设备的升级改造,剩余部分来自55套新建装置。原料结构方面,新增的2 400万吨合成氨中将有73%以天然气为原料,27%以煤炭为原料,剩余为石脑油或者炼油副产物。因此,全球合成氨总体产能将在未来保持平稳增长,未来几年世界合成氨产量将以每年3.5%增速继续增长,2012年将达到2.23亿吨,合成氨将主要用于下游尿素的生产。

"十二五"期间,通过氮肥产业结构调整,促进产业优化升级,我国将实现由氮肥大国向氮肥强国转变。首先要合理调控氮肥总量,以优势产能替代落后产能。"十二五"期间应严格新建项目的审批,提高新建项目的规模和技术门槛,遏制盲目建设,实现总量控制。对管理水平差、环境污染严重、缺乏竞争力的企业,制定鼓励退出政策引导其转产、改产或关闭破产,实现落后产能的平稳退出。通过先进产能替代落后产能,实现产业布局的合理调整。

三、主要原料的工业规格要求

工业上采用中压法合成氨的主要原料是氮气和氢气。

1. 原料来源

生产合成氨,必须制备含有氢和氮的原料气。

氢气来源于水蒸气和含有碳氢化合物的各种燃料。目前工业上普遍采用焦炭、煤、天然气、轻油、重油等燃料,在高温下与水蒸气反应的方法制氢。

氮气来源于空气,可以在低温下将空气液化分离而得,也可在制氢的过程中加入空气,将空气中的氧与可燃性物质反应而除去,剩下的氮与氢混合,获得氢氮混合气。

除电解水(此法因电能消耗大而受到限制)以外,不论用什么原料制取的氢、氮原料气,都含有硫化物、一氧化碳、二氧化碳等杂质。这些杂质不但能腐蚀设备,而且能使氨合成催化剂中毒。因此,把氢、氮原料气送入合成塔之前,必须进行净化处理,除去各种杂质,获得纯净的氢、氮混合合成气。因此,合成氨的生产过程包括以下3个主要步骤。

第一步,原料气的制取。制备含有氢、一氧化碳、氮气的粗原料气。一般由造气、空分工序组成。

第二步,原料气的净化。除去粗原料气中氢气、氮气以外的杂质。一般由原料气的脱硫、一氧化碳的变换、二氧化碳的脱除、原料气的精制工序组成。

第三步,原料气的压缩与合成。将符合要求的氢氮混合气压缩到一定的压力后,在高温、高压和有催化剂的条件下,将氢氮气合成为氨。一般由压缩、合成工序组成。

2. 技术要求

工业用氮的技术要求见表4-1-1。

表4-1-1 工业用氮的质量指标要求（GB/T 8979—2008）

项目		指标	
	纯氮	高纯氮	超纯氮
氮气纯度（体积分数）/×10⁻² ≥	99.99	99.999	99.999
氧含量（体积分数）/×10⁻⁶ ≤	50	3	0.1
氩含量（体积分数）/×10⁻⁶ ≤	—	—	2
氢含量（体积分数）/×10⁻⁶ ≤	15	0	0.1
一氧化碳含量（体积分数）/×10⁻⁶ ≤	5	1	0.1
二氧化碳含量（体积分数）/×10⁻⁶ ≤	10	1	0.1
甲烷含量（体积分数）/×10⁻⁶ ≤	5	1	0.1
水含量（体积分数）/×10⁻⁶ ≤	15	3	0.5

工业用氢的技术要求见表4-1-2。

表4-1-2 工业用氢的质量指标要求（GB/T 3634.1—2006）

项目		指标	
	优等品	一等品	合格品
氢气纯度（体积分数）/×10⁻² ≥	99.95	99.50	99.00
氧含量（体积分数）/×10⁻² ≤	0.01	0.20	0.40
氮加氩含量（体积分数）/×10⁻² ≤	0.04	0.30	0.60
露点/℃ ≤	-43	—	—
游离水/[mL·(40L瓶)⁻¹]	—	无游离水	≤100

四、液氨产品质量指标要求

工业用液氨产品的质量指标要求见表4-1-3。

表4-1-3 工业用液氨的质量指标要求（GB 536—1988）

指标名称		指标	
	优等品	一等品	合格品
氨含量/% ≥	99.9	99.8	99.6
残留物含量/% ≤	0.1（重量法）	0.2	0.4
水分/% ≤	0.1	—	—
油含量/(mg·kg⁻¹) ≤	5（重量法） 2（红外光谱法）	—	—
铁含量/(mg·kg⁻¹) ≤	1	—	—

任务三　应用生产原理确定生产条件

一、生产原理

1. 主反应

$$\frac{1}{2}N_2 + \frac{3}{2}H_2 \rightleftharpoons NH_3(g) \quad \Delta H_{298}^{\ominus} = -46.22 \text{ kJ/mol}$$

是可逆放热体积缩小且有催化剂才能以较快速率进行的反应。

2. 催化剂

近几十年以来，合成氨工业的迅速发展，在很大程度上是由于催化剂质量的改进而取得的。在合成氨生产中，很多工艺条件和操作条件都是由催化剂的性质决定的。长期以来，人们对氨合成催化剂做了大量的研究工作，发现对氨合成有活性的金属有 Os、U、Fe、Mo、Mn、W 等。其中以铁为主体并添加有促进剂的铁系催化剂价廉易得，活性良好，抗毒能力强，使用寿命长，从而获得广泛的应用。

目前，大多数铁催化剂都是经过精选的天然磁铁矿采用熔融法制备的，其活性组分为 α-Fe，另外添加 K_2O、CaO、MgO、Al_2O_3 等助催化剂。其中二价铁和三价铁的比例对催化剂的活性影响很大，适宜的 FeO 含量为 24%~38%（质量分数），Fe^{2+}/Fe^{3+} 约为 0.5。

Al_2O_3、MgO 是结构型助催化剂，Al_2O_3 均匀地分散在 α-Fe 晶格内和晶格间，能增加催化剂的比表面积，并防止还原后的铁微晶长大，从而提高催化剂的活性和稳定性。

K_2O 是电子型的助催化剂。K_2O 能促进电子的转移过程，有利于氮分子的吸附和活化，也促进生成物氨的脱附。CaO 也属于电子型促进剂，同时，它能降低固熔体的熔点和黏度，有利于 Al_2O_3 和 Fe_3O_4 固熔体的形成，还可以提高催化剂的热稳定性和抗毒害能力。SiO_2 的加入虽然降低了 K_2O、Al_2O_3 助催化剂作用，但起到了稳定 α-Fe 晶粒的作用，从而增加了催化剂的抗毒性和热稳定性等。

通常制得的催化剂为黑色不规则的颗粒，有金属光泽，堆积密度为 2.5~3.0 kg/L、孔隙率为 40%~50%。还原后的铁催化剂一般为多孔的海绵状结构，孔呈不规则的树枝状，内表面积为 4~16 m^2/g。

国内生产的 A 系氨合成催化剂已达到国内外同类产品的先进水平。表 4-1-4 列出了国内外主要型号的氨合成催化剂的组成和性能。

表 4-1-4　国内外氨合成催化剂的组成和性能

国别	型号	组成	外形	还原前堆密度/$(kg \cdot L^{-1})$	推荐使用温度/℃	主要性能
中国	A106	Fe_3O_4、Al_2O_3、K_2O、CaO	不规则颗粒	2.9	400~520	380 ℃还原已不明显，550 ℃耐热 20 h，活性不变
	A109	Fe_3O_4、Al_2O_3、K_2O、CaO、MgO、SiO_2	不规则颗粒	2.7~2.8	380~500，活性优于A106	还原温度比 A106 低 20 ℃~30 ℃，525 ℃耐热 20 h，活性不变
	A110 A110-5Q	Fe_3O_4、Al_2O_3、K_2O、CaO、MgO、BaO、SiO_2	不规则颗粒球形	2.7~2.8	380~490，低温活性优于 A109	还原温度比 A106 低 20 ℃~30 ℃，500 ℃耐热 20 h，活性不变，抗毒能力强
	A201	Fe_3O_4、Al_2O_3、Co_3O_4、K_2O、CaO	不规则颗粒	2.6~2.9	360~490	易还原，低温活性高，比 A110 活性提高 10%，短期 500 ℃活性不变
	A301	FeO、Al_2O_3、K_2O、CaO	不规则颗粒	3.0~3.3	320~500	低温、低压、高活性，还原温度为 280 ℃~300 ℃，极易还原

续表

国别	型号	组成	外形	还原前堆密度/$(kg \cdot L^{-1})$	推荐使用温度/℃	主要性能
丹麦	KM I	Fe_3O_4、Al_2O_3、K_2O、CaO、MgO、SiO	不规则颗粒	2.5~2.9	380~550	390℃还原明显,耐热及抗毒性较好,耐热温度达550℃
丹麦	KM II	Fe_3O_4、Al_2O_3、K_2O、CaO、MgO、SiO	不规则颗粒	2.5~2.9	360~480	370℃还原明显,耐热及抗毒性较KMI略差
丹麦	KMR	KM预还原型	不规则颗粒	1.9~2.2	—	全部性能与相应的KM型催化剂相同,在空气中100℃稳定,烧不坏
英国	ICI35-4	Fe_3O_4、Al_2O_3、K_2O、CaO、MgO、SiO_2	不规则颗粒	2.6~2.9	350~530	温度超过530℃,活性下降
美国	C73.1	Fe_3O_4、Al_2O_3、K_2O、CaO、SiO_2	不规则颗粒	2.88	370~540	570℃以下活性稳定
美国	C73-2-03	Fe_3O_4、Al_2O_3、Co_3O_4、K_2O、CaO	不规则颗粒	2.88	360~500	500℃以下活性稳定

二、工艺条件的确定

1. 反应压力

在氨合成过程中,合成压力是决定其他工艺条件的前提,是决定生产强度和技术经济指标的主要因素。

提高操作压力有利于提高平衡氨含量和氨合成速率,增加装置的生产能力,有利于简化氨分离流程。但是,压力高时对设备材料及加工制造的技术要求较高。同时,高压下反应温度一般较高,催化剂使用寿命缩短。

生产上选择操作压力主要涉及功的消耗,即氢氮气的压缩功耗、循环气的压缩功耗和冷冻系统的压缩功耗。图4-1-1为某日产900 t氨合成工段功耗随压力的变化关系。由图可见,提高压力,循环气压缩功和氨分离冷冻功减少,而氢氮气压缩功

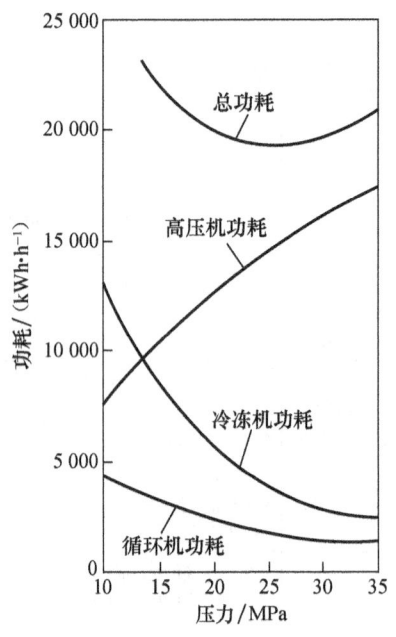

图4-1-1 氨合成压力与功耗的关系

却大幅度增加。当操作压力在 20~30 MPa 时，总功耗较低。

实际生产中采用往复式压缩机时，氨合成的操作压力在 30 MPa 左右；采用蒸汽透平驱动的高压离心式压缩机，操作压力降至 15~20 MPa。随着氨合成技术的进步，采用低压力的径向合成塔，装填高活性的催化剂，都会有效地提高氨合成率，降低循环机功耗，可使操作压力降至 10~15 MPa。

2. 反应温度

合成氨反应必须在催化剂的存在下才能进行，而催化剂只有在一定的温度范围内才能显示出它的催化活性。目前工业上使用的催化剂的活性温度大体上在 400 ℃~500 ℃ 范围。

在活性温度范围内，温度又应如何选定呢？对于放热的可逆反应，存在着一条最适宜温度线，这个温度是随反应之进行而不断降低的。对于一个可逆放热反应温度是一个矛盾的影响因素。从反应平衡角度出发，温度升高对反应平衡不利，即降低了氨的平衡浓度；从动力学角度出发，提高温度则可以加快反应速率，使反应较快地达到较大的氨合成率。图 4-1-2 表明了温度这一矛盾因素的影响结果。由图可知，温度对反应平衡总是不利的，温度越高，平衡转化率越低，如图 4-1-2 中的曲线 1 所示。但温度对合成反应影响的总结果，则因反应条件不同而不同。当反应远离平衡时，升高反

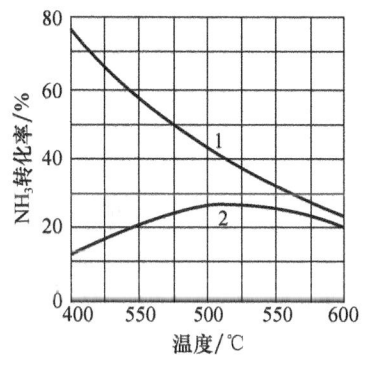

图 4-1-2　氨转化率与温度的关系
1—平衡曲线；2—在一定空速下
经过一定时间的反应之后

应温度，由于反应速度的加快，会使合成转化率明显提高；当合成反应接近平衡时，温度继续升高，则会使合成率降低，如图 4-1-2 中曲线 2 所示。

总体来说，反应初期着眼于提高反应速度，反应后期更着眼于提高反应平衡浓度。矛盾的主要方面转移了，最适温度从较高温度转向较低温度。

由此可见，可以把最适温度与氨浓度的变化关系作成曲线，叫最适温度线。如图 4-1-3 所示，给出了一定压力下的平衡温度线 AA'，又给出了两条最适温度线 BB' 和 CC'，这是因为最适温度与催化剂的活性有关，这里用一个大致的范围表示。

由图可见，最适温度线位于平衡温度线的左下方，即对于一定氨浓度来说，最适温度总比其平衡温度低。可以证明，催化剂活性愈高，两条线的距离愈大，亦即最适宜温度较低。催化剂活性愈低，最适温度线愈向平衡温度线靠拢，就当前工业上所采用的催化剂来说，大体上可按最适温度比相应的平衡温度低 60 ℃~80 ℃ 来考虑，亦即把图上的平衡温度线向左平移 60 ℃~80 ℃ 作为最适宜温度线。这只是一个粗略的估计，最适温度的准确计算比较复杂，此处从略。

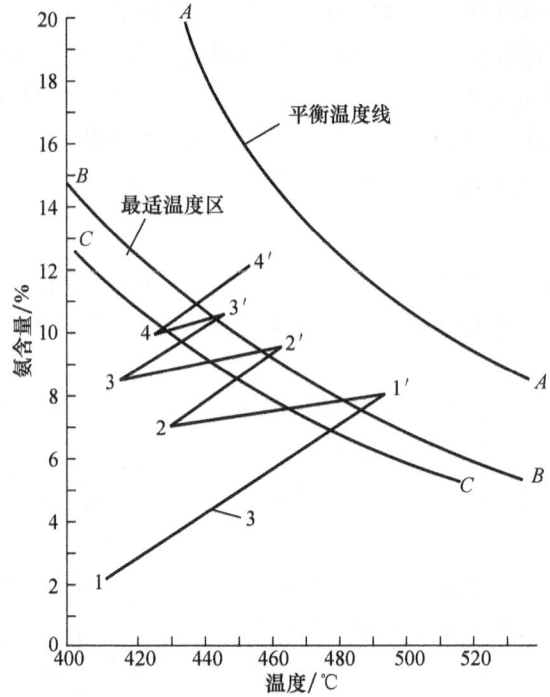

图 4-1-3 最适宜温度线和操作线
1—平衡曲线；2—最适宜温度线；3—操作线

鉴于氨合成反应的最适宜温度随氨含量提高而降低，要求随反应的进行不断移出反应热。生产上按降温方法的不同，氨合成塔内件可分为内部换热式和冷激式。内部换热式内件采用催化剂床层中排列冷管或绝热层间安置中间热交换器的方法，以降低床层的反应温度，并预热未反应的气体。冷激式内件采用反应前尚未预热的低温气体进行层间冷激，以降低反应气体的温度。

3. 空间速率

空间速率表示单位时间内、单位体积催化剂处理的气量。表 4-1-5 给出了生产强度、氨净值（合成塔进出口氨含量之差）与空间速率的相对关系。

表 4-1-5 空速与生产强度、氨净值之间的关系

空间速率/h^{-1}	10 000	15 000	20 000	25 000	30 000
氨净值/%	14.0	13.0	12.0	11.0	10.0
生产强度/[kg·(m³·h)$^{-1}$]	908	1 276	1 584	1 831	2 015

提高空间速率虽然增加了合成塔的生产强度，但氨净值降低。氨净值的降低，增加了氨的分离难度，使冷冻功耗增加。另外，由于空速提高，循环气量增加，系统压力降增加，循环机功耗增加。若空间速率过大使气体带出的热量大于反应放出的热量，会导致催化剂床层温度下降，以致不能维持正常生产。因此，

采用提高空间速率强化生产的方法不再被推荐。

一般而言，氨合成操作压力高，反应速率快，空速可高一些；反之可低一些。例如 30 MPa 的中压法氨合成塔，空速可控制在 20 000 ~ 30 000 h^{-1}；15 MPa 的轴向冷激式合成塔，其空速为 10 000 h^{-1}。

4. 合成塔气体的组成

合成塔进口气体组成包括氢氮比、惰性气体含量和初始氨含量。

（1）氢氮比

最适宜的氢氮比与反应偏离平衡的状况有关。当接近平衡时，氢氮比为 3；当远离平衡时氢氮比为 1 最适宜。生产实践表明，进塔气中的适宜氢氮比在 2.8 ~ 2.9 范围内，而对含钴催化剂其适宜氢氮比在 2.2 左右。因氨合成反应氢与氮总是按 3∶1 的比例消耗，所以新鲜气中的氢氮比应控制为 3。否则，循环气中多余的氢或氮会逐渐积累，造成氢氮比失调，使操作条件恶化。

（2）惰性气体含量

经过深冷净化工序处理后的新鲜氢氮气中仍含有 0.25% 的氩以及微量的甲烷等惰性气体，它们不参与氨合成反应，也不毒害催化剂，但由于合成系统是循环操作，结果造成惰性气体不断积累，从而降低了氢、氮的分压，不仅对化学平衡和反应速度不利，而且会引起系统压力升高，增加循环系统的动力消耗。积累的惰性气体除了溶解于液氨产品以及由于设备、管线泄漏损失外，主要是连续地把回路中气体排放一部分以保持惰性气体的进出平衡，这部分气体称为放空气，随着放空气的排出，一部分氢、氮、氨也同时排出，需要加以回收。

惰性气体的存在，无论从化学平衡、反应动力学还是动力消耗的角度分析，都是不利的。但要维持较低的惰性气体含量需要大量地排放循环气，导致原料气消耗增高。生产中必须根据新鲜气中惰性气体含量、操作压力、催化剂活性等因素综合考虑。当操作压力较低，催化剂活性较好时，循环气中的惰性气体含量宜保持在 16% ~ 20%。反之宜控制在 12% ~ 16%。

（3）进塔气的氨浓度

合成塔出口气体中氨分离是采用冷凝法，不可能将气体中的氨全部冷凝下来。所以，返回合成塔进口气体中含有一定的氨，但其他条件一定时，进塔氨含量增加，出塔氨含量亦增加，但因有氨存在，影响合成速率，氨净值却减少，氨产量下降，其关系式如下：

$$G = \frac{17}{22.4} \times \frac{Z_2 - Z_1}{1 + Z_2} \times V$$

式中　G——氨产量，kg/h；

　　　Z_1，Z_2——分别为合成塔进、出口氨含量，%；

　　　V——合成塔进口气量，m^3/h。

从上式可以看出，当其他条件一定时，进塔气中氨含量低有利于氨的合成。

但进塔气中氨含量降低需要增加合成系统压力和冷凝系统负荷。所以过分地降低进塔气中氨含量在经济上并不可取。

在其他条件一定时，降低入塔氨含量，反应速率加快，氨净值增加，生产能力提高。但进塔氨含量的高低，需综合考虑冷冻功耗以及循环机的功耗。通常操作压力为 25~30 MPa 时采用一级氨冷，进塔氨含量控制在 3%~4%；而压力为 20 MPa 合成时采用二级氨冷，进塔氨含量控制在 2%~3%；压力为 15 MPa 左右时采用三级氨冷，进塔氨含量控制在 1.5%~2.0%。

任务四 生产工艺流程的组织

一、氨合成过程的基本工艺步骤

实现氨合成的循环，必须包括这样几个步骤：氢氮原料气的压缩并补入循环系统；循环气的预热与氨的合成；氨的分离；热能的回收利用；对未反应气体补充压力并循环使用，排放部分循环气以维持循环气中惰性气体的平衡等。

（1）气体的压缩和除油

为了将新鲜原料气和循环气压缩到氨合成所要求的操作压力，就需要在流程中设置压缩机。当使用往复式压缩机时，在压缩过程中气体夹带的润滑油和水蒸气混合在一起，呈细雾状悬浮在气流中。气体中所含的油不仅会使氨合成催化剂中毒，而且附着在热交换器壁上，降低传热效率，因此必须清除干净。除油的方法是压缩机每段出口处设置油分离器，并在氨合成系统设置滤油器。若采用离心式压缩机或采用无油润滑的往复式压缩机，气体中不含油水，可以取消滤油设备，简化了流程。

（2）气体的预热和合成

压缩后的氢氮混合气需加热到催化剂的起始活性温度，才能送入催化剂层进行氨合成反应。在正常操作的情况下，加热气体的热源主要是利用氨合成时放出的反应热，即在换热器中反应前的氢氮混合气被反应后的高温气体预热到反应温度。在开工或反应不能自热时，可利用塔内电加热炉或塔外加热炉供给热量。

（3）氨的分离

进入氨合成塔催化层的氢氮混合气，只有少部分起反应生成氨，合成塔出口气体氨含量一般为 10%~20%，因此需要将氨分离出来。氨分离的方法有两种，一是水吸收法；二是冷凝法，将合成后气体降温，使其中的气氨冷凝成液氨，然后在氨分离器中，从不凝气体中分离出来。

目前工业上主要采用冷凝法分离循环气中的氨。以水和氨冷却气体的过程是在水冷器和氨冷器中进行的。在水冷器和氨冷器之后设置氨分离器，把冷凝下来的液氨从气相中分离出来，经减压后送至液氨贮槽。在氨冷凝过程中，部分氢氮气及惰性气体溶解在液氨中。当液氨在贮槽内减压后,溶解的气体大部分释放出来,通常称为"贮槽气"或"驰放气"。

(4) 未反应氢氮气的循环

氢氮混合气经过氨合成塔以后,只有一小部分合成为氨。分离氨后剩余的氢氮气,除为降低惰性气体含量而少量放空以外,与新鲜原料气混合后,重新返回合成塔,再进行氨的合成,从而构成了循环法生产流程。由于气体在设备、管道中流动时,产生了压力损失。为补偿这一损失,流程中必须设置循环压缩机。循环机进出口压差为 20～30 大气压①,它表示了整个合成循环系统阻力降的大小。

(5) 惰性气体的排放

氨合成循环系统的惰性气体通过以下 3 个途径带出。

① 一小部分从系统中漏损。

② 一小部分溶解在液氨中被带走。

③ 大部分采用放空的办法,即间断或连续地从系统中排放。

在氨合成循环系统中,流程中各部位的惰性气体含量是不同的,放空位置应该选择在惰性气体含量最大而氨含量最小的地方,这样放空的损失最小。由此可见,放空的位置应该在氨已大部分分离之后,而又在新鲜气加入之前。放空气中的氨可用水吸收法或冷凝法加以回收,其余的气体一般可用作燃料。也可采用冷凝法将放空气中的甲烷分离出来,得到氢、氮气,然后将甲烷转化为氢,回收利用,从而降低原料气的消耗。

有些工厂设置二循环合成系统,合成系统放空气进入二循环系统的合成塔,继续进行合成反应,分离氨后部分惰性气体放空,其余部分在二循环系统继续循环。这样,提高了放空气中惰性气体含量,从而减少了氢氮气损失。

(6) 反应热的回收利用

氨的合成反应是放热反应,必须回收利用这部分反应热。目前回收利用反应热的方法主要有以下几种。

① 预热反应前的氢氮混合气。在塔内设置换热器,用反应后的高温气体预热反应前的氢氮混合气,使其达到催化剂的活性温度。这种方法简单,但热量回收不完全。目前小型氨厂及部分中型氨厂采用此法回收利用反应热。

② 预热反应前的氢氮混合气和副产蒸汽。既在塔内设置换热器预热反应前的氢氮混合气,又利用余热副产蒸汽。按副产蒸汽锅炉安装位置的不同,可分为塔内副产蒸汽合成塔(内置式)和塔外副产蒸汽合成塔(外置式)两类。目前一般采用外置式,该法热量回收比较完全,同时得到了副产蒸汽,目前中型氨厂应用较多。

③ 预热反应前的氢氮混合气和预热高压锅炉给水。反应后的高温气体首先

---

① 1 标准大气压 = 1.013×10^5 Pa。

通过塔内的换热器预热反应前的氢氮混合气,然后再通过塔外的换热器预热高压锅炉给水。此法的优点是减少了塔内换热器的面积,从而减小了塔的体积,同时热能回收完全。目前大型合成氨厂一般采用这种方法回收热量。用副产蒸汽及预热高压锅炉给水方式回收反应热时,生产一吨氨一般可回收 0.5~0.9 t 蒸汽。

二、合成系统的生产工艺流程组织

由于采用压缩机的型式、氨分冷凝级数、热能回收形式以及各部分相对位置的差异,而形成不同的工业生产流程,但实现氨合成过程的基本工艺步骤是相同的。在氨合成工艺流程的设计中,关键在于合理组织各个步骤,其中主要是合理确定循环机、新鲜气补入及惰性气体放空的位置以及氨分离的冷凝级数和热能的回收方式等,氨合成过程原则流程示意图如图 4-1-4 所示。

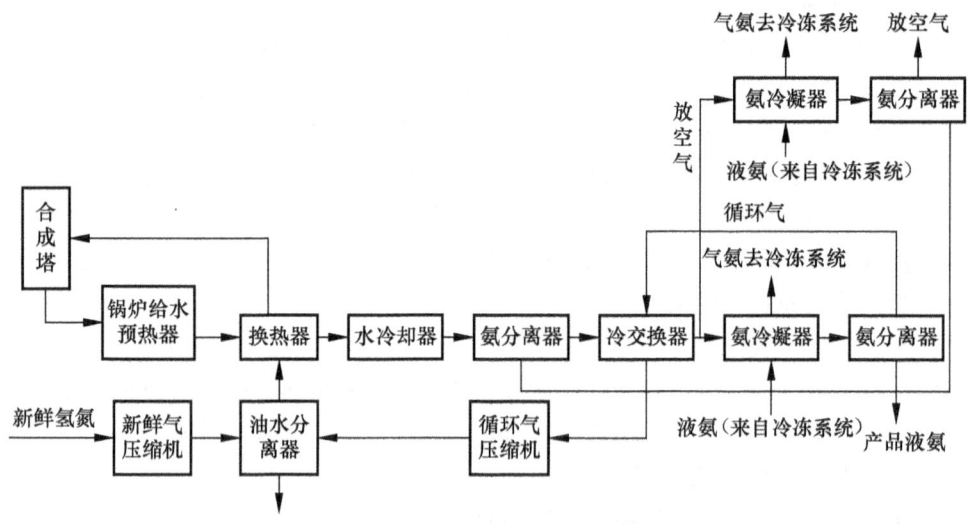

图 4-1-4 氨合成过程原则流程示意图

1. 传统氨合成流程

20 世纪 60 年代之前,合成氨厂大都采用往复式压缩机,活塞环采用注油润滑。因此,氢氮气压缩机与循环气压缩机所输送的气体中常含一定量的油雾。为了避免循环压缩机对合成塔的污染,循环机往往置于水冷与氨冷之间,以利用氨冷器冷凝液氨时将油雾凝集而分离。由氢氮气压缩机补入的新鲜原料气,虽然已经过精制,但仍含有微量水蒸气和微量 CO、CO_2,它们都是氨合成催化剂的毒物。因此,在传统流程中,新鲜气补入水冷与氨冷间的循环气的油分离气中,使其在氨冷凝过程中被液氨洗涤而最终被净化。补入的新鲜气中还含有少量甲烷和氩气。随着气体的不断补入和循环使用,循环气中的甲烷和氩气的含量会不断提高。为避免惰性气体量过高而影响氨合成反应,必须进行惰性气体排放,排放点通常设置在循环机之前。

图 4-1-5 为传统的中压氨合成流程。合成塔出口气体经水冷器冷却至常温，其中部分气氨被冷凝，并在氨分离器中分离。为降低惰性气体含量，循环气在氨分离器后部分放空，大部分循环气经循环压缩机后进入油分离器，新鲜气也在此补入。然后气体进入冷交换器的上部换热器管内，回收氨冷器出口循环气的冷量后，再经氨冷器冷却到 −10 ℃ 左右，使气体中绝大部分氨冷凝，并在冷交换器下部的氨分离器中分离出来。气体进入冷交换器上部换热器管间预冷进氨冷器的气体，自身被加热到 10 ℃~30 ℃ 进入氨合成塔。

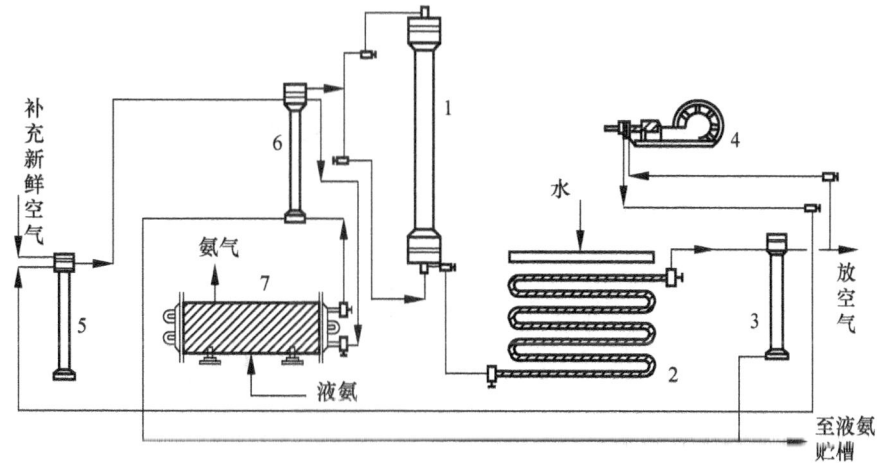

图 4-1-5 传统中压氨合成流程
1—氨合成塔；2—水冷器；3—氨分离器；4—循环压缩机；5—滤油器；6—冷凝塔；7—氨冷器

根据工艺流程的组织原则和评价标准来分析上述传统氨厂氨合成工艺流程，主要具有以下特点。

优点：

① 流程简单，投资低。

② 放空气位置设在惰性气体含量最高而氨含量较低处，氨和氢氮气损失少。

③ 循环压缩机位于水冷器之后，循环气温度较低，有利于降低压缩功。

④ 新鲜气在油分离器中补入，经氨冷器时可进一步除去带入的油、二氧化碳和水。

缺点：

① 冷交换器管内阻力大，因为新鲜气中所含微量二氧化碳与循环气中的氨会形成氨基甲酸铵结晶，堵塞管口。

② 采用有润滑油的往复式压缩机，润滑油会导致氨合成催化剂中毒。

③ 热能未充分回收利用。

2. 中、小型氨厂氨合成工艺流程

随着合成氨生产技术的发展，传统中压氨合成问题逐步得到解决。如图 4-1-6

所示的TopsΦe氨合成流程与前述传统合成氨厂氨合成工艺流程相比有了很大进步。该流程采用透平压缩机和透平循环压缩机，避免了油雾对气体的污染；将循环压缩机置于合成塔入口处，降低了循环功耗。

TopsΦe氨合成工艺流程示意图如图4-1-6所示。

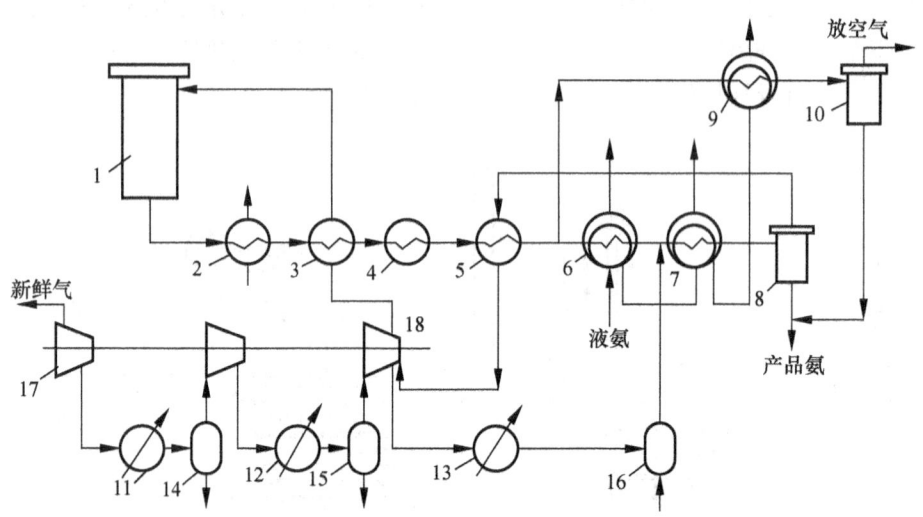

图4-1-6　TopsΦe氨合成工艺流程示意图
1—氨合成器；2—锅炉给水预热器；3—热热换热器；4，11，12，13—水冷却器；5—冷热换热器；
6—第一氨冷器；7—第二氨冷器；8，10—氨分离器；9—放空气氨冷器；
14，15，16—分离器；17—离心式压缩机；18—压缩机循环段

新鲜气经过三缸式离心压缩机加压，每缸后均有水冷却器及水分离器，然后，与经过第一氨冷器的循环气混合去第二氨冷器7，温度降低到0℃左右进入氨分离器8分离出液氨。

从氨分离器出来的气体中约含氨3.6%，通过冷热换热器5升温至30℃，进入离心式压缩机第三缸所带循环段补充升压，而后经预热器进入径向合成塔1。出塔气体通过锅炉给水预热器2及各种换热器（3、4、5、6）温度降至10℃左右与新鲜气混合，从而完成循环。

根据评价工艺流程的原则和标准来分析该流程，主要具有以下特点。

① 物料利用比较充分。将氢氮原料气与产品氨分离后循环使用，提高了原料的利用率；放空气位置设在惰性气体含量最高而氨含量较低的部位，减少了氨和氢氮气的损失。

② 反应热利用充分，节能措施比较合理。离开合成塔的出塔气直接进入锅炉给水预热器，回收了出塔气高位热能，更充分地回收了反应热；在压缩机循环段前冷凝分离氨，循环功耗较低；因操作压力较高，仅采用二级氨冷，能量利用合理。

③ 采用径向合成塔，系统压力降小。

④ 由于压力较高，对离心压缩机的要求也相应提高。

3. 大型氨厂氨合成工艺流程

随着合成氨技术的发展，无论在气化、净化还是合成等工序都相继出现了许多新工艺、新技术和节能型新流程，如美国 Kelloge（凯洛格）公司的低能耗流程和 Braun（博朗）公司的低温净化流程、英国 ICI 公司的"AMV"流程和联邦德国的 Uhde – AMV 流程等。

20 世纪 70 年代，我国引进的大型合成氨装置，普遍采用凯洛格氨合成工艺流程，凯洛格氨合成工艺流程采用蒸汽透平驱动带循环机的离心式压缩机，气体不受油雾的污染，但新鲜气中尚含微量二氧化碳和水蒸气，需经氨冷最终净化。另外，由于合成塔操作压力较低（15 MPa），采用三级氨冷将气体冷却至 – 23 ℃，以使氨分离较为完全。

图 4 – 1 – 7 为凯洛格大型氨厂氨合成工艺流程。高压合成气从冷却器 5 出来后，分两路继续冷却。一路约 50% 的气体通过两级串联的氨冷却器 6 和 7，另一路气体与高压氨分离器 12 来的 – 23 ℃ 气体在冷热交换器 9 中换热。两路气体混合后，再经过第三级氨冷器 8，利用在 – 33 ℃ 下蒸发的液氨将气体进一步冷却到 – 23 ℃，然后送往高压氨分离器。分离液氨后的气体经冷热交换器 9 和塔前预热器 10 预热进入冷激式氨合成塔 13。合成塔出口气体，首先进入锅炉给水预热器 14 塔前预热器降温后，大部分气体回到压缩机 15。另一部分气体在放空气氨冷却器 17 中被氨冷却。经氨分离器 18 分离液氨后去氢回收系统。高压氨分离

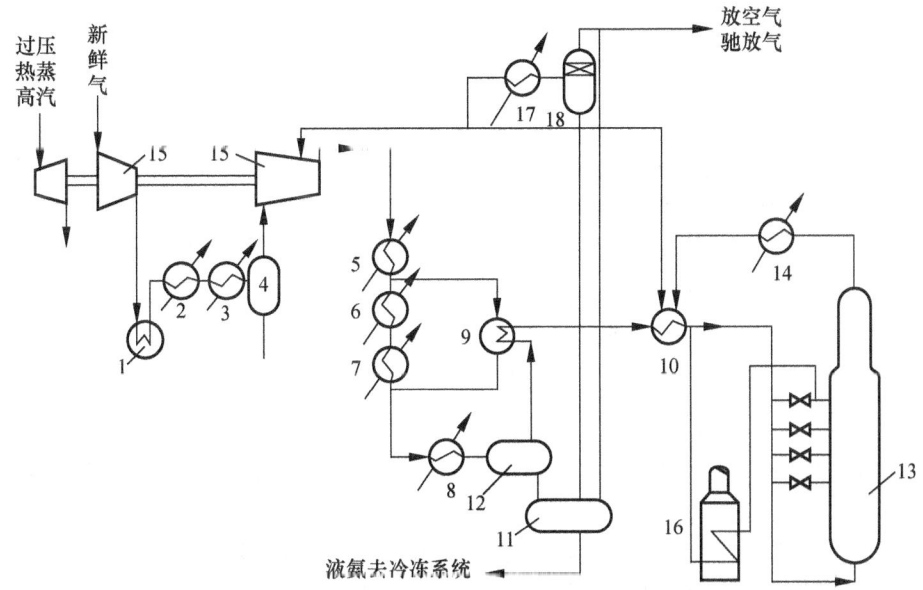

图 4 – 1 – 7 凯洛格氨合成工艺流程

1—新鲜气甲烷化气换热器；2，5—水冷却器；3，6，7，8—氨冷却器；4—冷凝液分离器；
9—冷热交换器；10—塔前预热器；11—低压氨分离器；12—高压氨分离器；13—氨合成塔；
14—锅炉给水预热器；15—离心压缩机；16—开工加热炉；17—放空气氨冷却器；18—放空气分离器

器中的液氨经减压后进入冷冻系统,弛放气与放空气一起送往氢回收系统。

该工艺流程的特点如下。

① 采用汽轮机驱动的离心式压缩机,气体不受油雾的污染。

② 设锅炉给水预热器,回收氨合成的反应热,用于加热锅炉给水,热量回收好。

③ 采用三级氨冷,逐级将合成后的气体降温至 -23 ℃,冷冻系统的液氨亦分三级闪蒸,三种不同压力的氨气分别返回离心式氨压缩机相应的压缩段中,这比全部氨气一次压缩至高压、冷凝后一次蒸发冷冻系数大,功耗小。

④ 流程中惰性气体放空设在压缩机循环段之前。此处,惰性气体含量最高,氨含量也最高,但由于放空气中的氨加以回收,故氨损失不大。

⑤ 氨冷凝在压缩机循环段之后进行,可进一步清除气体中夹带的油、二氧化碳、水分等杂质。

缺点是循环功耗较大。

合成氨生产技术进展很快,国外一些合成氨公司开发了若干氨合成工艺新流程,如布朗三塔三废热锅炉流程、伍德两塔三床、两废热锅炉流程、托普索两塔三床废热锅炉流程等。

三、氨合成塔的选用

氨合成塔是合成氨生产的主要设备之一,作用是使精制气中氢氮混合气在塔内催化剂床层中合成为氨。

1. 结构特点及分类

(1) 结构特点

氨合成是在高温高压条件下进行的,氢氮气对碳钢设备有明显的腐蚀作用。造成腐蚀的原因:一种是氢脆,即氢溶解于金属晶格中,使钢材在缓慢变形时发生脆性破坏;另一种是氢腐蚀,即氢气渗透到钢材内部,使碳化物分解并生成甲烷,甲烷聚积于晶界微观孔隙中形成高压,导致应力集中,沿晶界出现破坏裂纹,有时还会出现鼓泡。氢腐蚀与压力、温度有关,温度超过 221 ℃、氢分压大于 1.43 MPa,氢腐蚀开始发生。在高温高压下,氮与钢中的铁及其他很多合金元素生成硬而脆的氮化物,导致金属机械性能降低。

为合理解决上述问题,合成塔通常都由内件和外筒两部分组成,如图 4-1-8 所示。

进入合成塔的气体先经过内外筒间的环隙。内件外面没有保温层,而内件与外筒滞气层的存在,大大降低了内件向外筒的散热。因而外筒主要承受高压,而不承受高温,可用普通低合金钢或优质低碳钢制成。在正常情况下,寿命可达 40~50 年。内件虽在 500 ℃ 下的高温下工作,但只承受高温而不承受高压。承受的压力为环隙气流和内件气流的压差,此压差一般为 0.5~2.0 MPa。内件用镍铬不锈钢制作，由于承受高温和氢腐蚀，内件寿命一般比外筒短一些。内件设有催化剂框、热交换器和电加热器3个主要部分。

大型氨合成塔的内件一般不设电加热器，由塔外加热炉供热。热交换器承担回收催化剂床层出口气体显热并预热进口气体的任务，大都采用列管式，多数置于催化床之下，称为下部热交换器。也有放置于催化床之上的，如凯洛格（kellogg）多层冷激式氨合成塔。

氨合成塔除在机械结构上要求简单、紧凑、坚固、气密性好和便于检修拆卸外，在工艺上还有以下基本要求。

① 在正常操作条件下，反应能维持自热，反应热利用率高，塔结构利于升温、还原，保证催化剂有较大的生产强度。

② 催化剂床层温度要尽量按理想状态分布，随着氨合成反应的进行，必须及时移出反应热。由于在催化剂上部反应速度快，放出热量多，因此从这里取出的热量要多。在催化剂层底部，反应速度较慢，则需要取出的热量少得多。

③ 气流在催化剂床层内分布均匀，塔的压力降低。

④ 换热器传热强度大，体积小，充分利用高压空间，尽可能多装催化剂，提高容积利用率。

⑤ 生产稳定，调节灵活，具有较大的操作弹性。

⑥ 结构简单可靠，各部件连接与保温合理，内件在塔内有自由伸缩的余地，使热应力减少。

（2）分类

氨合成塔结构繁多，按降温的方法不同，氨合成塔分为以下3类。

① 冷管式。冷管设在催化剂床层中，用冷管中未反应气体带走反应热，使

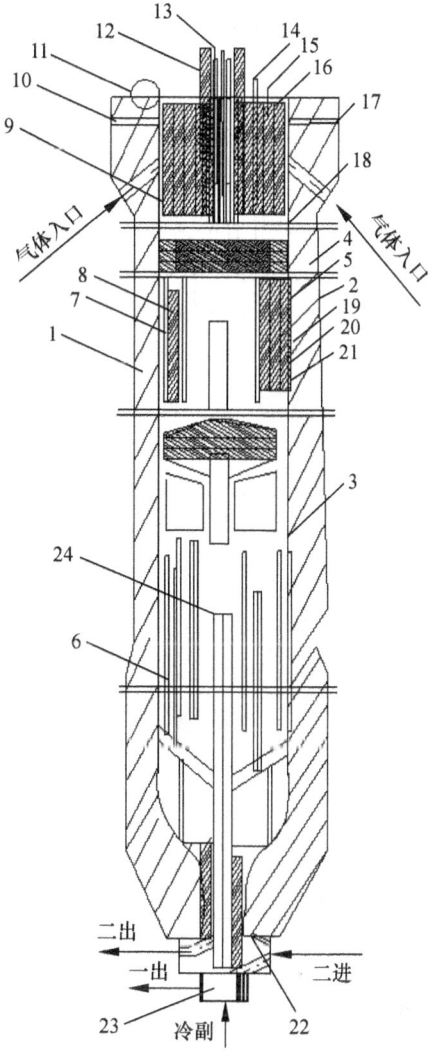

图4-1-8 常用合成塔内件结构
1—高压筒体；2—催化剂管；3—热交换器；4—电加热炉；5—催化剂；6—热交换管；7—三套管内管（双管组成）；8—三套管外管；9—上盖；10—压瓦；11—支持圈；12—电炉小盖；13—导电棒；14—温度计外套管；15—压盖；16，17—螺栓；18—催化剂筐盖；19—中心管；20—多孔板；21—分气盘；22—下盖；23—小盖；24—冷气帽

反应在最佳温度线附近进行。开始用的是双管并流式冷管氨合成塔,发展成并流三套管式,后来出现了单管并流式。目前我国最常用的是单管并流式合成塔。冷管式属于连续换热式。

② 冷激式。将催化剂分为多层,气体经每层绝热反应后,温度升高,通入冷的原料气与之混合,温度降低后再进入下一层。冷激式结构简单,加入未反应的冷原料气,降低了氨合成率,一般多用于大型合成塔,近年来有些中小型合成塔也采用了冷激式。

③ 间接换热式。将催化剂分为几层,层间设置换热器,上一层反应后的高温气体,进入换热器降温后,再进入下一层进行反应。此种塔的氨净值较高,节能效果明显,近年来在生产中应用逐渐广泛,并成为一种发展趋向,但结构较为复杂。

按照气体在塔内的流动方向不同,氨合成塔又可分为以下几种。

① 轴向塔。气体沿塔轴向流动的称为轴向塔。如凯洛格立式轴向四段冷激式氨合成塔等。图4-1-9为凯洛格立式轴向四段冷激式氨合成塔,塔外筒形状呈上小下大的瓶式,在缩口部位密封,克服了大塔径不宜密封的困难。内件包括:四层催化剂、层间气体混合装置以及列管式换热器。

该塔的优点是:用冷激式调节反应温度,操作压力方便,省去很多冷管,结构简单,

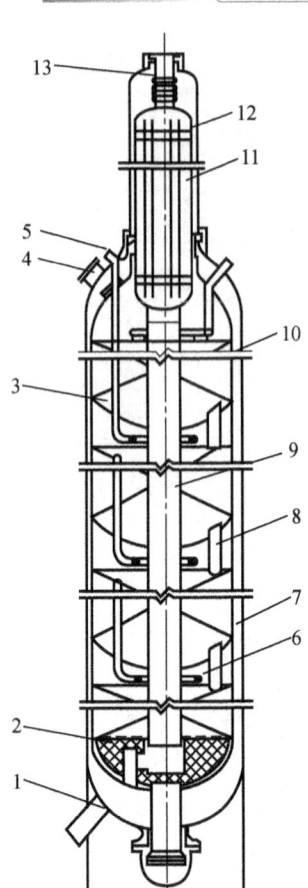

图4-1-9 轴向冷激式氨合成塔
1—塔底封头接管;2—氧化铝球;3—筛板;4—人孔;5—冷激气接管;6—冷激管;7—下筒体;8—卸料管;9—中心管;10—催化剂床;11—换热器;12—上筒体;13—波纹连接管

内件可靠性好,装卸催化剂方便。缺点:瓶式结构,内件先装入再焊瓶嘴。检修、损坏更换不方便。塔的阻力很大,冷激气的加入,降低氨含量,不能获得更高的氨合成率,这是冷激塔的一个严重缺点。

② 径向塔。气体沿半径方向流动的称为径向塔。如托普索型径向二段冷激式合成塔等。

径向塔最突出的特点是气体呈径向流动,路径较轴向塔短,而流通截面积则大得多,气体流速大大降低,故压降很小。图4-1-10为径向二段冷激式合成塔,该塔的优点是:气体径向流动,压降小,催化剂生产强度较大。催化剂装量

小，塔直径较小，投资少。采用大盖密封，运输、安装检修方便。缺点：气体流过催化剂层时，易出现偏流。

③ 轴-径向混流型合成塔。针对多层冷激式氨合成塔存在的问题，瑞士卡萨里（Casale）制氨公司将 kellogg 的多层轴向冷激式合成塔改造成为轴径向混合型合成塔，如图 4-1-11 所示，主要特点如下：气体流动方式从原轴向改为以径向为主的轴-径混流方式，使内件阻力下降，降低了能耗；使用活性较高的小颗粒催化剂，颗粒直径为 1.5~3 mm，提高了出口氨含量。

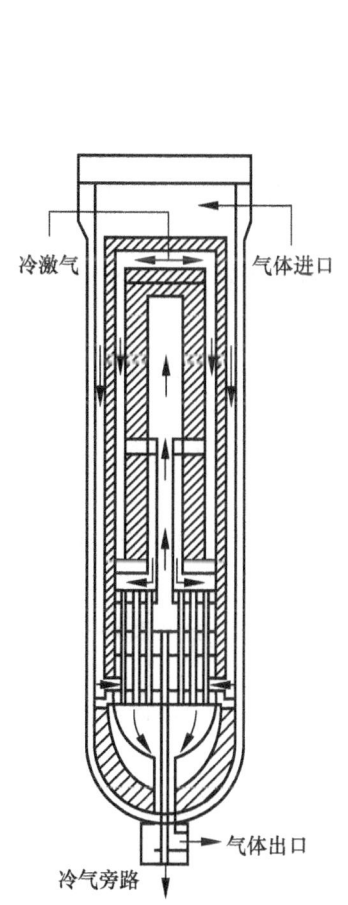

图 4-1-10　径向冷激式氨合成塔

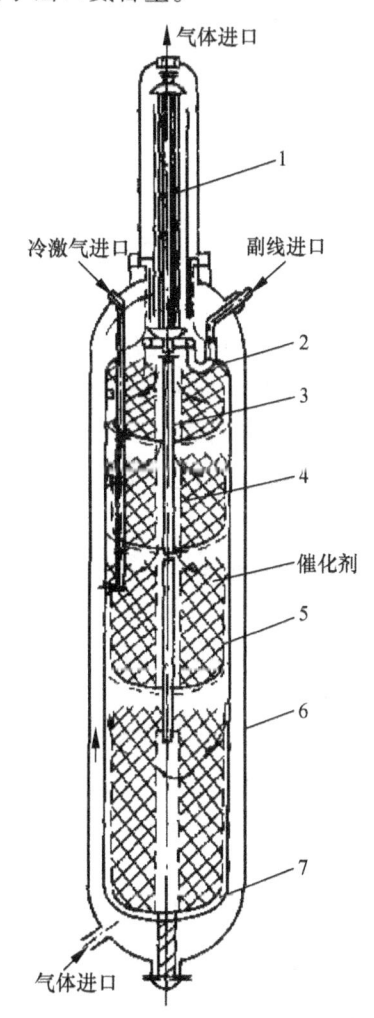

图 4-1-11　用 Casale 轴径向 4 床层冷激式内件改造 Kellogg 轴向 4 床层塔设备示意图

1—换热器；2—内伯壳体；3—中心管（迷宫式密封）；4—催化剂筐筒壁（气体分布器）；5—催化剂筐筒壁；6—外筒；7—底部封头

由于既采用了高活性小颗粒催化剂，又减小床层压力降，氨净值由 11.1% 提

高到吨氨节能达 1.51×10^6 kJ。

任务五　正常生产操作

一、开车前的准备

① 检查各设备、管道、阀门、分析取样点及电器、仪表等（应特别注意检查电炉、循环机、透平机的绝缘电阻值）必须正常完好。

② 检查系统所有阀门的开关位置，应符合开车要求。

③ 与供水、供电部门及压缩、铜洗、冷冻岗位联系，做好开车准备。

二、开车操作

1. 系统未经检修处于保温保压状态下的开车

① 微开导入阀，让系统缓慢补压至 10.0 MPa，升压速率 0.5 MPa/min，待系统压力略高于合成塔压力时，开启合成塔进出口主阀。

② 按正常开车步骤，开启循环机，调节循环机进路阀及系统进路阀，保持一定循环量，气体打循环。

③ 开启电炉，加电升温，根据催化剂层温度上升情况，逐渐加大功率，并相应加大循环量。

④ 升温期间要保持一定的升温速率，350 ℃前为 30~40 ℃/h，350 ℃后为 5~10 ℃/h。

⑤ 当催化剂层温度大于 200 ℃时开启水冷，300 ℃时开启氨冷，400 ℃开始放氨。

⑥ 当触媒层温度升至反应温度时，应减慢升温速率，加大循环量，以缩小催化剂层轴向温差。

⑦ 根据温度情况逐渐减小电炉功率，加大补充气量，直至切电，可转入正常生产。

⑧ 升温时如遇循环机跳闸，应立即切断电炉电源以免将电炉丝烧坏。

2. 系统热洗和检修后的开车

系统吹净、气密试验和置换合格后，按正常开车步骤进行。

三、停车操作

1. 短期停车

① 系统保压、保温状况下的停车。

● 关闭导入阀、各放空阀、取样阀，稍开导入放空阀。

- 关闭冷副阀,开启系统进路阀,停下循环机。
- 关闭冷交、氨分放氨阀及氨冷加氨阀,废锅加水阀。
- 停车后将系统调整好,做好开车前的准备工作。

② 系统需检修时的停车,按长期停车步骤进行

2. 紧急停车

当发生重大设备事故等紧急情况时,需紧急停车,步骤如下。

① 立即与压缩工序联系,停止送气,迅速关闭导入阀,开启导入放空阀,按紧急停车步骤处理循环机(如电加热器在用时须先停用)。

② 迅速关闭合成塔进出口阀和冷副阀,如本岗位出现事故,应迅速关闭事故发生地点的前后阀门。

③ 关闭冷交、氨分放氨阀及氨冷器加氨阀。

④ 按短停方案处理。

3. 长期停车

① 停车前两小时逐渐关小氨冷器加氨阀,直至关闭,氨冷器内的液氨在停车前应蒸发完。

② 压缩机停止送气后,关闭导入阀,开启导入放空阀。

③ 以 40～50 ℃/h 的速度降低催化剂层温度,当降至 300 ℃ 时,按正常停车步骤停下循环机,打开系统进路阀,让其自然降温。

④ 放净冷交和氨分内的液氨,关闭放氨阀。

⑤ 关闭合成塔进出口阀、冷副阀及系统进路阀,关闭冷排冷却水阀(冬天注意防冻)。

⑥ 缓慢开启塔前后放空阀系统卸压,在塔进出口处加装盲板(如合成塔不用检修,将冷排出口阀关闭,塔内保持一定压力),再用氮气系统置换。

⑦ 关闭液氨贮槽进出口阀弛放气放空阀,并注意压力变化。

⑧ 拆开法兰,用蒸汽将系统热洗(合成塔除外)置换,直至合格。

⑨ 氨冷器及气氨管线用空气置换,直至合格。

四、正常生产操作

1. 催化剂层热点温度的控制

根据合成塔进出口气体成分及生产负荷的变化,及时地调节冷副阀、循环机进路阀及系统进路阀,稳定催化剂层温度,温度波动范围控制在 ±5 ℃ 以内,当发现催化剂层温度猛降时,应立即判明原因,采取相应措施,加以调节,防止系统超压,调节方法如增减循环气量,停止补气、加强放氨及启动电炉加热等方式进行调节。精炼气微量大于 30 ppm 时减量,大于 50 ppm 时停止导气,当系统大幅减量或开停车时,采取必要措施,防止系统压力或温度猛升猛降,造成温差或升

降温速率过大，内件与外筒压差过大损坏内件，密切监视塔壁温度变化与波动。

2. 氨冷器温度的调节

及时调节氨冷器液位和气氨压力，控制好氨冷温度，尽量降低合成塔进口气体中的氨含量，并严防氨冷器带氨。

3. 循环流量及循环气中甲烷含量的控制

① 根据催化剂活性及生产负荷的大小，并考虑产量与动力消耗的关系，来确定合理的循环气流量及循环气中的甲烷含量，以达到最好的经济效果。

② 如果氢氮比长时间不合格，或循环气中甲烷含量高而引起系统压力超标时，应加强与造气岗位联系调整氢氮比，同时联系提氢岗位加大塔后放空量，使系统压力严格控制在指标之内。

4. 冷交、氨分液位的控制

采取看、听、摸的方法及液位显示的高低来判断冷交、氨分液位的多少，防止液位过高过低，使液氨带入合成塔内或高压气体窜入低压系统，给系统造成危害。

5. 废热锅炉的液位及炉水水质的控制

定时检查室内外液位的准确性，并确保液位控制在指标内，严格进行氯根、碱度的定时分析，发现液位过低时，补水应缓慢，废锅安全阀应定期检验，确保其安全、稳定、可靠的运行。

6. 氨库的正常操作

氨库操作应遵循先开后关的操作，即先开一个备用阀，再关在用阀，防止倒槽错误，造成放氨憋压或尿素系统氨抽空，并定时检查，使各项指标在规定要求之内。

7. 循环机及透平机的正常操作

① 循环机的操作应采用看、听、摸的方法对循环机进行操作保养。看，即看其进出口压力压差的变化，油位、加氨压力、管道振动及跑冒滴漏，电流高低等各项指标是否符合要求。听循环机的响声是否正常，经常擦摸设备，保持设备卫生，从而保证设备长周期、高效安全的运行。

② 透平机运行时应重点观察其保护气流量及绝缘情况，保护气流量应在 500～800 Nm^3/h，温度≤15 ℃，绝缘应大于 0.5 MΩ。如低时，应及时倒开另一台干燥器，仍提不起来时应停机处理，加强对于干燥系统、油管、油罐的定期排放，发现问题及时处理。

任务六　异常生产现象的判断和处理

一、合成氨岗位异常生产现象的判断和处理

中压法合成氨岗位常见异常生产现象的判断和处理方法见表 4-1-6。

表 4-1-6 合成氨岗位常见异常生产现象的判断和处理方法

异常现象	原因分析判断	操作处理方法
催化剂层温度升高	(1) 补充气量增加而循环量太小； (2) 冷副阀开得过小； (3) 循环机活门坏	(1) 适当加大循环量； (2) 适当开大冷副阀； (3) 倒车更换活门
催化剂层同平面温差大	(1) 进塔气带氨； (2) 进塔气微量高或带铜液； (3) 内件损坏； (4) 循环量太大	(1) 降低冷凝塔液位，减少循环量，关闭冷副阀维持温度； (2) 关量或切断气源，降低冷交液位，油分排污维持温度，并与铜洗联系排除故障； (3) 更换内件； (4) 减少循环量
合成塔塔壁温度过高	(1) 循环量小； (2) 内件保温不良或保温损坏； (3) 主线走气量太小； (4) 内筒安装不正，单面靠壁	(1) 适当加大循环量； (2) 停车检修保温层； (3) 加大主线走气量； (4) 停车校正内件
合成塔进口气体中氨含量高	(1) 氨冷温度高； (2) 冷凝塔带氨； (3) 冷交内漏	(1) 降低氨冷温度； (2) 降低冷凝液位； (3) 停车检修
系统压差过大	(1) 有关管道设备有结晶堵塞； (2) 合成塔内件热交换器堵塞； (3) 循环气量太大； (4) 操作不当	(1) 停车用蒸汽吹涤有关管道设备； (2) 停车处理； (3) 减小循环量； (4) 查明原因调整操作方法
电加热器炉丝烧坏	(1) 绝缘不良； (2) 电加热器对地短路； (3) 循环气量过小，电炉丝过载	停车更换电炉丝
循环机打气量不足	(1) 活门损坏； (2) 活塞环损坏； (3) 气缸余隙过大； (4) 填料严重漏气； (5) 回路阀内漏； (6) 皮带打滑	(1) 更换活门； (2) 更换活塞环； (3) 调整余隙； (4) 检修填料； (5) 检修回路； (6) 更换或紧皮带
循环机有敲击声	(1) 液氨带入气缸； (2) 杂物带入气缸； (3) 活塞杆螺帽松动，连杆瓦吻合不匀，十字头销松动； (4) 气缸余隙过小	(1) 降低冷交液位，严重时紧急停车； (2) 紧急停车处理； (3) 倒车检修； (4) 倒车调整余隙
循环机油泵出口油压过低	(1) 油过滤器堵塞； (2) 曲轴箱油位低； (3) 油泵损坏； (4) 油泵回路阀开得太大	(1) 倒车清洗过滤器； (2) 加油； (3) 检修油泵； (4) 关小回路阀

续表

异常现象	原因分析判断	操作处理方法
贮槽超压	(1) 氨分或冷交液位低，串气； (2) 减压阀误关闭，驰放气送不出； (3) 下工序出现误操作，使尾气排不出； (4) 温度升高	(1) 开现场应急放空减压，降低贮槽压力，同时联系合成主操作调整氨分、冷交液位； (2) 检查阀门开关情况，打开减压阀，开尾气现场应急放空，减压； (3) 联系下工序，保证气体流程畅通； (4) 采用淋水等措施，降低温度

二、其他异常现象的判断和处理方法

1. 合成塔带氨的现象及处理

（1）现象

液氨带入合成塔，入塔气体的温度下降，且入口氨含量升高，导致触媒层温度急剧下降，系统压力升高。

（2）处理

迅速放低冷交液位，同时减小循环量，关闭冷副阀，必要时开电炉控制触媒层温度，但触媒层温度降至反应温度以下时，降低合成压力，开电炉进行升温转入正常生产。

2. 新鲜气中 CO、CO_2 进入触媒层现象及处理

（1）现象

触媒层上层温度下降，下层温度上升；热量下移，随之触媒层温度急剧下降，系统压力升高。

（2）处理

先开新鲜气放空，减少新鲜气进入塔内的量，同时减少循环量，关闭塔副阀，避免温度继续下降，待新鲜气合格后，关闭放空阀，根据触媒层的温度逐渐加大量，转入正常生产。

必要时可将合成塔暂停，气体合格后，再补入新鲜气。

3. 合成塔带铜液特征及处理

（1）现象

触媒层上层温度下降，下层温度上升，反应减弱，系统压力升高。

（2）处理

应首先切断新鲜气源，使之放空，同时减少循环量，关闭塔副阀。如果带铜液严重，应停塔，用塔放空放掉塔内不合格气体，待气体合格后，补新鲜气转入正常生产。

任务七 学习拓展

一、安全生产技术

合成氨生产的物料（易燃易爆、有毒）和工艺条件决定其具有极大固有危险性。事故统计表明，化工系统爆炸中毒事故最集中的就是合成氨生产。

爆炸：合成氨生产中的化学爆炸可归成三类。一是高温高压使可燃气体爆炸极限扩宽，气体物料一旦过氧（亦称透氧），极易在设备和管道内发生爆炸；二是高温高压气体物料从设备管线泄漏时会迅速膨胀与空气混合形成爆炸性混合物，遇到明火或因高流速物料与裂（喷）口处摩擦产生静电火花引起着火和空间爆炸；三是气压机等转动设备在高温下运行会使润滑油挥发裂解，在附近管道内造成积炭，可导致积炭燃烧或爆炸。

高温高压可加速设备金属材料发生蠕变、改变金相组织，还会加剧氢气、氮气对钢材的氢蚀及渗氮，加剧设备的疲劳腐蚀，使其机械强度减弱，引发物理爆炸。物理爆炸后往往接着发生化学爆炸。

中毒：合成氨生产中，液氨大规模事故性泄漏会形成低温云团引起大范围人群中毒，遇明火还会发生空间爆炸。一氧化碳、硫化氢的中毒频度和严重度都是化工生产中最高的。

合成氨生产还有噪声、腐蚀性液体灼伤等职业危害。

1. 原料、中间产品及成品危险特性

（1）一氧化碳

一氧化碳属血液窒息性气体，进入血液后与血红蛋白结合生成碳氧血红蛋白，使血液输氧能力降低，造成组织缺氧。急性一氧化碳中毒是吸入较多一氧化碳后引起的急性脑缺氧性疾病，以中枢神经系统的症状和体征为主。我国卫生标准规定的一氧化碳车间最高容许浓度为 30 mg/m^3。

（2）硫化氢

硫化氢是强烈的神经毒物，对黏膜有强烈刺激作用。它的全身毒作用是由于其抑制细胞色素氧化酶，阻断生物氧化过程，造成组织缺氧（内窒息）所致。我国卫生标准规定的硫化氢车间最高容许浓度为 10 mg/m^3。

（3）氨

液氨低浓度氨对黏膜有刺激作用，高浓度可造成组织溶解坏死；液氨急性中毒：短期内吸入大量氨气后可出现流泪、咽痛、声音嘶哑、咳嗽、痰可带血丝、胸闷、呼吸困难，可伴有头晕、头痛、恶心、呕吐、乏力等，可出现紫绀、眼结膜及咽部充血及水肿、呼吸率快、肺部罗音等。严重者可发生肺水肿、急性呼吸窘迫综合征，喉水肿痉挛或支气管黏膜坏死脱落致窒息，还可并发气胸、纵隔气肿。胸部 X 线检查呈支气管炎、支气管周围炎、肺炎或肺水肿表现。血气分析显示动脉血氧分压降低。高浓度氨可引起反射性呼吸停止，液氨或高浓度氨可致眼灼伤，液氨可致皮肤灼伤。

2. 主要危险预防措施

合成氨企业通常都是重大危险源，要按国际公约和国家有关规定采取特殊控制措施，如安全检查、安全运行、安全评价、应急计划和安全报告制度等，防止液氨、一氧化碳大规模泄漏引发社会灾难性事故。

(1) 液氨急救措施

皮肤接触：立即脱去污染的衣着，应用2%硼酸液或大量清水彻底冲洗；就医。

眼睛接触：立即提起眼睑，用大量流动清水或生理盐水彻底冲洗至少15 min；就医。

吸入：迅速脱离现场至空气新鲜处，保持呼吸道通畅，如呼吸困难，应输氧，如呼吸停止，立即进行人工呼吸；就医。

(2) 液氨消防措施

危险特性：与空气混合能形成爆炸性混合物，遇明火、高热能引起燃烧爆炸，与氟、氯等接触会发生剧烈的化学反应，若遇高热，容器内压增大，有开裂和爆炸的危险。

有害燃烧产物：氧化氮、氨。

灭火方法：消防人员必须穿全身防火防毒服，在上风向灭火，切断气源，若不能切断气源，则不允许熄灭泄漏处的火焰，喷水冷却容器，可能的话将容器从火场移至空旷处。

灭火剂：雾状水、抗溶性泡沫、二氧化碳、砂土。

(3) 泄漏应急处理

应急处理：迅速撤离泄漏污染区人员至上风处，并立即隔离150 m，严格限制出入。切断火源，建议应急处理人员戴自给正压式呼吸器，穿防静电工作服，尽可能切断泄漏源，合理通风，加速扩散。高浓度泄漏区，喷含盐酸的雾状水中和、稀释、溶解，构筑围堤或挖坑收容产生的大量废水。如有可能，将残余气或漏出气用排风机送至水洗塔或与塔相连的通风橱内，储罐区最好设稀酸喷洒设施，漏气容器要妥善处理，修复、检验后再用。

3. 个体安全防护

呼吸系统防护：空气中有害气体浓度超标时，建议佩戴过滤式防毒面具（半面罩）。紧急事态抢救或撤离时，必须佩戴空气呼吸器。

眼睛防护：戴化学安全防护眼镜。

身体防护：穿防静电工作服。

手防护：戴橡胶手套。

其他防护：工作现场禁止吸烟、进食和饮水。工作完毕，淋浴更衣。保持良好的卫生习惯。

二、"三废"治理与节能措施

三废泛指废渣、废水、废气，职业环境健康安全体系规定得很清楚。就合成氨系统而言：废气，主要是来自合成氨装置煤粉过滤器放空气、火炬气，尿素尾气放空筒尾气、尿素造粒塔尾气，锅炉房烟气、火炬气。正常生产时，各排放源废气污染物均无超标现象。

废水，主要有气化污水、变换冷凝液、脱硫废水、尿素解吸塔废水和生活污水。尿素解吸塔废水经水解解吸后排入清净地下水，其他废水均送往新建的污水处理站。处理后水质指标达到国标《合成氨工业水污染物排放标准》（GB 13458—1992）表3b类一级标准限值后再排出。

废渣，主要有锅炉灰渣、合成氨装置气化炉灰渣、空分装置废吸附剂、合成氨装置废催化剂等。锅炉灰渣、合成氨装置气化炉灰渣送附近制砖厂或作建筑材料综合利用；废吸附剂及催化剂由生产厂家回收或填埋。

"三废"综合利用不足：

① 合成氨生产会产生大量的污水。目前我国部分企业已经实行了废水闭路循环，实现了冷却循环水和污水零排放，但行业总体污水处置状况不理想。

② 合成氨生产中产生大量的造气吹风气、合成弛放气、脱碳放空气等。废气中含有大量CO、氢、氨、甲烷，目前仍未得到有效利用。

③ 以煤为原料的合成氨生产中，每生产1 t合成氨约产生500 kg废渣，全国每年产生废渣1 500万吨以上。

当前，节能降耗不仅是合成氨企业的社会责任，也是降低成本、提高竞争力的关键。技术改造和科技进步是合成氨企业实现节能减排的重要手段。

（1）改造固定层间歇煤气化系统

常压间歇改为加压连续富氧气化，提高生产效率，增加产量、降低能耗。采用燃烧室-废热锅炉装置，利用回收"三废"的可燃气体和造气炉渣，产生蒸汽先发电后供热。改造后，1个1.8×10^5 t/a合成氨企业，可发电3.96×10^7 kW·h/a，节约燃料煤4.2×10^4 t/a标煤。

（2）低能耗的清洁生产工艺

1个1.8×10^5 t/a合成氨企业，采取以下措施年可节约用电4.68×10^7 kW·h，相当于节约燃料、原料煤1.0万吨。一是降低合成压力，每年可节电100 kW·h；二是采用醇烃工艺替代铜洗工艺，可节电50 kW·h，并可减少氨、铜等消耗，消除铜洗的氨水和铜液污染；三是采用变压吸附技术脱碳，替代1.7 MPa丙碳脱碳工艺，可节电60 kW·h，同时还可节省原材料和运行费用；四是提高变压压力，可节电50 kW·h。

(3) 能量回收综合利用技术

一是采用涡轮机组回收动力,每吨产品可节电 $12\sim36$ kW·h/t 氨;二是采用溴化锂吸收制冷装置,利用低位能余热制冷,可节电 112 kW·h/t 氨;三是部分机泵的电机采用变频调速技术,可节电 10 kW·h/t 氨。1 个 1.8×10^5 t/a 合成氨企业,采取以上措施年可节约用电 2.6×10^7 kW·h。

综合以上三方面节能改造措施,吨产品节能总量约 380 kg 标煤,能耗下降 $15\%\sim20\%$。据此计算,改造 1 个 1.8×10^5 t/a 合成氨,3×10^5 t/a 尿素企业,预计投资 6 300 万~9 000 万元,年可节电 $(7.2\sim10.8)\times10^7$ kW·h,节约原料燃料煤 5.2 万吨。

三、产品包装及储运

液氨作为一种重要的化工原料和制冷剂被广泛应用于化工生产中,在储存、装卸作业环节违规操作、安全管理不严极易导致或引发安全事故,给人民群众生命、财产安全造成较大损失和重大社会影响。液氨沸点低,极易挥发,且具有易燃易爆、有毒有害的特性,一旦操作处置不当,引发燃爆、中毒和环境污染等事故的风险较大。在储存、装卸环节中严格安全管理,从源头上杜绝违规操作,防止超装、混装、错装,对防止事故发生具有重要意义。

运输注意事项:铁路运输时限制使用耐压液化气企业自备罐车装运,装运前需报有关部门批准。采用钢瓶运输时必须戴好钢瓶上的安全帽。钢瓶一般平放,并应将瓶口朝同一方向,不可交叉;高度不得超过车辆的防护栏板,并用三角木垫卡牢,防止滚动。运输时运输车辆应配备相应品种和数量的消防器材。装运该物品的车辆排气管必须配备阻火装置,禁止使用易产生火花的机械设备和工具装卸。严禁与氧化剂、酸类、卤类、食用化学品等混装混运。夏季应早晚运输,防止日光曝晒。中途停留时应远离火种、热源、公路运输时要按照规定路线行驶,禁止在居民区和人口稠密区停留。铁路运输时要禁止溜放。

知识链接

尿 素

合成氨后的主要应用途径就是生产尿素,尿素的生产方法为工业上用液氨和二氧化碳为原料,在高温高压条件下直接合成尿素,化学反应如下:

$$2NH_3 + CO_2 \longrightarrow NH_2COONH_4 \longrightarrow CO(NH_2)_2 + H_2O$$

尿素在酸、碱、酶作用下(酸、碱需加热)能水解生成氨和二氧化碳。

对热不稳定,加热至 150 ℃~160 ℃将脱氨缩二脲。若迅速加热将脱氨而三聚成六元环化合物三聚氰酸。(机理:先脱氨生成异氰酸(HN=C=O),再三聚。)

尿素是一种高浓度氮肥,属中性速效肥料,也可用于生产多种复合肥料。在土壤中不残留任何有害物质,长期施用没有不良影响。

尿素是有机态氮肥，经过土壤中的脲酶作用，水解成碳酸铵或碳酸氢铵后，才能被作物吸收利用。因此，尿素要在作物的需肥期前 4~8 d 施用。

我国尿素颗粒度95%以上是 0.8~2.5 mm 小颗粒，有强度低、易结块和破碎粉化等弊病。若要制造大颗粒尿素，势必要大幅度增加造粒塔高度和塔径，很不现实。同时小颗粒尿素无法进行进一步加工成掺混肥、包覆肥、缓效或长效肥等提高肥料利用率。

肥料的改性产品有以下几种。

大颗粒尿素改性：大颗粒尿素加工成缓效肥料，肥效可以提高 60%~70%，而普通尿素的尿素氮肥利用率仅为 30%。

涂层尿素：在尿素颗粒表面涂上不渗透或半渗透物质的膜层。

包膜尿素：利用水渗透性不同的包膜材料包裹在水溶性肥料表面，使肥料养分持续缓慢释放，提高肥效。

涂硫尿素生产技术：据统计亚洲地区 2006 年缺硫达 6 000 kt/a，而我国百分之三十的耕地缺硫。采用转鼓帘涂布技术在尿素颗粒上涂以硫黄，是实施涂硫尿素生产较为理想的方法。涂硫尿素能达到养分缓慢释放的效果。

工业小颗粒尿素单位体积比表面积大，涂布相同厚度的硫黄比大颗粒尿素需要的质量百分数高，而且大部分小颗粒尿素都有一个孔或表面凹陷，致使难以获得满意的涂层。因此涂硫所用的尿素应选用大而圆的尿素颗粒。

汉枫缓释肥料有限公司从加拿大引进了年产 11 万吨的涂硫尿素生产线。

练习与实训

1. 练习

（1）如何提高平衡氨含量？

（2）氨合成催化剂的活性组分是什么？各种促进剂的作用是什么？

（3）如何选择氨合成的工艺条件？

（4）氨合成工艺流程需要哪几个步骤？为什么？

（5）氨合成塔为什么要设置外筒和内件？

（6）连续换热式的合成塔有何优缺点？如何改进？

（7）如何正确控制与调节氨合成塔催化床层温度？

（8）阅读大型合成氨厂工艺流程图，并说明图中主要工艺设备的名称，说明图中主要物料的工艺流程。

2. 实训

（1）合成氨原料气变换、净化、氨合成工艺过程的开车、停车及事故处理仿真实训。

（2）年产 30 万吨氨、52 吨尿素生产企业生产实习。

项目二

甲醇的生产

教学目标：

（1）知识目标
① 了解甲醇物化性质与用途。
② 掌握甲醇合成的生产方法。
③ 掌握工艺路线选择的方法。
④ 掌握影响甲醇合成的因素。
⑤ 了解甲醇开、停车步骤及常见事故处理方案。
（2）能力目标
通过本部分内容的学习和工作任务的训练，能根据反应特点和生产条件正确选择甲醇合成的过程。

任务一　生产方法选择

一、甲醇合成方法简介

1. 木材蒸馏提取法

1661年，英国波义耳（Boyle）首先在木材干馏的液体中发现了甲醇，木材干馏成为工业上制取甲醇最古老的方法。这种方法用60~100 kg木材来分解干馏，只能得到约1 kg甲醇，今天这种方法在工业上已经被淘汰了。但在1924年以前，甲醇差不多全部是用木材或其废料的分解蒸馏来生产的。木材蒸馏提取的甲醇中含有丙酮和其他杂质，因此从甲醇中除去这些杂质是非常困难的，并且甲醇的产率也是很低的。

2. 氯甲烷水解法

1857年法国伯特格（Berhtelot）用氯甲烷水解法制得甲醇，但因水解法价格昂贵，没有得到工业上的应用。反应方程式为：

$$CH_3Cl + NaOH \longrightarrow CH_3OH + NaCl$$

3. 甲烷部分氧化法

甲烷部分氧化法可以生产甲醇，这种制备甲醇的方法工艺流程简单，建设投资节省，但是其氧化过程不易控制，常因深度氧化生成碳的氧化物和水，而使原料受到很大的损失。因此甲烷部分氧化法制取甲醇的方法仍未实现工业化。

4. CO、CO_2 加压催化氢化法

合成甲醇的工业生产开始于 1923 年。德国 BASF 的研究人员试验了用 CO 和 H_2 在 300 ℃ ~ 400 ℃ 的温度和 30 ~ 50 MPa 压力下通过 Zn – Cr 催化剂合成 CH_3OH 并于当年首次实现了工业化生产。1971 年德国鲁奇公司（Lurgi）研发了另一种 CH_3OH 合成低压合成工艺，简称鲁奇低压法。20 世纪 70 年代中期，世界各国新建与改造的 CH_3OH 装置几乎全部采用低压法。从发展趋势来看，今后以煤炭为原料生产 CH_3OH 的比例会上升，煤制甲醇作为液体燃料将成为其主要用途之一。

目前工业上几乎都是采用一氧化碳、二氧化碳加压催化氢化法合成甲醇。典型的流程包括原料气的制造、原料气的净化、甲醇合成、粗甲醇精馏等工序。

二、目前工业合成甲醇的主要工艺

1. 高压法

H_2 和 CO 在 340 ℃ ~ 420 ℃、30 ~ 50 MPa 下用 Zn – Cr 氧化物作催化剂合成甲醇。

2. 中压法

H_2 和 CO 在 235 ℃ ~ 315 ℃、10 ~ 27 MPa 下用 Zn – Cr 氧化物作催化剂合成甲醇。

3. 低压法

H_2 和 CO 在 275 ℃、5 MPa 下用 Cu 基催化剂合成甲醇。

英国 ICI 公司和德国鲁奇公司的中低压法合成工艺成为普遍采用的合成技术。

三、国内甲醇发展情况

我国的甲醇工业始于 20 世纪 50 年代，新中国成立以后，我国用原苏联技术在兰州、太原和吉林等地，采用 Zn – Cr 系催化剂建起了高压法合成装置。60 ~ 70 年代，上海吴泾化工厂先后建起了以焦炭、石脑油为原料的甲醇合成装置；南京化学工业公司研究院研制了合成氨联醇用的中压铜基催化剂。70 年代，四川维尼纶厂以乙炔尾气为原料，采用 ICI 低压冷激式工艺。80 年代后期，齐鲁第二化工厂引进了德国鲁奇公司的低压甲醇合成装置，以渣油为原料。进入 90 年代，随着甲醇需求的快速增长，利用引进技术和自有技术建成了数十套甲醇和联醇生产装置，使我国甲醇的生产得到前所未有的快速发展。

目前国内甲醇工业已经是供过于求，国内许多甲醇生产企业将面临巨大的生存和发展压力。有关部门应加强宏观调控，适当控制国内甲醇工业建设过热的势头，应从长远角度考虑，加大甲醇下游产品的开发力度；优化甲醇资源，加大甲醇出口力度。

四、甲醇生产方法选择

采用一氧化碳、二氧化碳加压催化氢化法合成甲醇典型的流程如图4-2-1所示。

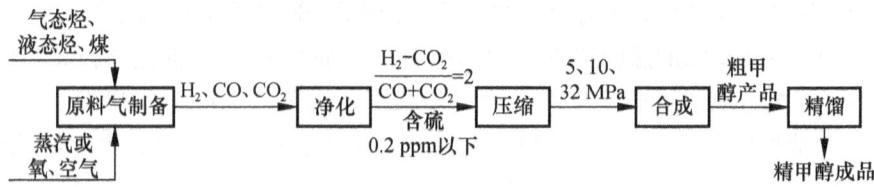

图4-2-1 甲醇生产流程示意图

天然气、石脑油、重油、煤及其加工产品（焦炭、焦炉煤气）、乙炔尾气等均可作为生产甲醇合成气的原料。天然气是制造甲醇的主要原料，其主要组分是甲烷，还含有少量的其他烷烃、烯烃与氮气。以天然气生产甲醇原料气有蒸汽转化、催化部分氧化、非催化部分氧化等方法，其中蒸汽转化法应用最广泛，它是在管式炉中常压或加压下进行的。由于反应吸热必须从外部供热以保持所要求的转化温度，一般是在管间燃烧某种燃料气来实现，转化用的蒸汽直接在装置上靠烟道气和转化气的热量制取。由于天然气蒸汽转化法制成的合成气中，氢过量而一氧化碳与二氧化碳量不足。工业上解决这个问题的方法，一种方法是采用添加二氧化碳的蒸汽转化法，以达到合适的配比，二氧化碳可以外部供应，也可以由转化炉烟道气中回收；另一种方法是以天然气为原料的二段转化法，即在第一段转化中进行天然气的蒸汽转化，只有约1/4的甲烷进行反应；第二段进行天然气的部分氧化，不仅所得合成气配比合适而且由于第二段反应温度提高到800℃以上，残留的甲烷量可以减少，增加了合成甲醇的有效气体组分。天然气进入蒸汽转化炉前需进行净化处理清除有害杂质，要求净化后气体含硫量小于$0.1\ mL/m^3$。转化后的气体经压缩去合成工段合成甲醇。

煤与焦炭是制造甲醇粗原料气的主要固体燃料。用煤和焦炭制甲醇的工艺路线包括燃料的气化、气体的脱硫、变换、脱碳及甲醇合成与精制。用蒸汽与氧气（或空气、富氧空气）对煤、焦炭进行热加工称为固体燃料气化，气化所得可燃性气体通称煤气，它是制造甲醇的初始原料气。用煤和焦炭制得的粗原料气组分中氢碳比太低，故在气体脱硫后要经过变换工序，使过量的一氧化碳变换为氢气和二氧化碳，再经脱碳工序将过量的二氧化碳除去。原料气经过压缩、甲醇合成与精馏精制后制得精甲醇。

工业上用油来制取甲醇的油品主要有两类：一类是石脑油，另一类是重油。原油精馏所得的220℃以下的馏分称为轻油，又称石脑油。目前用石脑油生产甲醇原料气的主要方法是加压蒸汽转化法。石脑油的加压蒸汽转化需在结构复杂的转化炉中进行。转化炉设置有辐射室与对流室，在高温、催化剂存在下进行烃类蒸汽转化反应。重油是石油炼制过程中的一种产品，以重油为原料制取甲醇原料气有部分氧化法与高温裂解法两种途径。裂解法需在 1 400 ℃ 以上的高温下，在蓄热炉中将重油裂解，虽然可以不用氧气，但设备复杂，操作麻烦，生成炭黑量多。重油部分氧化是指重质烃类和氧气进行燃烧反应，反应放热，使部分碳氢化合物发生热裂解，裂解产物进一步发生氧化、重整反应，最终得到以 H_2、CO 为主，及少量 CO_2、CH_4 的合成气供甲醇合成使用。

综上所述，本项目的生产方法以煤为原料，中压法甲醇合成工艺。

任务二 生产准备

甲醇是最简单的饱和一元醇，分子式为 CH_3OH。因为它最先是从木材加工中得到，所以俗名又称"木精""木醇"。

一、甲醇性质概述

1. 甲醇的物理性质

常温常压下，纯甲醇是无色透明的，易流动的、易挥发的可燃液体，略带醇香气味，沸点 64.7 ℃，能溶于水，在汽油中有较大的溶解度。有毒、易燃、其蒸气与空气能形成爆炸混合物。其一般性质列于表 4 - 2 - 1。

表 4 - 2 - 1　甲醇的一般性质

性　质	数　据	性　质	数据
密度	0.810 0 g/ml（0 ℃）	导热系数	2.09×10^{-4} J/(cm·s·K)
相对密度	0.791 3（d_4^{20}）	表面张力	22.55×10^{-5} N/cm（22.55 dyn/cm）(20 ℃)
沸点	64.5 ℃ ~ 64.7 ℃		
熔点	-97.8 ℃		
闪点	16 ℃（开口容器），12 ℃（闭口容器）	折射率	1.328 7（20 ℃）
自燃点	473 ℃（空气中），461 ℃（氧气中）	蒸发潜热	35.295 kJ/mol（64.7 ℃）
临界温度	240 ℃	熔融热	3.169 kJ/mol
临界压力	79.54×10^5 Pa（78.5 atm）	燃烧热	727.038 kJ/mol（25 ℃ 液体），742.738 kJ/mol（25 ℃ 气体）
临界体积	117.8 mL/mol		
临界压缩系数	0.224	生成热	238.798 kJ/mol（25 ℃ 液体），201.385 kJ/mol（25 ℃ 气体）
蒸气压	$1.287 9 \times 10^4$ Pa（98.6 mmHg）(20 ℃)	膨胀系数	0.001 10（20 ℃）
热容	2.51 ~ 2.53 J（g·℃）(20 ℃ ~ 25 ℃ 液体)，45 J（mol·℃）(25 ℃ 气体)	腐蚀性	在常温无腐蚀性，对于铅例外
黏度	5.945×10^{-4} Pa·s（0.594 5 mPa·s）(20 ℃)	爆炸性	6.0% ~ 36.5%（Vol）（在空气中爆炸范围）

甲醇的密度、黏度和表面张力随温度的变化如表4-2-2所示。

表4-2-2　甲醇的密度、黏度和表面张力随温度的变化

温度/℃	0	10	20	30	40	50	60
密度/(g·cm^{-3})	0.810 0	0.800 8	0.791 5	0.782 5	0.774 0	0.765 0	0.755 5
黏度/mPa·s	0.817	0.690	0.597	0.510	0.450	0.396	0.350
表面张力/(mN·m^{-1})	24.5	23.5	22.6	21.8	20.9	20.1	19.3

甲醇的电导率，主要决定于它含有的能电离的杂质，如胺、酸、硫化物和金属等。工业生产的精甲醇都含有一定量的有机杂质，其一般比电导率为$1\times10^{-6}\sim7\times10^{-7}\Omega\cdot cm^{-1}$。

甲醇比水轻，是易挥发的液体，甲醇可以和水以任何比例互相溶解，但不与水形成共沸混合物。因此，可以用精馏方法来分离甲醇和水。

2. 甲醇的化学性质

甲醇含有一个甲基与一个羟基。因它含有羟基所以具有醇类的典型反应，因它又含有甲基，所以又能进行甲基化反应。甲醇可以与一系列物质反应，所以甲醇在工业上有着十分广泛的应用。

(1) 甲醇氧化，生成甲醛、甲酸

甲醇在空气中可被氧化为甲醛，然后被氧化为甲酸。

$$CH_3OH + \frac{1}{2}O_2 \longrightarrow HCHO + H_2O$$

$$HCHO + \frac{1}{2}O_2 \longrightarrow HCOOH$$

在600℃~700℃通过浮石银催化剂或其他固体催化剂由甲醇制取甲醛。如铜、五氧化二钒等可直接氧化为甲醛。

(2) 甲醇氨化、生成甲胺

将甲醇与氨以一定比例混合在370℃~420℃、5.0~90.0 MPa压力下，以活性氧化铝为催化剂进行合成，得一甲胺、二甲胺和三甲胺的混合物，再经精馏可得一、二或三甲胺产品。

$$CH_3OH + NH_3 \longrightarrow CH_3NH_2 + H_2O$$

$$2CH_3OH + NH_3 \longrightarrow (CH_3)_2NH + 2H_2O$$

$$3CH_3OH + NH_3 \longrightarrow (CH_3)_3N + 3H_2O$$

(3) 甲醇羰基化，生成乙酸

甲醇与一氧化碳在碘化钴均相催化剂存在下，压力65.0 MPa，温度250℃下，或者在非均匀相铑催化剂（以碘为助催化剂）存在下，压力3.0~6.0 MPa，温度180℃下，能合成醋酸。

$$CH_3OH + CO \longrightarrow CH_3COOH$$

(4) 甲醇酯化，生成各种酯类化合物

① 甲醇与甲酸反应生成甲酸甲酯：

$$CH_3OH + H_2SO_4 \longrightarrow CH_3HSO_4 + H_2O$$

② 甲醇与硫黄作用生成硫酸氢甲酯、硫酸二甲酯：

$$CH_3OH + H_2SO_4 \longrightarrow CH_3HSO_4 + H_2O$$

$$2CH_3OH + H_2SO_4 \longrightarrow (CH_3)_2SO_4 + 2H_2O$$

③ 甲酸与硝酸作用生成硝酸甲酯：

$$CH_3OH + HNO_3 \longrightarrow CH_3NO_3 + H_2O$$

(5) 甲醇氯化，生成氯甲烷

甲醇与氯气、氢气混合，以氯化锌为催化剂可生成一、二、三氯甲烷，直至四氯化碳。

$$CH_3OH + Cl_2 + H_2 \longrightarrow CH_3Cl + HCl + H_2O$$

$$CH_3Cl + Cl_2 \longrightarrow CH_2Cl_2 + HCl$$

$$CH_2Cl_2 + Cl_2 \longrightarrow CHCl_3 + HCl$$

$$CHCl_3 + Cl_2 \longrightarrow CCl_4 + HCl$$

(6) 甲醇与氢氧化钠反应，生成甲醇钠

甲醇与氢氧化钠在 86 ℃ ~ 100 ℃反应脱水可生成甲醇钠。

$$CH_3OH + NaOH \longrightarrow CH_3ONa + H_2O$$

(7) 甲醇的脱水

在高温下，在 ISM – S 型分子筛或 5 ~ 15 A 的金属硅铝催化剂下，甲醇可脱水生成二甲醚。

$$2CH_3OH \longrightarrow CH_3OCH_3 + H_2O$$

(8) 甲醇与苯反应，生成苯甲醇

在 3.5 MPa、340 ℃ ~ 380 ℃下，甲醇与苯在催化剂存在下生成苯甲醇。

$$CH_3OH + C_6H_6 \longrightarrow C_6H_5CH_3 + H_2O$$

(9) 甲醇与光气反应，生成碳酸二甲酸

光气先与甲醇反应生成氯甲酸甲酯：

$$CH_3OH + COCl_2 \longrightarrow CH_3O-\underset{Cl}{C}=O$$

氯甲酸甲酯进一步与甲醇反应生成碳酸二甲酯：

$$CH_3O-\underset{Cl}{C}=O + CH_3OH \longrightarrow (CH_3)_2C=O + HCl$$

二、甲醇的用途

甲醇化工是碳一化工的一个分支，传统上甲醇是农药、医药、燃料等工业的原料。近年来，随着科技的发展，甲醇冲破了传统原料的范围，甲醇化工的新领域不断地被开发出来。甲醇产业链的结构如图4-2-2所示。

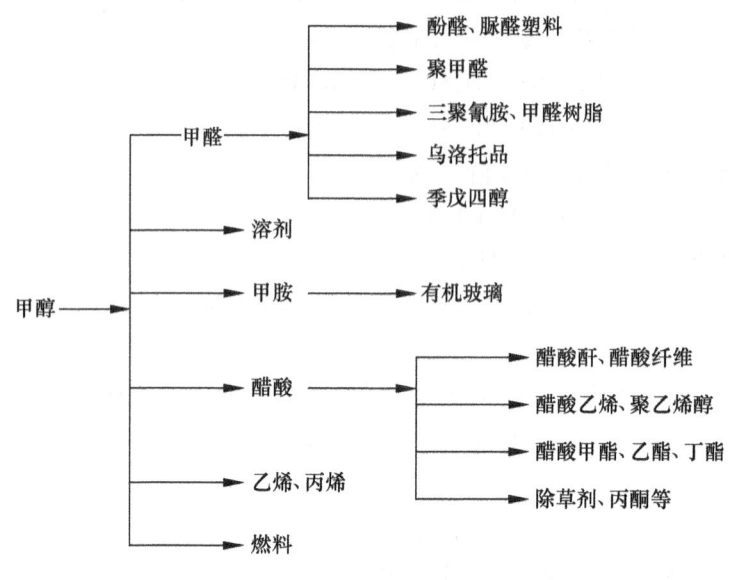

图4-2-2　甲醇产业链结构

甲醇是重要的化工原料，主要用于生产甲醛，其消耗量约占甲醇总量的30%~40%；其次作为甲基化基，生产甲胺、甲烷氯化物、丙烯酸甲酯、甲基丙烯酸甲酯、对苯二甲酸二甲酯等；甲醇羰基化可生产醋酸、醋酐、甲酸甲酯、碳酸二甲酯等。随着碳一化工的发展，由甲醇出发合成乙二醇、乙醛、乙醇等工艺正在日益受到重视。甲醇作为重要原料应用在敌百虫、甲基对硫磷、多菌灵等农药生产中，同时在染料、医药、塑料和国防等工业中有着重要的地位。

近年来，随着技术的发展和能源结构的改变，甲醇又开辟了许多新的用途。甲醇是较好的人工合成蛋白的原料，蛋白转化率较高，发酵速度快，无毒性，价格便宜；目前，世界上已有年产10万吨甲醇制蛋白的工业装置在运转，年产30万吨大型装置已经完成设计。甲醇是容易输送的清洁燃料，可以单独或与汽油混合作为汽车燃料，用它作为汽油添加剂可起到节约方烃，提高辛烷值的作用，汽车制造业将成为耗用甲醇的部门之一；由甲醇转化为汽油方法的研究成果，间接开辟了由煤转化为汽车燃料的途径。甲醇是直接合成乙酸的原料，也可直接用于还原铁矿（甲醇可预先分解为CO、H_2，也可以不做预分解），得到制乙醇、乙烯、乙二醇、甲苯、乙酸乙酯、乙酐、甲酸甲酯和氧分解性能好的甲醇树脂等产品，这一方法正在研究开发中。

甲醇化工已经成为化学工业中一个重要的领域。甲醇的消费已超过其传统用途，潜在的耗用量远远超过其化工用途。

三、甲醇的毒性

甲醇主要经呼吸道和胃肠道吸收，皮肤也可部分吸收。甲醇吸收至体内后，可迅速分布在机体各组织内，口服 5~10 mL，可致严重中毒或失明。甲醇主要作用于神经系统，具有明显的麻醉作用，可引起脑水肿。甲醇对视神经和视网膜有特殊的选择作用，易引起视神经萎缩，导致双目失明。甲醇蒸气对呼吸道黏膜有强烈刺激作用。甲醇的毒性与其代谢产物甲醛和甲酸的蓄积有关。甲醇急性中毒后主要受损器官是中枢神经系统、视神经及视网膜。吸入甲醇蒸气可引起眼和呼吸道黏膜刺激症状。中枢神经症状：患者常有头晕、头痛、眩晕、恶心、呕吐、乏力、步态蹒跚、失眠、表情淡漠、意识混浊等症状。重者出现意识蒙眬、昏迷及癫痫样抽搐等，视力急剧下降，可造成持久性双目失明，最后可因呼吸衰竭而死亡。

四、安全措施

1. 防护措施

① 车间空气中最高允许浓度为 30 mg/m^3。

② 生产过程加强通风，提供安全淋浴和洗眼设备。

③ 可能接触其蒸气时，应该佩戴过滤式防毒面具（半面罩）。紧急事态抢救或撤离时，佩戴自给正压式呼吸器。

④ 作业中要戴化学安全防护眼镜，穿防静电工作服，并戴橡胶手套。

⑤ 工作现场禁止吸烟、进食和饮水。工作完毕，淋浴更衣。实行就业前和定期的体检。

2. 消防措施

本品的生产和储存场所要做好防火防爆和防静电。

灭火方法：尽可能将容器从火场移至空旷处，用水冷却容器，用雾状水灭火，直至灭火结束。处在火场中的容器若已变色或从安全泄压装置中产生声音，必须马上撤离。常用灭火剂有抗溶性泡沫灭火剂、干粉灭火剂、二氧化碳灭火剂、砂土等。

3. 泄漏应急处理

迅速撤离泄漏污染区人员至安全区，并进行隔离，严格限制出入。切断火源（泄漏区附近禁止吸烟、消除所有明火、火花或火焰）。应急处理人员戴自给正压式呼吸器，穿防毒服。不要直接接触泄漏物。尽可能切断泄漏源，防止进入下水道、排洪沟等限制性空间。如小量泄漏，用砂土或其他不燃材料吸附或吸收，也可以用大量水冲洗，洗水稀释后放入废水系统。若大量泄漏，构筑围堤或挖坑收容，用泡沫覆盖，降低蒸气灾害。用防爆泵转移至槽车或专用收集器内，回收或

任务三 应用生产原理确定生产条件

一、甲醇合成原理

用碳的氧化物和氢可发生许多复杂的化学反应。用一氧化碳和氢气反应制取甲醇，发生的主要反应有：

$$CO + 2H_2 \rightleftharpoons CH_3OH \quad \Delta H_{298\,°C} = -110.96 \text{ kJ/mol}$$

当反应物中有二氧化碳存在时，二氧化碳按下列反应生成甲醇：

$$CO_2 + 3H_2 \rightleftharpoons CH_3OH + H_2O \quad \Delta H_{298\,°C} = -49.6 \text{ kJ/mol}$$

当 CO_2 参与合成甲醇反应时，H_2 的消耗较多，而反应生成的水使粗甲醇的水含量增加，一般 CO_2 含量控制在8%以下（一般控制在4%~6%）。

发生的副反应又可以分为平行副反应和连串副反应。

平行副反应为：

$$CO + 3H_2 \rightleftharpoons CH_4 + H_2O + Q$$
$$2CO + 2H_2 \rightleftharpoons CH_4 + CO_2 + Q$$
$$4CO + 8H_2 \rightleftharpoons C_4H_9OH + Q$$
$$2CO + 4H_2 \rightleftharpoons CH_3OCH_3 + H_2O + Q$$

当有金属铁、钴、镍等存在时，还可能发生生成碳的反应。

$$2CO \longrightarrow CO_2 + C$$

发生的一连串副反应为：

$$2CH_3OH \longrightarrow CH_3OCH_3 + H_2O$$
$$CH_3OH + nCO + 2nH_2 \longrightarrow C_nH_{2n+1}CH_2OH + nH_2O$$
$$CH_3OH + nCO + 2(n-1)H_2 \longrightarrow C_nH_{2n+1}COOH + (n-1)H_2O$$

这些副反应的产物还可以进一步发生脱水、缩合、酰化或酮化等反应，生成烯烃、酯类、酮类等副产物。当催化剂中含有碱类化合物时，这些化合物的生成更快。副产物不仅消耗原料，而且影响甲醇的质量和催化剂的寿命。特别是生成甲烷的反应为强放热反应，不利于反应温度的控制，而且生成的甲烷不能随着产品冷凝，甲烷在循环系统中循环，更不利于主反应的化学平衡和反应速率的提高。

从上述化学反应可以看出甲醇合成反应有以下5个特点。

1. 放热反应

甲醇合成是一个可逆放热反应，为了使反应过程能够向着有利于生成甲醇的方向进行、适应最佳温度曲线的要求，以达到较好的产量，要求采取措施移走热量。

2. 体积缩小反应

从化学反应可以看出,无论是 CO 还是 CO_2 与 H_2 合成 CH_3OH,都是体积缩小的反应,因此压力增高,有利于反应向着生成 CH_3OH 的方向进行。

3. 可逆反应

即在 CO、CO_2 和 H_2 合成生成 CH_3OH 的同时,甲醇也分解为 CO_2、CO 和 H_2,合成反应的转化率与压力、温度和氢碳比 ($f = n(H_2 - CO_2)/n(CO + CO_2)$) 有关。

4. 催化反应

在有催化剂时,合成反应才能较快进行,没有催化剂时,即使在较高的温度和压力下,反应仍极慢地进行。

5. 伴有副反应发生

二、甲醇原料气的要求

甲醇由 CO、CO_2 与 H_2 在一定温度、压力和催化剂条件下反应生成甲醇。合成反应在不同压力(低压、中压、高压)下进行,当使用铜基催化剂时,反应温度为 220 ℃ ~290 ℃;当使用 Zn – Cr 催化剂时,反应温度为 350 ℃ ~420 ℃。根据上述反应式确定对甲醇原料气的组成要求。

1. 合理调节氢碳比例

H_2 与 CO 合成甲醇的物质的量比为 2,H_2 与 CO_2 合成甲醇的物质的量比为 3,当 CO 与 CO_2 同时存在时,对原料气中氢碳比(M 值)用下式表达:

$$M = n(H_2)/n(CO + 1.5 CO_2) = 2 \sim 2.05$$

采用不同原料和不同工艺所制得的原料气组成,往往偏离上述 M 值。如以天然气为原料采用蒸汽转化法制得的原料气 H_2 过多需在转化前(或转化后)加入 CO_2 或加 O_2 部分氧化来调节合理的氢碳比。而用重油或固体原料制得的原料气中 H_2 含量太低需要设置变换工序使过量的 CO 变换为 H_2,但生成了等摩尔的 CO_2 需设置脱碳工序将其除去。

生产中合理的氢碳比例应比化学计量比稍高一些,按化学计量比值,M 值约为 2,实际生产中控制得略高于 2,即通常保持略高的氢含量。原料气中的氢碳比略高于 2,在合成塔中 H_2 与 CO、CO_2 是按化学计量比例进行反应生成甲醇的,所以甲醇合成回路中循环气的 H_2 就高得多,过量的 H_2 可抑制羰基铁与高级醇的生成,并对延长催化剂寿命起着有益的作用。

甲醇分子式 CH_3OH 中碳氢比为 0.5,当反应物中碳氢比小于 0.5 时,如天然气蒸汽转化,会造成氢过剩,需补充 CO_2。反应物中碳氢比大于 0.5 时,会造成 CO_2 过剩,需将 CO_2 从系统中脱除,因而使用重油或煤(焦)为原料的甲醇装置中必须设置变换与脱碳工序。

2. 合理控制 CO_2 与 CO 比例

甲醇合成原料气中应保持一定量的 CO_2，一定量 CO_2 的存在，能促进锌铬催化剂与铜基催化剂上甲醇合成反应速率的加快，适量的 CO_2 可使催化剂呈现高活性。此外，在 CO_2 存在下，甲醇合成的热效应比无 CO_2 时要小，催化床层温度易于控制，对防止生产过程中催化剂超温及延长催化剂使用寿命是有利的。但 CO_2 含量过高会造成粗甲醇中含水量增加，增加气体压缩，降低压缩机生产能力，同时增加精馏粗醇的动力和蒸汽消耗。

CO_2 在原料气中的最佳含量，应根据甲醇合成所用的催化剂量与甲醇合成操作温度相应调整。在采用铜基催化剂时原料气中 CO_2 可适当增加，可使塔内总放热量减少，以保护铜基催化剂温度均匀、稳定，不致过热，延长催化剂使用寿命。

一般认为，原料气中 CO_2 最大含量实际上决定于技术指标与经济因素，最大允许 CO_2 含量为 12%~14%，通常在 3%~6% 的范围内，此时单位体积催化剂可生成最大量的甲醇。

3. 原料气对氮气含量的要求

合成甲醇时氮气和甲烷都是惰性气体，它对生产过程的影响与甲烷相同。因为氮气和甲烷不参与甲醇合成反应，在系统中不断累积，含量越来越多，只得被迫放空，以维持正常有效气体含量。因此甲醇生产时要求气化工段要设法降低氮气含量，以降低气体输送和压缩做功、同时减少放空造成的气体损失。

4. 原料气对毒物与杂质的要求

原料气必须经过净化工序，清除油水、粉尘、羰基铁、氯化物及硫化物、氨等，其中最为重要的是清除硫化物。它对生产工艺、设备、产品质量都有影响。

① 原料气中硫化物可使催化剂中毒。对于铜基催化剂合成气中含硫量应低于 0.2 ppm（越低越好）。无论是 H_2S 还是有机硫都会与催化剂中金属活性组分产生金属硫化物，使催化剂丧失活性，产生永久性中毒。

② 原料气中硫化物含量长期高，会造成管道、设备发生羰基化反应而出现腐蚀。硫化物破坏金属氧化膜，使设备、管道被 CO 腐蚀生成羰基化合物，如羰基铁、羰基镍等。

③ 硫化物在甲醇合成反应过程中生成许多副产品，硫带入合成系统生成硫醇、硫二甲醚等杂质，影响粗甲醇质量，而且带入精醇岗位，引起设备管道的腐蚀，降低了精甲醇成品的质量。

④ 除硫化物外，原料气中粉尘、焦油、氯离子对生产影响也很大，在生产过程中，要严格控制和清除。

由上可见，甲醇合成原料气的要求是：合理的氢碳比例，合适的 CO_2 与 CO 比例，且需降低甲烷和氮气（单醇生产）的含量，并净化气体，清除有害杂质。

无论以哪种原料制甲醇原料气都需要满足这些要求。

三、甲醇合成催化剂

经过长时间的研究开发和工业实践，广泛使用的甲醇合成催化剂主要有两大系列：一种是以氧化铜为主体的铜基催化剂，一种是以氧化锌为主体的锌基催化剂。锌基催化剂机械强度好，耐热性好，对毒物敏感性小，操作的适宜温度为 350 ℃ ~ 400 ℃，压力为 25 ~ 32 MPa（寿命为 2 ~ 3 年）；铜基催化剂具有良好的低温活性，较高的选择性，通常用于低、中压流程。耐热性较差，对硫、氯及其化合物敏感，易中毒。操作的适宜温度为 220 ℃ ~ 270 ℃，压力为 5 ~ 15 MPa（一般寿命为 2 ~ 3 年）。通过操作条件的对比分析，可知使用铜基催化剂可大幅度节省投资费用和操作费用，降低成本。随着脱硫技术的发展，使用铜基催化剂已成为甲醇合成工业的主要方向，锌基催化剂已于 20 世纪 80 年代中期淘汰。国内外常用铜基催化剂特性对比见表 4 - 2 - 3。

表 4 - 2 - 3　国内外常用铜基催化剂特性对比

催化剂型号	组分/%			操作条件	
	CuO	ZnO	Al_2O_3	压力/MPa	温度/℃
英国 ICI 51 - 3	60	30	10	7.8 ~ 11.8	190 ~ 270
德国 LG104	51	32	4	4.9	210 ~ 240
美国 C79 - 2	—	—	—	1.5 ~ 11.7	220 ~ 330
丹麦 LMK	40	10		9.8	220 ~ 270
中国 C302 系列	51	32	4	5.0 ~ 10.0	210 ~ 280
中国 XNC - 98	52	20	8	5.0 ~ 10.0	200 ~ 290

从表 4 - 2 - 3 的对比可以看出，国产催化剂的铜含量已提高到 50% 以上。制备工艺合理，使该催化剂的活性、选择性、使用寿命和机械强度均达到国外同类催化剂的先进水平，并且价格较低。

在大量工作的基础上，人们逐步认识到，在各种不同的催化剂中，只有含 ZnO 或 CuO 的催化剂才具有实际意义。但是纯 ZnO 或 CuO 的催化剂的活性相当低，只有和其他金属氧化物共同构成某些多组分催化剂，才具有较高活性和较长的寿命。值得一提的是，所有甲醇合成催化剂都放弃了 Fe 元素，因为它们都是生成甲烷的活性催化剂。

1. 铜基催化剂

铜基催化剂主要的特点是活性温度低，对生成甲醇的平衡有利；选择性高，粗甲醇中所含杂质少；允许在较低的压力下操作。而且在同样的压力下使用铜基催化剂所得的合成塔出口 CH_3OH 浓度要高得多。缺点是耐热性、耐毒性不及锌铬催化剂。铜在催化剂中的催化作用不是金属铜而是部分还原的氧化铜，即一价铜。在实际使用中要注意调节 CO_2/CO 以及 H_2O/H_2 的比例,以防止 Cu^{+1} 转化为金属铜,Cu^{+1} 能很好地吸附 CO。

(1) 催化剂中毒

硫是催化剂的主要毒物,应严格控制原料气中总硫含量 ≤0.1 ppm。

$$H_2S + Cu \Longleftrightarrow CuS + H_2$$
$$COS + H_2 \Longleftrightarrow CO + H_2S$$

(2) 热老化

铜是催化剂的活性组分,催化剂的活性与金属表面积成正比例关系,使用温度的提高,将加快铜晶粒长大的速度,即加快活性衰退的速度,为防止催化剂老化,尽可能低温操作,每次提升热点温度不应超过 5 ℃。

(3) 开、停车频繁

停车过程中,不管如何精心操作,总会损坏催化剂的活性,特别是处理不当,未及时置换塔内的原料气,将使催化剂的活性受到严重损坏。

(4) 催化剂的主要物化特性

① 物理性质:

外形:$\phi 5$ mm × (4.5 ~ 5) mm,外观为黑色金属光泽的圆柱体;

堆密度:1.2 ~ 1.5 kg/L;

径向抗压强度(N/cm^2)≥200;

反应温度:200 ℃ ~ 290 ℃;反应压力:4 ~ 10 MPa;

时空收率:≥1 ~ 1.5 kg/L·h;

空速:7 000 ~ 20 000/h;

中毒物质:硫、氯、羰基铁、羰基镍、不饱和烃、油类。

② 催化剂组成:催化剂主要化学组成列于表 4-2-4。

表 4-2-4 催化剂的主要化学组成

组 分	CuO	ZnO	Al_2O_3
含量/×10^{-2} (m/m)	>52	>20	>8

③ 反应压力为 5.0 ± 0.5 MPa,空速为 (10 000 ± 300) h^{-1},反应温度为 230 ℃ 时,时空收率 ≥1.20 kg/(L·h);反应温度 250 ℃ 时,时空收率 ≥1.55 kg/(L·h)。

(5) 铜基催化剂升温还原

制成的混合氧化物催化剂,需经还原后才具有活性,而且还原过程对催化剂的活性影响较大。工业上使用 H_2、CO 或 CH_3OH 蒸气作为还原剂,还原气体中需含少量 CO_2 并在较低压力下操作(低于 0.8 MPa),一般低于催化剂起活温度(在 180 ℃ 以下)。还原气中氢的浓度:在开始还原时,低于 1%(其他成分主要是氮气),到还原完成阶段,可适当提高氢的浓度,到基本完成时,再提高氢的浓度,当完成还原后,再提高氢浓度(10% 以下)进行检验。还原操作的关键是升温和还原速度不能太快,以免破坏催化剂的结构和超温烧结,工业上用出水速率控制还原操作的进程。还原过程用出水量控制,反应式如下:

$$CuO + H_2 = Cu + H_2O + 86.7 \text{ kJ/mol}$$

当将催化剂加热到110 ℃~120 ℃时出水9%~12%(催化剂干燥),温度到达120 ℃~140 ℃进行缓慢的还原,而140 ℃~160 ℃则还原激烈,并在10 ℃的范围内放出50%~65%的水。在此温度区间内需要长时间的保温,每小时最高出水量不大于2 kg/t(Cat)。均匀的出水保证了均匀的还原速率,当从160 ℃~170 ℃加热到180 ℃~200 ℃时放出15%~20%的水,还原速率降低了,相当于碳酸盐的热分解。

当还原完成后直接投料,催化剂床层温度要从180 ℃提高到200 ℃,这个阶段的升温要非常小心,升温速度要慢,要控制在小于20 ℃/h;要是从常温开始升起,在150 ℃以内,按30 ℃/h升温;150 ℃~180 ℃,按20 ℃/h;180 ℃~200 ℃控制在小于20 ℃/h。

从催化剂升温开始到反应气体进料总共约需120 h。绝不能在未还原好的催化剂上进料,以免催化剂温度突然升高或燃烧。因此在180 ℃时应检验还原是否完全,方法是逐步提高还原剂的浓度至5%~10%(Vol)。此时出水速率如不高于还原时的出水速率,则认为还原完全,可以转入正常生产。

还原后的催化剂遇空气会自燃,因此使用后的废触媒应使其钝化即表面缓慢氧化后卸出。方法是在氮气中加入少量空气,使其在反应器内循环,用进口气中的氧浓度来控制温度,开始时进口氧浓度为0.4%~0.8%,出口小于0.01%,催化剂床层的温度则不超过300 ℃,钝化结束时循环气中氧的浓度要增至2%~3%,如果温度不变则说明钝化已完成。铜基催化剂也可在反应器外进行预还原,经钝化后再装入反应器内,在反应器内还原钝化过的催化剂比还原新的催化剂快得多。

催化剂出水量 = 物理出水量 + 化学出水量

物理出水量 = 催化剂装填量(W) × 催化剂含水量(%)

化学出水量 = (18/79.5) × W(装填量) × CuO 的百分含量

(6) 铜基催化剂中毒和寿命

催化剂使用寿命与合成操作条件有关,由于铜基催化剂耐热性差,防止超温是延长触媒寿命的最重要措施。在合成操作时如气体中含3%~12% CO_2 催化剂的工作较为稳定,使用寿命也可延长。

铜基催化剂对硫的中毒十分敏感,一般认为其原因是 H_2S 和 Cu 形成 CuS 也可能形成 Cu_2S。因此原料气中总硫含量应小于0.1 ppm,与此类似的是氢卤酸对催化剂的毒性。

硫化物破坏金属氧化膜,使设备管道被 CO 腐蚀生成羰基化合物,如羰基铁、羰基镍等,造成管道、设备的羰基腐蚀。

硫带入合成环路产生副反应，生成硫醇、硫二甲醚等杂质，影响粗甲醇质量，而且带入精馏岗位，引起设备管道的腐蚀。

2. 国产 C_{207} 型甲醇合成催化剂

（1）主要化学组分

C_{207} 型催化剂是黑色的圆柱体，颗粒大小为 $\phi 5mm \times (4.8 \sim 5.5)$ mm；主要组成为 CuO、ZnO，并含有适量的氧化铝；还原前暴露在空气中容易受潮，容易引起可溶性钾盐的析出，造成活性降低；在合成塔内用氢氮气还原后成为活性较高的铜基催化剂。经还原后的催化剂暴露在空气中，会迅速燃烧而失去活性。它的主要毒物是氯、硫、汞的化合物等。

（2）基本物化数据

堆积重量：$1.4 \sim 1.6$ g/mL（氧化态）。

比表面积：71.2 m^2/g。

孔隙率：47.5%（还原态）。

比孔容积：0.17 mL/g（还原态）。

（3）装填方法

C_{207} 型甲醇合成催化剂是用铁桶密封包装，由于在运输过程会使少量催化剂的棱角磨损，故在装填前应将催化剂过筛以除去粉末，在装填过程中勿使其受潮或与油污等接触。催化剂在装填时，要注意松紧一致，力求均匀，各种粒度分层填装，不允许倾倒在一点上堆积成斜面。否则催化剂小颗粒留在中间，较大颗粒滚到边上去。须随时校正松紧程度，以保证装填催化剂的重量和体积适当。

（4）C_{207} 甲醇触媒升温还原步骤及控制

① 步骤。

升温：常温 ~ 130 ℃；

还原初期：130 ℃ ~ 160 ℃；

还原主期：160 ℃ ~ 180 ℃；

还原末期：180 ℃ ~ 230 ℃。

② 控制。

出水量的控制：必须依据出水率与出口水汽浓度，升温、提氢，不得超过规定指标。

温度的控制：提温和提氢不能同时进行，防止温度失控。

空速的控制：空速应尽量加大，缩短还原时间。

压力的控制：压力对提高触媒的机械强度、还原程度的影响虽然不大，但还原时的压力仍以较低为宜。

氢含量的控制：还原时 H_2 含量要求较高，还原主期最好大于 70%。

电炉的控制：电炉的功率必须与空速相适应，物理水必须全部赶尽后再开始还原，80 ℃ 以前可根据电炉功率适当加大空速。

3. 国产 XNC-98 甲醇合成催化剂

XNC-98 型催化剂是四川天一科技股份有限公司研制和开发的新产品。目前已在国内 20 多套大、中、小型工业甲醇装置上使用,运行情况良好。它是一种高活性、高选择性的新催化剂。用于低温、低压下由碳氧化物与氢合成甲醇,具有低温活性高、热稳定性好的特点。常用操作温度为 200 ℃~290 ℃,操作压力为 5.0~10.0 MPa。

(1) 催化剂主要物化性质

催化剂由铜、锌和铝等含氧化合物组成。

外观:有色金属光泽的圆柱体;

堆积密度:1.3~1.5 kg/L;

外形尺寸:5 mm×(4.5~5) mm;

径向抗压强度:≥200 N/cm。

(2) 催化剂活性和寿命

在该催化剂质量检验规定的活性检测条件下,其活性为:

230 ℃时:催化剂的空时收率≥1.20 kg/(L·h);

250 ℃时:催化剂的空时收率≥1.55 kg/(L·h)。

在正常情况下,使用寿命为 2 年以上。

(3) XNC-98 型与 C 型催化剂的性能对比

XNC-98 型与 C 型催化剂的性能对比见表 4-2-5。

表 4-2-5 XNC-98 型与 C 型催化剂的性能对比

催化剂型号	合成塔进口温度/℃		加入量 /(kg·h^{-1})	甲烷单耗 /(t·t^{-1})	甲醇收率 /%	甲醇产率 /(t·m^{-3}·h^{-1})	甲醇产量 /(t·h^{-1})
	初期	末期					
C	210	224	670	0.48	210	0.45	90.72
XNC-98	200	230	900	0.43	229	0.49	98.93

通过对比,并结合生产实际可见,XNC-98 型催化剂具有以下性能优点。

① 易还原。

② 低温活性好,日产量高。

③ 适用温区宽,使用寿命长。合成塔进口温度可调温,C 型催化剂为 14 ℃,而 XNC-98 型则为 30 ℃。随着可调温区的增加,催化剂的使用寿命也相应延长。

④ 选择性好,75% 负荷下合成系统未发现结蜡,粗甲醇质量符合设计要求。

⑤ 可适用于含高浓度 CO_2 的合成气。50% 负荷下,C 型催化剂 CO_2 加入量最高不超过 670 kg/h,而 XNC-98 型催化剂则最高可达 900 kg/h。75% 负荷时,使用 XNC-98 型催化剂,当入塔气中 CO_2 组分体积分数高达 5% 时,生产运行情况仍良好,物耗较低,催化剂仍能保持较高的活性,产品质量符合质量标准的

要求。

综上所述，国产 XNC-98 型催化剂的活性、选择性和使用寿命等主要技术经济指标均优于进口催化剂及国产 C 型催化剂。

四、甲醇合成工艺条件

影响甲醇合成的因素很多，主要有温度、压力、氢碳比、空速及惰性气体含量等。

1. 温度对 CH_3OH 合成的影响

在甲醇合成过程中，温度对反应混合物的平衡和速率都有很大的影响。对化学反应来说，温度升高会使分子运动加快，分子间的有效碰撞增多，从而增加了分子有效结合的机会，使甲醇合成反应的速度加快。但是由于 CO 和 H_2 生成 CH_3OH 的反应与 CO_2 和 H_2 合成 CH_3OH 的反应，均为可逆放热反应。对于可逆放热反应来说，温度降低固然使反应速率增大，但平衡常数会下降。因此，选择合适的操作温度对 CH_3OH 的合成至关重要。

一般 Zn-Cr 催化剂的活性温度为 350 ℃ ~ 420 ℃。铜基催化剂的活性温度为 200 ℃ ~ 290 ℃。对每种催化剂在活性温度范围内都有适当的操作温度区间，如 Zn-Cr 催化剂为 370 ℃ ~ 380 ℃，铜基催化剂为 250 ℃ ~ 270 ℃，但不能超过催化剂的耐热允许温度，对于铜基催化剂一般不超过 300 ℃。

为了防止催化剂老化，在催化剂使用初期，反应温度维持较低的数值，随着使用时间增长，逐步提高反应温度。例如：冷管型 CH_3OH 合成塔，铜基催化剂的使用可控制在 230 ℃ ~ 240 ℃，热点温度为 260 ℃ 左右，后期可控制床层温度 270 ℃ ~ 280 ℃，热点温度为 290 ℃ 左右。

另外，甲醇合成反应温度越高，则副反应越多，生成的粗甲醇中的有机杂质组分的含量增多，给后期的精馏工序带来困难。

2. 压力对合成的影响

压力是合成反应过程的重要工艺参数之一，由于合成反应是分子数减小，因此增加压力对平衡有利。不同类型的催化剂对合成压力有不同的要求。如 Zn-Cr 催化剂由于其活性温度较高（350 ℃ ~ 420 ℃），要实现甲醇合成必须在 25 MPa 以上，因此，Zn-Cr 催化剂的操作压力一般要求为 25 ~ 35 MPa；而铜基催化剂由于其活性温度为 230 ℃ ~ 290 ℃，甲醇合成压力要求也较低，采用铜基催化剂可在 5 MPa 的低压下操作，但是低压操作也存在一些问题，当生产规模更大时，低压流程的设备与管道显得庞大，而且对热能的回收不利，因此发展了压力为 10 MPa 左右的甲醇合成中压法。

合成压力是由催化剂的性能决定的，也受综合能耗的影响。催化剂的合成率（碳转化率）与压力成正比关系。但在压力达到一定程度时，增加压力，对转化率影响不大。

3. 空速对甲醇合成的影响

空速是指单位时间内，单位体积（或重量）催化剂所通过原料的体积（或重量）数。

$$\text{LHSV}(\text{h}^{-1}) = \text{反应器入口的总进料量}(\text{m}^3/\text{h})/\text{催化剂的总体积}(\text{m}^3)$$

空速有几种表达方式，表示催化剂的处理量，单位都是 h^{-1}。在甲醇生产中，气体通过合成塔仅能得到 3%~6% 的甲醇，新鲜气的甲醇合成率较低，因此新鲜气必须循环使用。此时，合成塔空速常由循环机动力、合成系统阻力等因素决定。

如果采用较低的空速，反应过程中气体混合物的组成与平衡组成较接近，催化剂的生产强度较低。但是单位产品所需循环气量较小，气体循环的动力消耗较低，预热未反应气体到催化剂进口温度所需换热面积较小，并且由于气体中反应产物的浓度降低，增大了分离反应产物的费用。

如果采用较高的空速，催化剂的生产强度虽可以提高，但增大了预热所需要的传热面积。出塔气热能利用价值降低，增大了循环气体的动力消耗，并且由于气体中反应产物的浓度降低，增大了分离反应产物的费用。另外，空速增大到一定程度之后，催化剂温度将不能维持，在甲醇合成生产中，空速一般控制在 10 000~30 000 h^{-1} 内。

4. 氢碳比的控制对甲醇合成的影响

从甲醇合成反应式可以看出，H_2 与 CO 合成甲醇的物质的量的比为 2∶1，与 CO_2 合成的物质的量的比为 3，当 CO 与 CO_2 都有时，对原料气中氢碳比（f）用以下表达方法表示：

$$f = n(H_2 - CO_2)/n(CO + CO_2) = 2.05 \sim 2.15$$

不同原料采用不同工艺所制得的原料气，其组成往往偏离上述 f 值。例如，用天然气（主要成分甲烷）为原料采用蒸汽转化法所得粗原料气中 H_2 过多，这就要在转化前或转化后加入 CO_2 调节合理的氢碳比。而用重油或煤为原料所制得的粗原料气氢碳比太低，需要设置变换工序使过量的 CO 变换为 H_2 和 CO_2，再将过量 CO_2 除去。

生产中合理的氢碳比应比化学计量比略高些，按化学计量比值，f 值或 M 值为 2.0，实际上控制略高于 2.0，即通常保持确定的 H_2 含量。在合成中，原料气中的氢碳比略高于 2，而在合成塔中，使 H_2 与 CO、CO_2 按化学计量比例生成甲醇，所以合成回路中循环气体的 H_2 含量高得多。过量的 H_2 可减少羰基的生成与高级醇的生成，对延长催化剂的寿命起着有益的作用。

5. 合理的 CO_2/CO 比例

合成甲醇原料气中应保持一定量的 CO_2，能促进铜基催化剂上甲醇合成的反应速率，适量 CO_2 可使催化剂呈高活性。此外在 CO_2 存在下，甲醇合成的热效应比没有 CO_2 存在时要小，催化床温易于控制，这对防止生产过程中催化剂超温及延长催化剂使用寿命有利。但 CO_2 含量过高，会造成粗甲醇中含水量增多，降低压缩机生产能力，增加了气体压缩和精馏粗醇的能耗。CO_2 在原料气中的最佳含量应根据甲醇合成所用催化剂与甲醇合成操作温度做相应调整。

6. 惰性气体含量对合成的影响

甲醇原料气的主要组分是 CO、CO_2、H_2，其中含少量 CH_4 或 N_2 及其他气体组分。CH_4 或 N_2 在合成反应器内不参与合成反应，会在系统中逐渐积累而增多。这些不参与合成反应的气体称为惰性气体。循环气中惰性气体的增多会降低 CO、CO_2、H_2 的有效分压，对甲醇的合成不利，而且增加了压缩机的动力消耗。但在系统中又不能排放过多，会引起有效气体的损失。

一般控制原则：在催化剂使用初期活性较好，或者是合成塔的负荷较轻，操作压力较低时，可将循环气中的惰性气体含量控制在 20%～25%，反之控制在 15%～20%。控制循环气中惰性气体含量的主要方法是排放粗甲醇分离器后的气体。排放气体计量公式如下：

$$V_{放空} \approx (V_{新鲜} \times I_{新鲜}/I_{放空})$$

式中　$V_{放空}$——放空气体的体积，m^3/h；

$V_{新鲜}$——新鲜气的体积，m^3/h；

$I_{放空}$——放空气中惰性气体含量，%；

$I_{新鲜}$——新鲜气中惰性气体含量，%。

任务四　生产工艺流程的组织

一、甲醇合成流程概要

甲醇合成工序的目的是将造气至净化工序制得的主要含 CO、CO_2 和 H_2 的新鲜气，在一定温度、压力下反应生成粗甲醇。工艺流程通常都包含以下几个要素：新鲜气的补入；循环气、新鲜气的预热及甲醇的合成；反应后气体的降温及甲醇的分离；惰性气体的排放；循环气的加压及重新返回合成器等。

甲醇合成工艺流程有多种，其发展的过程与新催化剂的应用，以及净化技术的发展密不可分。甲醇合成流程虽有多种，但是许多基本步骤是共同具备的。图 4-2-3 是一个最基本的流程示意图。新鲜气由压缩机压缩到所需要的合成压力与从循环机来的循环气混合后分为两股，一股为主线进入热交换器，将混合气预热到催化剂活性温度，进入合成塔；另一股副线不经过热交换器而是直接进入合成塔以调节进入催化层的温度。经过反应后的高温气体进入热交换器与冷原料气换热后，进一步在水冷却器中冷却，然后在分离器中分离出液态粗甲醇，送精馏工序提纯制备精甲醇。为控制循环气中惰性气的含量，分离出甲醇和水后的气体需小部分放空（或回收至前制气工段），大部分进循环机增压后返回系统，重新利用未反应的气体。

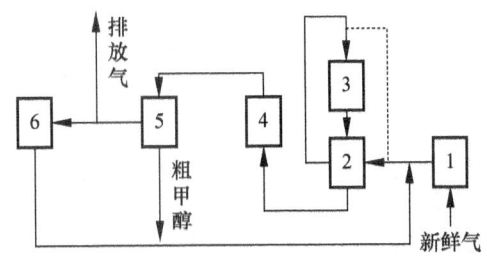

图 4-2-3 甲醇合成工艺流程示意图

1—新鲜气压缩机；2—热交换器；3—甲醇合成塔；4—水冷却器；5—甲醇分离器；6—循环机

由此可知，合成工序主要由两部分组成，即甲醇的合成与甲醇的分离，前者在合成塔中进行，后者由一系列换热设备和气液分离设备来完成。

受平衡和速率的限制，CO、CO_2 和 H_2 的单程转化率比较低，为了充分利用未反应的原料气，生产中采取的措施是分离出甲醇后把未反应的气体返回合成塔重新反应，这就构成了循环流程。循环气体在流动过程中必有阻力损失，使其压力逐渐降低，必须设有循环压缩机来提高循环气压力。因为在整个循环过程中，循环压缩机出口处的压力最大，高压对合成反应是有利的，所以循环压缩机应设在合成塔之前，这样对合成反应是最有利的。

采用循环流程的一个必然结果是惰性气体在系统中积累，未反应的 CO、CO_2 和 H_2 在分离器中排出，惰性气体除少量溶解于液体甲醇中外，多数留在系统中，这将影响甲醇合成速率，为此应设有放空管线，但放空时为避免有效成分损失过多，放空位置应选择在甲醇分离器后，因为此处惰性气体浓度最大。

补入新鲜气最有利的位置是在合成塔的进口处，不宜在合成塔的出口或甲醇分离之前，以免甲醇分压降低，减少甲醇的收率。下面介绍几种具有代表性的甲醇合成流程。

1. 低压法甲醇合成工艺流程

目前，低压法甲醇合成技术主要采用英国 ICI 低压法和德国鲁奇低压法。ICI 低压法是甲醇生产工艺上的一次重大变革。世界上采用 ICI 低压法建厂的国家很多，下面以英国 Billing ham 工厂为例，说明以天然气（或石脑油）为原料的低压法甲醇合成工艺过程。

ICI 低压甲醇合成工艺流程如图 4-2-4 所示。

该工艺使用多段冷激式合成塔。合成气在 51-1 型铜基催化剂上进行 CO、CO_2 加氢合成甲醇的化学反应，反应在压力 5 MPa、温度为 230 ℃～270 ℃下进

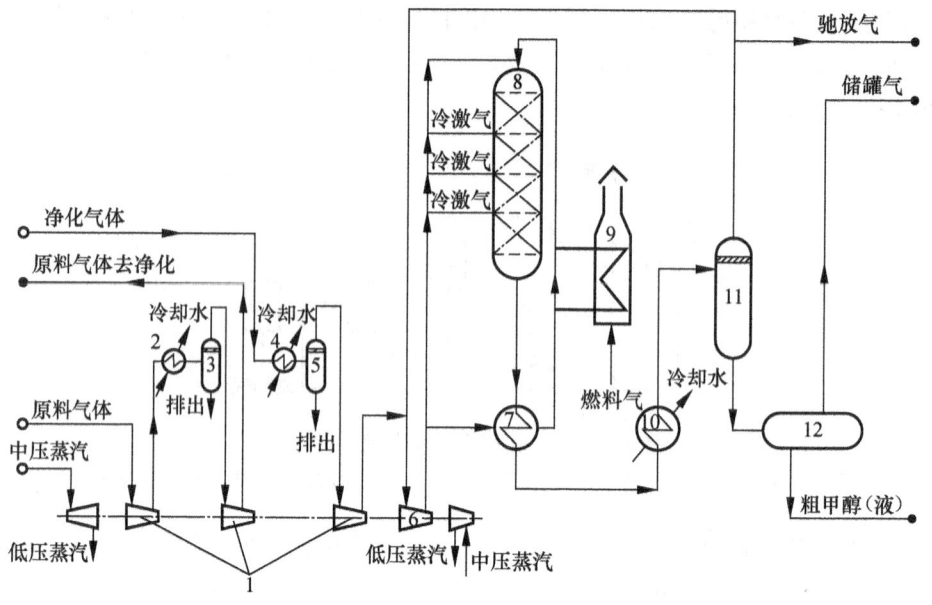

图 4-2-4 低压法冷激式甲醇合成流程
1—原料压缩机；2—冷却器；3、5—分离器；4—冷却器；6—循环气压缩机；7—热交换器；
8—甲醇合成塔；9—开工加热炉；10—甲醇冷激器；11—甲醇分离器；12—中间贮槽

行。新鲜原料气与分离甲醇后的循环气混合后进入循环压缩机，升压至 5 MPa。此入塔气体分为两股，一股进入热交换器与从合成塔出来的反应热气体换热，预热至 245 ℃ 左右，从合成塔顶部进入催化剂床层进行甲醇合成反应。另一股不经预热作为合成塔各层催化剂冷激用，以控制合成塔内催化剂床层温度。根据生产的需要，可将催化剂分为多层（三、四或五层），各催化剂层的气体进口温度，可用向热气流中喷入冷的未反应的气体（即冷激气）来调节。最后一层催化剂气体出口温度为 270 ℃ 左右，合成塔出口甲醇含量为 4%。从合成塔底部出来的反应气体与入塔原料气换热后进入甲醇冷凝器，绝大部分甲醇蒸气在此被冷却冷凝，最后由甲醇分离器分离出来粗甲醇，减压后进入粗甲醇贮槽。未反应的气体作为循环气在系统中循环使用。为了维持系统中惰性气体的浓度在一定范围内，甲醇分离器后设有放空装置。催化剂升温还原时需用开工加热炉。

2. 鲁奇低压法合成甲醇工艺流程

该工艺采用管壳型合成塔。催化剂装填在管内，反应热由管间的沸腾水移走，并副产中压蒸汽。下面介绍以减压渣油为原料的鲁奇低压甲醇合成流程，如图 4-2-5 所示。

由脱碳工段来的高氢气体与循环气混合，进入循环机加压，再与脱硫后的气体混合，经换热器预热至 225 ℃，进入管壳型甲醇合成塔的列管内，在铜基催化剂的作用下，于 5 MPa、240 ℃~260 ℃ 温度下进行甲醇合成反应。甲醇合成反

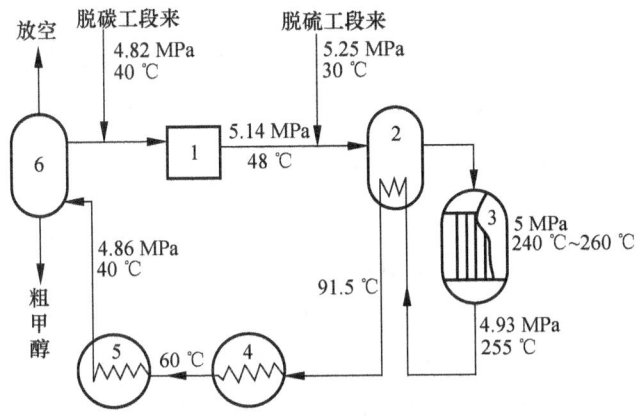

图 4-2-5 鲁奇低压甲醇合成流程示意图
1—循环机；2—热交换器；3—合成塔；4—锅炉给水换热器；5—水冷器；6—分离器

应放出的热量很快被沸腾水移走。合成塔壳程的锅炉给水是自然循环的，这样通过控制沸腾水上的蒸汽压力，可以保持恒定的反应温度。反应后出塔气体与进塔气体换热后温度降至 91.5 ℃，经锅炉给水换热器冷却到 60 ℃，再经水冷器冷却到 60 ℃，进入甲醇分离器，分离出来的气体大部分回到循环机入口，少部分排放。液体粗甲醇则送往精馏工段。

目前，低压法甲醇技术主要是英国 ICI 法和德国鲁奇法。这两种方法的工艺技术指标见表 4-2-6。

表 4-2-6 ICI 法和鲁奇法制甲醇工艺技术指标

项 目	IGI 法	鲁奇法	项 目	IGI 法	鲁奇法
合成压力/MPa	5（中压法 10）	5（中压法 8）	循环气：新鲜气	10∶1	5∶1
合成反应温度/℃	230~270	225~250	合成反应热的利用	不副产中压蒸汽	副产中压蒸汽
催化剂成分	Cu-Zn-Al	Cu-Zn-Al-V	合成塔型式	冷激型	管束型
空时产率/(t·m^{-3}·h^{-1})	0.33（中压法 0.5）	0.65	设备尺寸	设备较大	设备紧凑
进塔气中 CO 含量/%	~9	~12	合成开工设备	要设加热炉	不设加热炉
出塔气中 CH$_3$OH 含量/%	3~4	5~6	甲醇精制	采用两塔流程	采用三塔流程

综上所述，鲁奇法的催化剂活性高，空时产率比 ICI 法高 1 倍左右，使生产费用降低；其次是合成塔可副产 4~5 MPa 的中压蒸汽，热能利用好。另外，鲁奇法的循环气与新鲜气的比例低，不仅减少了动力消耗，而且缩小了设备与管线、管件的尺寸，从而节省了设备费用。ICI 法有副反应，生成烃类，在 270 ℃ 易生成

石蜡,在冷凝分离器内析出,而鲁奇法因采用管式合成塔能严格控制反应温度而不会生成石蜡。因此鲁奇法技术经济先进,对于新建的甲醇厂鲁奇的技术更具有竞争力,特别是当采用重油为原料时,则值得采用鲁奇法的配套技术。

二、中压法甲醇合成工艺流程

中压法甲醇合成工艺是在低压法基础上进一步发展起来的。由于低压法操作压力低,导致设备体积庞大,不利于甲醇生产的大型化,所以发展了动力为 10 MPa 左右的甲醇合成中压法。它能更有效地降低建厂费用和甲醇生产成本。ICI 公司在 51-1 型催化剂的基础上,通过改变催化剂的晶体结构,制成了成本较高的 51-2 型催化剂。由于这种催化剂在较高压力下能维持较长的寿命,1972 年 ICI 公司建立了一套合成压力为 10 MPa 的中压甲醇合成装置,所用合成塔与低压法相同,也是四段冷激式,工艺流程与低压法也相似。鲁奇公司也发展了 8 MPa 的中压法甲醇合成,其工艺流程和设备与低压法类似。

日本三菱瓦斯化学公司开发了合成压力为 15 MPa 左右的中压法甲醇合成工艺。该甲醇工艺生产流程如图 4-2-6 所示。以天然气为原料经镍催化剂蒸汽转化后的新鲜合成气由离心式压缩机增压至 14.5 MPa,与循环气混合,在循环段增压至 15.5 MPa 送入合成塔。合成塔为四层冷激式,采用低温高活性 Cu-Zn 催化剂,装填量 30 t,反应温度为 250 ℃~280 ℃,反应后的出塔气体经换热后,冷凝至甲醇分离器,分离后的粗甲醇送往精馏系统。分离器出口气体大部分循环,少部分排出系统供转化炉燃料用。工艺流程中设有开工加热器。

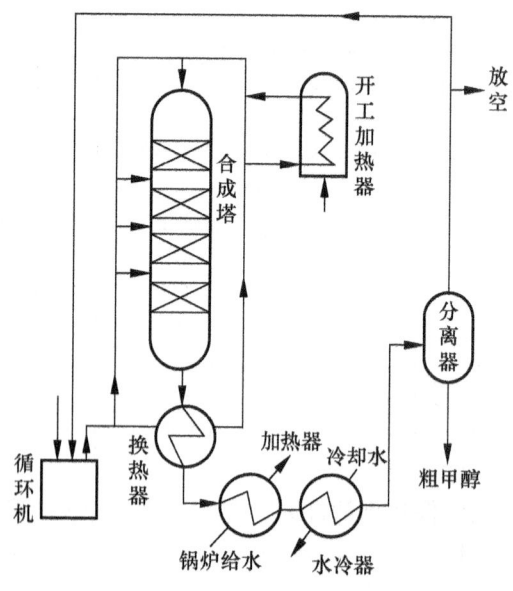

图 4-2-6 日本新潟工厂中压法甲醇生产工艺流程

三、甲醇合成主要设备

甲醇合成主要设备有甲醇合成塔、水冷凝器、甲醇分离器、滤油器、循环压缩机、粗甲醇贮槽。

甲醇合成反应器是甲醇生产的核心设备，主要由外筒、内件两大部分构成。设计合理的甲醇合成反应器应做到催化床易于控制，调节灵活，转化率高，催化剂生产强度大，能回收反应热，床层中气体分布均匀，压降低；在结构上要求简单紧凑，高压空间利用率高，高压容器及内件无泄漏，催化剂装卸方便；在材料上要求具有抗羰基化合物的生成及抗氢脆的能力；在制造、维修、运输、安装上要求方便。下面对几种代表性的甲醇合成塔做简要介绍。

1. 三套管并流式合成塔

图4-2-7为三套管并流式甲醇合成塔的结构。它主要由高压外筒和合成塔内件两部分组成，而内件由催化剂筐、热交换器和电加热器组成。

① 高压外筒。高压外筒是一个锻造的或由多层钢板卷焊而成的圆筒容器。容器上部的顶盖用高压螺栓与筒体连接，在顶盖上设有电加热器和温度计套管插入孔。筒体下部设有反应气体出口及副线气体进口。

② 内件。合成塔的内件由不锈钢制成。内件的上部为催化剂筐，中间为分气盒，下部为热交换器。催化剂筐的外面包有玻璃纤维（或石棉）保温层，以防止催化剂筐大量散热。由于大量散热，不仅靠近外壁的催化剂温度容易下降，给操作带来困难，更主要的是使外筒内壁受热辐射而温度升高，加剧了氢气对外筒内壁的腐蚀，更重要的是使外

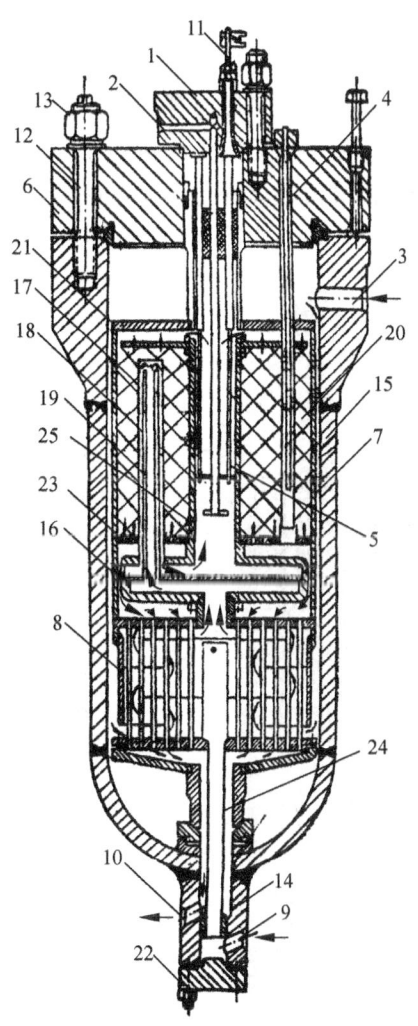

图4-2-7 高压法甲醇合成塔

1—电炉小盖；2—二次副线入口；3—主线入口；4—温度计套管；5—电热炉；6—顶盖；7—触媒筐；8—热交换器；9—一次副线入口；10—合成气出口；11—导电棒；12—高压螺栓；13—高压螺母；14—异径三通；15—高压筒体；16—分气盒；17—外冷管；18—中冷管；19—内冷管；20—催化剂；21—催化剂筐盖；22—小盖；23—筛孔板；24—冷气管；25—中心管

筒内壁的温度差升高，进而使外筒承受了巨大的热应力，这是很不安全的。因此，为了安全起见，外筒的外部也包有保温层，以减少外筒内外壁的温差，从而降低热应力。

热交换器的中央有一根冷气管，从副线来的气体经过此管，不经热交换器而直接进入分气盒，进而被分配到各冷管中，用来调节催化剂床层的温度。

合成塔内气体流程如下：主线气体从塔顶进塔，沿外筒与内件的环隙顺流而下，这样流动可以避免外筒内壁温度升高，从而减弱了对外筒内壁的脱碳作用，也防止塔壁承受巨大的热应力。然后气体由塔下部进入热交换器管间，与管内反应后的高温气体进行换热，这样进塔的主线气体得到了预热。副线气体不经过热交换器预热，由冷气管直接进入与预热了的主线气体一起进入分气盒的下室，然后被分配到各个三套管的内冷管及内冷管与中冷管之间的环隙，由于环隙气体为滞气层，起到隔热的作用，所以气体在内管中的温度升高极小，气体在内管上升至顶端再折向外冷管下降，通过外冷管与催化剂床层中的反应气体进行并流换热，冷却了催化剂床层，同时，使气体本身被加热到催化剂的活性温度以上。然后，气体经分气盒的上室进入中心管（正常生产时中心管内的电加热器停用），从中心管出来的气体进入催化剂床层，在一定的压力、温度下进行甲醇合成反应。首先通过绝热层进行反应，反应热并不移出，用以迅速提高上层催化剂的温度，然后进入冷管区进行反应，为避免催化剂过热，由冷管内气体不断地移出反应热。反应后的气体出催化剂筐，进入热交换器的管内，将热量传给刚进塔的气体，而自身温度降至150℃以下，从塔底引出。

2. 单管并流合成塔

单管并流合成塔如图4-2-8所示。该塔的冷管换热原理与三套管并流式合成塔相同，内件结构也基本相似，唯一不同的是冷管的结构。即将三套管之内冷管输送气体的任务，由几根输气总管代替，这样，冷气管的结构简化，既节省了材料，又可以多装填一些催化剂。

单管并流冷管的结构有两种型式，一种是取消了分气盒，从热交换器出来的气体，直接由输气总管引到催化剂床层的上部，然后气体被分配到各冷

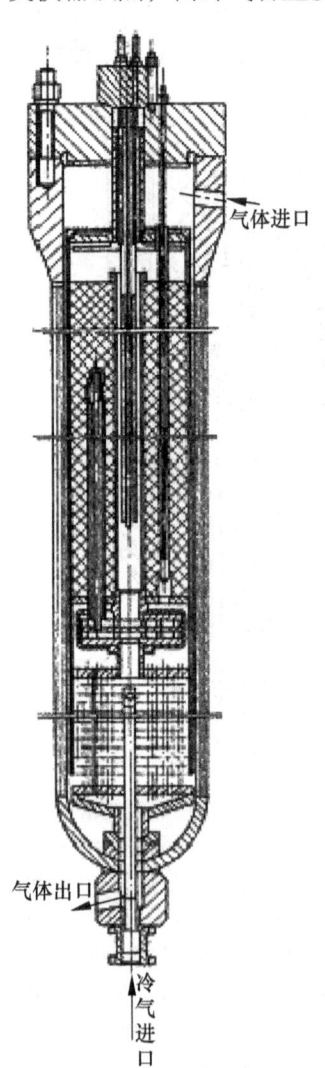

图4-2-8 单管并流合成塔

管内，由上而下通过催化剂床层，再进入中心管。另一种是仍然采用分气盒，如图4-2-8所示的冷管结构，从热交换器出来的气体，进入分气盒的下室，经输气总管送到催化剂床层上部的环形分布管内，由于输气总管根数少，传热面积不大，因此气体温升并不显著。然后，气体由环形分布管分配到许多根冷管内，由上而下经过催化剂床层，吸收了催化剂床层内的反应热，而后进入分气盒上室，再进入中心管。从中心管出来的气体由上而下经过催化剂床层，进行甲醇合成反应，再经换热器换热后，离开合成塔。

3. 均温型甲醇合成塔

由浙江工业大学设计的均温型甲醇合成塔在中、小型甲醇生产厂，高、中、低压合成工艺，锌铬、铜基催化剂等各种生产条件下使用都获得了较为满意的效果。其结构如图4-2-9所示。

均温型甲醇合成塔内气体流向是：气体由塔顶进入，沿塔壁与内件之间的环隙向下进入热交换器管间与反应气体换热后进入中心管，从中心管出来的气体经上部集气室后，通过引气管到上环管，再分配到各下行冷管，然后再经上行冷管进入催化剂床层，反应后的气体从催化剂床层底部进入热交换器管内经换热后从底部出塔。

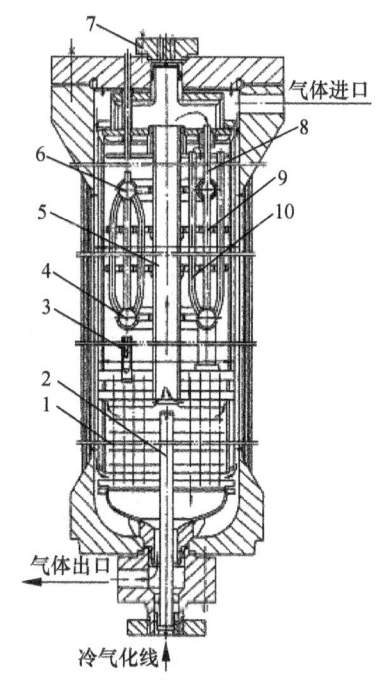

图4-2-9 均温型甲醇合成反应器
1—热交换器；2—冷气管；3—热电偶套管；4—下集气室；5—中心管；6—上集气室；7—电加热器接口；8—集气室引气管；9—气体下行管；10—气体上行管

4. 鲁奇管壳型甲醇合成塔

鲁奇管壳型甲醇合成塔是联邦德国鲁奇公司研制设计的一种管束型副产蒸汽合成塔。操作压力为5 MPa，温度为250 ℃。合成塔如图4-2-10所示。

合成塔结构类似于一般的列管式换热器，列管内装填催化剂，管外为沸腾水。原料气经预热后进入反应器的列管内进行甲醇合成反应，放出的热量很快被管外的沸腾水移走，管外沸腾水与锅炉汽包维持自然循环，汽包上装有压力控制器，以维持恒定的压力，所以管外沸腾水温度是恒定的，于是管内催化剂床层的温度几乎是恒定的。

5. 管壳-冷管复合型反应器

日本的三菱重工MHI（Mitsubishi Heary Industries）和三菱瓦斯MGC（Mitsubishi Gas Chemical company）两公司联合开发了超大型反应器，该反应器是鲁奇

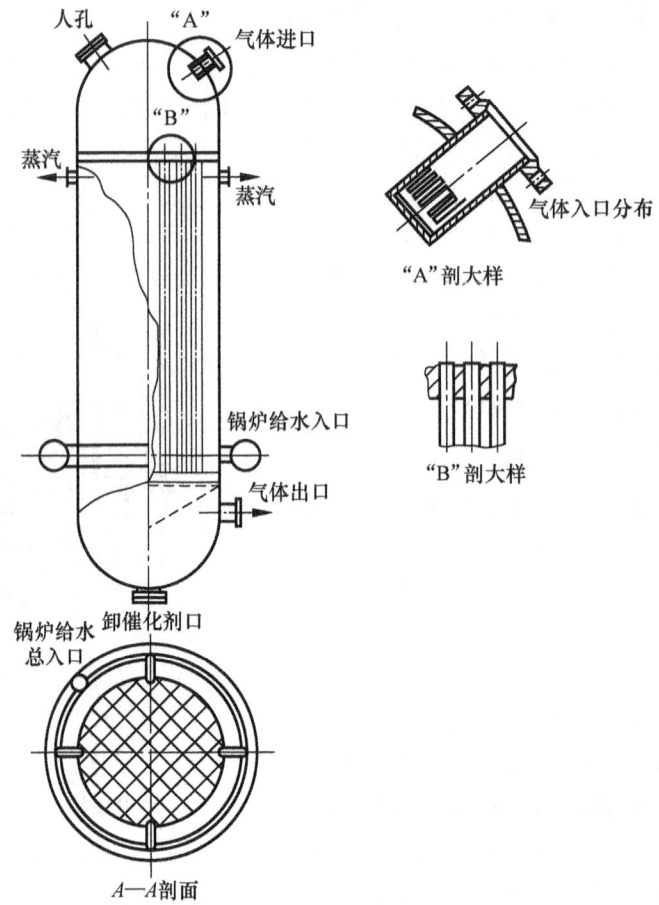

图4-2-10 鲁奇式甲醇合成塔结构

反应器的改进型。其结构如图4-2-11所示。

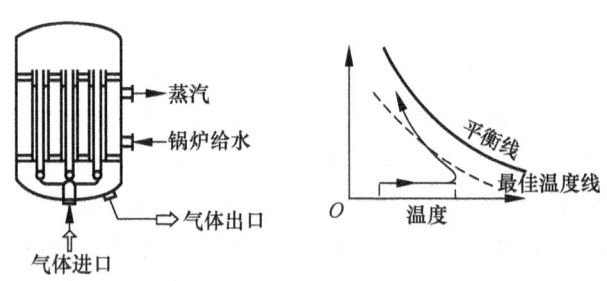

图4-2-11 改进的鲁奇式甲醇合成塔及其操作特性结构

该反应器与鲁奇式反应器类似，不同点仅在于催化剂管内设置气体内冷管。催化剂装填在内管与外管间的环隙中，沸腾水在壳程循环，原料气从内管下部进入，被催化剂中的反应热预热，至管顶后转向，再由上向下通过催化剂床层进行甲醇合成反应,反应气被壳程沸腾水和内管中的原料气冷却后出塔。

6. ICI 冷激型合成塔

ICI 冷激型合成塔是英国 ICI 公司在 1966 年研制成功的甲醇合成塔。它首次采用了低压法甲醇合成,合成压力为 5 MPa。ICI 冷激型合成塔分为四层,且层间无空隙,该塔由塔体、催化剂床层、气体喷头、菱形分布器等组成。其结构如图 4-2-12 所示。

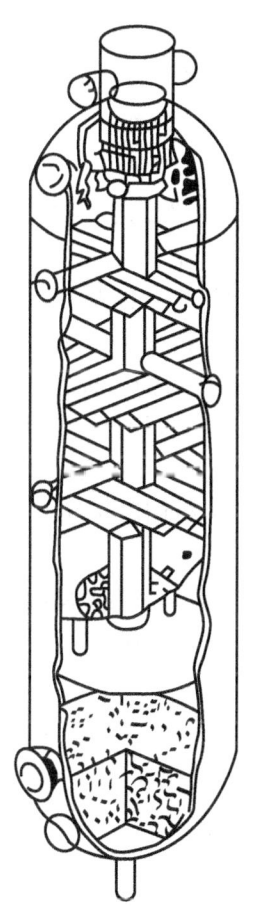

图 4-2-12　ICI 四段冷激式反应器结构

任务五　低压甲醇合成操作规程

一、原始开车

(一) 原始开车具备条件

① 按工艺流程图详细检查所有设备、管道、阀门、仪器仪表,要求必须安

装齐全、连接牢固、质量合格。

② 联系仪表工、电工检查系统所属仪器仪表、电器设备、微机控制系统，确保齐全好用、灵敏可靠。

③ 开车现场要做到工完、料净、场地清，保证操作间及现场通道畅通无阻、照明充分。

④ 压缩机具备对外送气条件。

(二) 系统吹扫

① 系统吹扫的气源为压缩空气。

② 吹扫时，为避免气体流速过大，一般宜用低压。压力控制在 0.4~0.6 MPa，但在吹闪蒸槽等低压设备时，压力控制在 0.2~0.3 MPa，严防超过设备的工作压力，杜绝高压气体窜入低压设备。

③ 吹扫时应按流程进行，凡遇阀门、孔板、设备、容器时，应将入设备容器阀门前的第一对法兰拆开、敞口，插上盲板，使前面吹出来的污物从此口排出，吹净标准为将涂有白漆的靶板堵在拆开管口处无污点为准。待吹洗后复位，吹扫过程中要组织足够人员对所吹扫管线进行敲击。

④ 把合成新鲜气补充气阀前拆口插盲板，并支开管口（留有 20 mm 左右的空隙）。开压缩机四段出口送气进行吹扫直至吹净为止，停压缩机。

⑤ 把新鲜气进口法兰拧好，拆开甲醇滤油器进口法兰，将系统进口阀前法兰拆开插上盲板并支开管口。压缩机四段送气，开新鲜气补气阀门，直至吹净为止，停压缩机。

⑥ 拆开中间换热器一次进口法兰、系统副线阀前法兰插盲板，并支开管口，开压缩机送气，直至吹净为止，停压缩机。

⑦ 拆开中间换热器一次进口法兰，将系统副线阀前法兰拆开插上盲板，并支开管口，压缩机送气直至吹净为止，停压缩机。

⑧ 中间换热器的二次进口法兰插盲板，并支开管口。对合成塔的进口管道、出口管道及系统副线阀阀后的管线进行吹扫直至合格后，停压缩机。

● 对沉积在合成塔内部和塔壁的焊渣和杂物，待合成塔填装催化剂时，拆开上人孔及塔底弯头时清理。

● 吹除时，一定要控制压缩机出口压小于 0.6 MPa，避免中间换热器管内外压差过大造成列管损坏。

⑨ 拆开水冷器进口阀阀前法兰插盲板，并支开管口。压缩机送气进行吹扫直至吹净为止，停压缩机。

按上述方法将水冷器至甲醇分离器，甲醇分离器至甲醇缓冲分离器管线，甲醇缓冲分离器至循环进口阀前的管线（包括阀后至缸上缓冲罐口），甲醇分离器气相出口至洗涤塔及吹风气回收管线，洗涤塔气相出口管线至提氢管线，闪蒸槽气相出口至吹风气回收管线，塔前、后放空管线进行吹扫直至合格为止。

⑩甲醇分离器、缓冲分离器去闪蒸槽管线及闪蒸槽去中间罐区管线，拆下调节阀接短件进行吹扫直至合格。

(三) 系统试压、试漏

1. 系统气密性试验

当系统设备按设计要求安装完毕、单体试车及吹扫结束后，应详细检查设备及系统是否还有缺陷；仪器及压力表是否齐全；应开的阀门有系统进路阀、系统副线阀、甲醇洗涤塔进口阀、水冷器进出口阀；应关的阀门有循环气进出口阀、各排放、排污阀。

2. 甲醇合成塔壳程及汽包的试压

合成汽包系统、蒸汽系统安装完毕，气密性试验结束。把合成塔上人孔拆开，把下弯头拆开，把下部封头人孔拆开。

外送脱氧水条件具备后，将锅炉脱氧水泵出口到合成加水阀前管道冲洗干净。应关闭的阀门有：汽包主副线蒸汽出口阀、汽包总蒸汽出口阀。应打开的阀门有：压力表阀、排污膨胀罐放空阀及下部的排污阀法兰拆开、汽包的两个排污阀、合成塔壳程底部排污阀、下水排污阀、汽包上两个安全阀下部的截止阀。

试压开始前通知调度，让锅炉开启合成给水泵送脱氧水至汽包加水阀前，观察脱氧水压力表，当压力升至 4 MPa 时，微开脱氧水进口阀及调节阀组副线阀，缓慢给汽包加水。观察并检查排污情况。当排出清水时，依次关闭各排污阀，使合成塔壳程液位逐渐升高，并观察汽包液位，并控制汽包放空阀，控制汽包压力在 0.1~0.2 MPa。

(四) 系统置换

催化剂还原之前，以及系统大修停车之前的退出、大修后投入生产之前，必须进行系统置换，置换气源为合格的氮气（其纯度为 99.9%），待出口气体取样分析 O_2 含量 <0.5% 为置换合格，与此同时送往外岗位的各条管线、设备终点放空分析氧含量符合置换标准时才能确认全系统置换合格，置换完毕系统要用氮气保正压，严防空气进入。

(五) 催化剂的升温还原

1. 还原前的准备工作

① 催化剂装填完毕后，应用清洁的空气将催化剂粉末从合成塔中吹除干净。
② 公用工程准备就绪。
③ 循环气压缩机、压缩机均已调试合格。
④ 合成系统气密性试验合格。
⑤ 合成系统的电器、仪器、仪表已调试合格，仪表已校准（合成塔进出口

温度、压力及合成回路中各流量显示仪表严格校准）。

⑥ 具备稳定提供还原气 H_2 的条件。

⑦ 化验室分析工作准备就绪。选择好分析取样点，确保能及时、准确地分析合成塔进出口析氢浓度以及氧、二氧化碳等各组分的含量。

⑧ 能提供充足的氮气，压力≥0.5 MPa、纯度＞99.9%（体积分数）。

⑨ 准备好计量还原水的量具，记录表格准备齐全。

2. 催化剂的升温还原

甲醇合成催化剂是以氧化态供给的，投入运行前要进行还原，把氧化铜还原成晶粒细小的铜微晶。金属铜微晶是变换反应的活性组分，还原后催化剂中铜微晶愈小，比表面积就愈大，活性就越好，所以还原应小心，防止超温，以免损坏催化剂。催化剂还原为强放热反应，还原反应如下：

$$CuO + H_2 = Cu + H_2O \text{ (g)} \quad \Delta H_{298} = -86.6 \text{ kJ/mol}$$

$$CuO + CO = Cu + CO_2 \text{ (g)} \quad \Delta H_{298} = -127.6 \text{ kJ/mol}$$

还原后的铜微晶遇氧会迅速氧化，产生高热，烧毁催化剂。因此，在停车、检修设备过程中，要小心保护催化剂，禁止与氧接触。

甲醇合成催化剂的还原特点是速度快，还原实践证明，当塔进口温度为160 ℃，进塔氢浓度为1.0%~1.2%时，耗氢可达1%以上。因此，催化剂可在较低的氢浓度下完成还原反应。

还原速度随温度的升高而加快，高温度效应和高浓度效应叠加会使催化剂层温升难以控制。以干气作载气，甲醇催化剂中 CuO 的还原反应在 160 ℃ 比较明显，稳定此温度逐渐增加氢浓度。加压下氢分压高，反应速率快，温度难以控制。还原压力控制在 0.5 MPa 下进行。

催化剂的还原反应是一个强放热反应，故还原反应必须在低氢浓度下进行，根据温升情况将进口温度稳定在能较好进行还原的温度，逐步使氢浓度从 0.2%、0.4%、0.6% 逐渐增加到 2% 左右稳定下来，尽量不超过 3%。

空速（载气量）的大小，影响还原的速度。配氢浓度一定的情况下，加大空速，加氢量增多还原就快，放出的热量也容易带出，条件许可时应尽量采用较大的空速。一般情况下还原空速为 1 000~1 500 h^{-1}，同时要求气流的空炉线速度＞0.5 m/s，因为过低的线速度容易产生偏流。

3. 换气及轻负荷运行

当床层温度已达到 225 ℃，合成塔进出口氢含量相当时，即可认为还原结束，系统可用氢氮气逐渐提高压力到 3 MPa，氢含量近 50% 以上后，缓慢切换原料气，逐渐提至维持轻负荷生产的压力，在较低 CO 含量下，轻负荷运行 2~3 天，即可转入正常生产。

二、开停车操作和正常操作要点

(一) 短期停车后开车

① 停车后保温保压,循环机运行状态下开车。首先观察补气压力,当补气压力高于系统压力时,缓慢打开新鲜气补气阀,然后新鲜气慢慢导入循环气系统。

② 在加新鲜气过程中,注意调整蒸汽喷射器阀门开度、汽包蒸汽压力及循环量,逐渐减少蒸汽喷射器喷射量,在合成塔出口温度达到反应温度后,关闭蒸汽喷射器。

③ 按正常操作运行。

(二) 长期停车后的开车

① 合成系统置换合格后,用合格氮气充压至 0.5 MPa。

② 开启循环机,检查是否运行正常,无异常后开循环机进出口阀,进行氮气循环。

③ 观察循环量大小,缓慢开大蒸汽喷射器阀门,控制循环量及升温速率为 20~30 ℃/h,当温度升至 210 ℃以上接新鲜气。按正常工艺指标进行操作。

(三) 正常操作要点

① 通过蒸汽压力总阀控制汽包压力(催化剂使用初期,控制压力要低一些),通过汽包压力控制合成塔出口温度在 215 ℃,要保持该温度恒定。

② 通过汽包液位调节阀控制汽包液位在 1/2~2/3。

③ 通过甲醇分离器及缓冲分离器液位调节阀控制液位在 1/4~1/3。

④ 通过闪蒸槽气相出口调节阀控制闪蒸槽的压力为 0.3 MPa。

⑤ 视新鲜气气体成分,调整循环气气体成分。

(四) 停车程序

1. 短期停车(保温保压)

① 关闭新鲜气补气阀,关闭甲醇驰放气出口阀,合成系统循环。

② 开蒸汽喷射器阀,保持合成触媒温度在反应温度之内,使 $\varphi(CO+CO_2) < 0.5\%$ 以下。

2. 长期停车

① 接调度通知长期停车,关闭新鲜气补气阀,关闭甲醇驰放气出口阀,合成系统循环。

② 开蒸汽喷射器阀,保持合成触媒温度在反应温度之内,使 $\varphi(CO+CO_2) < 0.5\%$ 以下。

③ 逐渐关小蒸汽喷射器阀门,在合成触媒温度降至 100 ℃以下,关闭蒸汽喷射器阀门,关外送蒸汽阀,同时,通知调度关合成给水泵。视停车时间长短,用氮气置换,保持系统正压,停循环机,关循环机进出口阀。

三、事故停车程序

1. 停电

在生产中突然断电，此时压缩机和洗涤塔循环泵自然停止工作，缓慢开启塔后放空阀，注意合成塔出口温度，关闭新鲜气补气阀，关闭醇分、缓冲分离器排液阀，关外送蒸汽阀，关汽包上水阀，注意闪蒸槽压力，关驰放气阀门，联系调度恢复供电，严防本岗位高压串低压事故发生。

2. 仪表空气停止供给

当合成仪表空气压力小于正常时，自动阀门失控，主控通知现场操作工按手动控制，通知调度尽快恢复。

当全厂仪表空气压力小于正常时或空压机跳闸，本工段应按短期停车处理。

3. 冷却水停止供给

在生产中冷却水中断，本工段应按短期停车处理。

4. 合成气停止供给

应做短期停车处理。

5. 锅炉给水突然中断

如果汽包液位在报警线以上，应先和调度联系，查找原因，看能否恢复供水，同时密切注意汽包液位的变化。如果已出现报警，还不能恢复供水，应立即切断新鲜气气源，关小外送蒸汽阀，按短期停车处理。

任务六　原始开车过程中的不正常现象及处理方法

一、开车过程中的不正常现象及处理方法

1. 在开车阶段（即在未加氢前），若循环机跳闸

应先关死开工喷射器蒸汽加入阀，后关闭循环机进出口阀，开循环机进路阀，开循环机放空阀；放尽甲醇分离器及缓冲分离器液位；控制系统氮气压力 0.5 MPa；联系动力、仪表、设备分析循环机跳闸原因，尽快恢复。

2. 在还原阶段，若循环机跳闸

应先关闭补气阀，开塔后放空，补充氢气提高汽包液位，增加合成塔壳程排污量。

3. 温度急剧下降

① 原因：循环量过大。

处理方法：开循环机进路或系统进路调整循环量。

② 原因：蒸汽加入量减小。

处理方法：开大蒸汽喷射器控制阀。

③ 原因：补氢量过小。

处理方法：适当增加补氢量。

④ 原因：脱氧水补水太快。

处理方法：根据汽包液位，稳定补水量。

4. 温度急剧上升

① 原因：补氢量过大。

处理方法：关小补氢阀。

② 原因：汽包液位过低。

处理方法：提高汽包液位，降低汽包压力，增加脱氧水的加入量，将液位控制在指标处。

③ 原因：循环量太小。

处理方法：关小系统进路，循环机进路，必要时开两台循环机；若循环机阀门坏或其他故障应倒机处理。

④ 原因：仪表故障指示不准。

处理方法：通知仪表车间及时校验并处理。

⑤ 原因：循环机跳闸。

处理方法：按循环机跳闸处理。

5. 氮气供不上

系统压力低，少补氢，增加循环量，若不足 0.3 MPa 停止升温还原。

6. 水分离效果差

① 原因：水冷温度高。

处理方法：调整循环水量，降低水冷温度。

② 原因：分离器内部故障。

处理方法：查清原因，开盖处理。

7. 催化剂床层轴向温差或径向温差大

① 催化剂装填不合适，气体偏流。

② 循环量太小。

③ 喷射器后热水偏流。

8. 脱氧水断水或压力低

① 锅炉脱氧水泵跳闸。

② 水泵副线开得过大。

③ 水泵故障。

④ 除氧器液位过低。

处理方法：通知调度或锅炉车间迅速处理。

9. 进、出口压差大

① 循环量过大。

② 催化剂粉化。

处理方法：适当减循环量。

二、异常现象发生的原因及处理方法

1. 合成塔温度突然下降

① 原因：汽包压力控制过低；压缩机倒机造成系统压力剧降；液体甲醇带入合成塔内；气体组分变化；仪表失灵引起温度下降。

② 处理：调节汽包压力在工艺指标内；对压缩机查回路、排油阀、放空阀关闭情况；开分离器排液阀；调节维持正常塔温，并迅速联系调度进行调整；联系仪表工检查、修理。

2. 合成塔温度突然上涨

① 原因：汽包液位低；循环量减少；循环机跳车；气体组分变化；仪表失灵引起塔温上涨；系统蒸汽压力上升。

② 处理：适当加入脱氧水，关排污阀，建立正常液位；系统或循环机进路开得过大或循环机活门漏；紧急停车处理；联系调度、通知调整气体组分；联系仪表工检查、修理、校对；检查蒸汽管线及阀门并加强调节。

3. 合成塔系统压力上涨

① 原因：催化剂层温度下跌；循环气中惰性气体含量增高；循环气量突然减少或中断；合成气水冷效果差；事故断水；系统加量。

② 处理：找出温度下跌原因并积极处理，如系统压力超高，可适当减量放空；适量增加塔后驰放量；检查循环气量减少原因并处理；增加水冷器冷却水量或停车酸洗设备；紧急停车；加强调节。

4. 合成塔系统压力下降

① 原因：系统减量；甲醇分离器跑气；压缩或合成设备管道泄漏。

② 处理：加强调节；关小或暂时关闭分离器排液阀，建立正常液位，同时密切注意合成塔温度的调节；通知调度和车间进行检修。

5. 甲醇中间贮槽压力突然猛涨

① 原因：分离器跑气；精馏工序的粗醇进口阀关闭。

② 处理：关死排放阀，打开贮槽放空阀，将压力调至正常；立即打开贮槽放空阀调节，并联系调度、精馏岗位进行处理。

6. 催化剂中毒和老化

① 原因：气体中硫化物、氯化物带入塔内；气体中油、水覆盖在催化剂表面；催化剂长期高温操作或塔内床层温度频繁而大幅度波动。

② 处理：加强精脱硫效果，严格控制工艺指标；岗位加强排油水；稳定操作。

任务七 甲醇的精馏

一、粗甲醇的组成

用色谱分析或色谱-质谱联合分析测定粗甲醇的组成有40多种，包含了醇、醛、酮、醚、酸、烷烃等。如有氮的存在，还会发现有易挥发的胺类。其他含有少量生产系统带来的羰基铁，及微量的催化剂等杂质。表4-2-7列出了粗甲醇中部分有机物，具有一定的代表性。

表4-2-7 按沸点顺序排列的粗甲醇组分

组 分	沸点/℃	组 分	沸点/℃	组 分	沸点/℃
1. 二甲醚	-23.7	10. 异丁醛	64.5	19. 甲基异丙酮	101.7
2. 乙醚	20.2	11. 甲醇	64.7	20. 醋酐	103.0
3. 甲酸甲酯	31.8	12. 异丙烯醚	67.5	21. 异丁醇	107.0
4. 二乙醚	34.6	13. 正己烷	69.0	22. 正丁醛	117.7
5. 正戊烷	36.4	14. 乙醇	78.4	23. 异丁醚	122.3
6. 丙醛	48.0	15. 甲乙酮	79.6	24. 二异丙基酮	123.7
7. 丙烯醛	52.5	16. 正戊醇	97.0	25. 正辛烷	125.0
8. 醋酸甲酯	54.1	17. 正庚烷	98.0	26. 异戊醇	130.0
9. 丙酮	56.5	18. 水	100.0	27. 4-甲基戊醇	131.0

2. 粗醇组分的分类

上表中组分大致可分为以下几组。

① 轻组分，如表中组分1~15（甲醇、乙醇例外）。

② 甲醇。

③ 水。

④ 重组分，如表中组分16~27。

⑤ 乙醇。

从杂质的化学性质划分，则粗醇中的杂质可以分为以下几类。

（1）有机杂质

这些杂质包含了醇、醛、酮、醚、酸、烷烃等有机物，根据其沸点，可将其分为轻组分和重组分。精馏的关键是将这些杂质与甲醇进行分离。

（2）水

水的含量仅次于甲醇，水与甲醇及有机物形成多元混合物，使得彻底分离水分带来困难，同时难免与有机组分甚至甲醇一起被排出，造成精制过程中甲醇的流失。

（3）还原性杂质

这些物质多为碳碳双键或碳氧双键，很容易被氧化，影响到精甲醇的稳定性，主要体现在高锰酸钾值的降低。还原性杂质主要有异丁醛、丙烯醛、二异丙基酮、甲酸等，这些杂质易氧化的程度，以烯类最严重，仲醇、胺、醛类次之。

（4）增加电导率的杂质

主要有胺、酸、金属等，精甲醇中不溶物杂质的增加，也会明显增加其电导率。

3. 精制方法

（1）物理方法——蒸馏

利用粗甲醇中水、有机杂质、甲醇的挥发度不同可通过蒸馏将其分离，这是粗甲醇精馏中采用的主要方法。由于粗甲醇中有一些组分间的物理、化学性质接近，不易分离，就必须采用特殊的蒸馏方法——萃取蒸馏。

（2）化学方法

采取蒸馏的方法，仍不能将其杂质降至精甲醇所规定的指标，则需要用化学净化的方法破坏掉这些杂质，如采用化学氧化法进行处理。化学氧化法一般采用高锰酸钾进行氧化，将还原性物质氧化成二氧化碳逸出，或生成酸并结合成钾盐与高锰酸钾泥渣一同滤去。

为了减少精制过程中的腐蚀，精甲醇在进入精制设备前要加入氢氧化钠中和其中的有机酸，这也是化学净化的方法。有时，为有效清除某些杂质，也有采用加入其他化学物品，或用离子交换的方法进行化学处理。

二、精馏工艺

甲醇精馏按工艺主要分为3种：双塔精馏工艺技术、带有高锰酸钾反应的精馏工艺技术和三塔精馏工艺技术。双塔精馏工艺技术由于具有投资少、建设周期短、操作简单等优点，被我国众多中、小甲醇生产企业所采用。带有高锰酸钾反应的精馏工艺技术仅在甲醇生产中用锌铬为催化剂的产品中有应用。近年来，随着甲醇合成铜基催化剂的广泛应用和气体净化水平的提高，粗甲醇生产中的副反应减少和杂质的降低，此工艺流程已经很少采用。三塔精馏工艺技术是为减少甲醇在精馏中的损耗和提高热利用率，而开发的一种先进、高效和能耗较低的工艺流程。近年来在大、中型企业中得到了推广和应用。

（1）三塔精馏工艺

三塔精馏工艺流程如图4-2-13所示：出甲醇闪蒸槽的粗甲醇与5%~8%

的 NaOH 溶液混合，然后进入预精馏塔精馏段中部。预精馏塔为普通的常压浮阀塔，用于脱除粗甲醇中的低沸点杂质。在预塔顶部塔顶气经预塔冷凝器冷却后部分冷凝，冷凝液流入预塔回流槽，由预塔回流泵加压后作预精馏塔回流液，粗甲醇中的溶解气（CO_2、CH_4 等）以及低沸点杂质（二甲醚、甲酸甲酯）等不凝气经水冷却器进一步冷凝回收甲醇后排出。排出的尾气经过热器加热后送出界区。

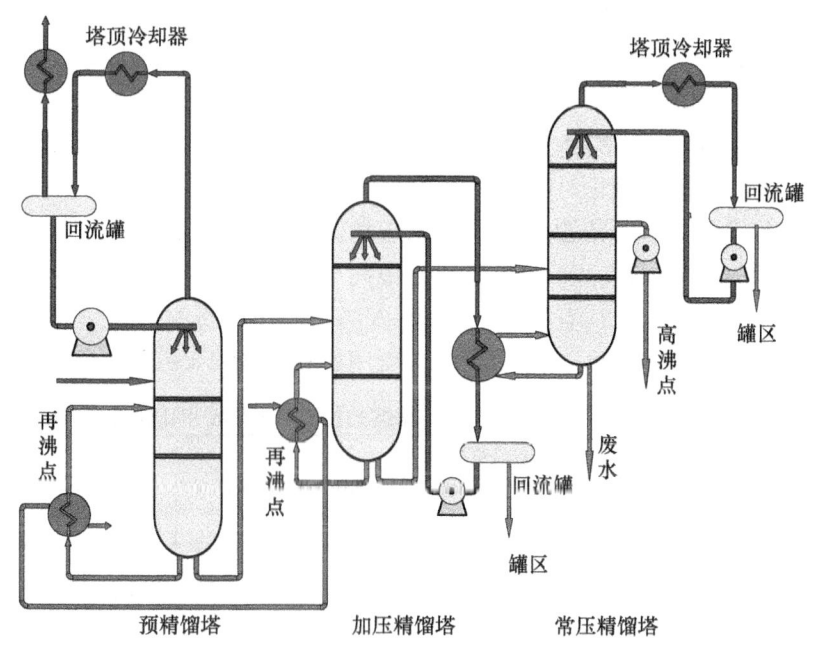

图 4-2-13　三塔精馏示意图

为分离出沸点和甲醇相近的烷烃类杂质，来自中间罐区的甲醇洗涤塔的脱盐水补入粗甲醇作为预精馏塔萃取剂。

预塔底排出液（90 ℃）由加压塔给料泵加压后送往加压精馏塔精馏。塔顶甲醇蒸气去常压精馏塔再沸器作热源，冷凝液进入加压塔回流槽，由加压塔回流泵加压后一部分作加压精馏塔回流液，另一部分经冷却后通过离子交换器脱除甲基胺后送往精甲醇中间贮槽。

加压精馏塔塔底排出液进入常压精馏塔。塔顶甲醇蒸气，经常压塔冷凝器、水冷器冷却至 40 ℃后，冷凝液流入常压塔回流槽，由常压塔回流泵加压后一部分作常压精馏塔回流液，另一部分冷却后经离子交换器送往精甲醇中间贮槽。

常压塔再沸器热源为加压精馏塔塔顶甲醇蒸气。为降低常压塔底高沸点物的含量（主要是杂醇油），从塔下部抽出部分高沸点有机物，经冷却后用泵送出作为燃料或排放到火炬。常压精馏塔塔底排出的含少量甲醇的废水由回收塔给料泵加压后送往废水处理中心。

(2) 双塔与三塔精馏技术比较

① 工艺流程。三塔精馏与双塔精馏在流程上的区别是三塔精馏采用了两台主精馏塔，其中一台是加压塔，另一台是常压塔，较双塔流程多一台加压塔。这样，在同等的生产条件下，降低了主精馏塔的负荷，并且常压塔利用加压塔塔顶的蒸汽冷凝热作为加热源，所以三塔精馏既节约蒸汽，又节省冷却水。

② 蒸汽消耗。在消耗方面，由于常压塔是利用加压塔的蒸汽冷凝热作为加热源，所以三塔精馏的蒸汽消耗相比双塔精馏要低。

③ 产品质量。三塔精馏与双塔精馏在产品质量上最大的不同是三塔精馏制取的精甲醇中乙醇含量低，一般小于 5×10^{-6} mg/kg，而双塔精馏制取的精甲醇中乙醇含量为 $400 \times 10^{-6} \sim 500 \times 10^{-6}$ mg/kg，三塔精馏制取的精甲醇纯度可达 99.99%，有机杂质含量相对较少。

④ 设备投资。三塔精馏的流程较双塔精馏流程要复杂，所以在投资方面，同等规模三塔精馏的设备投资要比双塔精馏高出 20%~30%。

⑤ 操作方面。由于双塔精馏具有流程简单，运行稳定的特点，所以在操作上较三塔精馏要简单方便。其投资与操作费用比较表如表 4-2-8 所示。

表 4-2-8 双塔精馏与三塔精馏的投资与操作费用比较表

项目	双塔精馏			三塔精馏		
生产规模/($t \cdot a^{-1}$)	10	5	2.5	10	5	2.5
投资/%	100	100	100	113	122.3	129
操作费用/%	100	100	100	64	66.7	71
能耗/%	100	100	100	60	60.4	61.2 |注：投资、操作费用、能耗为相对数。

通过上述比较可知，虽然三塔精馏技术的一次性投入要比双塔精馏高出 20%~30%，但是从能源消耗、精甲醇质量上都要优于双塔精馏，特别是能耗低的优点十分突出。随着三塔精馏生产规模的扩大，能耗还有进一步下降的空间。而双塔精馏技术仅在生产规模低于 5 万吨/a 时具有一定的优势。

三、精馏设备

精馏塔在工业上广为使用的有填料塔和板式塔两种，其详细分类见表 4-2-9。

表 4-2-9 精馏塔类型表

填料塔	板式塔	
	有溢流	无溢流
拉西环填料	泡罩塔板	筛孔穿流塔板
十字填料	浮阀塔板	栅板穿流塔板
鲍尔环填料	筛板	波纹塔板
波纹填料	浮动喷射塔板	
丝网填料	导向塔板	

板式塔最常用的是泡罩塔和浮阀塔，在此仅就浮阀塔的特性和原理做一简要介绍。

（1）浮阀塔的工作原理

浮阀塔的主要结构：由浮阀、塔板、溢流管和溢流堰组成。

浮阀的工作原理是：当没有蒸汽上升时，浮阀落在塔板上，这时浮阀的开度仅有 2.5 mm。当塔内蒸汽克服了浮阀的重量，浮阀开启并随着蒸汽速度的大小而改变。这时蒸汽穿过阀孔。从阀的边缘向水平方向喷入塔板上的液层中，形成鼓泡，气液两向进行接触。当浮阀在较低的气速下，塔板上出现鼓泡罩及清液层区域，此时塔板的泄漏及鼓泡是同时进行的，随着汽速的增加，清液层区相应地减少。当达到某一临界速度时，塔板上全处于鼓泡的状态，如再提高汽速，塔板的压力降将随着汽速的增加而增加，因此浮阀塔的正常操作汽速，应在临界汽速以下。

（2）精馏塔内件浮阀示意图

组合导向浮阀塔板是华东理工大学的专利技术，用于气液传质过程，具有良好的操作性能，其主要特征如下。

① 塔板上配有矩形导向浮阀（见图 4-2-14）和梯形导向浮阀（见图 4-2-15），按一定的比例组合而成。浮阀上设有导向孔，导向孔的开口方向与塔板上的液流方向一致。在操作中，从导向孔喷出的少量气体推动塔板上的液体流动，从而可消除塔板上的液面梯度。

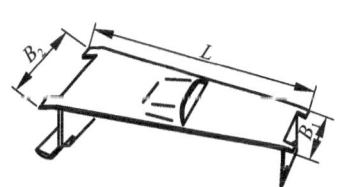

图 4-2-14　矩形导向浮阀

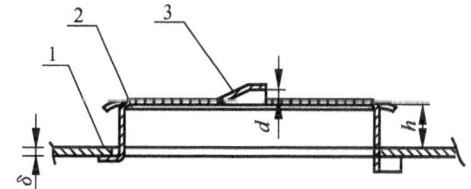

图 4-2-15　梯形导向浮阀

1—阀孔板；2—导向浮阀；3—导向孔

② 矩形导向浮阀和梯形导向浮阀，两端设有阀腿。在操作中，气体从浮阀的两侧流出，无向后的力。因此，组合导向浮阀塔板上的液体返混是很小的。

③ 塔板上的梯形导向浮阀，适当排布在塔板两侧的弓形区内。因为从梯形导向浮阀两侧流出的气体有向前的推力，可以加速该区域的液体流动，从而可以消除塔板上的液体滞止区。

④ 如果液流强度较大或液体流路较长，在液体进口端和中间部位，也可以排布适当数量的梯形导向浮阀，以便消除液面梯度。

⑤ 由于矩形导向浮阀和梯形导向浮阀在操作中不转动，因而浮阀无磨损，不脱落。

(3) 塔板排布示意图

塔板排布示意图如图 4-2-16 所示。

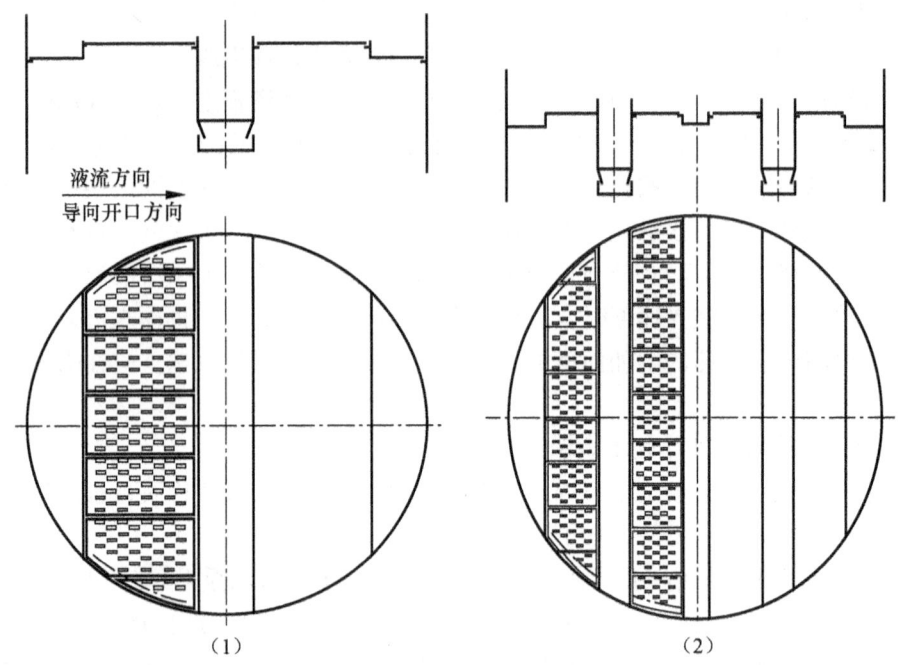

图 4-2-16 塔板排布示意图
(1) 双液流；(2) 四液流

(4) 精馏塔示意图

精馏塔示意图如图 4-2-17 所示。

四、甲醇精馏岗位操作规程

(一) 岗位任务

① 通过脱醚塔除去粗醇中的轻组分（即低沸点物质）。
② 通过加压精馏塔取出部分精甲醇。
③ 通过常压精馏塔取出精甲醇并分出残液。
④ 把合格的精甲醇产品送往成品库，把不合格的精甲醇送回粗醇贮槽或地下槽。

(二) 工艺流程

从粗醇工段送来的浓度为 90% 左右的粗甲醇到粗醇贮槽，经粗醇泵打到粗醇预热器，由蒸汽冷凝液提温至 60 ℃ 左右进入脱醚塔；脱醚塔下部的脱醚塔再沸器采用 0.5 MPa，饱和蒸汽间接加热液体粗醇，保持温度在 80 ℃ 左右，塔顶温度用回流液控制在 70 ℃ 左右，排气温度控制小于 55 ℃，粗甲醇应加碱控制其 pH 值，以减少粗醇介质对设备的腐蚀，同时为了增加轻组分物质与甲醇的沸点

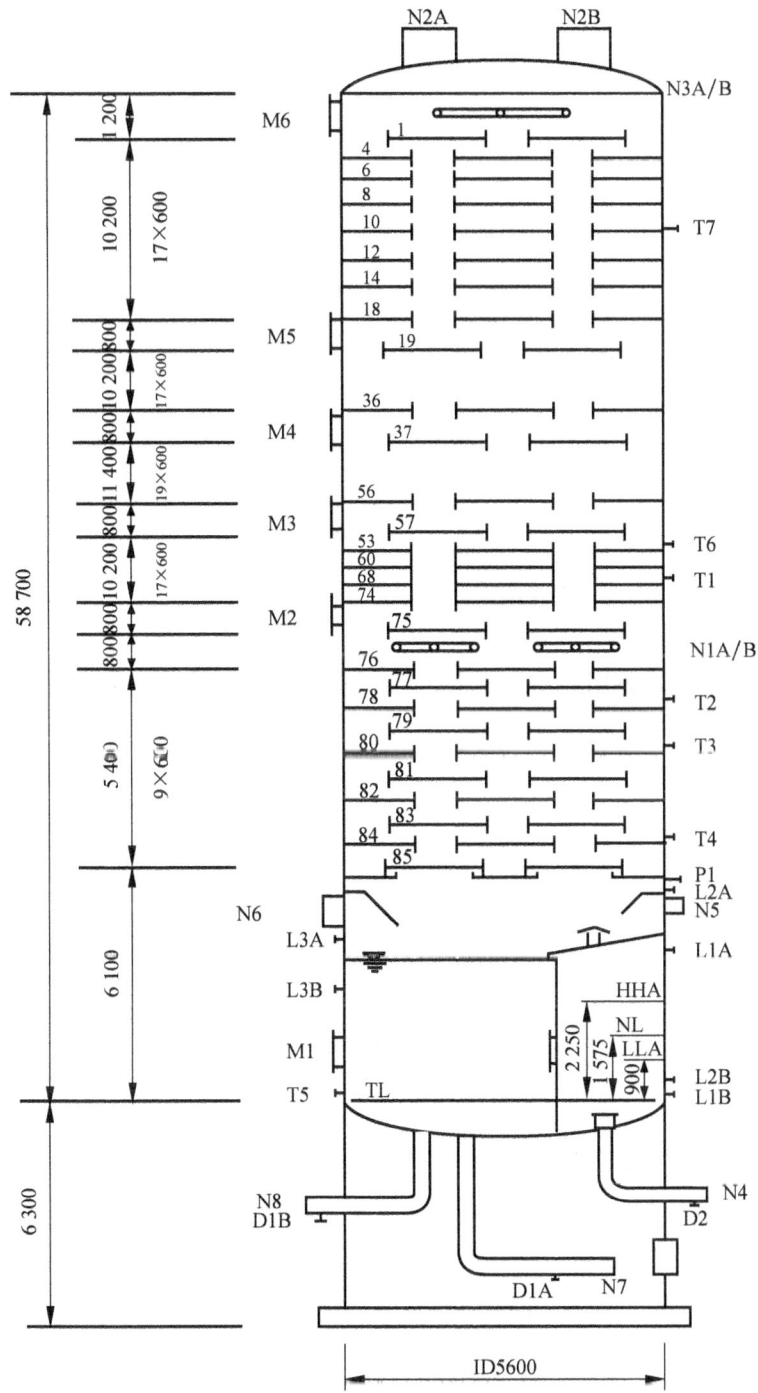

图 4-2-17 精馏塔示意图

差，应控制粗醇具有一定的浓度，一般控制预后相对密度在 0.84~0.87 范围内。

从脱醚塔顶冷凝器冷凝下来的液体进脱醚塔回流槽，经脱醚塔回流泵再打入塔内作为回流。从排气冷凝器冷凝下来的低沸点液体去杂醇油贮槽。

脱醚塔釜液依次通过加压塔进料泵、预后粗醇预热器进入加压精馏塔,用 0.5 MPa 蒸汽加热釜液,控制釜液温度在 130 ℃ ~132 ℃。塔顶蒸汽温度约 122 ℃ 进入常压塔再沸器冷凝,冷凝液流入加压塔回流槽,一部分通过加压塔回流泵打回加压精馏塔作为回流液,另一部分经过加压精馏塔冷却器冷却至 35 ℃ ~40 ℃ 作为产品去精醇贮槽。塔底较稀的甲醇溶液经减压进入常压精馏塔。

常压精馏塔塔釜再沸器由加压塔塔顶蒸汽加热,维持塔釜温度在 108 ℃ ~112 ℃。塔顶蒸汽去常压塔冷凝器,冷凝液流入常压塔回流槽。经常压回流泵一部分打入塔顶作为回流液,另一部分取出经常压塔精醇冷却器冷却后作为产品去精醇贮槽。

常压精馏塔溶液中还有一部分沸点介于甲醇与水之间的杂醇物,一般聚集在入料口下部。因此,在入料口下部取出杂醇油,经冷却后去杂醇油贮槽。脱醚塔和常压精馏塔的最终不凝气通过脱醚塔液封槽和常压塔液封槽后高空排放。

(三) 精馏岗位的原始开车

1. 安装后的检查

① 按照工艺流程图和管道安装图,检查所有的设备和管道安装是否齐全和正确。

② 检查水、电、气是否处于正常的供应状态。

③ 检查仪表是否齐全,并能投入正常运转。

2. 系统的吹净

① 在安装过程中,设备和管道内可能存有灰尘、油泥、棉纱、铁屑和焊渣等杂物,必须进行吹净,以免在试车过程中,将运转设备的部件打坏或管道、设备的堵塞。

② 水管和蒸汽管可以不吹,只吹塔器和回流槽,按照流程的先后顺序将设备和管道拆开,逐段吹除,吹完一段安装一段,直到吹完为止。用空压机向系统内输送 0.4 MPa 的压缩空气作为吹净气源。

3. 系统的试压和试漏

检查设备和管道的施工记录和试验报告,如果压力管道和压力容器部分(加压精馏塔和常压塔再沸器及加压塔回流槽为压力容器)已做了系统压力试验,这样就可以与其他常压系统一起做气密试漏,否则应与其他常压设备隔断进行气密性试验,试验压力为设备设计压力的 1.15 倍。

4. 运转设备的单体试车

精馏系统的单体运转设备主要是泵类,按泵的单体试车方法进行,主要是检查泵的电机启动是否正常,转动方向是否正常,出口有无压力,进口是否有泄漏抽空等现象。可以先用消防水带给脱醚塔回流槽、加压塔回流槽、常压塔回流槽等注水，然后向脱醚塔打液，同时检查泵的出口压力、电机电流，根据回流槽液位下降和塔釜液位的上升便可知道泵的运行情况。当釜里有了一定液位后再开加压塔给料泵和加压塔回流泵，同时可以检查加压塔给料泵和加压塔回流泵的运转情况。常压塔回流泵的试车与以上泵的检查相同。

5. 系统的清洗

① 用消防水带往脱醚塔回流槽内注水。

② 启动脱醚塔回流泵往脱醚塔内注水。

③ 打开脱醚塔排污阀，排一会水，关闭排污阀，建立液位。

④ 用消防水带往加压塔回流槽内加水，启动加压精馏塔回流泵往加压塔内注水。

⑤ 开加压精馏塔排污阀，排一会水，然后关闭排污阀建立液位。

⑥ 用消防水带往常压精馏塔回流槽内注水，启动常压精馏塔回流泵往常压精馏塔内加水并建立液位。

⑦ 往脱醚塔再沸器和加压塔再沸器内通蒸汽，进行蒸煮。其中加压精馏塔顶的蒸气在常压精馏塔再沸器内冷凝，控制加压精馏塔内的压力。可使常压精馏塔内水温升高直至气化。

⑧ 进料管线的清洗，打开脱醚塔进料阀，拆开粗醇预热器前管线上的法兰，让脱醚塔中气液从进料管线倒经粗醇预热器从敞口处流出。

⑨ 在清洗过程中，其他管线取样口均可打开法兰不断排放，直到清洁为止。

⑩ 由于吹净效果较差，所以精馏的原始开车关键是蒸煮，务必要清洗彻底。清洗完毕，即可按正常步骤开车。

（四）开车前的准备工作

① 检查所有静止设备是否完好，人孔是否封死。

② 各转动设备是否完好，处于开车状态。

③ 各仪表、阀门是否正常。

④ 蒸汽压力是否满足开车状况。

⑤ 各有关盲板是否拆除。

⑥ 联系加碱岗位的泵工，做好开车准备。

⑦ 通知调度室、成品库，准备开车。

（五）正常开车

① 联系加碱岗位，开粗醇泵，打开粗醇预热器进出口阀门，向预塔进料，使塔釜液位达 $1/2 \sim 2/3$。同时向系统加碱，碱液由配碱槽通过碱液泵打循环来配制，碱液量及浓度以控制脱醚塔出口粗甲醇的 pH 值偏碱性为原则。通过稀醇泵向系统补加稀醇或冷凝水，控制脱醚塔出口粗甲醇相对密度为 $0.84 \sim 0.86$。

② 开脱醚塔冷凝器冷却水阀，通冷却水。

③ 开脱醚塔再沸器蒸汽出口阀，并用压力自调阀控制蒸汽压力，控制釜温

在 80 ℃左右,当脱醚塔回流槽出现液位,开脱醚塔回流泵,建立回流,通过控制脱醚塔再沸器蒸汽加入量及冷凝器冷却水流量控制回流量与给料量的比值在 0.5~0.8。并按正常操作指标控制塔釜温度和放空温度。

④ 开加压塔给料泵,向加压精馏塔进料,使塔釜液位达到 1/2~2/3。

⑤ 开常压精馏塔冷凝器冷却水阀门。

⑥ 开加压塔再沸器蒸汽阀门,观察加压精馏塔内压力变化情况,待塔内压力大于 0.2 MPa 后,开塔底出料阀,向常压精馏塔进料,并使常压精馏塔的液位维持在 1/2~2/3。同时加压精馏塔内的压力继续上升,待加压塔回流槽出现液位,开回流泵打全回流,并注意维持加压塔回流槽较低液位操作。同时根据回流量加减蒸汽,并根据塔釜液位变化调整向常压塔的进料。最终控制加压精馏塔塔釜温度在 126 ℃~132 ℃,塔顶温度在 117 ℃~122 ℃。打开常压塔精醇冷却器,加压塔精醇冷却器冷却水,并根据加压塔的温度变化情况,打开精醇采出阀,采出精醇。最终维持回流比在 1.5~2.2 内。

⑦ 当常压塔回流槽出现液位时,开常压塔回流泵,建立回流。根据塔的温度情况,决定是否采出精甲醇,最终常压塔的回流比也控制在 1.5~2.2 内。

⑧ 给脱醚塔液封槽和常压精馏塔液封槽建立液位。

⑨ 开杂醇油采出阀,控制采出量在粗甲醇的 0.4% 左右,冷却后送杂醇油贮槽。

⑩ 稳定各塔的操作,使各项指标都在控制范围内。

⑪ 待稳定后,使各有关的自调投入使用。

⑫ 开车后两小时采样分析精醇一次,合格后送成品贮槽。

⑬ 系统正常后,全面检查一遍,是否有异常情况。

(六) 正常操作中的重要调整

1. 脱醚塔操作调整

脱醚塔是一种特殊精馏,即萃取精馏。根据萃取原理,萃取剂加得多,则萃取效果就好,精馏分离是利用各组分之间沸点的不同而把各组分从混合物中分离提纯的一种方法。各组分之间沸点差别越大,则精馏分离越容易进行,相反各组分之间沸点差别越小,则精馏分离相应越困难。在这种情况下,就要用特殊的精馏方法才能使沸点比较接近的组分分离出来,萃取精馏就是一种特殊的精馏方法。它是采用一种萃取剂跟其中某一组分形成混合物,从而增加该组分与其他某些组分的沸距,这样有利于进一步的精馏分离。

在脱醚塔操作中,应严格控制萃取水量,萃取水多了即增加了塔的负荷,又增加了各种能源的消耗。萃取水少了,则萃取效果不好,其常压塔釜温度也难以控制。一般控制脱醚塔预后粗醇的相对密度来控制萃取水量。系统的萃取水通过稀醇泵加入系统。

1. 加压精馏塔和常压精馏塔操作调整

甲醇精馏操作设置加压精馏塔和常压精馏塔,两塔精馏操作的目的主要是为了节约蒸汽,既利用加压精馏塔顶甲醇蒸气的冷凝热作为常压精馏塔再沸器的热源。从理论上讲,两塔精馏的蒸汽消耗量比单塔精馏节约一半。但这就要求加压塔和常压塔有接近的取出量和接近的回流比,并维持两塔的热量平衡。如果某一塔的取出量过大或过小,回流比过大或过小,即使维持了热量平衡,但节约的蒸汽量也小。

粗醇经脱醚塔精馏后,主要是甲醇和水,还有一些微量的轻组分杂质。因此,加压精馏塔和常压精馏塔的精馏可以看成是二元组分的精馏,即塔顶为精甲醇,塔底为水。加压精馏塔塔底产物为常压精馏塔的原料,因此,它的提馏段塔板数很少,塔底取出产物为含有较大甲醇水溶液,粗醇中水的取出全部在常压精馏塔塔釜。

加压精馏塔系统压力与生产负荷有一定的关系,在维持塔的正常操作的情况下,以保障常压精馏塔在正常的回流比和接近 1/2 取出的情况下,维持热量平衡为原则。甲醇塔顶蒸汽温度与压力的对应关系如表 4-2-10 所示。

表 4-2-10　甲醇塔顶蒸汽温度与压力的对应关系

温度/℃	65	117.1	122.6
压力(绝)/MPa	0.106	0.6	0.7

加压塔再沸器所加入的蒸汽量应严格控制,调节要缓慢,以防止引起常压塔和加压塔大的波动。常压塔的放空温度也是个重要的控制指标,放空温度过高,易使甲醇以蒸气的形式从放空管放掉;放空温度过低,则难使略低于甲醇沸点的轻组分杂质从放空管放掉,使产品不容易达到控制指标。一般控制放空温度在 40 ℃~50 ℃。

杂醇油的采出:由于杂醇油的沸点介于甲醇和水之间,因此从塔顶和塔釜都难把它除去,在塔内下部的塔板上,杂醇油逐渐累积而影响甲醇质量。因此,在塔的下部设置了杂醇油采出口,用于采出杂醇油。

回流比是个很重要的操作指标,一般说来,回流比越大,精醇质量越好。但回流比大,蒸汽消耗就多,因此在满足甲醇质量、操作比较容易控制的前提下,应尽量采用较小的回流比。

(七) 停车操作

1. 正常停车

① 通知调度、成品。

② 停粗醇泵以及加碱系统,关泵进出口阀门和加碱阀门。

③ 关脱醚塔再沸器蒸汽进口阀。

④ 当脱醚塔回流槽无液时，停脱醚塔回流泵，关泵进出口阀门。

⑤ 当脱醚塔塔釜无液时，停加压塔给料泵，关泵进出口阀门。

⑥ 关加压塔精甲醇取出口，加压塔采取全回流操作。

⑦ 逐渐减少加压塔釜取出量，即常压塔进料量。逐步降低加压塔塔釜、加压塔回流量，常压塔塔釜、常压塔回流槽的液位。

⑧ 当常压塔回流槽和常压塔塔釜、加压塔回流槽和加压塔塔釜无液位时，停加压塔再沸器蒸汽阀，加压塔回流泵，关泵进出口阀。关加压塔塔釜出料阀。

⑨ 停常压塔回流泵，关泵进出口阀，关精甲醇取出口。

⑩ 关杂醇油取出口。

⑪ 把常压塔塔釜和常压塔回流槽、加压塔塔釜和加压塔回流槽内甲醇溶液放入地下槽并打回粗醇贮槽。

⑫ 停用全部自调。

2. 临时停车（精醇系统不检修、不置换为原则）

停各泵，关闭各塔进出口阀，减少蒸汽量，保持塔内全回流，各温度点不变。

（八）不正常情况的处理

1. 脱醚塔不正常情况和处理

① 塔入料困难：蒸汽量过大，粗醇预热器中甲醇气化产生气阻或泵抽空。

② 淹塔：入料量过大或蒸汽量过大。

2. 加压塔不正常情况和处理

① 塔底无液位，塔底液位调节失灵；蒸汽量大。

② 采出精甲醇质量不合格：调节回流比和蒸汽加入量。

③ 加压塔压力低：加压塔的压力取决于塔的负荷和常压塔冷凝器换热器面积的大小，当负荷比较低时，在维持正常的回流比的情况下，加压塔的压力低是正常的，但塔釜压力也要相应降低。例如，在 0.5 MPa 时，塔顶温度约为 117 ℃，塔底温度则为 126 ℃。在 0.6 MPa 时，塔顶温度为 122 ℃，塔底温度为 132 ℃。

3. 常压塔不正常情况和处理

① 塔底无液位，残液取出自控阀失灵，加压塔蒸汽量大。

② 塔底温度低于 100 ℃，加压塔蒸汽量太少；精醇采出太少。

③ 采出精甲醇质量不合格，回流比小，蒸汽量太大，精甲醇冷却器泄漏。

任务八　学习拓展

一、安全生产技术

甲醇生产过程安全因素主要与它的生产特点有关，现简单介绍如下。

1. 工艺状况（高温、高压）

甲醇的合成反应是在高温、高压下进行的，高温、高压对甲醇的合成反应有利，但也给本工段的安全生产带来了许多不利因素。第一，在高温、高压下，氢氮气对钢材的腐蚀作用加剧，氢气对碳钢有较强的渗透力，形成氢腐蚀，使钢材脱碳而变脆；氮气也会对设备发生渗氮作用，从而减弱其机械性能；第二，材料在高温、高压下也会发生持续的塑性变形积累，改变其金相组织从而引起材质强度、延伸率等机械性能下降，使材料产生拉伸、致泡、变形和裂纹而破坏；第三，高温、高压使可燃气体的爆炸极限扩大，高压更对上限影响较大，由于爆炸界限加宽使其危险性增加；第四，高温高压时对设备维护不利，会增加设备管道泄漏。

2. 设备状况（高压、低压并存）

① 两种不同的压力系统并存。本工段有两种操作压力，一种是高压 14.0 MPa 的压力系统即甲醇合成操作部分；另一种是低压 0.5 MPa 的醇分离操作部分，两种不同而又相差甚大的压力系统同时存在又彼此紧密相连。如果放醇操作失误或其他设备方面原因，醇分的液位控制过低，就易造成高压气窜入低压系统，引起超压操作，其结果是大量甲醇泄漏，危害极大。

② 高低压设备并存，合成工段高压部分均为高压设备，但在高压设备内套有低压设备。这样给安全生产带来了难度，会发生由于操作不当造成合成塔压差增大，而使内套损坏，导致生产不能进行的事故；或者发生由于系统压差增大使内芯漏气损坏的事故。漏气后，气体走进路，管内压力高的气跑至管外，不仅造成进口醇含量高，合成反应不好，影响醇产量，还会使还原后的催化剂活性大大降低。

③ 有催化剂存在。甲醇的合成反应必须在有催化剂存在条件下才能进行，在高温、高压下如果催化剂使用不当，带油、带液、温度及压力波动频繁、超指标等，都会增加毒害。因此，在生产中创造条件，防止催化剂中毒，使催化剂活性高，使用寿命长，是保证稳产高产、安全生产的重要举措。

3. 作业环境状况

从设备上来看，合成系统设备都属于压力容器，由于所承受介质属于易燃易爆物质，一旦发生事故，会造成严重的人员伤亡和设备损坏，破坏力极大。

进入合成工段补充气体和循环气体中含有 H_2、N_2、CO、CO_2、CH_4、Ar 等。除了 N_2 和 Ar 外，H_2、CO、CH_4 气体均为易燃易爆物质。氢的爆炸界限为 4.0% ~ 73.2%，下限较低，爆炸的危险性最大，如果高压气体从设备中泄漏出来，即使数量不多，也极易与空气混合而达到爆炸范围，在遇火源或放空过快时，即能引起爆炸。本工段常见的有合成塔顶着火，高压气体冲出造成的爆炸事故。

此外，合成塔内中心管里有电加热器，在电炉使用过程中，如果绝缘不好或小盖漏气等都易使可燃气体着火和爆炸。还有，当被还原的催化剂粉末暴露在空气里时，能和氧发生剧烈的氧化反应，也能发生爆炸，如常见的合成塔拆小盖爆炸事故。

二、"三废"治理与环境保护

1. 甲醇生产对环境的污染

(1) 废气

① 甲醇膨胀槽出来的膨胀气，其中含有较多的一氧化碳和有机毒物。
② 精馏时预塔顶排放出的不凝气体。
③ 其他如精馏塔顶还有少量含醇不凝性气体等。
④ 锅炉排放烟气，烟气中含粉。
⑤ 备煤系统中的煤的输送、破碎、筛分、干燥等过程中产生的粉尘。

(2) 废水

① 甲醇分离器排放的油水，各输送泵填料的漏液。
② 甲醇生产中对水源污染最严重的是精馏塔底排放的残液。
③ 气化工段气液分离出来的含煤水。

(3) 废渣

废渣主要来自气化炉炉底排渣及锅炉排渣，气化炉二旋排灰。

2. 处理方法

(1) 废气处理

甲醇精馏系统各塔排放的不凝性气体送去燃料气系统作燃料；甲醇膨胀槽排放的膨胀气也送去燃料气系统；气提塔排放的解析气送去气化系统火炬燃烧；脱硫工段的酸性气体去硫回收系统；锅炉烟道气经高效旋风分离除去烟尘85%后送至备煤系统回转干燥机，利用锅炉烟道气余热加热原料回收余热后湿式除尘器二次除尘后，引风机送至烟囱排入大气；原料煤破碎、筛分产生的粉尘，经布袋除尘后排入大气。

(2) 废水处理

以有机物为主要污染物的废水，只要毒性没达到严重抑制作用，一般都可以用生物法处理，一般认为生物方法是去除废水中有机物最经济最有效的方法，特别对于 BOD 浓度高的有机废水更适宜。本设计选用 A/O 生物处理法，即厌氧与好氧联合生物处理法，此法是近年来开发成功的、以深度处理高浓度有机污水的生化水处理工艺，其典型的工艺流程如图 4-2-18 所示。

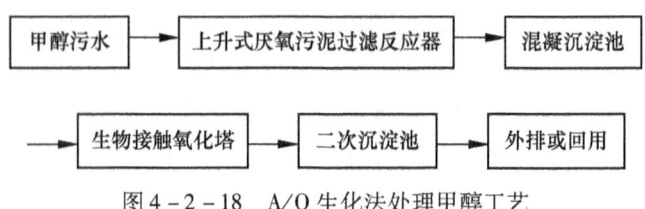

图 4-2-18 A/O 生化法处理甲醇工艺

A/O法处理甲醇废水的优点主要表现在：该法既发挥了厌氧生化能处理高浓度有机污水的优点，又避免了生物接触氧化法抗负荷冲击力弱的缺点，能够较为彻底地消解废水中的主要污染物甲醇，基本上不需要更深程度的处理措施。

（3）废渣处理

气化炉炉渣及锅炉渣，经过高温煅烧，含残炭很少，用于基建回填、铺路是很好的材料。

三、产品的质量标准及包装储运

1. 产品质量标准

本产品（精甲醇）执行国家 GB 338—1992 标准，具体指标见表 4-2-11。

表 4-2-11 甲醇（GB 338—1992）

项目		指标		
		优等品	一等品	合格品
色度（铂-钴）/号	≤	5		10
密度（20℃）/(g·cm^{-3})		0.791~0.792	0.791~0.793	
温度范围（0℃，101 325 Pa）/℃		64.0~65.5		
沸程（包括(64.6±0.10)℃）/℃	≤	0.8	1.0	1.5
高锰酸钾试验/min	≥	50	30	20
水溶性试验		澄清		
水分含量/%	≤	0.10	0.15	
酸度（以HCOOH计）/%	≤	0.001 5	0.003	0.005
或碱度（以NH$_3$计）/%	≤	0.000 2	0.000 8	0.001 5
羰基化合物含量（以CH$_2$O计）/%	≤	0.002	0.005	0.01
蒸发残渣含量/%	≤	0.001	0.003	0.005

2. 储存运输

工业甲醇应该用干燥、清洁的铁制槽车、船、铁桶等包装运输，并定期清洗和干燥。工业甲醇应储存在干燥、通风、低温的危险品仓库中，避免日光照射并隔绝热源、二氧化碳、水蒸气和火种，储存温度不超过30℃，储存期限6个月。储存间内的照明、通风等设施应采用防爆型，开关设在仓外。配备相应品种和数量的消防器材。桶装堆垛不可过大，应留墙距、顶距、柱距及必要的防火检查走道。罐储时要有防火防爆技术措施。露天储罐夏季要有降温措施。禁止使用易产生火花的机械设备和工具。灌装时应注意流速（不超过3 m/s），且有接地装置，防止静电积聚。

四、节能降耗

甲醇成本中能源费用占有较大的比重，降低甲醇制造过程的能量消耗，这是新建甲醇装置普遍重视解决的课题,旧有的甲醇装置也极重视这方面的技术改进工作。如热能的充分利用,原料气制备的工艺改进,采用透平压缩机,使用高活性催化剂等,都取得了显著的节约能量消耗的效果。研究进一步提高碳的氧化物与氢合成甲醇单程转化率的新工艺,在强化生产的同时,实质也是节约能量的重要手段。

如美国最近报道了正在开发的甲醇新工艺,通过液相催化剂的 H_2、CO 转化率达到 90%。因此原料天然气可用空气部分氧化法,不必用纯氧部分氧化法或蒸汽转化法制取甲醇原料气,而节省了大量投资、能量与成本费用。合成气与催化剂约在 100 ℃反应,反应液在器外循环冷却,移热很方便。估计投资约降低 37%,生产成本降低 21%。

日本报道了开发成功在常压常温下将 CO 转化成甲醇的新方法。其工艺特点如下。

① 能量消耗少。

② 甲醇转化率可达 100%。所用催化剂是金属络合物埃弗立特盐($K_2Fe[Fe(CN)_6]$)。

又如美国报道了由 CO 和水生成甲醇的新技术,该方法用以铅为基础的催化剂,反应条件为 10.13×10^5 Pa 和 300 ℃,合成率较高。

这些研发工作对于改进甲醇技术和发展生产具有非常重要的意义。

练习与实训

1. 练习

(1) 合成甲醇的工业方法有哪几种?并写出 CO_2、CO 和 H_2 合成甲醇的主、副反应方程式,并分析影响反应的因素。

(2) 甲醇合成反应的热力学分析说明了什么问题?

(3) 合成甲醇的催化剂有哪几种?它们的性能怎样?

(4) 甲醇合成催化剂中毒及老化的原因是什么?生产中应如何控制?

(5) 甲醇合成塔操作压力稳定主要取决于哪个因素?压力调节的控制要点有哪些?

(6) 甲醇的工业生产过程有哪些主要工序?

(7) 甲醇的物理化学性质主要有哪些?

(8) 甲醇合成对原料气的要求有哪些?

2. 实训

(1) 甲醇合成工艺过程的开车、停车及事故处理仿真实训。

(2) 年产 30 万吨甲醇煤化工教学工厂实习。

(3) 年产 30 万吨甲醇生产企业生产实习。

项目三

二甲醚的生产

教学目标：

(1) 知识目标
① 了解二甲醚物化性质。
② 了解二甲醚生产过程。
③ 掌握二甲醚合成方法。
④ 掌握影响二甲醚的因素。
⑤ 了解开、停车步骤及常见事故处理方法。
(2) 能力目标
通过本部分内容的学习，能根据反应特点和生产条件正确选择二甲醚合成路线。

任务一　生产方法选择

二甲醚的生产工艺主要有两种：一种是甲醇脱水制二甲醚，称为两步法；另一种是合成气（$CO + H_2$）直接合成二甲醚，称为一步法。

国外对二甲醚生产工艺的开发和利用较早，荷兰等国从 20 世纪 60 年代就开始二甲醚的工业生产，最早使用二甲醚作为喷雾剂中的推进剂。国内二甲醚工业起步较晚，80 年代才开始进行大量的研究工作，如山西煤炭化学研究所、西南化工研究院等均开展了甲醇脱水制二甲醚的研究工作，并实现了工业化。中科院大连化物所、浙江大学先后开展了（$CO + H_2$）一步法直接合成二甲醚的研究，也已建成了工业化示范装置。

两步法制二甲醚研究工作起步较早，工艺也较简单，国内工业化装置也较早建成。目前的广东、山东等地已建成数套装置，其年总生产能力在 10 000 吨左右。这些二甲醚多用于日用化工中作喷雾剂使用。

一、两步法

两步法生产二甲醚的关键为甲醇脱水反应的实现。根据参与反应时甲醇的状态，两步法又分为液相法和气相法。

1. 液相甲醇脱水法制 DME

甲醇脱水制 DME 最早采用硫酸作催化剂，反应在液相中进行，因此叫作液相甲醇脱水法，也称硫酸法工艺。该工艺生产纯度为 99.6% 的 DME 产品，主要用于一些对 DME 纯度要求不高的场合。其工艺具有反应条件温和（130 ℃ ~ 160 ℃）、甲醇单程转化率高（>85%）、可间歇也可连续生产等优点，但是存在设备腐蚀、环境污染严重、产品后处理困难等缺点，国外已基本废除此法。我国仍有个别厂家使用该工艺生产 DME，但在使用过程中对工艺有所改进。

2. 气相甲醇脱水法制 DME

气相甲醇脱水法是甲醇蒸气通过分子筛催化剂催化脱水制得 DME。该工艺的特点是：操作简单，自动化程度高，三废排放少，低于国家规定的排放标准。该技术生产 DME 采用固体催化剂，反应温度为 200 ℃，甲醇转化率达到 75% ~ 85%，DME 选择性大于 98%，产品 DME 质量分数 ≥ 99.9%。甲醇制二甲醚的工艺生产过程包括甲醇加热、蒸发，甲醇脱水，甲醚冷却、冷凝及粗醚精馏，该法是目前国内外主要的生产方法。

二、一步法

该法是由天然气转化或煤气化生成合成气后，合成气进入合成反应器内，在反应器内同时完成甲醇合成与甲醇脱水两个反应过程和变换反应，产物为甲醇与二甲醚的混合物，混合物经蒸馏装置分离得二甲醚，未反应的甲醇返回合成反应器内。

一步法多采用双功能催化剂，该催化剂一般由两类催化剂混合而成，其中一类为合成甲醇催化剂，如 Cu – Zn – Al（O）基催化剂，BASFS3 – 85 和 ICI – 512 等；另一类为甲醇脱水催化剂，如氧化铝、多孔 $SiO_2 - Al_2O_3$、Y 型分子筛、ZSM – 5 分子筛、丝光沸石等。

一步法合成二甲醚没有甲醇合成的中间过程，与两步法相比，其工艺流程简单、设备少、投资小、操作费用低，从而使二甲醚生产成本得到降低，经济效益得到提高。因此，一步法合成二甲醚是国内外开发的热点。

1. 国外发展现状

国外开发有代表性的一步法工艺有：丹麦 TopsΦe 工艺、美国 Air Products 工艺和日本 NKK 工艺。

（1）TopsΦe 工艺

TopsΦe 的合成气一步法工艺是专门针对天然气原料开发的一项新技术。该工艺造气部分选用的是自热式转化器（ATR）。自热式转化器由加有耐火衬里的高压反应器、燃烧室和催化剂床层 3 部分组成。

二甲醚合成采用内置级间冷却的多级绝热反应器以获得较高的 CO 和 CO_2 转化

率。催化剂用甲醇合成和脱水制二甲醚的混合双功能催化剂。二甲醚合成采用球形反应器,单套产量可达到 7 200 吨/天。TopsΦe 工艺选择的操作条件为 4.2 MPa 和 240 ℃ ~290 ℃。

(2) 美国 Air Products 工艺

在美国能源部的资助下,作为洁净煤和替代燃料技术开发计划的一部分,Air Products 公司成功开发了液相二甲醚新工艺,简记作 LPDMETM。

LPDMETM 工艺的主要优势是放弃了传统的气相固定床反应器,而使用了浆液鼓泡塔反应器。催化剂颗粒呈细粉状,用惰性矿物油与其形成浆液。高压合成气原料从塔底喷入、鼓泡,固体催化剂颗粒与气体进料达到充分混合。用矿物油可使混合更充分、易于温度控制。

二甲醚合成反应器采用内置式冷却管换热,同时副产蒸汽。浆相反应器催化剂装卸容易,无须进行停工,由于反应过程是等温操作,反应器不存在热点问题,催化剂失活速率大大降低。

典型的反应器操作参数为:压力 2.76 ~ 10.34 MPa,推荐 5.17 MPa;温度 200 ℃ ~350 ℃,推荐 250 ℃。催化剂用量为矿物油用量的 5% ~60%,最好在 5% ~25%。该工艺用富含 CO 的煤基合成气,比天然气合成气更具优势。Air Products 公司已在 15 吨/天的中试工厂对该工艺进行了测试,结果令人满意,但还没有建成商业化规模的大型装置。

(3) 日本 NKK 工艺

除 Air Products 公司外,日本 NKK 公司也开发了采用浆相反应器由合成气一步合成二甲醚的新工艺。

原料可选用天然气、煤、LPG 等。工艺的第一步首先是造气,合成气经冷却、压缩到 5 ~7 MPa,进入 CO_2 吸收塔脱除 CO_2。脱碳后的原料合成气用活性炭吸附塔脱除硫化物后换热至 200 ℃ 进入反应器底部。合成气在反应器内的催化剂与矿物油组成的淤浆中鼓泡,生成二甲醚、甲醇和 CO_2。出反应器产物冷却、分馏,将其分割为二甲醚、甲醇和水。未反应的合成气循环后回反应器。经分馏,从塔顶可得到高纯度的二甲醚产品(95% ~99%),从塔底则可得到甲醇、二甲醚和水组成的粗产品。

2. 国内发展现状

我国在 20 世纪 90 年代前后开始采用气相甲醇法(两步法)生产二甲醚工艺技术及催化剂的开发,很快建立起了工业生产装置。近年来,随着二甲醚建设热潮的兴起,我国两步法二甲醚工艺技术有了进一步的发展,工艺技术已接近或达到国外先进水平。

山东久泰化工科技股份有限公司(原临沂鲁明化工有限公司)成功开发了具有自主知识产权的液相法复合酸脱水催化生产二甲醚工艺,已经建成了 5 000 吨/年的生产装置,经一年多的生产实践证明,该技术成熟可靠。该公司的第二套 3 万吨/年装置也将投产。

山东久泰二甲醚工艺技术已经通过了山东省科技厅组织的鉴定,已被认定达到国际水平。特别是液相法复合酸脱水催化剂的研制和冷凝分离技术,有针对性地克服了一步法合成中气相脱水提纯成本高、投资大的缺点,使反应和脱水能够连续进行,减少了设备腐蚀和设备投资,总回收率达到99.5%以上,产品纯度不小于99.9%,生产成本也较气相法有较大的降低。

2003年8月由泸天化工与日本东洋工程公司合作开发的两步法二甲醚万吨级生产装置试车成功。该装置工艺流程合理,操作条件优化,具有产品纯度高、物耗低、能耗低的特点,在工艺水平、产品质量和设备硬件自动化操作等方面均处于国内先进水平。

近年来,我国在合成气一步法制二甲醚方面的技术开发也很积极,而且一些科研院所和大学都取得了较大进展。兰化研究院、兰化化肥厂与兰州化物所共同开展了合成气法制二甲醚的5 mL小试研究,重点进行工艺过程研究、催化剂制备及其活性、寿命的考察。试验取得良好结果:CO转化率大于85%;选择性大于99%。两次长周期(500 h、1 000 h)试验表明:研制的催化剂在工业原料合成气中有良好的稳定性;二甲醚对有机物的选择性大于97%;CO转化率大于75%;二甲醚产品纯度大于99.5%;二甲醚总收率为98.45%。

中科院大连化物所采用复合催化剂体系对合成气直接制二甲醚进行了系统研究,筛选出SD219-Ⅰ、SD219-Ⅱ及SD219-Ⅲ型催化剂,均表现出较佳的催化性能,CO转化率达到90%,生成的二甲醚在含氧有机物中的选择性接近100%。

清华大学也进行了一步法二甲醚研究,在浆态床反应器上,采用LP+Al_2O_3双功能催化剂,在260 ℃~290 ℃,4~6 MPa的条件下,CO单程转化率达到55%~65%,二甲醚的选择性为90%~94%。

杭州大学采用自制的二甲醚催化剂,利用合成氨厂现有的半水煤气,在一定反应温度、压力和空速下一步气相合成二甲醚。CO单程转化率达到60%~83%,选择性达95%。该技术已在湖北田力公司建成了年产1 500吨二甲醚的工业化装置。该装置既可生产醇醚燃料,又可生产99.9%以上的高纯二甲醚,CO转化率达70%~80%。这是国内第一套直接由合成气一步法生产高纯二甲醚的工业化生产装置。

对于两步法二甲醚工艺技术,无论是气相法还是液相法,国内技术均已经达到先进、成熟可靠的水平,完全有条件建设大型生产装置。

由国内开发的合成气一步气相法制二甲醚技术基本成熟,并已建成千吨级装置。但对于建设大型二甲醚装置,国内技术尚需实践验证。

合成气法制DME是在合成甲醇技术的基础上发展起来的,由合成气经浆态床反应器一步合成DME,采用具有甲醇合成和甲醇脱水组分的双功能催化剂。

因此，甲醇合成催化剂和甲醇脱水催化剂的比例对 DME 生成速度和选择性有很大的影响，是其研究重点。其过程的主要反应如下。

甲醇合成反应：
$$CO + 2H_2 \Longleftrightarrow CH_3OH + 9\,014 \text{ kJ/mol} \qquad (4-3-1)$$

水煤气变换反应：
$$CO + H_2O \Longleftrightarrow CO_2 + H_2 + 4\,019 \text{ kJ/mol} \qquad (4-3-2)$$

甲醇脱水反应：
$$2CH_3OH \Longleftrightarrow CH_3OCH_3 + H_2O + 2\,314 \text{ kJ/mol} \qquad (4-3-3)$$

在该反应体系中，由于甲醇合成反应和脱水反应同时进行，使得甲醇一经生成即被转化为 DME，从而打破了甲醇合成反应的热力学平衡限制，使 CO 转化率比两步反应过程中单独甲醇合成反应有显著提高。由合成气直接合成 DME，与甲醇气相脱水法相比，具有流程短、投资省、能耗低等优点，而且可获得较高的单程转化率。合成气法现多采用浆态床反应器，其结构简单，便于移出反应热，易实现恒温操作。它可直接利用 CO 含量高的煤基合成气。因此，浆态床合成气法制 DME 具有诱人的前景，将是煤炭洁净利用的重要途径之一。合成气法所用的合成气可由煤、重油、渣油气化及天然气转化制得，原料经济易得，因而该工艺可用于化肥和甲醇装置适当改造后生产 DME，易形成较大规模生产；也可采用从化肥和甲醇生产装置侧线抽得合成气的方法，适当增加少量气化能力，或减少甲醇和氨的生产能力，用以生产 DME。

近年来 CO_2 加 H_2 制含氧化合物的研究越来越受到人们的重视，有效地利用 CO_2，可减轻工业排放 CO_2 对大气的污染。CO_2 加 H_2 制甲醇因受平衡的限制，CO_2 转化率低，而 CO_2 加 H_2 制 DME 却打破了 CO_2 加 H_2 生成甲醇的热力学平衡限制。目前，世界上有不少国家正在开发 CO_2 加 H_2 制 DME 的催化剂和工艺，但都处于探索阶段。日本 Arokawa 报道了在甲醇合成催化剂（$CuO - ZnO - Al_2O_3$）与固体酸组成的复合型催化剂上，CO_2 加 H_2 制取甲醇和 DME，在 240 ℃、310 MPa 的条件下，CO_2 转化率可达到 25%，DME 选择性为 55%。大连化物所研制了一种新型催化剂，CO_2 转化率为 13.17%，DME 选择性为 50%。天津大学化学工程系用甲醇合成催化剂 $Cu - Zn - Al_2O_3$ 和 HZSM - 5 制备了 CO_2 加 H_2 制 DME 的催化剂。兰州化物所在 $Cu - Zn - ZrO_2$/HZSM - 5 双功能催化剂上考察了 CO_2 加 H_2 制甲醇反应的热力学平衡。结果表明 CO_2 加 H_2 制 DME 不仅打破了 CO_2 加 H_2 制甲醇反应的热力学平衡，明显提高了 CO_2 转化率，而且还抑制了水气逆转换反应的进行，提高了 DME 的选择性。

催化蒸馏法制 DME 到目前为止，只有上海石化公司研究院从事过这方面的研究工作。他们是以甲醇为原料，用 H_2SO_4 作催化剂，通过催化蒸馏法合成二甲醚的。由于 H_2SO_4 具有强腐蚀性，而且甲醇与水等同处于液相中，因此，该法的工业化前景一般。催化蒸馏工艺本身是一种比较先进的合成工艺，如果改用固体催化剂，则其优越性能得到较好的发挥。用催化蒸馏工艺可以开发两种 DME 生产技术：一种是甲醇脱水生产 DME，一种是合成气一步法生产 DME。从技术难度方面考虑，第一种方法极易实现工业化。

综上所述，目前合成 DME 有以下几种方法。

① 液相甲醇脱水法。

② 气相甲醇脱水法。

③ 合成气一步法。

④ CO_2 加 H_2 直接合成。

⑤ 催化蒸馏法。

其中前两种方法比较成熟，后三种方法正处于研究和工业放大阶段。本章采用气相甲醇脱水法制二甲醚。

任务二 生产准备

一、二甲醚的性质

二甲醚（Dimethyl Ether，DME）又称作甲醚；氧代双甲烷，其分子式为 CH_3-O-CH_3，是最简单的脂肪醚，甲醇的重要衍生物之一。在常压下是一种无色气体或压缩液体，具有轻微醚香味；相对密度（20 ℃）为 0.666，熔点为 -141.5 ℃，沸点为 -24.9 ℃，室温下蒸气压约为 0.5 MPa，与石油液化气（LPG）相似。易溶于水及醇、乙醚、丙酮、氯仿等有机溶剂；常温下 DME 具有惰性，不易自动氧化，无腐蚀、无致癌性，但在辐射或加热条件下可分解成甲烷、乙烷、甲醛等。

二甲醚为易燃气体，在燃烧时火焰略带光亮，燃烧热（气态）为 1 455 kJ/mol；与空气混合能形成爆炸性混合物；接触热、火星、火焰或氧化剂易燃烧爆炸；接触空气或在光照条件下可生成具有潜在爆炸危险性的过氧化物。气体比空气重，能在较低处扩散到相当远的地方，遇火源会着火回燃。若遇高热，容器内压增大，有开裂和爆炸的危险。

二甲醚是醚的同系物，但与用作麻醉剂的乙醚不一样，二甲醚的毒性很低，气体有刺激及麻醉作用的特性，通过吸入或皮肤吸收过量的此物品，对中枢神经系统有抑制作用，麻醉作用弱，对皮肤有刺激性。

二、二甲醚的用途

由于石油资源短缺，煤炭资源丰富及人们环保意识的增强，从煤转化成清洁燃料的二甲醚日益受到重视，成为国内外近年来竞相开发的性能优越的碳一化工产品。作为 LPG 和石油类的替代燃料，二甲醚是具有与 LPG 物理性质相类似的化学品，在燃烧时不会产生破坏环境的气体，能便宜而大量地生产。

二甲醚作为一种新兴的基本有机化工原料，由于其具有良好的易压缩、冷凝、气化特性，使得二甲醚在制药、燃料、农药等化学工业中有许多独特的用途。如高纯度的二甲醚可代替氟利昂用作气溶胶喷射剂和制冷剂，减少对大气环境的污染和臭氧层的破坏。由于其良好的水溶性、油溶性，使得其应用范围大大优于丙烷、丁烷等石油化学品。代替甲醇用作甲醛生产的新原料，可以明显降低甲醛生产成本，在大型甲醛装置中更显示出其优越性。作为民用燃料气，其储运、燃烧安全性、预混气热值和理论燃烧温度等性能指标均优于石油液化气，可作为城市管道煤气的调峰气、液化气掺混气。也是柴油发动机的理想燃料，与甲醇燃料汽车相比，不存在汽车冷启动问题。二甲醚还是未来制取低碳烯烃的主要原料之一。

1. 车用燃料

作为汽车燃料替代柴油，是目前二甲醚工业应用的主要领域。通常，柴油机热效率比汽油机高7%~9%，但现有柴油机因污染大而逐渐被淘汰。用二甲醚作燃料的柴油机，以高效、环保等优点，正在逐渐替代原有的柴油机。

二甲醚发动机的功率高于柴油机，可降低噪声，实现无烟燃烧，符合环保要求，是理想的柴油代用燃料。二甲醚氧化偶联后可合成十六烷值60~100的燃料添加剂。该添加剂常温下，可以与柴油以任何比例相溶，可以配成十六烷值41~57的燃料。

使用二甲醚的汽车，在不改变原车结构和使用性能的基础上，只需加装一套供气转换装置，就可成为既能烧油又能烧气的双燃料汽车。供气系统加装方便易行，其加装费和建造加气站等费用均低于LPG和CNG燃料汽车。

2. 民用燃料

由于二甲醚有与液化气相似的物理性质，同时又具有完全燃烧及污染物少等因素，二甲醚作为新型民用洁净燃料，具有巨大的市场。它可以在没有使用LPG和CNG资源短缺的大中城市，作为民用燃料。燃料级二甲醚的纯度一般为98%，其余为甲醇、C_3~C_4烃、水，可保证瓶装二甲醚在通常室温下烧尽。二甲醚作为民用燃料具有以下优点。

① 二甲醚在室温下可以液化，气瓶压力符合现有液化石油气要求，可以用现有液化石油气罐盛装。

② 二甲醚与LPG一样，同属气体类燃料，使用方便，不用预热，随用随开。

③ 二甲醚组成稳定，无残液，可确保用户有效使用。

④ 二甲醚比LPG具有更好的燃烧特性，在燃烧时不会产生危险的气体。

⑤ 燃料级二甲醚（DME≥98%）可用于民用，在运输、储存和使用期间不会影响其性能，安全可靠。

⑥ 同品级的 DME 灶与 LPG 灶价格相同，若需用 LPG 旧灶改装，每个炉子只需花费很少的费用。

3. 气雾推进剂

从二甲醚消费领域看，气雾推进剂是二甲醚的主要用途之一。20 世纪 60 年代以来，气雾剂产品以其特有的包装特性，深受消费者欢迎。以前气雾剂产品大量使用氟氯烷做推进剂，由于使用时氟氯烷全部释放到大气中，对大气臭氧层造成严重破坏，从而影响人类健康、动植物生长和地球生态环境。因此，世界各国都在致力于寻找氟氯烷的替代品。我国自 1988 年起，禁止气雾剂中使用氟氯烷（医疗用品除外）作为推进剂，氟氯烷的替代品现在有 LPG、DME、压缩气（CO_2、N_2、N_2O）、氢氯氟碳（HClFC）、氢氟碳（HFC）等物质。DME 在气雾剂工业中正以其良好的性能，逐步替代其他气雾剂，成为第四代推进剂的主体。它还可用作空气清新剂、杀虫剂、泡沫填缝剂、彩带等。

4. 环保型制冷剂和发泡剂

二甲醚易液化的特性也引起人们的重视。利用 DME 的低污染、制冷效果好等特点，许多国家正开发以 DME 代替氢氟烃作制冷剂或发泡剂。二甲醚作为发泡剂，能使泡沫塑料等产品孔洞大小均匀，柔韧性、耐压性增强，并具有良好的抗裂性。国外已相继开发出利用 DME 作聚苯乙烯、聚氨基甲酸乙酯、热塑性聚酯泡沫等的发泡剂。

5. 化工原料

二甲醚是一种重要的化工原料，可用来合成许多种化工产品或参与化工产品的合成。二甲醚最主要的应用是用作生产硫酸二甲酯的原料。国外硫酸二甲酯消费二甲醚的量约占 DME 总量的 35%，而中国硫酸二甲酯几乎全部采用甲醇硫酸法。此法的中间产物硫酸氢甲酯毒性较大，生产过程腐蚀严重，产品质量较差。随着环保要求不断提高，以及 DME 产量不断增加，采用二甲醚合成硫酸二甲酯代替传统的甲醇硫酸法势在必行。

二甲醚也可以羰基化制乙酸甲酯、乙酸乙酯、乙酐、醋酸乙烯；可作甲基化剂制烷基卤化物以及二甲基硫醚等，用于制药、农药与燃料工业；可作偶联剂，用于合成有机硅化物；DME 可与氢氰酸反应生成乙腈，与环氧乙烷反应生成乙二醇二甲醚等；DME 脱水可生产低碳烯烃，同时 DME 还是一种优良的有机溶剂。

6. 切割燃料

二甲醚代替乙炔作为切割燃料，与以乙炔为燃料的切割设备完全相同，并且切割性能好，切割面光滑，不需要进行抛光打磨，可节省大量人力。与使用乙炔燃料相比较，能节省成本 60% 以上；用二甲醚大量替代乙炔进行切割可减少高污染、高耗能的电石生产，有利于节能和环保。

7. 二甲醚发电

二甲醚是一种清洁燃料，可用于发电。由于我国大量的低价煤用于电厂的发电，目前还未优先考虑二甲醚。但是，如果我国计划利用天然气发电，就应该进行分析，确定二甲醚在发电市场与天然气的竞争力。

8. 供暖、洗浴

二甲醚作为燃料，在不具备集中供暖条件的地区进行家庭供暖、洗浴等。其特点为加热时间短，一般只需 8~15 s，并可根据需要调节水温，能快速提供热水，使用时间长，价格低廉，具有节能、环保、高效、安全等优点。

任务三　应用生产原理确定生产条件

一、反应原理

甲醇蒸气在催化剂和一定温度条件下进行分子间脱水反应制二甲醚的主要反应方程式：

$$2CH_3OH \rightleftharpoons CH_3OCH_3 + H_2O$$

此反应为可逆、放热、等体积的反应。在反应条件下还会伴随发生一系列副反应：

$$CH_3OH \longrightarrow CO + 2H_2$$
$$2CH_3OH \longrightarrow C_2H_4 + 2H_2O$$
$$2CH_3OH \longrightarrow CH_4 + 2H_2O + C$$
$$CH_3OCH_3 \longrightarrow CH_4 + CO + H_2$$
$$CO + H_2O \longrightarrow CO_2 + H_2$$

由于反应为放热反应，其放热使反应器自身温度和催化剂床层温度升高，故第二段催化剂床层温度用热气流中喷入温度较低的甲醇蒸气的方法来调节，使反应温度在一定范围内进行。

在操作温度下，甲醇不能完全转化，又伴有少量的副反应产生。因此反应器出来的产品除二甲醚、甲醇、水外，还有少量的不凝气体，经换热器回收热量，水冷后进入粗甲醚储罐。粗甲醚储罐中的不凝气体经气体冷却器冷却后进入洗涤塔，经精馏塔塔釜液洗涤吸收二甲醚后，不凝气体送燃气系统。

二甲醚、甲醇、水的沸点分别为 -24 ℃、64.7 ℃、100 ℃，且无共沸物存在。反应出来的粗甲醚（含甲醇、二甲醚、水）用泵送入精馏塔，塔顶得到的二甲醚冷凝液部分回流，部分经分析合格后作为产品采出。精馏塔釜液储罐的甲醇水溶液，部分作为洗涤塔吸收液使用，部分返回反应工段的气化塔分离甲醇和水，在气化塔顶得到甲醇返回系统使用。

二、甲醇气相脱水催化剂

甲醇脱水制二甲醚使用的催化剂，实质上都是酸性催化剂，气相法脱水使用固体酸，而液相法脱水使用液体酸。下面对甲醇气相脱水反应所用的固体酸催化剂做简要介绍。

1. 固体酸的种类

固体酸是指能使碱性指示剂改变颜色的固体，或者是能化学吸附碱性物质的固体。严格地讲，固体酸是指能给出质子或能够接受孤对电子的固体。固体酸种类繁多，通常可分为表4-3-1中的几类。

表4-3-1 固体酸的种类

类 别	主要物质
天然矿物	高岭土、膨润土、山软木土、蒙脱土、沸石
负载酸	硫酸、磷酸、丙二酸等负载于氧化硅、石英砂、氧化铝或硅藻土上
阳离子树脂	苯乙烯-二乙烯苯共聚物、Nafion-H
氧化物及其混合物	锌、镉、铅、钛、铬、锡、铝、砷、铈、镧、钍、锑、矾、钼、钨等的氧化物及其混合物
盐类	钙、镁、锶、钡、铜、锌、钾、铝、铁、钴、镍等的硫酸盐；锌、铈、铋、铁等的磷酸盐；银、铜、铝、钛等的盐酸盐

2. 甲醇气相脱水固体酸催化剂的主要研究成果

甲醇气相脱水制二甲醚大多采用活性氧化铝、结晶硅酸铝、分子筛等固体酸作为催化剂。从理论上讲，催化剂的酸性越强其活性就越高，但酸性太强易使催化剂结炭和产生副产物，并且迅速失活。如果酸性太弱，就可能导致催化剂活性低、反应温度与压力高，所以要调配适宜的催化剂酸性才能保证催化剂有高的活性和选择性。

沸石表面的强酸中心是活性中心，其微孔结构对甲醇脱水生成二甲醚影响不大。沸石的酸性可通过 $n(SiO_2)/n(AlO_3)$ 改性及焙烧温度来调变，从而改变其活性。Na^+ 易造成酸性中心的中毒，显著影响沸石催化剂的催化活性。对于β型沸石，适宜的硅铝摩尔比为100；对于ZSM-5型沸石，合适的硅铝摩尔比为80。

采用 Al_2O_3 浸渍钨硅酸（$H_4SIW_{12}O_{40} \cdot nH_2O$）制备的负载型杂多酸催化剂，具有中孔结构，表面上有L酸和B酸两种类型中心，对甲醇脱水制二甲醚反应来说是一种活性高、选择性好的新型催化剂。其最佳反应条件为：0.75~0.85 MPa、280℃~320℃。

催化剂的催化性能是甲醇脱水合成二甲醚的关键所在，对于活性高、寿命长、能适应于大规模二甲醚生产的催化剂，现在仍在不断的研究和开发中。据报道，国内西南化工设计院开发的型号为 CM-3-1 和 CNM-3 的 Al_2O_3 催化剂、公主岭三剂化工厂与东北师范大学合作研制的型号为 JH202 型杂多酸催化剂、武汉科林精细化工有限公司开发的型号为 WD-1 和 WD-2 的 Al_2O_3 和分子筛催化剂在工业应用中有很好的效果。

3. JH202 型催化剂的工业应用

JH202 催化剂以氧化铝为载体，添加了杂多酸等助催化剂。其外形尺寸为：直径为 3~4 mm，长 10~20 mm，圆条形；颜色为白色或淡黄色；堆密度为 0.45~0.50 kg/L；比表面积为 250~350 m^2/g。形状见图 4-3-1。

图 4-3-1 JH202 催化剂

（1）质量指标

压碎强度：径向 ≥100 N/cm^2；

磨耗：小于 5%；

使用条件：反应温度为 260 ℃~380 ℃，压力为 0.1~1.0 MPa；

甲醇单程转化率：大于 85%；

二甲醚选择性：大于 99.5%。

（2）催化剂装填

在催化剂装填时应过筛以除去运输过程中可能生成的少量粉尘；应计算反应器每段应装入的催化剂体积及重量，按体积要求装入，装填高度应达预定高度；应力求装填均匀，并不得带进杂物；应防止吸潮，装填完成后及时封闭设备。

（3）活化

活化气源：干氮气；

空速：200~300 h^{-1}；

压力：小于 0.5 MPa。

活化温度要求：室温至 120 ℃，按 30 ℃/h 速度升温，在 120 ℃ 恒温 2 h；120 ℃~300 ℃，按 20~25 ℃/h 速度升温，在 300 ℃ 恒温 6~8 h。

（4）再生

因超温等原因致使催化剂活性下降时，可采用通入含氧的气体，在一定的条件下进行焙烧，可使催化剂活性部分恢复。再生操作应遵守安全规范要求。

① 催化剂桶应密封并储存在干燥、无污染的环境。

② 保管、储存、使用中均防止毒物（硫、磷、氯等）污染或进入系统；应防止有害物污染原料甲醇。

③ 搬运中应防止滚、碰等，否则可导致催化剂破碎产生粉尘。

（5）使用寿命

在正常工艺条件下运行，JH202 型催化剂使用寿命可达 2 年以上。超温事故是导致催化剂活性下降、寿命降低的主要原因。

(6) 催化剂的保护

催化剂是脱水反应的核心,催化剂的保护是反应岗操作的重要任务之一。催化剂保护的好坏,直接影响到催化剂的使用寿命、产品质量和整个装置的经济效益。催化剂保护要点如下:

在一般情况下,催化剂层温度尽可能不要超过 400 ℃;系统开、停车会影响催化剂的寿命,因此催化剂一经投入使用,应尽最大努力维持连续运转;催化剂正常运转下,应尽可能维持反应温度的稳定,减少波动;在满足生产能力、产率的前提下,催化剂易在尽量低的温度下操作,以延长催化剂使用寿命;禁止硫、磷、氯等物质混入原料甲醇,以免影响产品的气味和性状,并可能造成催化剂中毒;催化剂的升温和降温都必须缓慢进行;该催化剂进水后将严重影响其使用性能和寿命;如遇短期停工,应关闭反应器进出口阀,对系统进行保压;当长时间停工时,应向反应器充氮气,以保护催化剂。

三、影响甲醇转化率的因素

研究发现目前催化剂的选择性可达到 99.9% 以上,转化率接近 100%。甲醇的转化率即为二甲醚的收率;甲醇的转化率受催化剂活性的影响,虽然不同的催化剂活性不同,在同一条件下甲醇的转化率不同,但规律基本一致,简单介绍如下。

1. 温度

在常压下,空速为 $1.00 \sim 1.12 \ h^{-1}$ 条件下,反应温度对甲醇脱水生成二甲醚转化率的影响如图 4-3-2 所示。由图可见,随着反应温度的升高,甲醇转化率增加,在 300 ℃ 以后的甲醇转化率变化不大,且接近平衡转化率。

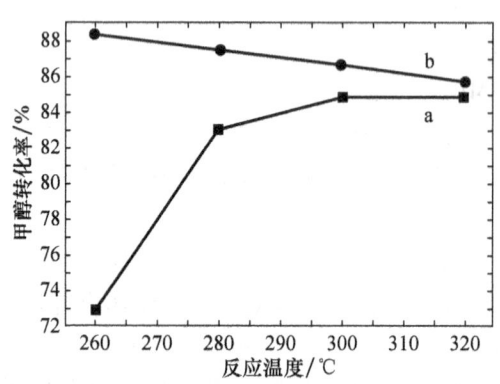

图 4-3-2 甲醇转化率和反应温度的关系
a—实验值;b—理论值

2. 压力

图 4-3-3 是反应温度为 280 ℃、空速为 $2.0 \ h^{-1}$ 条件下,测得的反应压力与甲醇转化率的关系。从图可看出,增大反应压力,甲醇转化率提高,在 0.4 ~

0.8 MPa 内变化较大,而在 0.8~1.0 MPa 内变化较小。

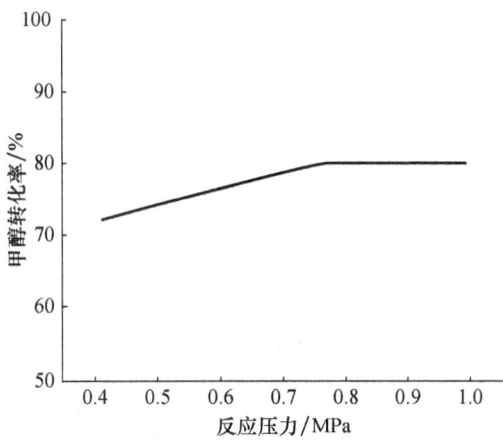

图 4-3-3 反应压力与甲醇转化率的关系

3. 空速

表 4-3-2 为在反应温度为 280 ℃、压力为 0.8 MPa 的条件下,在某催化剂上测定的甲醇转化率与质量空速的关系。由表可见,甲醇的转化率随质量空速的增加而降低。原因为空速高时,甲醇与催化剂的接触时间变短,影响二甲醚的产量。

表 4-3-2 不同质量空速下的甲醇转化率

质量空速/h^{-1}	1.60	2.11	2.62	3.08
甲醇转化率/%	85.14	79.84	78.96	63.08

以上研究表明:甲醇转化率取决于反应速率的快慢或催化剂活性的高低,升高温度、增大压力、减小空速,催化剂的活性增加、速率加快、反应时间变长,甲醇的转化率提高,产物中的二甲醚量增加。

任务四 生产工艺流程的组织

一、工艺流程

甲醇气相脱水制二甲醚的生产工艺可分为反应、精馏和气提 3 个工段。反应工段主要完成甲醇的预热、气化、甲醇脱水反应及粗二甲醚的回收;精馏工段实现粗二甲醚的分离,得到产品二甲醚;气提工段主要是完成未反应甲醇的回收。

下面以某厂二甲醚生产工艺为例,介绍其生产过程。流程图如图 4-3-4 所示。

CW：冷却水　　LS：低压蒸汽
MS：中压蒸汽　　MUS：中压过热蒸汽

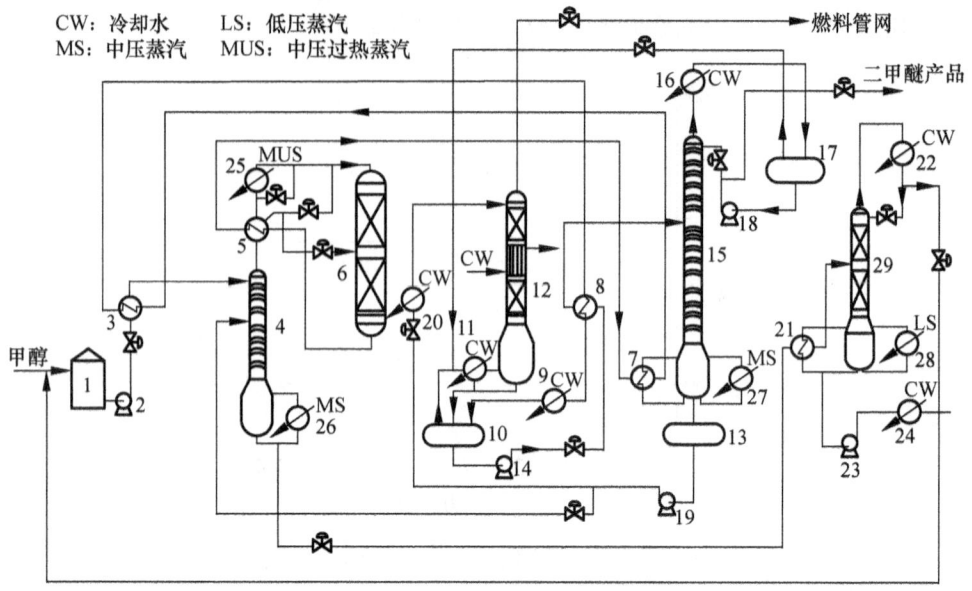

图4-3-4　二甲醚生产工艺流程

1—原料贮槽；2—甲醇进料泵；3—甲醇预热器；4—甲醇气化塔；5—气气换热器；6—反应器；7—精馏塔第一再沸器；8—粗二甲醚预热器；9—粗二甲醚冷凝器；10—粗二甲醚贮槽；11—气体冷却器；12—洗涤塔；13—精馏塔釜液贮槽；14—精馏塔进料泵；15—精馏塔；16—精馏塔冷凝器；17—二甲醚回流贮槽；18—二甲醚回流泵；19—釜液输送泵；20—洗涤液冷却器；21—气提塔第一再沸器；22—气提塔冷凝器；23—废水输送泵；24—废水冷却器；25—开工加热器；26—气化塔再沸器；27—精馏塔第二再沸器；28—气提塔第二再沸器；29—气提塔

原料甲醇来自甲醇合成工序粗甲醇中间罐区，经甲醇进料泵加压至0.8 MPa，经甲醇预热器预热至120 ℃后，进入甲醇气化塔进行气化。从甲醇气化塔顶部出来的气化甲醇，经气气换热器换热后，分两股进入反应器。一股经预热后，在260 ℃下，进入反应器顶部；另一股过热的甲醇，温度为150 ℃，作为冷激气，从第二段催化剂床层的上部进入反应器。从反应器出来的反应气体，温度约为360 ℃，经气气换热器、精馏塔第一再沸器、甲醇预热器、粗二甲醚预热器和粗二甲醚冷凝器降温至40 ℃~60 ℃后，进入粗二甲醚储罐进行气液分离。液相为二甲醚、甲醇和水的混合物；气相为H_2、CO、CH_4、CO_2等不凝气体和饱和的甲醇、二甲醚蒸气。

从粗二甲醚储罐出来的不凝性气体，经气体冷却器冷却后，进入洗涤塔。在洗涤塔中，不凝气体中的二甲醚、甲醇被来自精馏塔釜液储罐的甲醇水溶液吸收，尾气经减压后，送燃料管网。

从粗二甲醚贮槽出来的二甲醚、甲醇和水的混合物，用精馏塔进料泵加压并计量，经过粗二甲醚预热器加热至80 ℃左右后，进入精馏塔。塔顶蒸汽经精馏塔冷凝器冷凝后，收集在精馏塔二甲醚回流储罐中。冷凝液用二甲醚回流泵加压后，一部分作为精馏塔回流液回流，另一部分作为产品送往储罐。

从精馏塔溢流出来的水-甲醇釜液，先进入精馏塔釜液储罐，经釜液输送泵增压，其中一小部分经洗涤液冷却器冷却后，送洗涤塔作洗涤液使用，其余大部分送入气化塔中段，其中的甲醇经回收后返回原料器。

气化塔塔釜含少量甲醇的废水，经气提塔第一再沸器换热后，送入气提塔中部蒸馏。塔顶蒸汽经气提塔冷凝器冷凝后，大部分作为气提塔回流液返回气提塔，少量采出添加至甲醇原料中。气提塔塔釜得到的工艺废水，回收能量后送出界外。

装置开工时，甲醇蒸气经开工加热器加热后，送入反应器加热催化剂床层。反应器出口的冷凝液，送界外粗甲醇贮槽。

开工加热器采用3.8 MPa过热中压蒸汽加热，气化塔再沸器、精馏塔第二再沸器采用2.5 MPa中压蒸汽加热，气提塔第二再沸器采用0.5 MPa低压蒸汽加热。粗二甲醚冷凝器、精馏塔冷凝器、气体冷却器、废水冷却器、气提塔冷凝器和洗涤液冷却器均用冷却水冷凝。

二、反应器

甲醇脱水制DME是放热反应，降低催化剂床层温升，可提高甲醇脱水平衡转化率和反应器出口DME浓度，并有利于延长催化剂使用寿命。催化剂床层温度过高，不仅甲醇转化率低，而且副反应增加，催化剂易结焦失活。目前DME反应器主要有多段冷激式和管壳式换热两种方式。

1. 多段冷激反应器

此反应器将催化剂分成不同的床层段，段内反应绝热进行，在段间用低温甲醇蒸气实现降温。结构简单，催化剂的装填量大，空间利用率高，易于实现大规模生产，但存在严重的返混现象，降低了催化剂的使用效率。

2. 管壳式反应器

管壳式反应器结构类似于管壳式换热器，管内装催化剂，管外用导热油强制循环移出反应热，实现了近似等温操作，提高催化剂的利用率。但存在催化剂装填量小、装卸困难、结构复杂等问题。

任务五 正常生产操作

由于整个甲醇气相脱水制二甲醚生产操作的内容繁多，下面仅对其反应工段的操作做简要介绍。

一、开车

当设备安装、检查、吹扫完毕，试压合格，催化剂装填、活化完成后，可进行系统的开车运行。

1. 开车准备

检查工具和防护用品是否齐备完好；检查动力设备，对润滑点按规定加油，并盘车数圈；检查各测量、控制仪表是否灵敏、准确完好，并打开仪表电源、气源开关；检查甲醇供应情况，通知甲醇罐区，保证所需甲醇供应；联系冷却水供应，开启冷却水系统所有阀门；检查甲醇气化系统、反应系统和洗涤塔等所有阀门开闭的灵活性，然后关闭阀门。

2. 正常开车

（1）气化塔开车

打开甲醇进料调节阀的前后阀、开工加热器的进料阀、反应器入口阀和出口阀、粗二甲醚储罐气相出口阀和安全阀、洗涤塔放空管路上的阀门、气化塔安全阀。整个合成系统充 0.3 MPa 氮气。

缓慢开启甲醇进料调节阀，让来自外管的甲醇经流量计、调节阀和甲醇预热器进入气化塔。当气化塔塔釜出现液面后，打开气化塔再沸器中压蒸汽进口阀，调节中压蒸汽流量，使釜温上升，保持气化塔的液位维持在 40%～50%。通常情况下，当气化塔塔顶压力在 0.65～0.75 MPa 时，塔顶温度一般为 120 ℃～130 ℃，塔釜温度在 170 ℃左右。

当气化塔顶温度上升到和塔釜温度相接近时，甲醇开始被大量气化，并进入气气换热器 5。由于从气气换热器 5 到开工加热器 25 管段可能出现甲醇冷凝，需要打开管道底部排污阀，排出甲醇冷凝液，当出现甲醇蒸气时关闭该阀（在反应还未正常进行之前，需不定时开启此阀排掉甲醇冷凝液）。

开工加热器 25 用中压过热蒸汽加热。开工加热器出来的甲醇蒸气进入反应器 6。当向反应器提供甲醇蒸气后，逐渐加大甲醇进料量至规定值。同时根据气化塔提留段温度和塔釜温度，逐渐调节加热蒸汽用量，使出塔甲醇蒸气温度稳定在 120 ℃～130 ℃。

当气化塔 4 各项指标参数达到规定值，操作平稳时，可将甲醇流量调节阀、塔釜温度调节阀切换成自动控制，全塔实现稳定自动操作。气化塔釜液去气提塔，由液位调节阀控制气化塔塔釜液位。

（2）反应器开车

甲醇蒸气进入反应器 6 后，由于通过的甲醇蒸气不断带来热量，反应器中催化剂床层温度逐渐升高。部分甲醇蒸气进入反应器 6 后，会由于遇到低温而冷凝下来。观察反应器出口管道上的液位计，当出现液位时，缓慢开启排液阀，在保证系统压力的同时排出冷凝液，当没有液位时，应马上关闭此阀门。甲醇冷凝液经外管返回粗甲醇贮槽。

当催化剂床层出口温度为 340 ℃～380 ℃时，开启二段床层入口甲醇蒸气冷凝气体调节阀，并打开底部排污阀排出管道内的甲醇液体。根据二段床层温度变化调节冷凝气调节阀的开度，即二段床层入口甲醇蒸气冷激气量，使二段床层入口温度稳定在 320 ℃ ~ 340 ℃，二段床层出口稳定在 340 ℃ ~ 350 ℃，控制反应器内各点温度不超过 400 ℃。

当气气换热器 5 出口温度和开工加热器 25 的出口温度比较接近（一般在 240 ℃ ~ 250 ℃）时，缓慢开启开工加热器 25 的旁路阀，使甲醇蒸气不经开工加热器 25，并观察反应器入口温度是否下降。如不降，逐渐关闭进开工加热器 25 的甲醇蒸气和它的中压过热蒸汽入口阀，停开工加热器，反应正常进行。

若反应器进口温度显示过热甲醇蒸气温度过高，可让部分反应气不经过气气换热器 5。调整进入气气换热器 5 的反应气流量，使换热器壳程甲醇过热蒸气温度达到适宜温度。

反应后的气体在气气换热器 5 管程，与壳程来的甲醇蒸气（130 ℃左右）热交换后，经过甲醇预热器 3 与原料甲醇换热，再和粗二甲醚预热器 8 换热，最后经粗二甲醚冷凝器 9 冷凝冷却后进入粗二甲醚贮槽 10。

当反应器各段温度、流量都达到规定值后，反应器操作正常。待正常操作稳定后，调节装置可由手动状态切换到自动控制。

(3) 洗涤塔的开车

在精馏塔未开车前，洗涤塔 12 只能起冷却放空作用，其洗涤的操作必须在精馏系统开工之后进行。

开启精馏塔釜液贮槽 13 和洗涤塔 12 之间管路的调节阀，使洗涤液通过流量计计量后进入洗涤塔。

调节洗涤液用量，使放空尾气量达到设计范围。

开启洗涤塔 12 塔顶的压力调节阀，控制洗涤塔的压力不高于 0.70 MPa。

洗涤后的尾气经流量计、调节阀送燃气系统。尾气组成通过调节洗涤液量和冷却水量进行控制。合成系统的压力通过洗涤塔 12 顶部的压力调节阀控制。通常系统压力控制在 0.6 ~ 0.7 MPa 范围内。

二、停车

(1) 正常停车操作

正常停车操作的主要过程如下。

① 关闭原料甲醇的进料调节阀及其前后阀。

② 关闭气化塔再沸器 26 中压蒸汽进口调节阀及其前后阀，停止加热。

③ 关闭气化塔到反应器之间的所有阀门。

④ 关闭洗涤塔洗涤液进料调节阀及其前后阀。

⑤ 关闭整个反应系统的有关阀门，系统维持正压。

⑥ 洗涤塔停车半小时后，关闭冷却水进出口阀。

⑦ 系统停车后，将全部仪表切换到手动状态，停仪表电源。

⑧ 若系统交付检修，则应进行以下操作：将系统物料分介质从系统排出；通过火炬放空管将系统残余气体排向火炬；系统接氮气进行置换，分析可燃物合格（可燃物含量小于 0.5%）；用空气置换系统，分析氧含量（约为 20%）合格；将需检修设备、管线与其他系统加盲板隔离；交付检修。

（2）紧急停车操作

当遇到停电、停水、停气和设备严重故障时，必须进行紧急停车操作，其操作的主要过程如下。

① 保证反应系统压力不超过设计压力，如果反应系统压力过高，应从洗涤塔顶部或气化塔顶部进行紧急放空处理。

② 关闭再沸器加热蒸气进口阀，停止向反应系统提供原料。

③ 关闭粗甲醇进料阀，停止向反应系统提供原料。

④ 关闭相关阀门，完成紧急停车操作。

根据停车原因，确定下一步采取的处理方法。排除故障后，恢复生产操作，可按正常开车操作程序进行。如要全系统停车检修，在紧急停车操作的基础上，再完成正常停车的其他操作步骤。

任务六 异常生产现象的判断与处理

1. 气化塔甲醇进料量过小

原因：

① 进料泵有故障无法启动或进料泵进入空气。

② 甲醇过滤器堵塞。

处理方法：启动备用泵，原泵停车检修。

2. 气化塔塔釜液位持续上升、失控

原因：

① 再沸器内有不凝性气体，影响传热效率。

处理方法：开启阀门排不凝性气体。

② 蒸汽调节阀堵塞。

处理方法：开旁路阀清洗调节阀。

③ 釜液排出阀堵塞。

处理方法：开旁路阀清洗调节阀。

④ 蒸汽压力不足。

处理方法：检查总管蒸汽压力并调整减压阀。

3. 气气换热器壳程出口温度太高

原因：激冷气调节阀有堵塞。

处理方法：打开调节旁路阀，检修激冷气调节阀。

4. 反应器飞温

原因：开车阶段，反应器床层温度持续升高。

处理方法：

① 控制甲醇进料温度低于正常开车进料温度 20 ℃。

② 调整冷激甲醇蒸气量，尽快移走反应热，避免甲醇深度转化释放更多的热量。

5. 塔釜组成不合格

原因：塔顶出料量太少，塔釜供热不足。

处理方法：适当加大蒸汽量。

6. 洗涤塔顶温度过高

原因：冷却水不足。

处理办法：检查洗涤塔中间冷却器的操作状况，排出故障，必要时增加冷却水用量。

练习与实训

1. 练习

（1）二甲醚生产的方法有哪几种？各有何特点？

（2）写出二甲醚生产的主、副反应，并分析影响反应的因素。

（3）叙述二甲醚的生产工艺流程，并分析过程开停车的步骤。

（4）分析二甲醚异常生产现象，并进行处理。

2. 实训

（1）二甲醚合成工艺过程的开车、停车及事故处理仿真实训。

（2）年产 20 万吨二甲醚生产企业生产实习。

模块五

焦化分公司事故案例

项目一

储运运行部事故案例

一、2009年9月13日粉碎机锤头衬板损坏事故

1. 事故经过

2009年9月13日,1#粉碎机在正常运转时,突然发生异常响声,操作工及时停机。维修工开盖检查,发现部分锤头损坏。

2. 事故原因分析

经过调查与事故分析,造成本次事故的原因如下。

① 刚刚投产,煤罐可能有杂物、硬物。

② 煤源有杂物、硬物。

3. 经验教训总结

① 增强操作工责任心,发现问题,及时汇报处理。

② 除铁效果不理想。

4. 针对此次事故采取的相应防范措施

净化煤源,加强除铁效果。

二、2009年12月16日配煤罐爬梯掉落事故报告

焦化分公司储运运行部在2009年12月16日生产工程中,夜班11点钟时,PLC操作工忽然发现3#自动配料秤仪表显示现场流量出现异常,立即联系煤8#皮带操作工,要求其查验。经查验后,发现小皮带已经划通两道,但外部观察未见划伤物,停机后检查3#配料罐双曲线漏斗底部,发现安装于该漏斗中的钢制扶梯开焊掉落到小皮带上,导致两个扶梯角将3#配料秤小皮带彻底划通,已经不能使用。2010年6月5#、2#配料罐的钢制扶梯开焊掉落,导致5#、2#配料秤小皮带损坏。7月9日7#配料罐的钢制扶梯再次开焊掉落,导致7#配料秤小皮带严重划伤。

至此分公司储运运行部配料秤小皮带由爬梯掉落原因已损坏4次之多。其中财产损失约143 920元(其中更换小皮带维修费用3 120元、配件32 000元,导致输煤延误甩炉生产损失108 800元)。事故责任系配煤罐爬梯施工单位质量

原因。

三、2010 年 7 月 19 日回转减速机，交叉辊子轴承损坏事故

2010 年 7 月 26 日储运运行部召开"回转减速机，交叉辊子轴承损坏"的事故分析会。

1. 事故经过

2010 年 7 月 19 日，操作工接班检查设备发现交叉辊子轴承和回转减速机输出齿轮发生断齿。及时联系维修中心和运行部。

2. 事故原因分析

经过调查与事故分析，造成本次事故的原因如下。

① 配重不足，前后不平衡。

② 润滑不到位，干油站到交叉辊子轴承管路长。特别在冬季锂基脂黏稠度大，干油站不能正常加油，达不到润滑效果。

3. 经验教训总结

① 加强设备润滑管理工作。

② 维修工对设备没有足够了解。

4. 针对此次事故相应的防范措施

① 补充配重。

② 每月定期检查交叉辊子轴承润滑情况，每三个月打开 16 个注油孔注油润滑。

四、2010 年 12 月 2 日旋转大臂断裂事故

1. 事故经过

2010 年 11 月 25 日，东侧堆取料机在正常作业状态下，操作工听见大臂有异常响动，停车查看，发现大臂梁东侧的弯折点断裂。

2. 事故原因分析

经过调查与事故分析，造成本次事故的原因如下。

① 煤源不足，低臂取煤。

② 设备设计结构及制作存在缺陷。

3. 经验教训总结

① 原料煤储存充足。

② 操作工按设备实际操作要求操作。

4. 针对此次事故相应的防范措施

加固大臂梁的弯折点。

五、2011年1月15日斗轮主轴断裂事故

1. 事故经过

2011年1月8日,东侧堆取料机在正常作业状态下,操作工发现斗轮打滑,不能正常运转。通知维修工进行维修检查,通过检查发现斗轮主轴断裂。

2. 事故原因分析

经过调查与事故分析,造成本次事故的原因如下。

① 操作工操作问题,吃煤量大。
② 冬季冻块多,斗轮负载大。
③ 设备部件质量问题。

3. 经验教训总结

减少吃煤量;操作工按操作规程操作。

4. 针对此次事故相应的防范措施

加强操作工规范操作;与厂家从部件质量上进行沟通。

六、2011年5月20日和2012年7月16日细破碎锤头衬板损坏事故

1. 事故经过

① 2011年5月20日,8#细破在正常运转时,突然发生异常响声,操作工及时停机。维修工开盖检查,发现部分锤头损坏。

② 2012年7月16日,9#细破在正常运转时,突然发生异常响声,操作工及时停机。维修工开盖检查,发现大部分锤头、衬板损坏。

2. 事故原因分析

经过调查与事故分析,造成本次事故的原因如下:事故发生后,预破碎机开盖检查未发现其他硬物和异物。打开减速机,未发现齿轮损坏。所以,事故直接原因为设备自身质量问题。

3. 经验教训总结

① 煤源杂物、硬物多。
② 除铁效果不理想。

4. 针对此次事故相应的防范措施

净化煤源;加强除铁效果。

七、2011 年 6 月 7 日粉碎机轴承烧损事故

1. 事故经过

2011 年 6 月 7 日夜班，发现 2#粉碎机轴承温度开始逐渐升高。从 41 ℃、52 ℃、70 ℃ 直到 90 ℃，最后停机。前几个班也发现粉碎轴承温度比以前高，开始认为是设备运行时间较长所致。此次事故发生前也没有接到岗位操作工报告温度异常，直到停机时接到报告，当时轴承已经高温冒烟了。

2. 事故原因分析

经过调查与事故分析，造成本次事故的原因如下。
① 操作工责任心不强所致，本职工作没有做到尽心尽力。
② 岗位操作工对本岗位的操作规程不够熟悉。

3. 经验教训总结
① 增强操作工责任心。发现问题，及时通报处理。
② 设备巡检和运行观察力度小。

4. 针对此次事故相应的防范措施

加强设备巡检和运行观察，出现异常情况及时通报；加强操作工对异常情况的处理能力。

八、2011 年 7 月 3 日焦 1#皮带未运空违规操作分析会

事故原因：违章操作；违反操作规程；代班长失职。

可能发生后果：超负荷启机时，可能造成启动不了，导致损坏设备；皮带静止时超负荷受重，可能压断皮带。

九、2011 年 12 月 18 日焦 3#皮带逆止器损坏事故

2011 年 12 月 18 日夜班，运焦丁班在黎明运焦时，焦 3#皮带机逆子器损坏。此次事故虽然不影响上焦，但若有突发事件需要及时停机时，焦 3#皮带上若有焦炭则会造成皮带机倒转，发生严重事故。

1. 此次事故经过

① 焦台在接焦车往焦台倒焦时，刮板机没有及时停机，在接焦车倒焦时落到焦 1#皮带上大量的焦炭导致焦皮带负荷过大，造成皮带机转而皮带不转的现象。

② 焦 3#皮带操作工在发现这一情况时未及时采取措施拉拉绳或停机动作，延误时机造成逆止器损坏。

③ 分析此次事故，主要原因一方面是操作工操作失误，没有及时做出准确

判断，另一方面是操作工在操作过程中存在侥幸心理，思想上麻痹大意，在减产后思想放松警惕。

④ 本次事故告知我们，在冬季生产过程当中由于外部条件的制约使得生产工艺、设备本身等多方面发生变化，在操作过程当中更应多加小心，严格按照生产操作规程进行，确保安全、正常生产。

十、2012年1月21日预破碎机减速机损坏事故

2012年1月30日设备管理中心召开"预破碎机减速机损坏"的事故分析会。

1. 事故经过

2012年1月21日早上班组交接班完毕后约10:00准备往煤罐送煤。操作工按照往常操作程序进行开机工作。当按下预破碎机启动开关后机器开始运转不到30 s，听到设备有异常响动便立即停机。停机检查发现东边减速机输出轴断裂，液力耦合器甩在了另一台减速机旁边，损毁严重，叶片被打掉已不能恢复。事后运行部主任、维修段长到现场查看损坏情况确实严重，减速机输出轴承平面断裂，液力耦合器甩出损坏。

2. 事故原因分析

经过调查与事故分析，造成本次事故的原因是：事故发生后，预破碎机开盖检查未发现其他硬物和异物。打开减速机，未发现齿轮损坏。所以，事故直接原因为设备自身质量问题。

3. 经验教训总结

设备交接班没有落实到实处；启机前，停机后，没有对设备情况进行细致检查。

4. 针对此次事故相应的防范措施

预破碎设备增加专人操作；应加强设备交接班；加强预破碎机启机前，停机后的设备情况检查，发现异常及时处理。

5. 事故责任认定

本次事故为非责任事故。

十一、2012年2月6日和7月30日斗轮减速机输出齿套断裂事故

1. 事故经过

1#、2#堆取料机分别在2012年2月6日和7月30日，在正常作业状态下，操作工发现斗轮不能正常运转。通知维修工进行维修检查，通过检查发现斗轮减速机输出齿套断裂。

2. 事故原因分析

经过调查与事故分析，造成本次事故的原因是：操作工操作问题，吃煤量大，减速机负荷大；冬季冻块多，斗轮负载大；设备部件质量、设计结构问题。

3. 经验教训总结

减少吃煤量；操作工按设计操作规程操作。

4. 针对此次事故相应的防范措施

加强操作工规范操作；与厂家从部件质量、设计结构上沟通。

十二、2012 年 6 月 24 日煤 7#皮带纵向撕裂事故

1. 事故经过

2012 年 6 月 24 日，煤 7#皮带纵向撕裂 70 余米。7 月 3 日从原硫化接口处横向断裂，60 余米进入配煤罐。

2. 事故原因分析

经过调查与事故分析，造成本次事故的原因如下。

① 操作工操作问题，未按操作规程操作，存在习惯性操作。

② 辅助设备存在损坏未及时修复而造成的皮带撕裂。带式输送机辅助设备多，挡板皮、清扫器安装不当等都可能对输送带造成撕裂及刮扯。

③ 雨季，皮带容易跑偏，输送带跑偏，造成的输送带撕裂。

④ 输送带接头边胶老化使输送带芯层进水，引起线层锈蚀老化，造成横向撕裂。

3. 经验教训总结

维修工作不及时；操作工未按操作规程操作，存在习惯性操作。

4. 针对此次事故相应的防范措施

加强操作工规范操作；加强对设备管理员工作的管理细化，以及华显维修队维修工的管理。杜绝小故障酿成大事故。

5. 事故责任认定

① 辅助设备存在损坏未及时修复，以及雨季时皮带容易跑偏，输送带跑偏造成的皮带撕裂是主要原因之一。

② 操作工未按操作规程操作，存在习惯性操作，是造成皮带撕裂的主要原因之一。

③ 针对此次事故，引以为鉴，不能再让此类设备事故发生，对当班操作工、代班长给予相应经济处罚。

十三、2012 年 7 月 16 日煤 8#皮带纵向撕裂事故

1. 事故经过

2012 年 7 月 16 日,由于 9#细破发生事故,部分锤头、衬板损坏后落入溜槽及煤 8#皮带上导致皮带被硬物卡住。由于代班长错误指挥,开动 8#皮带机,造成 50 余米皮带纵向撕裂。

2. 事故原因分析

经过调查与事故分析,造成本次事故的原因如下:
① 在设备管理员未到达事故现场,代班长错误指挥。
② 操作工违章操作。

3. 经验教训总结
① 代班长、操作工处理异常情况能力差。
② 代班长、操作工责任心不强所致,本职工作没有做到尽心尽力。

4. 针对此次事故相应的防范措施
① 加强操作工规范操作。
② 加强员工设备异常情况处理措施的学习。

5. 事故责任认定
① 在设备管理员未到达事故现场前,代班长错误指挥。操作工违章操作是造成皮带撕裂的主要原因之一。
② 针对此次事故,引以为鉴,不能再让此类设备事故发生,对当班操作工、代班长给予相应经济处罚。

十四、设备可能发生的重大事故

1. 堆取料机

(1) 发生重大坍塌事故

原因:发生重大事故的原因一般表现在设备材料或零件的强度、刚度超过许用极限而发生了破断或失稳造成设备的垮塌。另一方面是设备的安装或维修过程中重量分布情况出现问题导致设备材料或零件的强度、刚度超过许用极限而发生了破断或失稳。

(2) 造成回转机构严重过载,损坏钢结构及传动部件

原因:取料过程未能严格按照电气说明书给定的工艺进行,在操作过程中出现斗轮或悬臂推料堆现象,特别在午夜后操作设备,操作者容易在操作设备运行的过程中入睡而出现重大事故。调车时未能使悬臂平行于行走轨道。取消各种保护装置的功能和作用。随意加大设备的堆料能力和取料能力。

2. 细破机、粉碎机

原理：物料在破碎腔的破碎过程包括以下几个部分：

① 物料与锤头的撞击。

② 物料与衬板的撞击。

③ 物料之间的相互撞击。

④ 物料在锤头与衬板之间的挤压。

（1）锤头失效分析

① 冲刷磨损是锤头失效的主要形式。当破碎机内进入金属物或衬板脱落时，容易造成锤头损坏或锤柄弯曲。

② 转子转速过低，不仅生产能力低，且动能低，致使锤头冲击硬化不良，耐磨性能差；转子转速太高，虽然可使锤头获得较好冲击硬化，设备生产率提高，但同时也会引起锤头，衬板极度磨损，对锤头使用寿命不利，同时会显著增加功率消耗。

③ 破碎机结构中各部的间隙。主要是指转子体与反击板及锤头之间的间隙。间隙过小，虽然可提高物料的破碎质量和效率，但容易形成积料，导致锤头磨损；间隙过大，虽然可以避免物料堆积，但破碎效果和效率低。

（2）粉碎机堵塞

① 操作工在操作过程中发生错误：开机时漏开破碎机；停机时间过早，设备开机顺序颠倒这些人为因素都有可能造成堵料事故的发生。

② 含水量过高，物料容易黏结成团，造成积料，加剧锤头的磨损。

（3）机器的振动

原因：更换锤头时使转子静平衡不合要求；锤头折断，转子失衡；地脚螺栓松动。

3. 皮带输送机

（1）撕裂的原因

① 溜槽落下长度较长异物刺入带内，将输送带刺穿。

② 由于溜槽落下直径较大不规则物料，使输送带装料堆积堵塞，引起输送带撕裂。

③ 输送带跑偏后，被托辊端盖或机架割开。

④ 溜槽或挡板磨损过限，致使物料或金属物卡在输送带上磨透输送带造成撕裂。

⑤ 机头部清扫器挂住输送带的接口，把输送带磨透。

⑥ 托辊端盖磨损，自由旋转的端盖就像旋转刀片一样把胶带割开。

项目二

炼焦运行部事故案例

一、2011 年 5 月 12 日熄焦池烫伤人事故

2011 年的 5 月 12 日上午 9 点左右,炉门铁件班在接到运行部主任清理熄焦池滤网板的指令后,炉门铁件班一行 4 人前往熄焦池进行清理作业。由于作业人员安全防护意识淡漠,在没有采取任何防护措施的情况下进行清理,在清理滤网下部时,炉门铁件班的杨某在和其他人员换位置时,脚下的木质踏板踩断,掉入熄焦池的小三角池内,虽然及时救出,但由于熄焦池内水温在 50 ℃ 左右,致使全身 95% 烧伤,烙下终身伤残,给公司和他的家庭都造成很大的损失,对本人来讲无论从肉体还是精神上都带来了巨大的痛苦。

分析这次事故的原因:一方面本人安全意识不强,对不安全因素视而不见,在不采取安全措施的情况下就进入作业场地;另外领导违章指挥,在没有采取安全防护措施的情况下指派作业人员进行作业。惨痛的教训给我们敲响了安全的警钟。

针对这起事故对熄焦池的滤网清理采取了防护措施,三角池上铺设不锈钢踏板,并在三角池的周围增设了栏杆,并且在进行清理作业时必须安全员在场监护。通过这件事,在炼焦运行部展开了提高安全防护意识的教育活动,不违章指挥,不违章作业。一切都要按照安全要求办。坚决杜绝重大事故的再次发生。

二、2012 年 1 月 3 日 2#炉吸气管堵塞事故

1. 事故经过

2012 年的 1 月 3 日早晨发现 2#炉的焦油盒液位高,并且间断性的从焦油盒里往外溢氨水。运行部马上安排上升管人员对吸气管进行检查,发现吸气管内焦油沉着物增多,马上安排人员进行清推。但由于沉着物黏度大,清推困难,到下午 5 点左右,2#炉吸气管焦油盒堵塞,循环氨水无法回流,导致 2#炉无法正常生产。

2. 这次堵塞事故的原因

① 焦炉的周转时间由 36 h 延长到 72 h,另外由于原料煤库存紧张,装煤量不到 4 m,炉顶空间温度升高,煤气量少且易发生二次分解,使焦油黏度加大,

影响了焦油在吸气管内的流动。易造成沉着物堆积。

② 环氨水温度偏低，由于焖炉性生产，煤气发生量减少，氨水温度无法靠煤气的热能来保证原来工艺要求的 76 ℃，氨水温度下降到 65 ℃ 左右，使氨水的溶融性下降，携带焦油的能力下降。

③ 上升管操作工发现集气管内焦油增多进行集中清理，导致集气管内黏度大的焦油短时间内大量集中无法及时带走。

④ 焦炉第一次进行焖炉性生产，操作经验不足，管理不到位。

3. 采取的措施

① 增加碳化室的装煤量，保证碳化室空间温度不超标。
② 提高循环氨水的温度，提高氨水的携带能力。
③ 及时清理桥管和集气管的堆积物，禁止集中清理。
④ 每天对吸气管进行清推检查。
⑤ 每天检查焦油盒的液位，发现异常及时报告。

三、2012 年 6 月 4 日 2#装煤车托煤板撞坏 106#焦侧炉门框事故

6 月 4 日丁班，2#装煤车在装 106#煤时，由于托煤板前限失灵，导致托煤板前冲撞上 106#焦侧炉门框，致使炉门框断裂。

造成事故的原因主要是前限失灵，潜在原因还有托煤板高速时涡流制动不起作用（有涡流制动的声音），托煤板行程计数器有偏差。

事后针对这一情况，首先配合电仪对托煤板的涡流制动进行恢复，规定每周的一、五对托煤板的行程与电工一起进行检查。现在行程计数器还没有弄准确，严格执行装煤车操作过程，不开带病车，确保这类事故不会再次发生。

四、2012 年 7 月 7 日烧损 1#拦焦车电缆

事故发生在 7 月 7 日，乙班的 1#拦焦车在出炉过程中摘开炉门后，车辆移动过程中拦焦车行走突然断电，无法恢复，致使碳化室对着拦焦车的电缆。由于 40 min 后才把车拖开，致使拦焦车的电缆烧坏，影响出炉。

这次事故的主要原因是拦焦车行走突然断电，恢复速度慢。再一个原因就是事故发生后车辆移开的速度太慢，可以说是当时的处置有些失当，没有选用最佳的处置方法。致使这次的损失扩大。

事后电工对拦焦车的磨电道进行了维护，运行部对事故的应急预案进行了认真的学习，同时在拦焦车的两侧增设了拖拽环，应急时用另外一辆拦焦车或熄焦车进行拖拉，缩短车辆高温炙烤的时间。另外电仪方面也加强对车辆电器的巡检，共同来保证车辆的正常运转。

五、2012年9月7日挤伤事故的处理意见

1. 事故经过

9月7日白班,在装煤车正在修理大车行走的维修工等四人正在修理簸箕。运行部装煤车刘某检查了大车各个部位的运转,确认无事后就看了交接班记录(上面写的一切正常),接着又检查了安全挡,这时发现捣固机操作盘上挂着检修的牌子,刘某便喊:"快修好了吗?"上面有人回答说:"快了"。而且声音是从上面传下来的,他就试了一下簸箕,没想到就在这时出了事故。有人正在检修簸箕,把检修簸箕的李某的小腿挤伤。事情的发生就是这样的。刘某如果问明情况就不会发生这种事故,这都是因为安全意识弱,凭经验办事造成的。

2. 依据事故处理四不放过的原则会议形成如下处理意见

① 处罚装煤车司机,处罚当班工、运行部安全员、运行部副主任、运行部主任。

② 采取的预防措施:

- 对事故本人进行安全教育,加强安全意识。
- 针对本起事故由安全员组织运行部全休员工进行安全学习,提高安全意识,防止此类事故再次发生。
- 对今后的安全管理进一步规范,除了挂牌检修外,安全员、设备员必须在现场监护。

六、2012年9月23日烧伤事故的处理意见

1. 事故经过

9月23日晚上10点22分时,乙班的1#装煤车在53#碳化室装煤,当煤饼送到位以后准备抽回托煤板时,装煤车司机周某听到锁牙部位有异响,随后出来查看,看到锁牙油缸的限位有煤面,就拿铁锹来清理,这时碳化室内喷出煤气着火,把他的脸部和右腕部烧伤。

2. 事故原因

9月23日白班时1#除尘车的中道导套油缸损坏,白班出完炉到夜班出炉前也未修好,为了保证煤气量只能用北道一个导套出炉,同时为了保证煤气量又要求煤饼打得高,炉顶空间较小,煤气的通道不太流畅,同时中道又不能使用,导致大量的煤气聚集在碳化室里不能及时抽出。煤气达到一定的压力,同时除尘车内煤气燃烧室可能产生爆燃,导致煤气火排出烧伤操作人员。

3. 整改措施

① 针对这起工伤事故在全运行部进行安全教育,再次提醒人们警钟长鸣,

安全第一。

② 防护用品必须配齐，穿戴齐备。

③ 设备维修要及时，车辆不能带病工作，维修实行问责制。

④ 煤饼严格按照作业指导书的要求捣打，高度不能超过 4 m。

⑤ 不允许正对着炉口清理余煤。

⑥ 严格执行交接班制度，有问题及时提出。

4. 处理意见

① 为了教育本人增强安全意识，扣除当事人岗技 200 元。

② 当班的工段长负有监管不到位的责任，扣除岗技 200 元。

③ 值班设备员没有及时督促维修队对除尘车进行维修，扣除岗技 200 元。

④ 设备主任没有及时督促维修，负有领导责任，扣除岗技 300 元。

⑤ 安全员安全教育没有做到位，负有安全失职责任，扣除岗技 200 元。

⑥ 运行部主任为安全责任第一人负有领导责任，扣除岗技 500 元。

⑦ 维修队对设备没有及时修好，负有直接责任，扣除山东华显维修队 3 000 元。

七、2012 年 11 月 6 日 2#推焦车撞弯推焦杆的事故

1. 事故经过

2012 年 11 月 6 日甲班推焦车司机姚某在 2#炉进行推焦作业，当推完第一炉后，2#拦焦车的移门强提机构出现故障，维修工正在修理。当时机侧的操作平台由于塌煤，余煤很多，他组织出炉人员清理余煤。当清理完平台上的余煤后，发现 2#装煤车有余煤，且 2#装煤车的刮板机由于减速机轴承损坏无法使用，于是他就和出炉工开着推焦车想去清理这些余煤，但他忘了 2#推焦车的推焦杆这几个月一直收不到位，无法通过捣固机的操作小房。他怕车辆移动中碰伤出炉工，所以注意力一直看着出炉工的位置而忘了看推焦杆的位置，导致推焦杆与捣固操作小房下的横梁发生碰撞，致使推焦杆碰弯。

2. 分析原因

个人操作车辆的警惕性不高，对即将发生的情况没有进行预判，负主要责任。推焦杆推不到位也是一个客观原因。多次与电仪部门沟通没有很好解决。

3. 采取的措施

① 对操作者本人进行安全教育，责令其对本岗位的 EHSS 作业指导书进行重新学习。

② 要求电仪中心马上对推焦杆的复位进行调整，保证推焦车顺利通过捣固操作小房，能与 1#推焦车进行互换作业。

项目三

化产运行部事故案例

一、2011 年 9 月 20 日硫铵事故分析报告

1. 事故发生经过

在1#饱和器停车检修期间,发现煤气预热器底煤气排液管道堵塞,为清通堵塞的管道,方便操作,制作了平台。事故发生前,车间安排清理堵塞,由于堵塞严重,用外接蒸汽清扫仍无法清通,硫铵丁班班长孙某接班后急于清通管道,上平台捅管道,管道通后冷凝水喷出,溅到身上,由于着急从 2 m 高的平台上跳下,将脚扭伤,后送往253 医院,经检查,小面积轻度烫伤,脚根部有骨折。

2. 事故原因分析

车间安排工作,忽略了具体安全措施,对存在的隐患没有认真分析,对存在的安全隐患没有认真整改,属于违章指挥。

操作人员在操作过程中,没有认真观察周围环境,没有意识到物料的危险性和事故发生后果的严重性,习惯操作,安全意识不强,属违章操作。

车间对安全学习、安全教育的重视程度不够,车间员工安全意识不强,安全教育还有待加强。

对安全隐患分析不足,对安全隐患的整改力度还要加强。

3. 整改措施

加强安全学习,提高职工安全意识,每周进行安全学习一次,利用每天的班前会强调安全工作。在日常工作中,发现问题时要认真分析,操作前要重点分析安全因素,对危害因素逐一识别,采取相应的安全措施,然后进行操作。对排液管道加双阀,对管道两侧用蒸汽可分别封闭清扫,避免管道堵塞。对操作平台进行整改,增大平台面积,将现有的爬梯改造为走梯。对车间的安全隐患进行全面的检查,对存在安全隐患的设施逐一进行整改。

二、2012 年 1 月 5 日炼焦运行部 2#炉吸气管堵塞事故

氨水温度偏低,没有引起足够的重视,虽然接了50蒸汽管给氨水加温,但效果并不理想,然后没有和炼焦运行部及时进行沟通。初冷器上段泵不上液,上段混合液罐补不进焦油,没有及时发现焦油黏度大,从而及时联系炼焦调整。

运行部分析此次事故原因：

事故发生后，发现1#焦炉并没有出现类似2#焦炉的集气管堵塞现象。2#焦炉和1#焦炉不同之处主要是集气管自动调节不够灵敏，上升管压力处于负压状态的时间远高于1#焦炉。就此我们认为，2#焦炉集气管吸入的煤粉量远远大于1#焦炉，这部分煤粉沉积进入焦油中势必造成焦油黏度增大，流动性降低，在集气管底部大量淤积，从而埋下了堵塞集气管的隐患；再者，结焦时间太长，焦油产量很低，沉积的煤粉相对焦油产量而言有点多，突显了焦油黏度的大幅增高；第三，炼焦运行部发现集气管底部沉积焦油后，集中力量处理，本意很好，但处理得操之过急，导致大量沉积物淤积在焦油盒这个瓶颈处，造成了此次事故。

此次事故，给了我们很大的教训，突显了我们各运行部在日常管理、制度的执行、团队之间的协作方面存在着不足。如果炼焦能及时向领导反映，成立一个小组研究解决方案，也就不会发生此次事故了。今后运行部将吸取此次事故的教训，强化内部管理，加强团队之间的协作，不搞个人主义。要有大局观念共同把今后的工作做好，有问题及时虚心请教各领导，必要时申请成立研究小组，针对问题提出相应解决方案，集思广益，避免因思虑不周导致事故发生。以上是运行部对此次事故发生后的反思，请领导给予批评指正。

三、2012年5月3日电捕焦油器爆炸的事故报告

2012年5月3日2时20分左右，清水河焦化分公司化产运行部的1#电捕焦油器（简称1#电捕）发生爆炸事故，停风17小时40分，给分公司的生产运行造成了一定的影响。

1. 事故经过

5月2日，正在运行的2#电捕焦油器（南）按计划应停车清扫，倒用1#电捕焦油器（北）。上午10时左右，化产运行部准备启用1#电捕焦油器，王某检查了进口、出口阀门，放散管阀门，均处于关闭状态，同时还检查了防爆板是否破损，确认完好。10时30分左右打开蒸汽阀门及放散阀门给1#电捕焦油器通蒸汽清扫。约10时50分，见放散管有气体后关闭放散管阀门，关闭了蒸汽阀门（留一扣），然后给电捕焦油器绝缘箱预热。11时40分绝缘箱的温度显示正常后（未达到要求的80 ℃~100 ℃），王某打开电捕焦油器的进口阀约100 mm，同时关闭了蒸汽阀门。12时左右，王某向主任汇报了以上操作。主任由于担心煤气中含氧量超标，通知质量中心做了一个机后煤气含氧量的化验，15时左右，化验结果为0.31%，与未开启1#电捕进口阀门前没有明显变化，但考虑到绝缘箱的预热温度没有达到要求的80 ℃~100 ℃，所以未通知开启出口阀门启用1#电捕。绝缘箱温度达标后，考虑到夜班操作的安全因素也未进行阀门操作。5月3日2时20分左右，1#电捕发生爆炸。

2. 1#电捕爆炸的原因分析

① 未按操作规程要求的"开启1#电捕进口阀门后马上开启出口阀门"的规定执行。

② 1#电捕的法兰口或放散阀门有可能不严会漏进空气,在通蒸汽清扫时没有进行认真检查。

③ 在换向过程中,风机前的煤气压力是正压,由于1#电捕进口阀门开启了100 mm,煤气进入了1#电捕中。

④ 由于1#电捕在运行中要通过煤气,煤气中含硫,因此会产生硫化亚铁,空气进入1#电捕后,硫化亚铁会在潮湿的空气中被氧化放出大量热量形成火源。

由于以上原因,煤气、空气全部进入1#电捕,逐渐达到了爆炸极限,又有硫化亚铁在空气中氧化形成火源,从而造成1#电捕爆炸。

3. 防范措施

电捕焦油器的放散阀在投入使用后或停止运行后打盲板,防止空气进入。通蒸汽清扫电捕时,应认真检查是否有泄漏的地方,需要确认并做出书面记录。电捕焦油器的操作规程中要增加电器检查的内容。

启用、停用风机前(负压区)的设备需要征得生产调度的同意。焦化分公司需要加强管理。加强对操作工执行操作规程的学习、培训、考核。焦化分公司尽快和电捕生产厂家联系,要求提供使用说明书和图纸,并参照说明书及图纸的规定决定是否修改操作规程。焦化分公司要检查负压区域设备的操作规程。

四、2012年6月2日风机液耦事故报告

1. 事故经过及处理过程

6月2日10时10分,风机工孙某、胡某发现1#风机机后压力下降、上升管压力增大、电脑显示风机转速下滑、电流由50 A降到20 A。立即检查,发现风机运转声音较小,其余正常。判断为风机失转,随后,李某、刘某等几位到现场,确定风机失转。10时20分,由风机工停止电机运行。因2#风机液力耦合器5月31日停机检修,当时正在市区风机厂做动平衡校正,无法启动2#风机,导致焦炉停风操作、甲醇停车。事故发生后,经理云某通知相关人员赶赴现场,并立即组织抢修。1#液力耦合器解体后,发现输出轴的轴承处轴肩位置断裂。经理霍某联系厂家后,安排将液力耦合器返厂检修。同时将2#液力耦合器由市区运回组装。至当晚23时进行试车合格后,凌晨1时启动2#风机。

本次事故造成风机停风14小时50分,焦炭、焦油、轻苯、甲醇等均减产。1#液力耦合器在前两次轴承烧损时,轴颈已经磨损,咨询液力耦合器生产厂家换轴事宜,厂家说必须返厂更换,历时较长。相关检修人员与设备中心王某商定进行补焊后,就近加工,修复后做备机应急使用。5月8日,2#液力耦合器轴承损

坏，倒用1#风机。5月16日，1#液力耦合器输出轴承再次损坏，倒用2#风机。5月30日2#液力耦合器输出轴承损坏，又倒用1#风机，运行到6月2日，输出轴断裂。断轴原因经厂家鉴定，认为该轴可能存在材料缺陷，但未能给出确定结论，以赔付一件输出轴作为补偿。

2. 事故原因分析

经事故分析会讨论分析认为造成事故原因如下。

① 由于事故发生时，1#液力耦合器各项运行参数全部正常，1#液力耦合器输出轴断裂是造成风机停车的直接原因。断轴的原因在输出轴本身，在轴的断面中心部位有红色锈迹，判断该轴存在材料缺陷，应是导致轴断裂的因素之一；在修补轴的磨损时，补焊造成应力集中未得到正确的处理，也是造成轴断裂的原因之一；此外，2台液力耦合器轴承多次损坏，频繁启动风机促成了事故的发生。

② 相关管理人员对风机维修的重视程度和紧迫感不足，延误了备用液力耦合器的检修，以至于两台液力耦合器同时损坏时，被迫停风。

3. 防范措施及经验教训总结

风机在全厂生产工艺中处于中心位置，相应的维护保养和检修工作必须予以足够的重视，对备用辅机和备件的管理必须及时保障。

检修时各零部件的装配、加工必须合乎规范。

由设备中心和生产调度中心对风机的维护保养和检修及工艺参数进行直接管理。化产运行部负责日常管理和操作，并对风机运行情况和存在问题及时向两部门反映。

对液力耦合器的安装对中进行复核，确定处在不同温度时的安装预留高度。每次安装和拆解液力耦合器时，不论是否拆装机壳，都必须用百分表进行对中测量并记录。

设备管理员对风机的每次维修和测量数据必须做记录并登记台账。

液力耦合器转子经过三次解体检修后，其装配精度不能保证，必须返厂检验，校正平衡，更换受损超限的零部件。

焦化分公司6月下旬将召开全体管理和技术人员专题讨论会，对液力耦合器轴承频繁损坏现象进行分析讨论，并将此次事故得出的教训再次总结，以防范此类事故的发生。

五、2012年7月4日液耦油温超标事故分析

1. 事故经过

在7月4日凌晨3点左右由于机前吸力较大，主任指挥杨某和许某关闭风机入口阀门3 s。由于风机负荷减小，液耦的出、入口油温也相应下降，在早晨8

点 20 分时液耦的入口油温为 42 ℃，出口油温为 50 ℃，出口油温比规定的 60 ℃ 低。为了达到规定油温，主任让杨某与许某调节循环水阀门，由于温度没有上升趋势许某又关小了循环水阀门。关小后许某便去食堂吃早点，岗位上只留下杨某一人。杨某后来发现液耦油温上升趋势较快，又对循环水阀门进行 3 次调整。但是油温还是一直上升，在 8 点 48 分时液耦入口油温涨到 100 ℃，出口油温涨到 120 ℃。在米某开大循环水阀门以及打开制冷水阀门后油温才降下来，后经马某关闭制冷水阀门以及调整循环水阀门后温度恢复至规定温度。

2. 原因分析

① 循环水调节阀门为暗杆阀门，不能直观看出阀门开度，且阀门动作也不灵敏，是此次事故的次要原因。

② 杨某没有考虑到温度变化大的可能就允许许某离岗，导致自己一人调节阀门判断失误致使液耦油温一直上涨是主要原因。

③ 许某调节完阀门后没有观察温度变化趋势便离岗，是导致液耦油温上涨的直接原因。

3. 整改措施

① 要求操作工加强对各项工艺参数的监控，做到及时调整。

② 提高操作工对设备情况及工艺情况的熟悉程度；挂牌，做管道标记。

③ 对于重点岗位交接班的要求必须是交班人员和接班人员全体在岗。

④ 在停风检修时更换暗杆调节阀门为明杆阀门。

六、2012 年 9 月 4 日 1 号风机出口阀门掉砣事故分析

1. 事故经过

2012 年 9 月 4 日由于 2#风机液耦振动大，车间决定在上午倒用 1#风机，按正常倒机步骤进行后发现 1#风机机后压力与系统压力明显不符。于是赶紧又启用 2#风机，由于当时单位相关部门的领导都在，对这种情况进行分析后认为 1#风机出口阀门已经掉砣。在 9 月 5 日停风更换 1#风机出口阀门时很明显看出阀门掉砣是因为整个管道底部的焦油硬化，阀门在进行关闭动作时被卡死。

2. 事故原因

管道底部焦油过多而且硬化是此次事故的主要原因。

3. 整改措施

对排液管道进行改造，原先的排液管不利于焦油排出。

七、2012 年 9 月 5 日由于硫铵误操作导致集气管压力高的事故分析

1. 事故经过

7月5日上午丙班硫铵班长焦某在9:10接班后带着富成公司人员开始打开交通阀。因为这个交通阀之前的开关动作也不灵敏，而且表示阀门开度的指针也已损坏，焦某和富成公司人员轮替开阀门一直到11点。在感觉交通阀门已经开启的情况下焦某安排富成公司人员开始缓慢关闭饱和器的出、入口阀门，但没让关死阀门。在关闭饱和器出、入口阀门时焦某回到操作间观察压力变化，在发现压力不对时赶紧又让富成公司人员打开饱和器的出、入口，而当时饱和器的入口阀门已经基本关死。风机机后压力迅速涨到21 kPa，因此导致集气管压力过高，丙班冷鼓班长王某打开机后放散阀门，压力才没有继续上涨。当时硫铵后的压力降至3 kPa，差点导致甲醇因气量不足而停车，在硫铵饱和器出、入口开展后系统恢复正常。

2. 原因分析

富成公司人员没有听从当班班长指挥而关死饱和器入口阀门是此次事故的主要原因。交通阀门内部轴承损坏以及没有指针指示阀门开度导致开阀门人员判断失误是此次事故的次要原因。

3. 整改措施

对交通阀门进行检修，以后日常做好阀门的检查，维护工作。提高岗位操作工的责任心，今后如有类似情况必须有人协同作业。提高岗位操作工对设备情况及工艺情况的熟悉程度，防止误判断、误操作的发生。

八、2012 年 9 月 10 日脱硫再生塔液位调节阀掉砣导致甲醇停车事故分析

1. 事故经过

9月10日下午4点左右由于需要调节再生塔西塔液位，丁某上塔对再生塔液位调节阀进行调整。之后发现泡沫槽液位上涨较快便再次调节再生塔液位调节阀，调节时发现阀门已掉砣。于是赶紧联系调度说明情况，通知车间主任到场。罗某接到主任通知后来到脱硫，当时西塔空气阀门已经关死，而西塔的清液还在溢流，所以决定停溶液循环泵A泵，液位也在泵停下后有所下降。当时泡沫泵线路因为有打火情况已经被当班操作工停下，熔硫釜也已经停止运行，此时脱硫为单塔运行，当化验室通知脱硫后硫化氢太高后决定停溶液循环泵C泵。在晚上7点多时仪表工把各泵的线路恢复，维修人员也把掉砣阀门处理好。测试设备都能运转后启动熔硫釜，在晚上8点启动溶液循环泵A泵和C泵，开再生塔空气，调

节好泡沫量后脱硫恢复正常。

2. 事故原因

由于阀门摆放方式不是常规方式，在安装阀门时也没有对阀门进行解体加固，导致阀门在长期的开、关操作下发生了掉砣的情况，是这次事故的主要原因。

3. 整改措施

今后对阀门的更换、安装要提前考虑好阀门以后的使用情况，如果条件允许对阀门进行合理加强处理。

九、2012 年 9 月 16 日洗脱苯贫油泵漏油事故分析

1. 事故经过

9 月 16 日白班乙班班长余某在晚上 6 点 20 分时发现泵房贫油泵下有油污，随即联系维修人员来泵房处理。6 点 30 分维修人员到现场看过后回维修队取工具，这时夜班接班人员已经到岗位。在白班和夜班交接班时维修工没有通知岗位操作工就对贫油泵的丝堵进行拧紧处理。由于泵没有停所以在拧紧时丝堵被顶开，喷出大量的油，夜班班长杜某见状赶紧让张某停管式炉火，然后联系调度让电工从配电室把富油泵停下。班长杜某从窗户跳进去把贫油泵停下，后来主任李某把贫油泵阀门关上后维修人员找出丝堵重新安上，等清理完地面的油后重启洗脱苯。造成洗脱苯停 2 h。

2. 事故原因

① 维修工没有通知岗位人员就对运行设备进行修理是本次事故的主要原因。
② 操作工没有在维修人员进行作业前说明情况是本次事故的次要原因。

3. 整改措施

① 对本车间固定维修人员进行安全教育，提高维修工的安全意识，通知维修队在没有岗位操作工监护的情况下禁止作业。
② 提高岗位操作工的安全意识和责任心，在维修人员进行作业时要监护到位。

十、2012 年 9 月 22 日中间溶液循环泵逆止阀破裂导致甲醇停车事故分析

1. 事故经过

2012 年 9 月 22 日凌晨 3:30 脱硫工段操作间的操作工，听见外面"轰"的一声响后，跑到泵房发现中间溶液循环泵上方逆止阀破裂，大量溶液喷出。由于逆止阀大量液体喷溅到北泵的电机上，脱硫当班班长王某立即通知调度让电工把北泵及中泵停用，防止出现电气事故。后因为一时无法启动脱硫，所以决定甲醇

停车。

2. 事故原因

① 逆止阀长时间被溶液腐蚀造成阀门损坏是这次事故的主要原因。

② 平常对设备的运行状态没有多作重视是此次事故的次要原因。

3. 整改措施

加强对设备的巡检,对容易腐蚀的管道、设备进行定期测厚排查,争取做到设备腐蚀坏以前就提前更换,以防发生突发情况时影响生产。

项目四

甲醇运行部事故案例

一、2010 年 8 月 3 日空分分馏塔事故档案

1. 事故经过

2010 年 8 月 3 日 11 时 23 分,分馏塔内热虹吸蒸发器发生爆炸,爆炸前工段工况一切正常,未做任何调整。

当时现场人员连续听到两声爆炸声,操作人员立即按紧急停车处理。中控发现液氧液位下降 600 mm,热虹吸温度显示异常,现场人员查看现场发现分馏塔外飘散大量珠光砂。分馏塔外壁有 5 处泄漏点分别位于分馏塔东侧 15~18 m 处。

2. 原因分析

① 主要原因是空分车间自洁式过滤器空气吸入口空气质量较差,空气中碳氢化合物超标,导致热虹吸蒸发器碳氢化合物大量累积产生爆炸。

② 空气出空冷塔温度较高,空气中含水量大,导致分子筛提前吸附饱和,降低了分子筛吸附能力。

③ 空分操作人员实际操作经验欠缺,无法第一时间通过化验结果对工艺进行调整。

④ 1% 液氧排放管道堵塞,主冷底部液氧排放不及时导致碳氢化合物大量富集。

3. 事故处理以及措施

① 事故发生当时按紧急停车处理,当天现场工作人员处理散落珠光砂。事后厂方工作人员进行对分馏塔的紧急维修,更换新的热虹吸蒸发器,主冷塔校正,塔内工字钢修整,外壁钢板修补。制定总碳高标,今后运行的过程中如有总碳超标的情况及时通知上报。

② 咨询厂家人员对空气吸入口进行改造,用大面积帆布对吸入口进行遮盖。

③ 调整污氮、氮气去水冷塔气量,尽可能地降低冷冻水温度,保证空气出空冷塔温度。

④ 延长分子筛加热、冷吹时间,以保证分子筛可以充分再生。

⑤ 组织空分全体人员开事故分析会,对本次事故进行总结,要求每位员工

学习应急预案。

⑥ 组织空分全体人员到蒙丰特钢空分车间学习实际操作，要求每位员工对当天学习内容进行总结。

二、2010 年 9 月 25 日空分分馏塔事故档案

1. 事故经过

2010 年 9 月 25 日 1 时 27 分，分馏塔内发生爆炸，爆炸前空分工段工况一切正常，未做任何调整。当时现场人员在操作间内看到屋外出现火光，操作人员立即按紧急停车处理，中控发现液氧液位下降至 200 mm，热虹吸温度显示断点。现场人员查看现场发现分馏塔外飘散大量珠光砂，分馏塔外壁东侧 15~18 m 处钢板向外掀起，走梯严重变形，支撑钢板的槽钢弯曲。

2. 事故原因

① 主要原因是空分车间自洁式过滤器空气吸入口与焦炉、化产距离较近，导致空气吸入口附近焦炉气富集，导致空气中碳氢化合物超标并富集在热虹吸换热器产生爆炸。

② 空气出空冷塔温度较高，通过调整污氮、氮气量，无法保证冷冻水温度，导致分子筛吸附负荷较大。

③ 操作人员操作经验欠缺，工艺调整幅度较大，液氧流速波动频繁以及碳氢化合物的累积产生静电后爆炸。

④ 液氧排放不及时导致大量碳氢化合物进入热虹吸换热器。

3. 事故处理以及措施

① 事故发生当时按紧急停车处理，第二天现场工作人员处理散落珠光沙，事后厂方工作人员进行对分馏塔的紧急维修，更换新的热虹吸蒸发器，对分馏塔内粗氩塔修补更换，主冷塔校正，塔内工字钢更换，外壁钢板更换修补。

② 订购总碳氢在线分析仪，对碳氢化合物做到实时监控。

③ 通过对周边空气取样分析决定将空气吸入口改造至空分西 300 m 处，通过地下风道将空气引入自洁式过滤器。

④ 联系约克冷冻机厂家，并订购一台冷冻机，以保证出空冷塔温度可以控制在要求范围内，并减小分子筛负荷。

⑤ 热虹吸换热器前增加两台液氧吸附器，进一步将碳氢化合物控制在安全范围之内。

⑥ 组织空分全体人员开事故分析会，并制定了碳氢化合物的报警值、停车值，碳氢化合物如有上升趋势必须上报相关领导及调度中心。

三、2010 年 12 月 11 日空分停车事故处理

1. 事故经过

2010 年 12 月 10 日，空分发现冷凝液泵出口管道旁通阀和密封铜管漏水。空分工段长陈某便通知山东华显队长康某叫人过来维修。由于没有空闲维修工，康某便和陈某商议忙完立刻过去维修。陈某查看后漏点不大，情况不算严重，便同意了。12 月 11 日 15:00，空分巡检工巡检时发现有两个维修工正在维修密封铜管。向当班班长询问是否可以停泵，更换旁通阀。班长强调说不能停泵，只能停车检修了。16:00 巡检后未发现维修工，16:10 维修工跑到中控室通知班长旁通阀安不上了。表冷器液位急剧下降，表冷排气温度迅速升高。为防止防爆板破裂，空分系统紧急停车。阀门恢复后，重新组织开车。22:00 恢复正常。12 日 3:30 启动氧压机正常送入转化，甲醇系统恢复正常。

2. 事故后果

这次事故造成空分系统停产 6 h，甲醇系统停产 11 h。液氧损失 0.33 吨，甲醇损失 45.8 吨。直接经济损失 10.1 万元。

3. 事故分析原因

山东华显维修工在现场维修时，没有通过现场操作工同意，擅自进行维修工作。空分操作工巡查不到位。维修管理不到位，维修人员安全意识差。操作工责任心不强，在管辖区内维修没有专人监护。

4. 预防措施

维修工在维修前一定要办理作业票。不得随意进入厂区维修。提高操作工安全意识，加强巡检力度。加强对维修人员的管理，进入生产区必须通知该生产区内操作工。各工段对所管辖区域内，所有外来人员进行盘查。无关人员禁止进入生产区内。

四、2010 年 12 月 11 日仪表根部着火事故分析

1. 事故经过

2010 年 12 月 11 日 11:30 操作工正与仪表人员维修测压点 PI60609 时，发现测压点 PI60610 处电热带发出打火的响声，随后仪表根部着火，操作工立即通知班长并组织灭火同时通知工段长。在值班主任指挥下班长岳某使用灭火器进行灭火，后又接通蒸汽、氮气同时灭火，20 min 后火被扑灭。灭火后对焊口通氮气降温。转化炉焦炉气入口管保温层小部分烧毁，未造成停车，无产量损失。共使用灭火器 9 罐。

2. 事故原因分析

① 电伴热带质量出现问题，中部打火，是造成着火的直接原因。

② 仪表根部焊缝漏气，未及时发现，没有得到及时的处理。
③ 投产过程中频繁开停车，频繁加温冷却。

3. 事故处理

对仪表根部泄漏处进行氮气吹扫。停车时对泄漏处进行焊接。

4. 事故教训及预防措施

甲醇生产过程中，有大量高温易燃气体，极易燃烧，对生产区内所有易产生静电或打火的设备彻底检查。加强巡查力度，消除跑、冒、滴、漏等现象。

五、2010年12月16日空分液氧倒流事故分析

1. 事故经过

2010年12月16日丁白班，上午9点。开始切换液氧吸附器，空分使用的液氧吸附器OS1和OS2为一用一备，单台使用周期为5天。主要操作流程为待用吸附器需预冷，同在用吸附器需切出，泄压，排液，吹除，升温，冷吹。当天工作的是2#吸附器，准备切换1#吸附器。担任切换操作的是班长亢某。第一步是给1#吸附器进行预冷，在操作过程中把V21液氧出口阀误当为V20液氧出口阀打开，1#吸附器温度没有变化，才意识到阀门开错，随机马上对流程进行更改，打开V20液氧入口阀，关闭V21液氧出口阀，随后从污氮加温管弯头处有大量液氧漏出，冷箱基础温度急速下降到－121℃，冷箱中部有珠光砂泄漏，及时发现后，用麻袋堵住漏点，关闭污氮加温阀。冷箱基础温度开始上升，工况恢复正常。

2. 事故分析

① 主要原因是操作过程中V20液氧入口阀开度过大，没有关闭污氮加温阀使液氧倒流进入污氮加温管，顺管进入冷箱中，液氧瞬间气化，压力急速上升，珠光砂从塔中喷出，污氮加温管弯头遇液氧后冻裂。
② 在液氧吸附器投入使用后，没有完善的操作规程，管理存在漏洞。
③ 主任及工段长的失职，首次进行切换液氧吸附器没有在场监督指导。
④ 当班班长及操作工在操作过程中并没有对阀门位号进行确认，导致误操作。

3. 事故总结及预防措施

① 制定完善的操作规程，加强管理。
② 在首次进行重要工作时，主任及工段长必须到场组织进行。
③ 用红色油漆标注阀门位号，并组织全体人员对倒吸附器进行实际操作演练。
④ 梳理液氧吸附器操作规程，并组织全体人员进行学习。

⑤ 制作抱卡对污氮管道冻裂处进行堵漏。

六、2010 年 12 月 12 日预热炉出口着火事故分析

1. 事故经过

2010 年 12 月 12 日，18:55 转化现场操作工在巡检过程中突然听到预热炉附近有响声，马上跑去查看发现预热炉出口冒出大量工艺气体，随后又一声响，出口着火，火势很大。其中一个操作员立即通知中控室切氧，同时通知工段长及相关领导。19:00 经理、主任及工段长赶到现场，了解情况后决定先切断焦炉气，然后通入蒸汽保护。19:15 预热炉出口火已被扑灭。大火共持续 20 min，造成预热炉出口垫片损坏，预热炉炉体西北侧变形，炉体内浇注料部分脱落，部分仪表损坏，监控录像主线路被烧坏。造成甲醇系统停产 4 天 9 小时，甲醇产量损失 437.5 吨，直接经济损失 96.2 万元。

2. 事故分析

① 频繁开停车，冷热状态频繁交替，使法兰松动。
② 热紧时，没有紧固到位。
③ 法兰紧固时，受力不均。

3. 事故处理

预热炉出口法兰连接改为焊接。调整工艺，降低预热炉出口温度。

4. 事故教训

本次事故为以后的生产工作敲响了警钟，同时也暴露出我们经验的不足。我们在今后的生产中要及时监控各种指标，加强技术学习，积累操作经验，对各项工艺指标要做到心中有数，在事故发生时减少损失。

七、2010 年 12 月 13 日压缩工段跳车事故分析

1. 事故经过

12 月 13 日 8:00 压缩工王某巡检过后，开始打扫卫生。在擦拭油泵过程中，不慎将棉纱绞入泵轴中。通知班长张某查看后决定倒泵，将 1#油泵运行打到停止位置然后在打到 2#运行位置启动 2#油泵，但停泵瞬间润滑油压力过低联锁停车。后通知工段长组织重新开车，11:50 压缩机恢复正常。因甲醇系统停车状态中，未造成产量损失。

2. 事故分析

目前我公司联锁油泵在倒换主油泵时必须先将运行油泵打到停车位置，然后才能启动另一台油泵。在停油泵瞬间就会引起润滑油压力过低联锁跳车。所以在设备运行过程中不允许倒换主油泵。因此压缩工倒换主油泵是引起本次事故的直

接原因。压缩工安全意识淡薄，擦拭动设备时棉纱松散。压缩工对本工段技术掌握不全面，对事情的错误判断，发现问题时没有及时通知工段长。

3. 事故总结及预防措施

加强操作人员安全教育及操作技能培训，提高操作人员技术水平。根据操作规定联锁油泵在系统运行过程中不允许倒换主油泵。在擦拭动设备时，将棉纱抱团裹紧，提高警惕。遇到此类情况或其他重大问题时，不要着急，冷静思考，并及时通知工段长及相关领导。

4. 事故处理

压缩工段张某及王某在这次事故中，操作不当，表现出安全意识淡薄，由于未造成损失，不予经济处罚，给予警告处分。

八、2011年1月20日空分工段事故报告

1. 事故经过

2011年1月20日，空分工段1#润滑油冷却器打压试漏口丝堵发生微露，且润滑油压力有下降趋势，后空分工段长联系维修工前来维修。现场油冷却器处于运行状态，工段长当下指挥维修工用扳手紧几扣，但是发现效果不好。后工段长决定把丝堵松几扣缠绕生料带后进行压紧处理，当维修工松到不到2扣时，丝堵由于油压发生崩出，随即润滑油发生喷涌，工段长在就地控制柜上按下油泵停止按钮，发现油泵停不下来，随即前往配电柜进行拉闸处理。喷油进行约25~30 min。

2. 事故分析

维修队队长在给维修工下达维修任务时没有给维修工交代清楚，现场运行设备室不允许检修，而且维修工的安全意识低。

3. 预防措施

在今后的维修工作中，如遇设备问题需要检修，要经过工段长或者车间主任同意签字并且作业票得到签字后方可开始维修。此外，维修队应加强维修工的安全教育，加强责任心意识，要对之前发现的问题进行总结，避免今后出现类似的事故。

九、2011年7月23日空分工段油泵事故档案

1. 事故过程

2011年7月23日，二开闭发生电路问题，导致甲醇系统停车，送电后，空分工段准备启车。启动2#油泵大约3 s后，发现润滑油从油管负压口、粗过滤器处喷出，此时2#油泵已停止运转。后改启1#泵进行开车，随后对2#泵进行盘车，发现盘不动车。拆卸后发现螺纹轴卡死、螺杆泵输出端泵壳发生损坏。

2. 事故原因

2011年7月23日，二开闭电路故障修复后，通往空分工段空压机油站2#油泵的电路相数接反，启泵后导致电机、油泵反转，因油泵为螺杆泵，严禁反转，一旦反转主从动螺杆直接抱死。

3. 事故处理以及措施

更换2#油泵，在今后倒泵的过程中，当班人员必须对备用泵进行盘车。电路方面如有问题，处理后，应摘掉电机螺杆泵联轴器，对电机单独进行正反转试验。

十、2011年8月2日空分工段膨胀机事故档案

1. 事故过程

2011年8月2日下午3点左右，压缩工段得到调度同意以及二开闭送电后准备启动2#焦炉气压缩机，启动几秒后，发现正在运行的3#焦炉气压缩机以及空分工段发生停电。由于是突发停电，导致膨胀机油站油泵失电停转，2#膨胀机设计联锁，当膨胀机润滑油油压低于3 kg时膨胀端气动阀自动联锁切断，膨胀机停车，由于事发之前2#膨胀机进气切断阀一直没有修好，不能实施自动切断，所以膨胀机在较长时间内才能停下，最终导致膨胀机无油运转直至停下。在即将停转时，工作人员听到膨胀机内有异响，后报告车间。2011年8月4日，决定对2#膨胀机进行开车试验，发现膨胀端气动阀无法动作，膨胀机无法启动。

2. 事故原因

调度部门对全厂用电量估计不足，当用电负荷突然加大时，导致配电室跳闸保护停电。

3. 事故处理以及措施

通知厂家技术人员到厂配合维修，打开后，转子以及前后轴承均已损坏，进行了更换。今后如有用电负荷较大的设备，在启动之前调度部门务必计算好用电负荷，避免因负荷过高引起跳闸保护，影响生产。

十一、2011年8月28日人身伤害案例分析

1. 事故经过

8月28日（星期日）白班，下午3点左右，转化现场班长与操作工进行日常调节汽包水质，对汽包进行间断排污操作。班长启脱盐水站门口水泵，操作工上汽包平台开汽包间排。操作中操作员未上汽包平台，站在爬梯上单手用F扳手开启汽包间排，由于阀门过紧，换双手扳F扳手。由于操作员用力过猛，以至F扳手从阀门手轮滑脱，本人由于惯性作用，从爬梯上掉落，背部着地。此时班长

发现排污水槽未有水流出，用对讲机呼叫操作员无应答后，去汽包处观察，发现操作员躺在汽包下，表情痛苦，询问后立即通知值班主任。主任当下联系值班经理准备车辆，由动力车间主任和转化副段长送往呼和浩特市附院第二附属医院（骨科专科医院）。

2. 事故原因

操作不当，未站在平台上操作；安全意识淡薄，自我保护意识不强，在无保护措施下双手放开悬空站在爬梯上。

3. 事故教训

安全无小事，一次日常操作失误就可能酿成大事故。本次事故为以后的生产工作敲响了警钟，同时也暴露出我们的职工工作生活中安全意识不强，随意性过大。我们在今后的生产中要及时加强安全学习，宣传安全思想，杜绝类似事故的发生。

4. 处理意见

① 对全体甲醇运行部操作工进行安全思想教育，并就这一事故进行专题安全学习。

② 规范岗位操作程序，杜绝违规操作行为，提高自我安全防护意识。

③ 转化工段长负有日常安全思想贯彻不到位责任，扣除当月考核奖金。

④ 当班班长负有安全监督不到位、未经行监护责任，扣除当月考核奖金。

⑤ 操作员本人负有操作不当、安全意识淡薄责任，通报批评，待上岗后进行安全教育。

十二、2012年6月2日转化工段氧气放散着火事故案例

1. 事故经过

6月2日上午10时10分，中控班长发现气柜前焦炉气压力急剧下降，低于4 kPa，判断为风机跳车。马上联系调度后得知风机未停止运转。中控班长指挥操作工降低氧气压力、减焦炉煤气量，并让转化操作工观察预热炉火焰是否正常，操作工反应火苗偏小。此时气柜高度下降很快，焦炉荒煤气飘散到转化工段现场，已无法看清气柜高度标尺。中控班长在请示主任后决定切氧。切氧时，突然转化现场传来气体剧烈燃烧的声音，转化现场操作工报告转化现场预热炉着火，中控班长立即关闭燃料气，通知现场人员撤离。后现场班长报告是氧气放散着火，中控班长指挥现场操作工关闭精脱硫出口阀，停止焦炉气压缩机运行。氧气放散在燃烧8 min后熄灭。

2. 事故原因

① 中控班长在切氧前没有加大入氧保护蒸汽量，且在氧气切断阀未关死状

态下打开氧气放散阀，导致转化炉焦炉气倒窜至氧气管道，引起氧气放散着火。

② 焦炉气压缩机停机速度太慢。

③ 转化放散打开太晚，导致系统憋压。

④ 合成系统切气时间太早。

⑤ 焦炉气压缩机出口启动放散阀一直处于故障状态，不能使用，中控人员无法立即切断焦炉气，造成系统憋压。

⑥ 切氧时间太短，女同志有些紧张，有些手忙脚乱。

⑦ 联系调度后未能及时准确地判断出风机运转情况，给切氧争取时间，导致切氧时间紧张。

⑧ 焦炉荒煤气大量飘散到甲醇现场，现场能见度很低，给中控和现场人员操作以及空分的生产带来不便。

⑨ 从工艺角度讲，气柜太小，一旦风机停风，压缩机抽气加上气柜煤气倒回煤气系统，气柜下降太快。

3. 整改措施

转化氧气放散加高 14 m，保证现场人员和设备的安全。检查转化氧气管线各阀门的密闭情况，并用 CCl_4 清洗管道。运行部重新细化转化切氧流程，要求中控和转化现场人员认真学习。加强全运行部操作人员思想教育，遇到紧急情况时应保持冷静沉着。

十三、2012 年 7 月 5 日 3#焦炉气压缩机一级缸磨损事故分析报告

1. 事故经过

2012 年 7 月 5 日，因 2#焦炉气压缩机故障，压缩工段准备倒 3#压缩机进行生产，倒机后，发现一级缸东侧缸体声音异常，经过初步确定后无负荷停机进行检查。打开一级缸余隙缸后发现活塞与缸体缸套之间已产生直接摩擦，也就是说活塞所挂钨金带已磨损殆尽，二者之间已无配合间隙，而且缸套原来的突起部分经过摩擦已经损失，部分区域甚至产生凹坑，活塞在快速运动的过程中与缸套摩擦撞击发出异响。

2. 事故原因

① 3#焦炉气压缩机原始吹扫不干净，杂质由进气缓冲器中进入气缸，导致钨金带滚搓划伤。

② 3#焦炉气压缩机一级缸原始安装水平度不在范围之内，导致局部受力偏大，造成局部过热而损伤钨金带。

③ 3#焦炉气压缩机一级缸下部注油口存在堵塞现象，在没有润滑的情况下局部高温损伤钨金带。

3. 处理结果

将受损的活塞钨金带旋转 90°，且用砂纸打磨缸套受损部分，安装后进行试车，但异响依然存在。后通过与厂家的交流，决定将气缸拆下返厂进行维修，2012 年 8 月 14 日已开始进行拆除作业，预计 8 月 15 日拆除完毕，8 月 16 日联系货运开始发货。

4. 管理措施

此次事故发生后，运行部组织人员将 1#、2#焦炉气压缩机各级气缸打开进行检查，测量各级气缸与活塞的配合间隙，并检查其注油器注油情况，将备用注油器修理完好备用，气缸与活塞的配合间隙检查结果正常。

十四、2012 年 8 月 21 日液氧贮槽超压防爆板爆破事故报告

1. 事故经过

2012 年 8 月 21 日 11 时 35 分，空分工段丁班制氧岗位操作工在液氧装车完毕后，未按操作规程将液氧贮槽泄压阀打开，液氧自然蒸发使槽内的压力不断升高，12 时 04 分液氧贮槽压力为 0.12 MPa，已超出最高工作压力，当班班长、中控操作工及制氧操作工尚未察觉，导致压力持续上升，14 时 04 分液氧贮槽压力为 0.217 MPa，超出设计压力，液氧贮槽下部安全阀起跳，安全阀底部防爆板爆破。14 时 45 分操作工在巡检过程中发现大量低温氧气从安全阀底部喷出，随即通知工段长对现场进行处理。

2. 事故原因

① 当班班长班组管理松懈，安全意识差，液氧贮槽长时间超压并未察觉，没有对重要参数给予足够重视。

② 当班中控操作工多次抄写记录参数异常，并未对液氧贮槽压力进行调整，导致液氧贮槽长时间超压。

③ 制氧岗位操作工在液氧装车完毕后，未将泄压阀打开，导致贮槽压力不断上升，并在随后的多次巡检过程中没有发现低温贮槽超压。

3. 整改措施

① 为保证生产将备用低温贮槽安全阀防爆板取下后装入液氧贮槽安全阀中。

② 第一时间联系低温贮槽厂家，订购低温贮槽安全阀防爆板。

③ 运行部重新梳理低温贮槽操作规程，要求空分工段每位操作工认真学习。

④ 运行部加强对空分工段中控操作工控制重要参数的考核工作。

参 考 文 献

[1] 李伟, 张希良. 国内二甲醚研究述评 [J]. 煤炭转化, 2007 (7): 88.
[2] 王永军, 闫冬, 张勇, 奇许英. 二甲醚市场前景浅析 [J]. 西部煤化工, 2008 (1): 74.
[3] 韩凌, 郭冯青, 朱凌皓. 二甲醚生产技术与市场状况 [J]. 煤化工, 2000 (3): 33.
[4] 康举, 韩利华, 梁英华. 二甲醚生产工艺技术进展 [J]. 河北化工, 2007, 11 (11): 9.
[5] 赵勇强, 白泉, 张正敏. 关于发展二甲醚 (DME) 燃料的探讨 [J]. 中国能源, 2006 (3): 29.
[6] 张正国. 二甲醚 (DME) 生产技术及传统工艺优化改造 [J]. 气雾剂通讯, 2002 (3): 1.
[7] 费金华, 王一兆. 二甲醚的生产工艺及其特点 [J]. 小氮肥设计技术, 2003 (24): 57.
[8] 王震. 合成气一步法合成二甲醚研究 [J]. 化工时刊, 2007, 21 (11): 59.
[9] 黎汉生, 任飞, 王金福. 浆态床一步法二甲醚产业化技术开发研究进展 [J]. 化工进展, 2004, 23 (9): 921.
[10] 汤洪, 许建平, 孙炳. 二甲醚作为新型燃料的前景分析 [J]. 化工催化剂及甲醇技术, 2008 (2): 19.
[11] 贺永德. 现代煤化工技术手册 [M]. 北京: 化学工业出版社, 2005.
[12] 许祥静. 煤气化生产技术 [M]. 北京: 化学工业出版社, 2010.
[13] 许世森, 李春虎, 郜时旺. 煤气净化技术 [M]. 北京: 化学工业出版社, 2006.
[14] 国电赤峰化工有限公司操作手册.
[15] 大唐内蒙古多伦煤化工有限公司操作手册.
[16] 鄂尔多斯易高能源煤化工有限公司操作手册.
[17] 神华宁夏煤业有限公司操作手册.
[18] 王师祥, 杨保和. 小型合成氨厂生产工艺与操作 [M]. 北京: 化学工业出版社, 1999.
[19] 林玉波. 合成氨生产工艺 [M]. 北京: 化学工业出版社, 2006.
[20] 许祥静. 煤气化生产技术 [M]. 北京: 化学工业出版社, 2010.
[21] 郑广俭, 张志华. 无机化工生产技术 [M]. 北京: 化学工业出版社, 2003.
[22] 李贵贤, 卞进发. 化工工艺概论 [M]. 北京: 化学工业出版社, 2010.
[23] 付长亮, 张爱民. 现代煤化工生产技术 [M]. 北京: 化学工业出版社, 2009.